21 世纪全国高职高专土建立体化系列规划教材

建筑工程安全技术与管理实务

主　编　沈万岳
副主编　刘学应
参　编　杜　力　张小建　沙　玲
　　　　孙群伦　蔡祖炼　邹雪辉

U0195457

北京大学出版社
PEKING UNIVERSITY PRESS

内 容 简 介

本书以《建筑与市政工程施工现场专业人员职业标准》(JGJ/T 250—2011)为参考标准，围绕安全员职业岗位职责，为培养以下 6 项专项能力而编写。这 6 项安全员专项能力包括：安全生产管理与预控能力、施工安全技术措施与控制能力、施工机械与安全用电管理能力、文明施工环境保护消防安全技术与管理能力、施工安全事故应急救援能力和收录施工安全管理资料能力。

全书共分 13 章，主要包括安全生产管理、基坑支护和土方作业安全技术、脚手架工程安全技术、高处作业安全技术、垂直运输机械安全技术、其他建筑机械安全技术、拆除工程安全技术、施工现场临时用电安全技术、文明施工与环境保护、季节性施工安全技术、安全事故管理、建设工程安全生产法律法规和施工现场安全技术资料。为方便教学和复习，每章配有课程标准、章节导读、特别提示、本章小结和思考与拓展题模块，以便有效地理解、总结和复习。

本书除可供高职高专院校建设水利类工程专业的学生使用外，还可供其他高校土建类专业的学生使用，也可供监理单位、施工单位、建设（开发）单位及建设管理部门的工程管理人员使用和参考。

图书在版编目(CIP)数据

建筑工程安全技术与管理实务/沈万岳主编．—北京：北京大学出版社，2012.9
(21 世纪全国高职高专土建立体化系列规划教材)
ISBN 978-7-301-21187-8

Ⅰ.①建…　Ⅱ.①沈…　Ⅲ.①建筑工程—工程施工—安全技术—高等职业教育—教材　Ⅳ.①TU714

中国版本图书馆 CIP 数据核字(2012)第 210439 号

书　　　　名：建筑工程安全技术与管理实务
著作责任者：沈万岳　主编
策 划 编 辑：赖　青　王红樱
责 任 编 辑：王红樱
标 准 书 号：ISBN 978-7-301-21187-8/TU・0279
出　版　者：北京大学出版社
地　　　址：北京市海淀区成府路 205 号　　　100871
网　　　址：http://www.pup.cn　　http://www.pup6.cn
电　　　话：邮购部 62752015　　发行部 62750672　　编辑部 62750667　　出版部 62754962
电 子 邮 箱：pup_6@163.com
印　刷　者：北京虎彩文化传播有限公司
发　行　者：北京大学出版社
经　销　者：新华书店
　　　　　787 毫米×1092 毫米　16 开本　25.25 印张　591 千字
　　　　　2012 年 9 月第 1 版　2020 年 1 月第 9 次印刷
定　　　价：48.00 元

北大版·高职高专土建系列规划教材
专家编审指导委员会

北大版·高专高专土建系列规划教材
专家编审指导委员会专业分委会

前　言

　　安全是人类最重要和最基本的需求。安全生产既是人们生命健康的保证，也是企业生存与发展的基础，更是社会稳定和经济发展的前提条件。随着社会的发展，新材料、新技术、新工艺、新设备大量使用，安全生产工作遇到前所未有的问题和挑战，给社会、企业和家庭带来了巨大的灾难和无法挽回的损失。搞好安全工作，应该把安全生产工作放在各项工作的首位，确保每个员工的健康与安全。

　　建筑行业仅次于交通、采矿业，成为第三大危险性行业，建筑施工安全生产管理的任务十分繁重。但是，目前还是有相当一部分施工现场的安全隐患屡见不鲜，讲安全只停留在口头上，"说起来重要，干起来次要，关键时刻找不到"，安全投入严重不足，导致安全事故层出不穷，不仅带来惨痛的人员伤亡和财产损失，还给社会带来不稳定的因素。

　　要实现建筑业的安全生产，首先要使广大行业员工懂得安全生产的重要性和必要性，认真学习和执行国家颁布实施的一系列安全生产的法律法规，依法治安，依法管安；其次，要求全体员工熟练掌握安全生产技术，不断提高安全管理的水平，用科学的方法解决建设工程中的安全问题。要实现这些目标，离不开安全教育的普及和完善。

　　目前，在许多建设类院校中，与安全生产技术和管理相关的课程的开设情况并不令人满意，主要表现在教材缺乏或内容陈旧；学习内容不全面、不系统；课时安排较少甚至没有；师资队伍缺乏；学生不重视等。这些已经严重影响和制约了我国建筑业安全技术和管理水平的提高。因此对于走向施工现场的毕业生，要求他们掌握安全技术与管理知识，为每一个施工现场的安全施工保驾护航，新编一本与时俱进的"建筑工程安全技术与管理"的教材来强化安全教育显得尤为重要。

　　《建筑工程安全技术与管理实务》涉及建筑施工安全技术与安全管理等方面的专业知识。编写本书的主要目的是使学生对建筑工程施工现场安全技术和安全生产管理工作全过程有一个基本了解，掌握施工现场的安全技术知识和安全生产管理知识，为从事施工现场安全管理工作做好准备。同时在掌握施工现场的安全技术知识和安全生产管理知识的基础上，进一步掌握施工现场安全管理相关资料的编写、收集、整理。

　　随着我国经济的高速发展，安全生产越来越受到社会各界的广泛关注。国家"十一五"发展规划首次提出了"安全发展"的理念，进一步明确了安全生产必须贯彻"安全第一、预防为主、综合治理"的方针及治理隐患、防范事故、标本兼治、重在治本的安全生产工作原则。这是一个重大的突破，说明安全生产越来越受到党和国家的重视。

　　本书依据我国安全生产方面现行的法律法规和技术标准，涵盖了建设工程安全生产技术与管理的具体要求，以建筑工程技术专业为主要研究对象，力求达到内容全面、体系完整、知识新颖、着眼发展。通过本书的学习，能够使读者对建筑工程安全生产技术与管理的知识有一个较为全面的了解，满足建筑业安全生产的需要。

本书的编写思路是注重理论与实践的结合，突出以下特点：能让学生边学边做，充分体现做中学，学中做；教材内容贴近岗位工作实际，通过学习本书能直接达到工作岗位的能力要求；激发学生自主学习的动力，引导学生进一步探索。本书由浙江建设职业技术学院沈万岳担任主编，浙江水利水电专科学校刘学应担任副主编，全书由浙江建设职业技术学院沈万岳负责统稿。本书具体章节编写分工为：浙江水利水电专科学校刘学应编写第1、6章；杭州建筑工程监理有限公司杜力编写第2章，杭州建筑工程监理有限公司还为本书的编写提供了大量的工程实例；浙江建设职业技术学院沈万岳编写第3、4、5、8、9章；浙江建设职业技术学院沙玲编写第7章；浙江建设职业技术学院张小建编写第10章；浙江建设职业技术学院孙群伦编写第11章；浙江建设职业技术学院蔡祖炼编写第12章；浙江省住房和城乡建设厅干部学校邹雪辉编写第13章，浙江省住房和城乡建设厅干部学校宣国年老师和河南建筑职业技术学院李林老师对本书的编写工作也提供了很大的帮助，在此一并表示感谢！

由于编者经验和水平有限，时间仓促，疏漏和不足之处在所难免，恳请使用本书的师生和读者不吝指正。

编者

2012 年 4 月

目　录

第 1 章

安全生产管理

● 课程标准

课 程 内 容	知 识 要 点	教 学 目 标
安全生产管理与预控	安全管理基本知识，建筑工程职业健康安全与环境管理的特点，建筑施工现场安全生产的基本要求，安全管理措施，施工企业安全生产评价，职业健康安全管理体系，《绿色施工导则》简介等内容	（1）掌握安全生产方针、安全责任制、安全教育、安全技术交底、安全检查、安全技术措施审查 （2）熟悉施工企业安全生产评价，施工现场危险源辨识和管理 （3）了解职业健康管理体系，《绿色施工导则》

▶▶章节导读

　　建设工程安全管理是一个系统工程，需运用多种学科的理论和办法，从各个不同学科的侧面，研究工程中造成人体伤害的有害因素，从而保护从业人员的安全与健康。随着建设工程个性化的加强，高层、超高层、地下建设工程的涌现，工程结构、施工工艺的复杂化，新技术、新材料、新设备等的广泛应用，给建设工程施工安全技术与管理带来了新的挑战。同时，随着我国市场经济的深入发展，传统建设工程安全生产管理模式也将受到挑战。目前应充分发挥市场机制，调动社会、企业的力量，加强安全生产管理以及安全技术的研究与运用，探索建设工程安全生产管理的新模式，除了施工企业对安全全面自控外，其他如建设工程安全监理制、安全中介机构安全咨询、工程保险等，从多角度、多层次地对建设工程安全生产管理实施监督，从而有利于遏制或减少安全事故。

特别提示

现实让人无法轻松。建筑行业成为仅次于采矿业的第二大安全事故高发行业。造成建筑业安全事故频发的原因十分复杂，除了建筑施工活动高空、交叉作业多，施工过程易受自然环境影响等客观因素外，还和我国建筑业目前竞争过度激烈，施工企业利润水平较低，安全投入不足，建筑工人文化素质低、安全意识、维权意识相对较差等原因密切相关！

1.1 概 论

1.1.1 我国建筑施工事故的发展趋势

"十一五"期间，全国建筑的安全生产形势持续稳定好转。主要表现在以下几个方面。

(1) 事故总量明显下降。2010 年全国共发生房屋市政工程事故 627 起，如图 1.1 所示，比 2005 年减少 388 起，下降 38.23%。

	1月	1～2月	1～3月	1～4月	1～5月	1～6月	1～7月	1～8月	1～9月	1～10月	1～11月	1～12月
2008年	35	50	120	191	262	327	409	483	560	645	720	778
2009年	25	48	105	178	246	311	389	458	519	592	636	684
2010年	41	48	93	143	213	273	337	418	482	531	584	627

图 1.1 2010 年事故起数情况

(2) 事故死亡人数明显下降。2005 年房屋市政工程事故死亡 1193 人，之后每年不断减少，2008 年降到 1000 人以下，2009 年降到 900 人以下，2010 年又降到 800 人如图 1.2 所示，2010 年比 2005 年下降 35.29%。

(3) 较大及以上事故明显下降。2010 年房屋市政工程较大及以上事故起数和死亡人数分别是 29 起、125 人，比 2005 年分别下降 32.56% 和 26.47%。"十一五"时期，全国房屋市政工程没有发生特大安全生产事故。

(4) 百亿元建筑业死亡人数增加值明显下降。"十一五"期间，建筑业生产规模持续扩大，2010 年建筑业百亿元增加值死亡人数约为 3 人，比 2005 年的 10.38 人减少 7.38 人，下降了 71.11%。百亿元建筑业死亡人数增加值这个相对指标的大幅度下降，更充分说明了我国安全生产工作所取得的成绩。

以上数据充分说明，"十一五"期间全国房屋市政工程安全生产取得了很好的成绩，全国住房城乡建设系统(包括企业)的广大干部职工在建筑安全生产方面做了大量艰苦且富有成效的工作。

	1月	1～2月	1～3月	1～4月	1～5月	1～6月	1～7月	1～8月	1～9月	1～10月	1～11月	1～12月
2008年	35	51	141	232	318	391	480	566	649	768	878	964
2009年	29	56	123	215	294	364	456	535	608	690	739	802
2010年	60	68	135	191	270	338	412	521	592	654	718	772

图 1.2　2010 年事故死亡人数情况

1.1.2　我国建筑安全生产面临的形势

当前建筑安全生产工作仍然存在不少问题，安全生产形势依然比较严峻。主要反映在以下几个方面。

（1）事故总量仍然比较大。"十一五"时期，虽然每年事故起数和死亡人数都在下降，但事故总量仍然比较大。2010 年共发生事故 627 起，死亡 772 人。

（2）较大及以上事故仍然较多。"十一五"期间，全国较大及以上事故年均发生 33.2 起，死亡 138.6 人。尤其是 2010 年较大及以上事故出现反弹，起数和死亡人数比 2009 年分别上升了 38.10％和 37.36％（如图 1.3 和图 1.4 所示）。

（3）各地安全工作不平衡。2010 年与 2005 年相比，全国事故起数下降 38.23％，其中有 9 个省下降 50％以上，但有的地方还上升；从相对数百亿元建筑业死亡人数增加值看，有的地方远远高于全国水平，甚至是 2 倍以上，有的达到 3 倍。

	1月	1～2月	1～3月	1～4月	1～5月	1～6月	1～7月	1～8月	1～9月	1～10月	1～11月	1～12月
2008年	1	1	5	9	14	15	18	22	24	31	37	42
2009年	1	2	3	7	8	10	11	12	15	17	17	21
2010年	4	4	7	9	11	13	15	20	21	24	27	29

图 1.3　2010 年较大及以上事故起数情况

图 1.4　2010 年较大及以上事故死亡人数情况

（4）建筑市场活动中的不规范行为仍然比较多。从招投标环节看，既有建设单位规避招标，或者直接指定施工单位等违法违规行为；又有投标单位作假、骗取中标、围标、串标、低价中标等违法违规行为；还有招投标代理机构"中介不中"等违法违规行为。从承发包环节看，还存在转包、违法分包等违法违规行为。以上这些违法违规行为，给我国的安全生产埋下了隐患，带来了危害。

（5）事故查处不到位。每年几百起的安全生产事故，查处了许多责任单位和责任人，这些都值得我们反思。我们的监管、处罚还不到位。对于上述问题，我们要认真反思、认真研究，采取切实有效的措施，真正把建筑安全生产工作抓好。

"十二五"时期是全面建设小康社会的关键时期，是深化改革开放、加快经济发展方式转变的攻坚时期。随着国民经济的快速发展以及城镇化的高速推进，我国固定资产投资仍将快速增长。因此，"十二五"时期工程安全监管任务仍将艰巨而繁重。据统计，"十二五"的头一年，全国房屋与市政施工工地的死亡起数和死亡人数如图 1.5 所示较大事故起

图 1.5　全国房屋与市政施工工地的死亡起数和死亡人数

数和较大事故死亡人数如图1.6所示仍然较多。事故仍以高处坠落和坍塌为主，特别是坍塌事故如图1.7所示，与2010年相比，起数和死亡人数分别上升100%和300%。高处坠落事故集中发生在临边洞口、物料提升机卸料平台口、脚手架和钢结构等部位；坍塌事故集中在塔吊、支模架等部位如图1.8所示。这些部位将是今后建筑施工安全生产监管的重点整治对象。我们要针对存在的问题，认真分析查找原因，不断完善安全生产的法规制度，认真落实安全生产责任制，强化安全生产监管，加大安全生产投入，促进建筑安全生产形势的持续稳定好转。

图1.6　较大事故起数和较大事故死亡人数

图1.7　2010年前三季度事故部位比例图　　　图1.8　2011年前三季度事故类别比例图

1.2　安全管理基本知识

1.2.1　安全管理的相关概念

　　安全是指免除了不可接受的损害风险的一种状态。即消除能导致人员伤害，发生疾病、死亡，或造成设备财产破坏、损失，以及危害环境的条件。安全是相对危险而言的，在现实条件下，实现绝对的安全是不可能的，我们所说的安全是指相对安全。安全工作就是力求减少事故的发生和减少事故的损失。

　　安全生产是指使生产过程处于避免人身伤害、设备损坏及其他不可接受的损害风险（危险）的状态。

不可接受的损害风险（危险）通常是指超出了法律、法规和规章的要求，超出了方针、目标和企业规定的其他要求，超出了人们普遍接受（通常是隐含的）要求。

安全控制是通过对生产过程中涉及计划、组织、监控、调节和改进等一系列致力于满足生产安全所进行的管理活动。

安全员（Safety Supervisor）在建筑工程施工现场，协助项目经理，从事施工安全管理、检查、监督和施工安全问题处理等工作的专业人员。

危险是指造成事故的一种现实的或潜在的条件。

危险度是指一项活动或一种情况下，各种危险的可能性及其后果的量度，是对失败的相对可能性的主观估计。

危险源（Hazard）施工生产过程中可能导致职业伤害或疾病、财产损失、工作环境破坏或环境污染的根源或状态。危险源可分为危险因素和有害因素。危险因素强调突发性和瞬间作用的因素，有害因素强调在一定时期内的慢性损害和累积作用。危险源是安全控制的主要对象，因此，有人把安全控制也称为危险控制或安全风险控制。在实际生活和生产过程中的危险源是以多种多样的形式存在的，危险源导致的事故可归结为能量的意外释放或有害物质的泄漏。根据危险源在事故发生发展中的作用把危险源分为两大类。即第一类危险源和第二类危险源。可能发生意外释放的能量的载体或危险物质称作第一类危险源（如"炸药"是能够产生能量的物质；"压力容器"是拥有能量的载体）。能量或危险物质的意外释放是事故发生的物理本质。通常把产生能量的能量源或拥有能量的能量载体作为第一类危险源来处理。造成约束、限制能量措施失效或破坏的各种不安全因素称作第二类危险源（如"电缆绝缘层"、"脚手架"、"起重机钢绳"等）。在生产、生活中，为了利用能源，人们制造了各种机器设备，让能量按照人们的意图在系统中流动、转换和做功为人类服务，而这些设备设施又可看成是限制约束能量的工具。正常情况下，生产过程的能量或危险物质受到约束或限制，不会发生意外释放，即不会发生事故。但是，一旦这些约束或限制能量或危险物质的措施受到破坏或失效（故障），则将发生事故。第二类危险源包括人的不安全行为、物的不安全状态和不良环境条件3个方面。事故的发生是两类危险源共同作用的结果，第一类危险源是事故发生的前提，第二类危险源的出现是第一类危险源导致事故的必要条件。在事故的发生和发展过程中，两类危险源相互依存，相辅相成。第一类危险源是事故的主体，决定事故的严重程度，第二类危险源出现的难易，决定事故发生的可能性大小。

1.2.2 我国的安全生产方针

安全生产方针是对安全生产工作的总要求，它是安全生产工作的方向。我国的安全生产方针是"安全第一、预防为主、综合治理"。在社会主义建设中必须遵循这一方针，这是因为保护劳动者的安全健康是国家的一项基本政策。

1. 安全第一的含义

（1）"安全第一"是把人身的安全放在首位，安全为了生产，生产必须保证人身安全，充分体现了"以人为本"的理念。离开生产活动，安全就失去了意义，没有安全保障，生产就不能顺利进行。因此必须将安全生产放在第一位，必须把保护劳动者在生产劳动中的生命安全和健康放在首要位置。

（2）抓生产首先抓安全，组织和指挥生产时，首先要认真全面地分析生产过程中存在的和可能产生的危险有害因素的种类、数量、性质、来源、危害程度、危害途径及后果，可能产生危险有害作用的过程、设备、场所、物料和环境，为制定预防措施提供依据，搞安全、防事故，首先要知道哪些有危险，然后有针对性地采取预防措施，危险预知是第一位的。

💡 特别提示

"安全第一"源起何处？谁率先提出"安全第一"公理呢？最早提出"安全第一"公理的是美国人。1906 年，美国 US 钢铁公司生产事故迭发，亏损严重，濒临破产。公司董事长 BH 凯理在多方查找原因的过程中，对传统的生产经营方针"产量第一、质量第二、安全第三"产生质疑。经过全面计算事故造成的直接经济损失、间接经济损失，还有事故影响产品质量带来的经济损失，凯理得出了结论：是事故拖垮了企业。凯理力排众议，不顾股东的反对，把公司的生产经营方针来了个"本末倒置"，变成了"安全第一、质量第二、产量第三"。老凯理首先在下属单位伊利诺伊制钢厂做试点，本来打算是不惜投入抓安全的，不曾想事故少了后，质量高了，产量上去了，成本反而下来了。然后，全面推广。"安全第一"公理立见奇效，US 钢铁公司由此走出了困境。安全第一，警钟长鸣！

（3）当生产任务和安全工作发生矛盾时，应按"生产服从安全"的原则处理，把安全作为保障生产顺利进行的前提条件，确保安全才进行生产。

（4）在评价生产工作时，安全有"一票否决权"，不抓好安全生产的领导是不称职的领导。

（5）各岗位上的生产人员，必须首先接受安全教育，并经考核合格才能上岗。

2．预防为主的含义

所谓"预防为主"，就是要把预防安全生产事故的发生放在安全生产工作的首位。"预防为主"是实现"安全第一"的最重要手段，采取正确的措施和方法进行安全控制，从而减少甚至消除事故隐患，尽量把事故消灭在萌芽状态，这是安全控制最重要的思想。对安全生产的管理，主要不是在发生事故后去组织抢救，进行事故调查，找原因、追责任、堵漏洞，而要谋事在先，尊重科学，探索规律，采取有效的事前控制措施，千方百计预防事故的发生，做到防患于未然，将事故消灭在萌芽状态。虽然人类在生产活动中还不可能完全杜绝安全事故的发生，但只要思想重视，预防措施得当，事故特别是重大恶性事故是可以大大减少的。预防为主，就要坚持培训教育为主。在提高生产经营单位主要负责人、安全管理干部和从业人员的安全素质上下功夫，最大限度地减少"三违"即"违章指挥、违章作业、违反劳动纪律"的现象，努力做到"三不伤害"即"不伤害自己，不伤害他人，不被他人伤害"。

💡 特别提示

两千年前的荀子说："一曰防，二曰救，三曰戒。先其未然谓之防，发而止之谓之救，行而责之谓之戒。防为上，救次之，戒为下。"荀子说了 3 种办法，第一种办法是在事情没有发生之前就预设警戒，防患于未然，这叫预防；第二种办法是在事情或者征兆刚出现就及时采取措施加以制止，防微杜渐，防止事态扩大，这叫补救；第三种办法是在事情发生后再行责罚教育，这叫惩戒。荀子列出了 3 种方法后认为，预防为上策，补救是中策，惩戒是下策。

3．综合治理的含义

由于现阶段我国的安全生产工作出现这样的严峻形势，原因是多方面的，即有安全监管体制和制度方面的原因，也有法律制度不健全的原因，也有科技发展落后的原因，还与整个民族安全文化素质有密切的关系等，因此要搞好安全生产工作就要在完善安全生产管理的体制机制、加强安全生产法制建设、推动安全科学技术创新、弘扬安全文化等方面进行综合治理。

1.2.3 安全管理基本原则

安全管理是企业生产管理的重要组成部分，是一门综合性的系统科学。安全管理的对象是生产中一切人、物、环境的状态管理与控制，安全管理是一种动态管理。施工现场的安全管理，主要是组织实施企业安全管理规划、指导、检查和决策，同时，又是保证生产处于最佳安全状态的根本环节。施工现场安全管理的内容，大体可归纳为安全组织管理，场地与设施管理，行为控制和安全技术管理4个方面，分别对生产中的人、物、环境的行为与状态，进行具体的管理与控制。为有效地将生产因素的状态控制好，实施安全管理过程中，必须正确处理5种关系，坚持安全基本管理原则。

1. 正确处理5种关系

1) 安全与危险并存

安全与危险在同一事物的运动中是相互对立的，相互依赖而存在的。因为有危险，才要进行安全管理，以防止危险。安全与危险并非是等量并存、平静相处。随着事物的运动变化，安全与危险每时每刻都在变化着，进行着此消彼长的斗争。事物的状态将向斗争的胜方倾斜。可见，在事物的运动中，都不会存在绝对的安全或危险。保持生产的安全状态，必须采取多种措施，以预防为主，危险因素是完全可以控制的。危险因素是客观的存在于事物运动之中的，自然是可知的，也是可控的。

2) 安全与生产的统一

生产是人类社会存在和发展的基础。如果生产中人、物、环境都处于危险状态，则生产无法顺利进行。因此，安全是生产的客观要求，自然，当生产完全停止，安全也就失去意义。就生产的目的性来说，组织好安全生产就是对国家、人民和社会最大的负责。生产有了安全保障，才能持续、稳定发展。生产活动中事故层出不穷，生产势必陷于混乱、甚至瘫痪状态。当生产与安全发生矛盾、危及职工生命或国家财产时，生产活动停下来整治、消除危险因素以后，生产形势会变得更好。"安全第一"的提法，决非把安全摆到生产之上，忽视安全自然是一种错误。

3) 安全与质量的包含

从广义上看，质量包含安全工作质量，安全概念也内含着质量，交互作用，互为因果。安全第一，质量第一，两个第一并不矛盾。安全第一是从保护生产因素的角度提出的，而质量第一则是从关心产品成果的角度而强调的。安全为质量服务，质量需要安全保证。生产过程丢掉哪一头，都要陷于失控状态。

4) 安全与速度互保

生产的蛮干、乱干，在侥幸中求得的快，缺乏真实与可靠，一旦酿成不幸，非但无速度可言，反而会延误时间。速度应以安全作保障，安全就是速度。我们应追求安全加速度，竭力避免安全减速度。安全与速度成正比例关系。一味强调速度，置安全于不顾的做法，是极其有害的。当速度与安全发生矛盾时，暂时减缓速度，保证安全才是正确的做法。

5) 安全与效益的兼顾

安全技术措施的实施，定会改善劳动条件，调动职工的积极性，焕发劳动热情，带来经济效益，足以使原来的投入得以补偿。从这个意义上说，安全与效益完全是一致的，安全促进了效益的增长。在安全管理中，投入要适度、适当，精打细算，统筹安排。既要保证安全生产，又要经济合理，还要考虑力所能及。

2. 安全管理基本原则

1) 管生产同时管安全

安全寓于生产之中，并对生产发挥促进与保证作用。因此，安全与生产虽有时会出现矛盾，但从安全、生产管理的目标、目的，表现出高度的一致和完全的统一。安全管理是生产管理的重要组成部分，安全与生产在实施过程，两者存在着密切的联系，存在着进行共同管理的基础。管生产同时管安全，不仅是对各级领导人员明确安全管理责任，同时，也向一切与生产有关的机构、人员，明确了业务范围内的安全管理责任。由此可见，一切与生产有关的机构、人员，都必须参与安全管理并在管理中承担责任。认为安全管理只是安全部门的事，是一种片面的、错误的认识。各级人员安全生产责任制度的建立，管理责任的落实，体现了管生产同时管安全。

2) 坚持安全管理的目的性

安全管理的内容是对生产中的人、物、环境因素状态的管理，有效地控制人的不安全行为和物的不安全状态，消除或避免事故，达到保护劳动者的安全与健康的目的。没有明确目的的安全管理是一种盲目行为。盲目的安全管理，充其量只能算作花架子，劳民伤财，危险因素依然存在。在一定意义上，盲目的安全管理，只能纵容威胁人的安全与健康的状态，向更为严重的方向发展或转化。

3) 必须贯彻预防为主的方针

安全第一是从保护生产力的角度和高度，表明在生产范围内，安全与生产的关系，肯定安全在生产活动中的位置和重要性。进行安全管理不是处理事故，而是在生产活动中，针对生产的特点，对生产因素采取管理措施，有效的控制不安全因素的发展与扩大，把可能发生的事故，消灭在萌芽状态，以保证生产活动中，人的安全与健康。贯彻预防为主，首先要端正对生产中不安全因素的认识，端正消除不安全因素的态度，选准消除不安全因素的时机。在安排与布置生产内容的时候，针对施工生产中可能出现的危险因素，采取措施予以消除是最佳选择。在生产活动过程中，经常检查，及时发现不安全因素，采取措施，明确责任，尽快地、坚决地予以消除，是安全管理应有的鲜明态度。

4) 坚持"四全"动态管理

安全管理不是少数人和安全机构的事，而是一切与生产有关的人共同的事。缺乏全员的参与，安全管理不会有生气，不会出现好的管理效果。当然，这并非否定安全管理第一责任人和安全机构的作用。生产组织者在安全管理中的作用固然重要，全员性参与管理也十分重要。安全管理涉及生产活动的方方面面，涉及从开工到竣工交付的全部生产过程，涉及全部的生产时间，涉及一切变化着的生产因素。因此，生产活动中必须坚持全员、全过程、全方位、全天候的动态安全管理。只抓住一时一事、一点一滴、简单草率、一阵风式的安全管理，是走过场、形式主义，不是我们提倡的安全管理作风。

5) 安全管理重在控制

进行安全管理的目的是预防、消灭事故，防止或消除事故伤害，保护劳动者的安全与健康。在安全管理的 4 项主要内容中，虽然都是为了达到安全管理的目的，但是对生产因素状态的控制，与安全管理目的关系更直接，显得更为突出。因此，对生产中人的不安全行为和物的不安全状态的控制，必须看做是动态的安全管理的重点。事故的发生，是由于人的不安全行为运动轨迹与物的不安全状态运动轨迹的交叉。从事故发生的原理，也说明了对生产因素状态的控制，应该当做安全管理重点，而不能把约束当做安全管理的重点，这是因为约束缺乏带有强制性的手段。

6）在管理中发展、提高

既然安全管理是在变化着的生产活动中的管理，是一种动态，其管理就意味着是不断发展的、不断变化的，以适应变化的生产活动，消除新的危险因素。然而更为需要的是不间断地摸索新的规律，总结管理、控制的办法与经验，指导新的变化后的管理，从而使安全管理不断地上升到新的高度。

7）"三同时"原则

指生产经营单位在对新建、改建、扩建工程和技术改造工程项目中，劳动安全卫生设施与主体工程同时设计、同时施工、同时投入和使用。这一原则要求生产建设工程项目在投产使用时，必须要有相应符合国家规定标准的劳动安全卫生设施与之配套使用，使劳动条件符合安全卫生要求。

8）"三级安全教育"原则

是指对于新入厂的员工按照国家的有关规定首先经过公司级、部门级和班组级安全教育并经考核合格后才能上岗作业，未经三级安全教育不得上岗作业。建筑工地三级安全教育是指公司、项目经理部、施工班组 3 个层次的安全教育，三级安全教育是安全工作的一项基本制度。

此外还有"3E"原则：安全技术、安全教育、安全管理原则。

1.2.4 安全管理的范围

安全管理的中心问题，是保护生产活动中，人的安全与健康，保证生产顺利进行。宏观的安全管理包括劳动保护、安全技术和工业卫生，相互联系又相互独立的 3 个方面。

（1）劳动保护侧重于以政策、规程、条例、制度等形式规范操作或管理行为，从而使劳动者的劳动安全与身体健康，得到应有的法律保障。

（2）安全技术侧重对"劳动手段和劳动对象"的管理。包括预防伤亡事故的工程技术和安全技术规范、技术规定、标准、条例等，以规范物的状态，减轻或消除对人的危险。

（3）工业卫生着重工业生产中高温、粉尘、振动、噪声、毒物的管理。通过防护、医疗、保健等措施，防止劳动者的安全与健康，受到有害因素的危害。

从生产管理的角度，安全管理应概括为：在进行生产管理的同时，通过采用计划、组织、技术等手段，依据并适应生产中人、物、环境因素的运动规律，使其积极方面充分发挥，而又利于控制事故不致发生的一切管理活动。如在生产管理过程实行作业标准化，组织安全专检，安全、合理地进行作业现场布置，推行安全操作资格确认制度，建立与完善安全生产管理制度等。

针对生产中人、物或环境因素的状态，有侧重采取控制人的具体不安全行为或物和环境的具体不安全状态的措施，往往会收到较好的效果。这种具体的安全控制措施，是实现安全管理的有力的保障。

1.2.5　施工安全控制

1. 施工安全控制的特点

1）控制面广

由于建设工程规模较大，生产工艺复杂、工序多，在建造过程中流动作业多，高处作业多，作业位置多变，遇到的不确定因素多，安全控制工作涉及范围大，控制面广。

2）控制的动态性

（1）由于建设工程项目的单件性，使得每项工程所处的条件不同，所面临的危险因素和防范措施也会有所改变，员工在转移工地后，熟悉一个新的工作环境需要一定的时间，有些工作制度和安全技术措施也会有所调整，员工同样有个熟悉的过程。

（2）建设工程项目施工的分散性。因为现场施工是分散于施工现场的各个部位，尽管有各种规章制度和安全技术交底的环节，但是面对具体的生产环境时，仍然需要自己的判断和处理，有经验的人员还必须适应不断变化的情况。

3）控制系统交叉性

建设工程项目是开放系统，受自然环境和社会环境影响很大，安全控制需要把工程系统和环境系统及社会系统结合。

4）控制的严谨性

安全状态具有触发性，其控制措施必须严谨，一旦失控，就会造成损失和伤害。

2. 施工安全控制的目标

施工安全控制的目标是减少和消除生产过程中的事故，保证人员健康安全和财产免受损失。具体可包括以下几个目标：

（1）减少或消除人的不安全行为的目标。

（2）减少或消除设备、材料的不安全状态的目标。

（3）改善生产环境和保护自然环境的目标。

（4）安全管理的目标。安全管理的目标又包括生产安全事故控制指标，安全生产隐患治理目标，以及安全生产、文明施工管理目标等，安全管理目标应予量化。

① 生产安全事故控制指标：杜绝死亡、避免重伤，一般事故应有控制指标。

② 安全达标目标：根据工程特点，按部位制定安全达标的具体目标。

③ 文明施工实现目标：根据作业条件的要求，制定文明施工的具体方案和实现文明工地的目标。

3. 施工安全控制的程序

施工安全控制的程序如图1.9所示。

（1）确定项目的安全目标。按"目标管理"方法在以项目经理为首的项目管理系统内进行分解，从而确定每个岗位的安全目标，实现全员安全控制。

（2）编制项目安全技术措施计划。对生产过程中的不安全因素，用技术手段加以消除和控制，并用文件化的方式表示，这是落实"预防为主"方针的具体体现，是进行工程项目安全控制的指导性文件。

（3）安全技术措施计划的落实和实施。包括建立健全安全生产责任制、设置安全生产设施、进行安全教育和培训、沟通和交流信息、通过安全控制使生产作业的安全状况处于受控状态。

图 1.9　施工安全控制的程序

（4）安全技术措施计划的验证。包括安全检查、纠正不符合情况，并做好检查记录工作。根据实际情况补充和修改安全技术措施。

（5）持续改进，直至完成建设工程项目的所有工作。

4.施工安全控制的基本要求

（1）必须取得建设行政主管部门颁发的《安全生产许可证》后才可承揽业务。

（2）各类人员必须具备相应的执业资格才能上岗。

（3）所有新员工必须经过三级安全教育，即进厂、进车间和进班组的安全教育。

（4）特殊工种作业人员必须持有特种作业操作证，并严格按规定定期进行复查。

（5）对查出的安全隐患要做到"五定"，即定整改责任人、定整改措施、定整改完成时间、定整改完成人、定整改验收人。

（6）必须把好安全生产"六关"，即措施关、交底关、教育关、防护关、检查关、改进关。

（7）施工现场安全设施齐全，并符合国家及地方有关规定。

（8）施工机械（特别是现场安设的起重设备等）必须经安全检查合格后方可使用。

5.施工安全控制的方法

1）危险源辨识与风险评价

（1）危险源辨识的方法包括以下 2 个。

① 专家调查法。专家调查法是通过向有经验的专家咨询、调查，辨识、分析和评价危险源的一类方法，其优点是简便、易行，其缺点是受专家的知识、经验和占有资料的限制，可能出现遗漏。常用的有：头脑风暴法（Brainstorming）和德尔菲（Delphi）法。

头脑风暴法是通过专家创造性的思考，从而产生大量的观点、问题和议题的方法。其特点是多人讨论，集思广益，可以弥补个人判断的不足，常采取专家会议的方式来相互启发、交换意见，使危险、危害因素的辨识更加细致、具体。常用于目标比较单纯的议题，如果涉及面较广，包含因素多，可以分解目标，再对单一目标或简单目标使用本方法。

德尔菲法是采用背对背的方式对专家进行调查，其特点是避免了集体讨论中的从众性倾向，更代表专家的真实意见。要求对调查的各种意见进行汇总统计处理，再反馈给专家反复征求意见。

② 安全检查表（SCL）法。安全检查表（Safety Check List）实际上就是实施安全检查和诊断项目的明细表。运用已编制好的安全检查表，进行系统的安全检查，辨识工程项目存在的危险源。检查表的内容一般包括分类项目、检查内容及要求、检查以后处理意见等。可以用"是"、"否"作回答或"√"、"×"符号作标记，同时注明检查日期，并由检查人员和被检单位同时签字。

安全检查表法的优点是：简单易懂、容易掌握，可以事先组织专家编制检查项目，使安全检查做到系统化、完整化。缺点是一般只能做出定性评价。

（2）风险评价是评估危险源所带来的风险大小及确定风险是否可容许的全过程。根据评价结果对风险进行分级，按不同级别的风险有针对性地采取风险控制措施。以下介绍两种常用的风险评价方法。

① 方法1。将安全风险的大小用事故发生的可能性（p）与发生事故后果的严重程度（f）的乘积来衡量，即：

$$R = p \cdot f$$

式中 R——风险大小；

      p——事故发生的概率（频率）；

      f——事故后果的严重程度。

根据上述的估算结果，可按表1-1对风险的大小进行分级。

表1-1 风险分级表

后果（f） 风险级别（大小） 可能性（p）	轻度损失 （轻微伤害）	中度损失 （伤害）	重大损失 （严重伤害）
很大	Ⅲ	Ⅳ	Ⅴ
中等	Ⅱ	Ⅲ	Ⅳ
极小	Ⅰ	Ⅱ	Ⅲ

表中：Ⅰ—可忽略风险；Ⅱ—可容许风险；Ⅲ—中度风险；Ⅳ—重大风险；Ⅴ—不容许风险。

② 方法2。将可能造成安全风险的大小用事故发生的可能性（L）、人员暴露于危险环境中的频繁程度（E）和事故后果（C）3个自变量的乘积衡量，即：

$$S = L \cdot E \cdot C$$

式中 S——风险大小；

      L——事故发生的可能性，按表1-2所给的定义取值；

      E——人员暴露于危险环境中的频繁程度，按1-3所给的定义取值；

      C——事故后果的严重程度，按表1-4所给的定义取值。

此方法因为引用了 L、E、C 3 个自变量，故也称为 LEC 方法。

表 1-2 事故发生的可能性(L)

分数值	事故发生的可能性	分数值	事故发生的可能性
10	必然发生的	0.5	很不可能，可以设想
6	相当可能	0.2	极不可能
3	可能，但不经常	0.1	实际不可能
1	可能性极小，完全意外		

表 1-3 暴露于危险环境中的频繁程度(E)

分数值	人员暴露于危险环境中的频繁程度	分数值	人员暴露于危险环境中的频繁程度
10	连续暴露	2	每月一次暴露
6	每天工作时间暴露	1	每年几次暴露
3	每周一次暴露	0.5	非常罕见的暴露

表 1-4 发生事故产生的后果(C)

分数值	事故发生造成的后果	分数值	事故发生造成的后果
100	大灾难，许多人死亡	7	严重，重伤
40	灾难，多人死亡	3	较严重，受伤较重
15	非常严重，一人死亡	1	引人关注，轻伤

根据经验，危险性(S)的值在 20 分以下为可忽略风险；危险性分值在 20～70 分之间为可容许风险；危险性分值在 70～160 分之间为中度风险；危险性的值在 160～320 分之间为重大风险见表 1-5。当危险性值大于 320 分的为不容许风险。

表 1-5 危险性等级划分

危险性量值(S)	危险程度	危险性量值(S)	危险程度
≥320	不容许风险，不能继续作业	20～70	可容许风险，需要注意
160～320	重大风险，需要立即整改	≤20	可忽略风险，可以接受
70～160	中度风险，需要整改		

2）危险源的控制方法

(1) 第一类危险源的控制方法。

① 防止事故发生的方法：消除危险源、限制能量或危险物质、隔离。

② 避免或减少事故损失的方法：隔离、个体防护、设置薄弱环节、使能量或危险物质按人们的意图释放、避难与援救措施。

(2) 第二类危险源的控制方法。

① 减少故障。增加安全系数、提高可靠性、设置安全监控系统。

② 故障安全设计。包括故障消极方案（即故障发生后，设备、系统处于最低能量状态，直到采取校正措施之前不能运转）；故障积极方案（即故障发生后，在没有采取校正措

施之前使系统、设备处于安全的能量状态之下）；故障正常方案（即保证在采取校正行动之前，设备、系统正常发挥功能）。

3）危险源控制的策划原则

（1）尽可能完全消除有不可接受风险的危险源，如用安全品取代危险品。

（2）如果是不可能消除有重大风险的危险源，应努力采取降低风险的措施，如使用低压电器等。

（3）在条件允许时，应使工作适合于人，如考虑降低人的精神压力和体能消耗。

（4）应尽可能利用技术进步来改善安全控制措施。

（5）应考虑保护每个工作人员的措施。

（6）将技术管理与程序控制结合起来。

（7）应考虑引入诸如机械安全防护装置的维护计划的要求。

（8）在各种措施还不能绝对保证安全的情况下，作为最终手段，还应考虑使用个人防护用品。

（9）应有可行、有效的应急方案。

（10）预防性测定指标是否符合监视控制措施计划的要求。

不同的组织可根据不同的风险量选择适合的控制策略。风险控制策划见表1-6。

表1-6 风险控制策划

风 险	措 施
可忽略的	不采取措施且不必保留文件记录
可容许的	不需要另外的控制措施，应考虑投资效果更佳的解决方案或不增加额外成本的改进措施，需要监视来确保控制措施得以维持
中度的	应努力降低风险，但应仔细测定并限定预防成本，并在规定的时间期限内实现降低风险的措施。在中度风险与严重伤害后果相关的场合，必须进一步地评价，以更准确地确定伤害的可能性，以确定是否需要改进控制措施
重大的	直至风险降低后才能开始工作。为降低风险有时必须配给大量的资源。当风险涉及正在进行中的工作时，就应采取应急措施
不容许的	只有当风险已经降低时，才能开始或继续工作。如果无限的资源投入也不能降低风险，就必须禁止工作

1.2.6 安全控制理论

1. 海因里希事故因果连锁论

海因里希提出事故因果连锁论是用来阐明导致伤害事故各种原因因素及与伤害间关系，认为人的不安全行为和物的不安全状态是事故发生的直接原因，伤亡事故是由于5个因素即社会环境、人的过失、不安全行为或物的不安全状态、事故、伤亡，按顺序发展的结果，如多米诺骨牌一样发生连锁反应。假如移去一颗骨牌（人的不安全行为），则伤害就不会发生。

事故的因果连锁理论认为：人员伤亡的发生是事故的结果；事故发生是由于人的不安全行为和物的不安全状态造成的；人的不安全行为或物的不安全状态是由于人的缺点造成

的；人的缺点是由不良社会环境诱发，或者是由于先天的遗传因素造成的。构成事故5个因素包括以下内容。

(1) 遗传及社会环境。遗传因素可能造成鲁莽、固执的性格；社会环境因素可能妨碍教育、助长性格上的缺点发展。

(2) 人的缺点。人的缺点是指先天的缺点有鲁莽、固执、过激、神经质、轻率等；后天的缺点有缺乏安全生产知识和技能等。

(3) 人的不安全行为或物的不安全状态。人的不安全行为或物的不安全状态是指那些曾经引起事故或可能引起事故的人的行为或机械设备、物料的状态。

(4) 事故。事故是由于物体、物质、人或放射线的作用或反作用，使人员受到伤害或可能受到伤害的，出乎意外的，失去控制的事件。

(5) 伤害。伤害是由于事故产生的人身伤害。

海因里希认为：企业安全工作的中心就是防止人的不安全行为，消除建设机械等物的不安全状态，中断事故连锁的进程而避免事故的发生。

2. 现代事故因果连锁（博德 Frank Bird）

强调管理因素作为背后的原因，在事故中的重要作用，人的不安全行为或物的不安全状态是造成工程事故的直接原因，必须追究；但是它们只不过是其背后深层原因的征兆，是管理上缺陷的反映，只有找出深层的背后的原因，改进企业安全管理，才能有效地防止事故。

1) 控制不足管理

现代事故因果连锁中一个最重要的因素是安全管理。安全管理者应该懂得管理的基本理论和原则。控制是管理机制（计划、组织、指导、协调及控制）中的一种机能。安全管理中的控制是指损失控制，包括人的不安全行为，物的不安全状态的控制。它就是安全管理工作的核心。

2) 基本原因起源论

为了从根本上预防事故，必须查明事故的基本原因，并针对查明的基本原因采取对策。基本原因包括个人原因和工作条件的原因。个人原因包括缺乏知识或技能，动机不正确，身体上或精力上的问题。工作条件的原因包括操作规程不合适，设备、材料不合格，施工环境差等因素。只有找出这些基本原因，才能有效地控制事故的发生。

3) 直接原因征兆

不安全行为或不安全状态是事故的直接原因。但是，直接原因不过是像基本原因那样，是深层原因的征兆的一种表面的现象。在实际工作中，如果只抓住了作为表面现象的直接原因而不追究其背后隐藏的深层原因，就永远不能从根本上杜绝事故的发生。

4) 事故接触

从实用的目的出发，往往把事故定义为最终导致人员伤亡，财物的损失，不希望发生的事件。但是，越来越多的安全专业人员从能量的观点把事故看成是人的身体或构筑物，设备与超过其最大值的能量的接触；或人体与妨碍正常生理活动的物质的接触。于是，防止事故就是防止接触。为了防止接触，可以通过改进装置，材料及设施防止能量释放；通过训练提高工人识别危险的能力，佩戴个人保护用品等来实现。

5) 伤害、损坏、损失

伤害包括工伤、职业病以及对人员精神方面、神经方面全身心的不利影响。人员伤害及财产损坏统称为损失。在许多情况下，采取恰当的措施，使事故造成的损失最大限度地减少。如对受伤人员进行正确地迅速抢救等。

特别提示

如果我们把人的不安全行为与物的不安全状态统称为现场失误；把企业领导和安全工作人员的管理欠缺统称为管理失误，那么，现代事故因果连锁理论的核心在于对现场失误的背后原因进行了深入的研究，现场失误是由管理失误造成的。

3. 能量意外释放理论

大多数伤亡事故都是因为过剩的能量，或干扰人体与外界正常能量交换的危险物质的意外释放而引起的。这种过量的能量或危险物质的释放，都是由于人的不安全行为或物的不安全状态所造成。即人的不安全行为或物的不安全状态使得能量或危险物质失去了控制，是能量或危险物质释放的导火线。各种形式的能量是构成伤害的直接原因。能量一般分为势能、动能、化学能、电能、原子能、辐射能、声能、生物能等。

为了防止事故的发生，可以通过技术改进来防止能量意外释放；通过教育、训练来提高职工识别危险的能力；通过佩戴个人防护用品来避免伤害。具体有以下措施：用安全的能源代替不安全的能源；限制能量；防止能量积蓄(如建筑物的避雷装置等)；缓慢地释放能量(如减压装置等)；设置屏蔽措施(如设置安全围栏，安全网等)；在时间或空间上把能量与人隔离；信息形式屏蔽(如挂安全警告牌等)。

4. 轨迹交叉论

一起事故的发生，除了人的不安全行为之外，一定存在着某种物的不安全状态，只有两种因素同时出现，才能发生事故。轨迹交叉论认为，在事故发展进程中人的因素的运动轨迹与物的因素的运动轨迹的交点，就是事故发生的时间和空间。或者说人的不安全行为和物的不安全状态发生于同一时间、同一空间，或者说两者相遇，则在此时间、空间发生事故。

特别提示

作为一种事故致因理论，强调人的因素和物的因素在事故致因中占有同样重要的地位。按照该理论，可以通过避免人与物两种状态同时出现来预防事故的发生。

人的因素运动轨迹，由于遗传、社会环境或管理缺陷原因造成心理上、生理上的弱点，安全意识低下，缺乏知识和技能引发人的不安全行为。

物的因素运动轨迹，由于设计、制造缺陷、使用、维护、保养过程中潜在的故障、毛病等引起物的不安全状态。

1.2.7 安全警示标志

安全警示标志包括：安全色和安全标志。

(1) 安全色的定义。安全色标是特定的表达安全信息含义的颜色和标志。它以形象而醒目的信息语言向人们提供表达禁止、警告、指令、提示等安全信息。包括红色、黄色、蓝色和绿色。

① 红色。它很醒目，使人们在心理上会产生兴奋和刺激性，红色光光波较长，不易被尘雾所散射，在较远的地方也容易辨认，即红色的注目性非常高，视认性也很好，因此用其表示危险、禁止和紧急停止的信号。

② 黄色。它对人眼能产生比红色更高的明度，黄色与黑色组成的条纹是视认性最高的色彩，特别能引起人们的注意，因此被选用为警告色。凡是警告人们注意的器件、设备及环境应以黄色表示。

③ 蓝色。它的注目性和视认性虽然都不太好，但与白色相配合使用效果不错，特别是太阳光直射的情况下较明显，因而被选用为指令标志的颜色，要求人们必须遵守的规定。

④ 绿色。它的视认性和注目性虽然不高，但绿色是新鲜、年轻、青春的象征，具有和平、永远、生长、安全等心理效应，因此用绿色表示给人们提供允许、安全的信息。

(2) 对比色是使安全色更加醒目的反衬色，包括黑、白两种颜色。

① 红色与白色相间条纹。表示禁止人们进入危险的环境。

② 黄色与黑色相间条纹。表示提示人们特别注意的意思。

③ 蓝色与白色相间条纹。表示必须遵守规定的条纹。

④ 绿色与白色相间条纹。与提示标志牌同时使用，更为醒目的提示人们。

(3) 安全标志的分类。禁止标志、警告标志、指令标志和提示标志 4 类，如图 1.10～图 1.13 所示。

(a) 禁止停留　(b) 禁止堆放　(c) 禁止乘人　(d) 禁止攀登

(e) 禁止吸烟　(f) 禁止跨越　(g) 禁止抛物　(h) 禁止合闸

(i) 禁止放易燃物　(j) 禁止通行　(k) 禁止烟火

图 1.10　禁止标志

禁止标志是禁止人们不安全行为的图形标志，其基本形状是带斜杠的圆边框，如图1.10 所示。圆环和斜杠为红色，图形符号为黑色，衬底为白色。

警告标志的基本含义是提醒人们对周围环境引起注意，以避免可能发生危险的图形标志。警告标志的基本形式是正三角形边框如图 1.11 所示。三角形边框及图形为黑色，衬底为黄色。

(a) 当心拌倒　(b) 当心塌方　(c) 当心掉物　(d) 当心滑跌

(e) 当心坑洞　(f) 当心坠落　(g) 当心落物　(h) 当心触电

(i) 当心电缆　(j) 当心扎脚　(k) 当心火灾

图 1.11　警告标志

指令标志是强调人们必须做出某种动作或采取防范措施的图形标志。指令标志的基本形式是圆形边框如图 1.12 所示。图形符号为白色，衬底为蓝色。

(a) 必须系安全带　(b) 必须戴安全帽　(c) 必须戴防尘口罩

图 1.12　指令标志

提示标志的含义是向人们提供某种信息（如表明安全设施或场所）的图形标志。提示标志的基本形式是正方形边框（如图 1.13 所示）。图形符号为白色，衬底为绿色。

（4）使用安全标志的相关规定。安全标志在安全技术管理中的作用非常重要。在设置安全标志方面，相关法律法规已有很多规定。如《中华人民共和国安全生产法》第 28 条规定，生产

(a) 紧急出口　(b) 可动火区

图 1.13　提示标志

经营单位应当在有较大危险因素的生产经营场所和有关设施、设备上，设置明显的安全警示标志。《建筑安全生产管理条例》第 28 条规定，施工单位应当在施工现场入口处、施工起重机械、临时用电设施、脚手架、出入通道口、楼梯口、电梯井口、空洞口、桥梁口、隧道口、基坑边缘、爆破物及有害危险气体和液体存放处等危险部位，设置明显安全标志。安全标志必须符合国家有关标准。第 26 条规定，违反本条例的规定，施工单位有下列行为之一的，责令限期整改；逾期未改正，责令停业整改，依照《中华人民共和国安全生产法》的有关规定处以罚款；造成重大安全事故，构成犯罪的，对直接责任人员，依照刑法有关规定追究刑事责任。如未在施工现场危险部位设置明显的安全警示标志，或者未按照国家有关规定在施工现场设置消防通道、消防水源、配备消防设施和灭火器材的。

（5）施工现场安全标志的设置要求。

① 施工现场醒目处设置注意安全、禁止吸烟、必须系安全带、必须戴安全帽、必须穿防护服等标志。

② 施工现场及道路坑、沟、洞处设置当心坑洞标志。

③ 施工现场较宽的沟、坑及高空分离处设置禁止跨越标志。

④ 未固定设备、未经验收合格的脚手架及未安装牢固的构件设置禁止攀登、禁止架梯等标志。

⑤ 吊装作业区域设置警戒标志线并设置禁止通行、禁止入内、禁止停留、当心吊物、当心落物、当心坠落等标志。

⑥ 高处作业、多层作业下方设置禁止通行、禁放易燃物、禁止停留等标志。

⑦ 高处通道及地面安全通道设置安全通道标志。

⑧ 高处作业位置设置必须系安全带、禁止抛物、当心坠落、当心落物等标志。

⑨ 梯子入口及高空梯子通道设立注意安全、当心滑跌、当心坠落等标志。

⑩ 电源及配电箱设置当心触电等标志

⑪ 电器设备试检验或接线操作时，设置有人操作、禁止合闸等标志。

⑫ 临时电缆（地面或架空）设置当心电缆标志。

⑬ 氧气瓶、乙炔瓶存放点设置禁止烟火、当心火灾等标志。

⑭ 仓库及临时存放易燃易爆物品地点设置禁止吸烟、禁止火种等标志。

⑮ 射线作业按规定设置安全警戒标志线，并设置当心电离辐射标志。

⑯ 滚、剪板等机械设备设立当心设备伤人、注意安全等标志。

⑰ 施工道路设立当心车辆及其他限速、限载等标志。

⑱ 施工现场及办公室设置火灾报警电话标志。

⑲ 施工现场"四口"作业处应设置防护栏杆并设置当心滑跌、当心坠落等标志。

⑳ 紧急集合点标志。

1.3　建筑工程职业健康安全与环境管理的特点

施工现场是施工生产因素的集中点，其动态特点是多工种立体作业，生产设施的临时性，作业环境多变性，人机的流动性。施工现场中直接从事生产作业的人密集，机、料集中，存在着多种危险因素。因此，施工现场属于事故多发的作业现场。以下是建筑工程职业健康安全与环境管理的特点。

（1）建筑产品的固定性和生产的流动性及受外部环境影响因素多，决定了职业健康安全与环境管理的复杂性。

① 建筑产品生产过程中生产人员、工具与设备的流动性，主要表现为以下几个方面。

a. 同一工地不同建筑之间流动。

b. 同一建筑不同建筑部位上流动。

c. 一个建筑工程项目完成后，又要向另一新项目动迁的流动。

② 建筑产品受不同外部环境影响的因素多，主要表现为以下几个方面。

a. 露天作业多。

b. 气候条件变化的影响。

c. 工程地质和水文条件的变化。

d. 地理条件和地域资源的影响。

由于生产人员、工具和设备的交叉和流动作业，受不同外部环境的影响因素多，使健康安全与环境管理很复杂，稍有考虑不周就会出现问题。

（2）产品的多样性和生产的单件性决定了职业健康安全与环境管理的多样性。

建筑产品的多样性决定了生产的单件性。每一个建筑产品都要根据其特定要求进行施工，主要表现如下。

① 不能按同一图纸、同一施工工艺、同一生产设备进行批量重复生产。

② 施工生产组织及机构变动频繁，生产经营的"一次性"特征特别突出。

③ 生产过程中试验性研究课题多，所碰到的新技术、新工艺、新设备、新材料给职业健康安全与环境管理带来不少难题。

因此，对于每个建设工程项目都要根据其实际情况，制订健康安全与环境管理计划，不可相互套用。

（3）产品生产过程的连续性和分工性决定了职业健康安全与环境管理的协调性。

建筑产品不能像其他许多工业产品一样可以分解为若干部分同时生产，而必须在同一固定场地按严格程序连续生产，上一道程序不完成，下一道程序不能进行（如基础→主体→屋顶），上一道工序生产的结果往往会被下一道工序所掩盖，而且每一道程序由不同的人员和单位来完成。因此，在职业健康安全与环境管理中要求各单位和各专业人员横向配合和协调，共同注意产品生产过程接口部分的健康安全和环境管理的协调性。

（4）产品的委托性决定了职业健康安全与环境管理的不符合性。

建筑产品在建造前就确定了买主，按建设单位特定的要求委托进行生产建造。而建设工程市场在供大于求的情况下，业主经常会压低标价，造成产品的生产单位对健康安全与环境管理的费用投入的减少，不符合健康安全与环境管理有关规定的现象时有发生。这就要建设单位和生产组织都必须重视对健康安全和环保费用的投入，不可不符合健康安全与环境管理的要求。

（5）产品生产的阶段性决定职业健康安全与环境管理的持续性。一个建设工程项目从立项到投产使用要经历5个阶段，即设计前的准备阶段（包括项目的可行性研究和立项）、设计阶段、施工阶段、使用前的准备阶段（包括竣工验收和试运行）、保修阶段。这5个阶段都要十分重视项目的安全和环境问题，持续不断地对项目各个阶段可能出现的安全和环境问题实施管理。否则，一旦在某个阶段出现安全问题和环境问题就会造成投资的巨大浪费，甚至造成工程项目建设的夭折。

（6）产品的时代性和社会性决定环境管理的多样性和经济性。

① 时代性。建设工程产品是时代政治、经济、文化、风俗的历史记录，表现了不同时代的艺术风格和科学文化水平，反映一定社会的、道德的、文化的、美学的艺术效果，成为可供人们观赏和旅游的景观。

② 社会性。建设工程产品是否适应可持续发展的要求，工程设计、施工质量的好坏，受益和受害不仅仅是使用者，而是整个社会，影响社会持续发展的环境。

③ 多样性。除了考虑各类建设工程（民用住宅、工业厂房、道路、桥梁、水库、管线、航道、码头、港口、医院、剧院、博物馆、园林、绿化等）的使用功能与环境相协调外，还应考虑各类工程产品的时代性和社会性要求，其涉及的环境因素多种多样，应逐一加以评价和分析。

④ 经济性。建设工程不仅应考虑建造成本的消耗，还应考虑其寿命期内的使用成本消耗。环境管理注重包括工程使用期内的成本，如能耗、水耗、维护、保养、改建更新的费用。并通过比较分析，判定工程是否符合经济要求，一般采用生命周期法作为对其进行管理的参考，另外环境管理要求节约资源，以减少资源消耗来降低环境污染，两者是完全一致的。

1.4　建筑施工现场安全生产的基本要求

经过多年工程实践经验的总结，我国制定了一系列行之有效的安全生产基本规章制度，主要的有以下内容。

1. 安全生产 6 大纪律

(1) 进入现场必须戴好安全帽，扣好帽带，并正确使用个人劳动防护用品。

(2) 2m 以上的高处悬空作业无安全设施的，必须戴好安全带、扣好保险钩。

(3) 高处作业时，不准往下或向上乱抛材料和物品。

(4) 各种电动机械设备必须有可靠有效的安全接零(地)和防雷装置，方可使用。

(5) 不懂电气和机械的人员，严禁使用和玩弄机电设备。

(6) 吊装区域非操作人员严禁入内，吊装机械必须完好，吊臂垂直下方严禁站人。

2. 施工现场"五要"

(1) 施工要围挡。

(2) 围挡要美化。

(3) 防护要齐全。

(4) 排水要有序。

(5) 图牌要规范。

3. 施工现场"十不准"

(1) 不准从正在起吊、运吊中的物件下通过。

(2) 不准从高处往下跳或奔跑作业。

(3) 不准在没有防护的外墙和外壁板等建筑物上行走。

(4) 不准站在小推车等不稳定的物体上操作。

(5) 不得攀登起重臂、绳索、脚手架、井字架、龙门架和随同运料的吊盘及吊装物上下。

(6) 不准进入挂有"禁止入内"或设有危险警示标志的区域、场所。

(7) 不准在重要的运输通道或上下行走通道上逗留。

(8) 未经允许不准私自进入非本单位作业区域或管理区域，尤其是存有易燃易爆物品的场所。

(9) 不准在无照明设施、无足够采光条件的区域、场所内行走、逗留和作业。

(10) 不准无关人员进入施工现场。

4. 安全生产"十大禁令"

(1) 严禁穿木屐、拖鞋、高跟鞋及不戴安全帽人员进入施工现场作业。

（2）严禁一切人员在提升架、提升机的吊篮下或吊物下作业、站立、行走。

（3）严禁非专业人员私自开动任何施工机械及驳接、拆除电线、电器。

（4）严禁在操作现场（包括车间、工地）玩耍、吵闹和从高处抛掷材料、工具、砖石等一切物件。

（5）严禁土方工程的掏空取土及不按规定放坡或不加支撑的深基坑开挖施工。

（6）严禁在不设栏杆或无其他安全措施的高处作业。

（7）严禁在未设安全措施的同一部位上同时进行上下交叉作业。

（8）严禁带小孩进入施工现场（包括车间、工地）作业。

（9）严禁在靠近高压电源的危险区域进行冒进作业及不穿绝缘鞋进行水磨石等作业，严禁用手直接提拿灯头。

（10）严禁在有危险品、易燃易爆品的场所和木工棚、仓库内吸烟、生火。

5.10项安全技术措施

（1）按规定使用"三宝"。

（2）机械、设备安全防护装置一定要齐全、有效。

（3）塔吊等起重设备必须有符合要求的安全保险装置，严禁带病运转、超载作业和使用中维护保养。

（4）架设用电线路必须符合相关规定，电器设备必须要有安全保护装置（接地、接零和防雷等）。

（5）电动机械和手动工具必须设置漏电保护装置。

（6）脚手架的材料及搭设必须符合相关技术规程的要求。

（7）各种揽风绳及其设施必须符合相关技术规程要求。

（8）在建工程的桩孔口、楼梯口、电梯口、通道口、预留孔洞口等必须设置安全防护设施。

（9）严禁赤脚、穿拖鞋或高跟鞋进入施工现场，高处作业不准穿硬底鞋和带钉及易滑的鞋。

（10）施工现场的危险区域应设安全警示标志，夜间要设红灯警示。

6. 防止违章操作和事故发生的10项操作规定

（1）新工人未经三级安全教育，复工换岗人员和进入新工地人员未经安全教育，不得上岗操作。

（2）特殊工种人员和机械操作工等未经专门的安全培训，无有效的安全操作证书，严禁施工操作。

（3）施工环境和专业对象情况不清，施工前无安全措施和安全技术交底，严禁操作。

（4）新技术、新工艺、新设备、新材料、新岗位无安全措施，未进行安全培训教育和交底，严禁操作。

（5）安全帽、安全带等作业所必需的个人防护用品不落实，不盲目操作。

（6）脚手架、吊篮、塔吊、井字架、龙门架、外用电梯、起重机械、电焊机、钢筋机械、木工机械、搅拌机、打桩机等设施设备和现浇混凝土模板支撑，搭设安装后，未经相关人员验收合格，并签字认可，严禁操作。

（7）作业场所安全防护措施不落实，安全隐患不排除，威胁人身和财产安全时，严禁操作。

（8）凡上级或管理干部违章指挥，有冒险作业情况时，不盲目操作。

（9）高处作业、带电作业、禁火区作业、易燃易爆作业、爆破性作业、有中毒或窒息危险的作业和科研实验等其他危险作业的，均应由上级指派，并经安全交底，未经指派批准、未经安全交底和无安全防护措施，不盲目操作。

（10）隐患未排除，有伤害自己、伤害他人或被他人伤害的不安全因素存在时，不盲目操作。

7. 防止触电伤害的 10 项基本安全操作要求

（1）非电工严禁私拆乱接电气线路、插头、插座、电气设备、电灯等。

（2）使用电气设备前必须检查线路、插头、插座、漏电保护装置是否完好。

（3）电气线路或机具发生故障时，应由电工处理，非电工不得自行修理或排除故障；对配电箱、开关箱进行检查、维修时，必须将其前一级相应的电源开关分闸断电，并悬挂停电标志牌，严禁带电作业。

（4）使用振捣器等手持电动机械和其他电动机械从事潮湿作业时，要由电工接好电源，安装漏电保护器，电压应符合要求，操作者必须穿戴好绝缘鞋、绝缘手套后再进行作业。

（5）搬迁或移动电气设备必须先切断电源。

（6）搬运钢筋、钢管及其他金属物时，严禁触碰到电线。

（7）禁止在电线上挂晒物料。

（8）禁止使用照明器取暖、烘烤，禁止擅自使用电炉等大功率电器和其他加热器。

（9）在架空输电线路附近施工时，应停止输电，不能停电时，应有隔离措施，并保持安全距离，防止触碰。

（10）电线不得在地面、施工楼面随意拖拉，若必须经过地面、楼面时，应有过路保护，人、车及物料不准踏、碾、磨电线。

8. 起重吊装"十不吊"规定(详见 5.1.8 塔式起重机的使用)

（1）指挥信号不明或违章指挥不吊。

（2）超载或吊物重量不明不吊。

（3）吊物捆扎不牢或零星物件不用盛器堆放稳妥、叠放不齐，不吊。

（4）吊物上有人或起重臂吊起的重物下面有人停留或行走，不吊。

（5）安全装置不灵不吊。

（6）埋在地下的物件不吊。

（7）光线阴暗、视线不清不吊。

（8）棱角物件无防护措施不吊。

（9）歪拉斜挂物件不吊。

（10）6 级以上强风作业不吊。

9. 防止机械伤害的"一禁、二必须、三定、四不准"

（1）严禁不懂电器和机械的人员使用和摆弄机电设备。

（2）机电设备应完好，必须有可靠有效的安全防护装置。

（3）机电设备停电、停工休息时，必须拉闸关机，开关箱按要求上锁。

（4）机电设备应做到定人操作、定人保养、定人检查。

（5）机电设备应做到定机管理、定期保养。

（6）机电设备应做到定岗位和岗位职责。

（7）机电设备不准带病运转。

（8）机电设备不准超负荷运转。

（9）机电设备不准在运转时维修保养。

（10）机电设备运行时，不准操作人员将手、头、身体伸入运转的机械行程范围内。

10. 气割、气焊的"十不烧"

（1）焊工必须持证上岗，无金属焊接、切割特种作业证书的人员，不准进行气割气焊作业。

（2）凡属一、二、三级动火范围的气割、气焊，未经办理动火审批手续，不准进行气割、气焊。

（3）焊工不了解气割、气焊现场周围的情况，不准进行气割、气焊。

（4）焊工不了解焊件内部是否安全时，不准进行气割、气焊。

（5）各种装过可燃性气体、易燃易爆液体和有毒物质的容器，未经彻底清洗或采取有效的安全防护措施之前，不准进行气割、气焊。

（6）用可燃材料作保温层、冷却层、隔热层的部位，或火星能溅到的地方，在未采取切实可靠的安全措施之前，不准气割、气焊。

（7）气割、气焊部位附近有易燃易爆物品，在未作清理或采取有效的安全措施之前，不准气割、气焊。

（8）有压力或封闭的管道、容器，不准气割、气焊。

（9）附近有与明火作业相抵触的工种作业时，不准气割、气焊。

（10）与外单位相连的部位，在没有弄清险情，或明知存在危险而未采取有效的安全防范措施之前，不准气割、气焊。

11. 防止车辆伤害的 10 项基本安全操作规定

（1）未经劳动、公安部门培训合格并持证上岗或不熟悉车辆性能的人员，严禁驾驶车辆。

（2）应坚持做好车辆的日常保养工作，车辆制动器、喇叭、转向系统、灯光等影响安全的部件如运作不良，不准出车。

（3）严禁翻斗车、自卸车车厢乘人，严禁人货混装，车辆载货应不超载、超高、超宽，捆扎应牢固可靠，应防止车内物体失稳跌落伤人。

（4）乘坐车辆应坐在安全处，头、手、身不得露出车厢外，要避免车辆启动、制动时跌倒。

（5）车辆进出施工现场，在场内掉头、倒车，在狭窄场地行驶时应有专人指挥。

（6）车辆进入施工现场要减速，并做到"四慢"即：道路情况不明要慢；线路不良要慢；起步、会车、停车要慢；在狭路、桥梁、弯路、坡路、岔道、行人拥挤地点及出入大门时要慢。

（7）在临近机动车道的作业区和脚手架等设施，以及在道路中的路障应加设安全色标、安全标志和防护措施，并要确保夜间有充足的照明。

（8）装卸车作业时，若车辆停在坡道上，应在车轮两侧用楔形木块加以固定。

（9）人员在场内机动车道应避免右侧行走，并做到不平排结队而行；避让车辆时，禁止避让于两车交会之中，不站于旁有堆物无法退让的死角。

（10）机动车辆不得牵引无制动装置的车辆，牵引物体时物体上不得有人，人不得进入正在牵引的物与车之间；坡道上牵引时，车和被牵引物下方不得有人停留和作业。

1.5 安全管理措施

安全管理是为施工项目实现安全生产开展的管理活动。施工现场的安全管理，重点是进行人的不安全行为与物的不安全状态的控制，落实安全管理决策与目标。以消除一切事故，避免事故伤害，减少事故损失为管理目的。安全控制是对某种具体的因素的约束与限制。是管理范围内的重要部分。安全管理措施是安全管理的方法与手段，管理的重点是对生产各因素状态的约束与控制。根据施工生产的特点，安全管理措施带有鲜明的行业特色。

完善安全生产管理体制，建立健全安全管理制度、安全管理机构和安全生产责任制是安全管理的重要内容，也是实现安全生产目标管理的组织保证。

为适应社会主义市场经济的需要，1993 年国务院将原来的"国家监察、行政管理、群众监督"的安全生产管理体制，发展和完善成为"企业负责、行业管理、国家监察、群众监督"。同时，又考虑到许多事故的发生原因，是由于劳动者不遵守安全生产规章制度、违章违纪而造成的，因此增加了"劳动者遵章守纪"这一条内容。国务院 2004 年 1 月 9 日颁发的《国务院关于进一步加强安全生产工作的决定》（国发［2004］2 号）中又指出：要构建全社会齐抓共管的安全生产工作格局，努力构建"政府统一领导、部门依法监管、企业全面负责、群众参与监督、全社会广泛支持"的安全生产工作格局。这样就建立起了更加符合社会主义市场经济条件下的安全生产管理体制。

根据《建筑施工企业安全生产管理规范》（GB 50656—20116)如下的规定。

（1）建筑施工企业应以安全生产责任制为核心，建立健全安全生产管理制度。

（2）建筑施工企业应建立安全生产教育培训、安全生产资金保障、安全生产技术管理、施工设施、设备及临时建(构)筑物的安全管理、分包(供)安全生产管理、施工现场安全管理、事故应急救援、生产安全事故管理、安全检查和改进、安全考核和奖惩等制度。

（3）建筑施工企业的各项安全管理制度应明确规定以下内容：①工作内容；②责任人（部门）的职责与权限；③基本工作程序及标准。

（4）建筑施工企业安全生产管理制度在企业生产经营状况、管理体制、有关法律法规发生变化时，应适时更新、修订完善。

1.5.1 安全生产责任制

1. 安全生产责任制的概念

安全生产责任制是各项安全管理制度的核心，是企业岗位责任制的一个重要组成部分，是企业安全管理中最基本的制度，是保障安全生产的重要组织措施。

安全生产责任制是根据"管生产必须管安全"，"安全生产、人人有责"等原则，明确规定各级领导、各职能部门、岗位、各工种人员在生产活动中应负的安全职责的管理制度。

2. 建立和实施安全生产责任制的目的

建立和实施安全生产责任制，可以把安全与生产从组织领导上统一起来，把管生产必须管安全的原则从制度上固定下来，从而增强各级人员的安全责任，使安全管理纵向到底，横向到边，专管成线，群管成网，责任明确，协调配合，共同努力，真正把安全生产工作落到实处。

3. 安全生产责任制的制定和实施原则及要求

制定和实施安全生产责任制应贯彻"安全第一、预防为主、综合治理"的安全生产方针，遵循"各级领导人员在管理生产的同时必须负责管理安全"原则。在计划、布置、检查、总结、评比生产的同时，计划、布置、检查、总结、评比安全。"安全生产、人人有责"和安全生产管理必须做到"纵向到底、横向到边"的原则按照国家颁发的《劳动法》、《建筑法》等法规和国家、地方、安全主管部门下发的有关安全生产责任制的规定要求做到安全生产的职责，责任合法明确，覆盖全员、全方位。

（1）建立、完善以项目经理为首的安全生产领导组织，有组织、有领导的开展安全管理活动。承担组织、领导安全生产的责任。

（2）建立各级人员安全生产责任制度，明确各级人员的安全责任。抓制度落实、抓责任落实，定期检查安全责任落实情况。

① 项目经理是施工项目安全管理第一责任人。

② 各级职能部门、人员，在各自业务范围内，对实现安全生产的要求负责。

③ 全员承担安全生产责任，建立安全生产责任制，从经理到工人的生产系统做到纵向到底，一环不漏。各职能部门、人员的安全生产责任做到横向到边，人人负责。

（3）施工单位要有安全生产许可证。特种作业人员坚持"持证上岗"。

（4）施工项目负责施工生产中物的状态审验与认可，承担物的状态漏验、失控的管理责任，接受由此而出现的经济损失。

📝 特别提示

有3个庙，这3个庙离河边都比较远。怎么解决吃水问题呢？第一个庙，和尚挑水的路比较长，一个人一天挑了一缸就累了，不干了。于是3个和尚商量，咱们来个接力赛吧，每人挑一段。第一个和尚从河边挑到半路停下来休息，第二个和尚继续挑，又转给第3个和尚，挑到缸边灌进去，空桶回来再接着挑。大家都不累，水很快就挑满了。这是协作的办法，也叫"机制创新"。第二个庙，老和尚把3个徒弟都叫来，说我们立下了新的庙规，要引进竞争机制。3个和尚都去挑水，谁挑得多，晚上吃饭加一道菜；谁水挑得少，吃白饭，没菜。3个和尚都拼命去挑，一会儿水就挑满了。这个办法叫做"管理创新"。第3个庙，3个小和尚商量，天天挑水太累，咱们想想办法。山上有竹子，把竹子砍下来连在一起，打通所有竹节，然后买了一个辘轳。第一个和尚把一桶水摇上去，第二个和尚专管倒水，第3个和尚在地上休息。3个人轮流换班，一会儿水就灌满了。这叫做"技术创新"。为什么会出现"3个和尚水多得吃不完"的新局面，厉老先生归结了3个方面：机制创新、管理创新、技术创新。以我的愚见，所有这些创新都不可能离开一条：让每个和尚都承担起责任，这是根本的根本。岗位作为承担安全责任的最小单位，需要系统地决定各个岗位的责任边界。安全责任的大小、范围，以岗位来确定。无论什么人，也无论他的身份、学识、资历，只要他在某一个岗位，他就应该承担这个岗位份内的安全责任。

4. 施工企业内部各级人员安全生产责任制

（1）施工企业的主要负责人的职责。

① 贯彻执行国家有关安全生产的方针政策和法规、规范。

② 建立、健全本单位的安全生产责任制，承担本单位安全生产的最终责任。

③ 组织制定本单位安全生产规章制度和操作规程。

④ 保证本单位安全生产投入的有效实施。

⑤ 督促、检查本单位的安全生产工作，及时消除安全事故隐患。

⑥ 组织制定并实施本单位的生产安全事故应急救援预案。

⑦ 及时、如实报告安全事故。

（2）技术负责人的职责。

① 贯彻执行国家有关安全生产的方针政策、法规和有关规范、标准，并组织落实。

② 组织编制和审批施工组织设计或专项施工组织设计。

③ 对新工艺、新技术、新材料的使用，负责审核其实施过程中的安全性，提出预防措施，组织编制相应的操作规程和交底工作。

④ 领导安全生产技术改进和研究项目。

⑤ 参与重大安全事故的调查，分析原因，提出纠正措施，并检查措施的落实，做到持续改进。

（3）财务负责人的职责。

保证安全生产的资金能做到专项专用，并检查资金的使用是否正确。

（4）工会的职责。

① 工会有权对违反安全生产法律、法规，侵犯员工合法权益的行为要求纠正。

② 发现违章指挥、强令冒险作业或者发现事故隐患时，有权提出解决的建议，单位应当及时研究答复。

③ 发现危及员工生命的情况时，有权建议组织员工撤离危险场所，单位必须立即处理。

④ 工会有权依法参加事故调查，向有关部门提出处理意见，并要求追究有关人员的责任。

（5）安全部门的职责。

① 贯彻执行安全生产的有关法规、标准和规定，做好安全生产的宣传教育工作。

② 参与施工组织设计和安全技术措施的编制，并组织进行定期和不定期的安全生产检查。对贯彻执行情况进行监督检查，发现问题及时改进。

③ 制止违章指挥和违章作业，遇有紧急情况有权暂停生产，并报告有关部门。

④ 推广总结先进经验，积极提出预防和纠正措施，使安全生产工作能持续改进。

⑤ 建立健全安全生产档案，定期进行统计分析，探索安全生产的规律。

（6）生产部门的职责。合理组织生产，遵守施工顺序，将安全所需的工序和资源排入计划。

（7）技术部门的职责。按照有关标准和安全生产要求编制施工组织设计，提出相应的措施，进行安全生产技术的改进和研究工作。

（8）设备材料采购部门的职责。保证所供应的设备安全技术性能可靠，具有必要的安全防护装置，按机械使用说明书的要求进行保养和检修，确保安全运行。所供应的材料和安全防护用品能确保质量。

（9）财务部门的职责。按照规定提供实现安全生产措施、安全教育培训、宣传的经费，并监督其合理使用。

（10）教育部门的职责。将安全生产教育列入培训计划，按工作需要组织各级员工的安全生产教育。

（11）劳务管理部门的职责。做好新员工上岗前培训、换岗培训，并考核培训的效果，组织特殊工种的取证工作。

（12）卫生部门的职责。定期对员工进行体格检查，发现有不适合现岗的员工要立即提出。要指导组织监测有毒有害作业场所的有害程度，提出职业病防治和改善卫生条件的措施。

（13）项目经理部的安全生产责任制的内容。项目经理应当由取得相应执业资格的人员担任，对建设工程项目的安全施工负责，其安全职责应包括：认真贯彻安全生产方针、政策、法规和各项规章制度，制定和执行安全生产管理办法，严格执行安全考核指标和安全生产奖惩办法，确保安全生产措施费用的有效使用，严格执行安全技术措施审批和施工安全技术措施交底制度；建设工程施工前，施工单位负责项目管理的技术人员应当对有关安全施工的技术要求向施工作业班组、作业人员作出详细说明，并由双方签字确认；施工中定期组织安全生产检查和分析，针对可能产生的安全隐患制定相应的预防措施；当施工过程中发生安全事故时，项目经理必须及时、如实，按安全事故处理的有关规定和程序上报和处置，并制定防止同类事故再次发生的措施。

（14）施工单位安全员的安全职责。对安全生产进行现场监督检查；发现安全事故隐患，应当及时向项目负责人和安全生产管理机构报告；对违章指挥、违章操作的，应当立即制止。

（15）作业队长安全职责应。向本工种作业人员进行安全技术措施交底，严格执行本工种安全技术操作规程，拒绝违章指挥；组织实施安全技术措施；作业前应对本次作业所使用的机具、设备、防护用具、设施及作业环境进行安全检查，消除安全隐患，检查安全标牌，是否按规定设置，标志方法和内容是否正确完整；组织班组开展安全活动，对作业人员进行安全操作规程培训，提高作业人员的安全意识，召开上岗前安全生产会；每周应进行安全讲评；当发生重大或恶性工伤事故时，应保护现场，立即上报并参与事故调查处理。

（16）作业人员安全职责。认真学习并严格执行安全技术操作规程，自觉遵守安全生产规章制度，执行安全技术交底和有关安全生产的规定；不违章作业；服从安全监督人员的指导，积极参加安全活动；爱护安全设施。

作业人员有权对施工现场的作业条件、作业程序和作业方式中存在的安全问题提出批评、检举和控告，有权对不安全作业提出意见；有权拒绝违章指挥和强令冒险作业，在施工中发生危及人身安全的紧急情况时，作业人员有权立即停止作业或者在采取必要的应急措施后撤离危险区域。

作业人员应当遵守安全施工的强制性标准、规章制度和操作规程，正确使用安全防护用具、机械设备等。

作业人员进入新的岗位或者新的施工现场前，应当接受安全生产教育培训。未经教育培训或者教育培训不合格的人员，不得上岗作业。垂直运输机械作业人员、安装拆卸工、爆破作业人员、起重信号工、登高架设人员等特种作业人员，必须按照有关规定经过专门的安全作业培训，并取得特种作业操作资格证书后，方可上岗作业。

作业人员应当努力学习安全技术，提高自我保护意识和自我保护能力。

（17）总包与分包单位安全生产责任制。实行施工总承包的建设工程，由总承包单位对施工现场的安全生产负总责。分包单位应当服从总承包单位的安全生产管理，分包单位不服从管理导致生产安全事故的，由分包单位承担主要责任。

总承包单位的安全责任如下。

① 总承包单位应当自行完成建设工程主体结构的施工。

② 总承包单位依法将建设工程分包给其他单位的，分包合同中应当明确各自的安全生产方的权利、义务。总承包单位和分包单位对分包工程的安全生产承担连带责任。

③ 建设工程实行总承包的，如发生事故，由总承包单位负责上报事故。

特别提示

有一句老话，叫"一个和尚挑水吃，两个和尚抬水吃，三个和尚没水吃"。之所以会出现这种局面，就是因为一个和尚的时候，他必须独自承担起供水的责任；两个和尚抬水的时候，每个人也都无法逃脱供水的责任；但是，三个和尚的时候，就会出现某一个和尚偷懒耍滑的情况。这就是问题的症结。

1.5.2　建设工程各方责任主体的安全责任

我国在 1998 年开始实施的《中华人民共和国建筑法》中就规定了有关部门和单位的安全生产责任。2003 年国务院通过并在 2004 年开始实施的《建设工程安全生产管理条例》对于各级部门和建设工程有关单位的安全责任有了更为明确的规定。主要有如下规定。

1. 建设单位的安全责任

（1）建设单位应当向施工单位提供施工现场及毗邻区域内供水、排水、供电、供气、供热、通信、广播电视等地下管线资料，气象和水文观测资料，相邻建筑物的构筑物、地下工程的有关资料，并保证资料的真实、准确、完整。

（2）建设单位不得对勘察、设计、施工、工程监理等单位提出不符合建设工程安全生产法律、法规和强制性标准规定的要求，不得压缩合同约定的工期。

（3）建设单位在编制工程概算时，应当确定建设工程安全作业环境及安全施工措施所需费用。

（4）建设单位不得明示或者暗示施工单位购买、租赁、使用不符合安全施工要求的安全防护用具、机械设备、施工机具及配件、消防设施和器材。

（5）建设单位在申请领取施工许可证时，应当提供建设工程有关安全施工措施的资料。

（6）依法批准开工报告的建设工程，建设单位应当自开工报告批准之日起 15 日内，将保证安全施工的措施报送建设工程所在地的县级以上地方人民政府建设行政主管部门或者其他有关部门备案。

（7）建设单位应当将拆除工程发包给具有相应资质等级的施工单位，并应在拆除工程施工 15 日前，将下列资料报送建设工程所在地的县级以上地方人民政府建设行政主管部门或者其他有关部门备案。

① 施工单位资质等级证明。

② 拟拆除建设物、构筑物及可能危及毗邻建筑的说明。

③ 拆除施工组织方案。

④ 堆放、清除废弃物的措施。

2．勘察单位的安全责任

（1）勘察单位应当按照法律、法规和工程建设强制性标准进行勘察，提供的勘察文件应当真实、准确，满足建设工程安全生产的需要。

（2）勘察单位在勘察作业时，应当严格执行操作规程，采取措施保证各类管线、设施和周边建筑物、构筑物的安全。

3．设计单位的安全责任

（1）设计单位应当按照法律、法规和工程建设强制性标准进行设计，防止因设计不合理导致安全生产事故的发生。设计单位和注册建筑师等注册执业人员应当对其设计负责。

（2）设计单位应当考虑施工安全操作和防护的需要，对涉及施工安全的重要部位和环节在设计文件中注明，并对防范生产事故提出指导意见。

（3）对于采用新结构、新材料、新工艺的建设工程和特殊结构的建设工程，设计单位应当在设计中提出保障施工作业人员安全和预防安全生产事故的措施建议。

4．工程监理单位的安全责任

（1）工程监理单位和监理工程师应当按照法律法规和工程建设强制性标准实施监理，并对建设工程安全生产承担监理责任。

（2）工程监理单位应当审查施工组织设计中的安全技术措施或者专项施工方案是否符合工程建设强制性标准。

（3）工程监理单位在实施监理过程中，发现存在安全事故隐患，应当要求施工单位整改；情况严重的，应当要求施工单位暂时停止施工，并及时报告建设单位。施工单位拒不整改或者不停止施工的，工程监理单位应当及时向有关主管部门报告。

5．施工单位的安全责任

（1）施工单位从事建设工程的新建、扩建、改建和拆除等活动，应当具备国家规定的注册资本、专业技术人员、技术装备和安全生产等条件，依法取得相应等级的资质证书，并在其资质等级许可的范围内承揽工程。

（2）施工单位主要负责人依法对本单位的安全生产工作全面负责。施工单位应当建立健全的安全生产责任制度和安全生产教育培训制度，制定安全生产规章制度和操作规程，对所承担的建设工程进行定期和专项安全检查，并做好安全检查记录。要保证本单位安全生产条件所需资金的投入，对于列入建设工程概算的安全作业环境及安全施工措施所需费用，应当说明用于施工安全防护用具及设施的采购和更新、安全施工措施的落实、安全生产条件的改善，不得挪作他用。

（3）施工单位应当设立安全生产管理机构，配备专职安全生产管理人员。

（4）施工单位应当在施工组织设计中编制安全技术措施和施工现场临时用电方案，对危险性较大的分部分项工程编制专项施工方案，并附具安全验算结果，经施工单位技术负责人、总监理工程师签字后实施，由专职安全生产管理人员进行现场监督；对超过一定规模的危险性较大工程的专项施工方案，施工单位还应当组织专家进行论证、审查。

（5）施工单位应当在施工现场入口处、施工起重机械、临时用电设施、脚手架、出入通道口、楼梯口、电梯井口、孔洞口、桥梁口、隧道口、基坑边沿、爆破物及有害危险气体和液体存放处等危险部位，设置明显的安全警示标志。安全警示标志必须符合国家标准。

（6）施工单位应当根据不同施工阶段和周围环境及季节、气候的变化，在施工现场采取相应的安全施工措施。施工现场暂时停止施工的，施工单位应当做好现场防护，所需要费用由责任方承担，或者按照合同约定执行。

（7）施工单位应当将施工现场的办公区、生活区与作业区分开设置，并保护安全距离，办公区、生活区的选址应当符合安全性要求。职工的膳食、饮水、休息场所等应当符合卫生标准。施工单位不得在尚未竣工的建筑物内设置员工集体宿舍。

（8）施工现场临时搭建的建筑物应当符合安全使用要求。施工现场使用的装配式活动房屋应当具有产品合格证。

（9）施工单位对因建设工程施工可能造成损害的毗邻建筑物、构筑物和地下管线等，应当采取专项防护措施。

（10）施工单位应当遵守有关环境保护法律、法规的规定，在施工现场采取措施，防止或者减少粉尘、废气、废水、固体废物、噪声、振动和施工照明对人和环境的危害和污染。

（11）在城市市区内的建设工程，施工单位应当对施工现场实行封闭围挡。

（12）施工单位应当在施工现场建立消防安全责任制度，确定消防安全责任人，制定用火、用电、使用易燃易爆材料等各项消防安全管理制度和操作规程，设置消防通道、消防水源，配备消防设施和灭火器材，并在施工现场入口处设置明显标志。

（13）施工单位应当向作业人员提供安全防护用具和安全防护服装，并书面告知危险岗位的操作规程和违章操作的危害。施工单位采购、租赁的安全防护用具、机械设备、施工机具及配件，应当具有生产（制造）许可证、产品合格证，并在进入施工现场前进行查验。

（14）施工现场的安全防护用具、机械设备、施工机具及配件必须由专人管理，定期进行检查、维修和保养，建立相应的资料档案，并按照国家有关规定及时报废。

（15）施工单位在使用施工起重机械和整体提升脚手架、模板等自升式架设设施前，应当组织有关单位进行验收，也可以委托具有相应资质的检验检测机构进行验收；使用承担的机械设备和施工机具及配件的，由施工总承包单位、分包单位、出租单位和安装单位共同进行验收，验收合格的方可使用。《特种设备安全监察条例》规定，施工起重机械，在验收前应当经由相应资质的检验检测机构监督检验合格。

（16）施工单位应当自施工起重机械和整体提升脚手架、模板等自升式架设设施验收合格之日起 30 日内，向建设行政主管部门或者其他有关部门登记。登记标志应当置于或者附着于该设备的显著位置。

（17）施工单位的主要负责人、项目负责人、专职安全生产管理人员应当经建设行政主管部门或者其他有关部门考核合格后方可任职。

（18）施工单位应当对管理人员和作业人员每年至少进行一次安全生产教育培训，其教育培训情况记入个人工作档案。安全生产教育培训考核不合格的人员，不得上岗。

（19）施工单位在采用新技术、新工艺、新设备、新材料时，应当对作业人员进行相应的安全生产教育培训。

（20）施工单位应当为施工现场从事危险作业的人员办理意外伤害保险。意外伤害保险费由施工单位支付。实行施工总承包的，由总承包单位支付意外伤害保险费。意外伤害保险期限自建设工程开工之日起至竣工验收合格止。

（21）施工单位应当制定本单位生产安全事故应急救援预案，建立应急救援组织或者配备应急救援人员，配备必要的应急救援器材、设备，并定期组织操练。

（22）施工单位应当根据建设工程的特点、范围，对施工现场易发生重大事故的部位、环节进行监控，制定施工现场生产安全事故应急救援预案，工程总承包单位和分包单位按照应急救援预案，各自建立应急救援组织或者配备应急救援人员，配备救援器材、设备，并定期组织操练。

（23）施工单位发生安全生产事故，应当按照国家有关伤亡事故报告和调查的规定，及时、如实地向负责安全生产监督管理的部门、建设行政主管部门或者其他有关部门报告；特种设备发生事故的，还应当同时向特种设备安全监督管理部门报告。

（24）发生安全生产事故后，施工单位应当采取措施防止事故扩大，保护事故现场。需要移动现场物品时，应当做出标记和书面记录，妥善保管有关证物。

6. 其他有关单位的安全责任

（1）为建设工程提供机械设备和配件的单位，应当按照安全施工的要求配备齐全有效的保险、限位等安全设施和装置。所出租的机械设备和施工机具及配件，应当具有生产（制造）许可证、产品合格证。

（2）出租单位应当对出租的机械设备和施工机具及配件的安全性能进行检测，在签订租赁协议时，应当出具检测合格证明。禁止出租检测不合格的机械设备和施工机具及配件。

（3）在施工现场安装、拆卸施工起重机械和整体提升脚手架、模板等自升式架设设施，必须由具有相应资质的单位承担。

（4）安装、拆卸施工起重机械和整体提升脚手架、模板等自升式架设设施，应当编制拆装方案、制定安全施工措施，并由专业技术人员现场监督。

（5）施工起重机械和整体提升脚手架、模板等自升式架设设施安装完毕后，安装单位应当自检，出具自检合格证明，并向施工单位进行安全使用说明，办理验收手续并签字。

特别提示

　　企业是一张纵横交错的安全责任网，安全责任不能挂空挡，每一项工作的安全责任，要有对应的岗位、对应的职务，要让岗位上履行职务的人承担直接责任。不要让岗位在安全责任面前出现空缺，即使是后勤辅助岗位也一样。必须建立以安全责任为导向的考核机制、激励机制、监督制约机制，调动各种手段，具体落实安全责任，夯实安全管理的基础。每个岗位都要分担具体明确的安全责任，不让安全责任出现缺失，安全责任共担才能实现。

1.5.3　安全教育与培训

《中华人民共和国建筑法》在第 5 章"建筑安全生产管理"第 46 条中规定："建筑施工企业应当建立健全劳动安全生产教育培训制度,加强对职工安全生产的教育培训;未经安全生产教育培训的人员,不得上岗作业。"《建设工程安全生产管理条例》规定,施工单位的主要负责人、项目负责人、专职安全生产管理人员应当经建设行政主管部门或者其他有关部门考核合格后方可任职。施工单位应当对管理人员和作业人员每年至少进行一次安全生产教育培训,其教育培训情况记入个人工作档案。安全生产教育培训考核不合格的人员,不得上岗。作业人员进入新的岗位或者新的施工现场前,应当接受安全生产教育培训。未经教育培训或者教育培训考核不合格的人员,不得上岗作业。施工单位在采用新技术、新工艺、新设备、新材料时,应当对作业人员进行相应的安全生产教育培训。

1. 安全教育的特点与目的

安全教育既是施工企业安全管理工作的重要组成部分,也是施工现场安全生产的一个重要方面,安全教育具有以下几个特点。

1) 安全教育的全员性

安全教育的对象是企业所有从事生产活动的人员,因此,从企业经理、项目经理,到一般管理人员及普通工人,都必须接受安全教育。安全教育是企业所有人员上岗前的先决条件,任何人不得例外。

2) 安全教育的长期性

安全教育是一项长期性的工作,这个长期性体现在 3 个方面。

(1) 安全教育贯穿于每个职工工作的全过程。从新工人进企业开始,就必须接受安全教育,这种教育尽管存在着形式、内容、要求、时间等的不同,但是,对个人来讲,在其一生的工作经历中,都在不断地、反复地接受着各种类型的安全教育,这种全过程的安全教育是确保职工安全生产的基本前提条件。因此,安全教育必须贯穿于职工工作的全过程。

(2) 安全教育贯穿于每个工程施工的全过程。从施工队伍进入现场开始,就必须对职工进行入场安全教育,使每个职工了解并掌握本工程施工的安全生产特点;在工程的每个重要节点,也要对职工进行施工转折时期的安全教育;在节假日前后,也要对职工进行安全思想教育,稳定情绪;在突击加班赶进度或工程临近收尾时,更要针对麻痹大意思想,进行有针对性的教育等。因此,安全教育也贯穿于整个工程施工的全过程。

(3) 安全教育贯穿于施工企业生产的全过程。有生产就有安全问题,安全与生产是不可分割的统一体。哪里有生产,哪里就要讲安全;哪里有生产,哪里就要进行安全教育。企业的生存靠生产,没有生产就没有发展,就无法生存;而没有安全,生产也无法长久进行。因此,只有把安全教育贯穿于企业生产的全过程,把安全教育看成是关系到企业生存、发展的大事,安全工作才能做得扎扎实实,才能保障生产安全,才能促进企业的发展。

安全教育的长期性所体现的这 3 种全过程要求我们,安全教育的任务"任重而道远",不应该也不可能会是一劳永逸的,这就需要经常地、反复地、不断地进行安全教育,才能减少并避免事故的发生。

3) 安全教育的专业性

施工现场生产所涉及的范围广、内容多。安全生产既有管理性要求,也有技术性知识，安全生产的管理性与技术性结合，使得安全教育具有专业性要求。教育者既要有充实的理论知识，也要有丰富的实践经验，这样才能使安全教育做到深入浅出、通俗易懂，并且收到 良好的效果。

安全教育的目的是，通过对企业各级领导、管理人员及工人的安全培训教育，使他们学习并了解安全生产和劳动保护的法律、法规、标准，掌握安全知识与技能，运用先进的、科学的方法，避免并制止生产中的不安全行为，消除一切不安全因素，防止事故发生，实现安全生产。

2. 安全教育的类别

1) 按安全教育的内容分类

按教育的内容分类，主要有 5 个方面的内容，即安全法制教育、安全思想教育、安全知识教育、安全技能教育和事故案例教育。这些内容在进行安全教育时，是互相结合、互相穿插，各有侧重的，从而形成了安全教育生动、触动、感动、带动的连锁效应，为安全生产打下了基础。

(1) 安全法制教育。安全法制教育就是通过对职工进行安全生产、劳动保护方面的法律、法规的宣传教育，促使每个职工从法制的角度去认识搞好安全生产的重要性，明确遵章守法、遵章守纪是每个职工应尽职责；而违章违规的本质也是一种违法行为，轻则会受到批评教育，造成严重后果的，还将受到法律的制裁。

安全法制教育就是要使每个劳动者懂得遵章守法的道理。作为劳动者，既有劳动的权利，也有遵守劳动安全法规的责任。要通过学法、知法来守法，守法的前提首先是"从我做起"，自己不违章违纪；其次是要同一切违章违纪和违法的不安全行为作斗争，以制止并预防各类事故的发生，实现安全生产的目的。

(2) 安全思想教育。安全思想教育就是通过对职工进行深入细致的思想政治工作，帮助职工端正思想，提高他们对安全生产重要性的认识。在提高思想认识的基础上，才能正确地理解并积极贯彻执行党和国家的安全生产方针、政策。要从政治高度来对待安全生产工作，使每个职工都清醒地认识到，安全生产是一项关系到国家经济发展、社会稳定、企业兴旺和家庭及个人幸福的大事。

各级管理人员，特别是领导干部要加强对职工安全思想教育，要从关心、爱护、保护人的生命与健康出发，重视安全生产，做到不违章指挥；工人要增强自我保护意识，施工过程中要做到互相关心、互相帮助、互相督促，共同遵守安全生产规章制度，做到不违章操作。

(3) 安全知识教育。安全知识教育是一种最基本、最普通和经常性的安全教育活动。安全知识教育就是要让职工了解施工生产中的安全注意事项、劳动保护要求，掌握一般安全基础知识。从内容看，安全知识是生产知识的一个重要组成部分，因此，在进行安全知识教育时，也往往是结合生产知识交叉进行教育的。

安全知识教育要求做到因人施教、浅显易懂，不搞"填鸭式"的硬性教育，因为教育对象大多数是文化程度不高的操作工人，特别要注意教育的方式、方法，注重教育的实际效果。

如对新工人进行安全知识教育，新员工往往没有对施工现场现状有一个感性的认识，因此，需要在工作一个阶段后，有对现场感性认识后，再重复进行安全教育，使其的认识能达到从感性到理性，再从理性到感性的再认识过程，从而加深对安全知识教育的理解能力。

安全知识教育的主要内容是：本企业生产的基本情况，施工流程及施工方法，施工中的主要危险区域及其安全防护的基本常识，施工设施、设备、机械的有关安全常识，电气设备安全常识，车辆运输安全常识，高处作业安全知识，施工过程中有毒有害物质的辨别及防护知识，防火安全的一般要求及常用消防器材的使用方法，特殊类专业（如桥梁、隧道、深基础、异形建筑等)施工的安全防护知识，工伤事故的简易施救方法和报告程序及保护事故现场等规定，个人劳动防护用品的正确穿戴、使用常识等。

（4）安全技能教育。安全技能教育是在安全知识教育基础上，进一步开展的特殊安全教育，安全技能教育的侧重点是在安全操作技术方面。它是通过结合本工种特点、要求，以培养安全操作能力，而进行的一种专业安全技术教育。主要内容包括安全技术、安全操作规程和劳动卫生规定等。

根据安全技能教育的对象不同，这种教育主要可分为以下两类。

① 对一般工种进行的安全技能教育。即除国家规定的特种作业人员以外，对其余所有工种，如钢筋工、木工、混凝土工、瓦工等的教育。

② 对特殊工种作业人员的安全技能教育。特种作业人员需要由专门机构进行安全技术培训教育，并对受教育者进行考试，合格后方可持证从事该工种的作业。同时，还必须每三年进行审证复训。因此，安全技能教育也是对特殊工种进行上岗前及定期培训教育的主要内容。

（5）事故案例教育。事故案例教育是通过对一些典型事故，进行原因分析、事故教训及预防事故发生所采取的措施，来教育职工，使他们引以为戒，不重蹈覆辙。事故案例教育是一种独特的安全教育方法，它是通过运用反面事例，进行正面宣传，以教育职工遵章守纪，确保安全生产。因此，进行事故案例宣传教育时，应注意以下几点。

① 事故应具有典型性。要注意收集具有典型教育意义的事故，对职工进行安全生产教育。典型事故一般是施工现场常见的、有代表性的、又具有教育意义的，这些事故往往是因违章原因引起的。如进入现场不戴安全帽、翻爬脚手架、高空抛物等。从这些事故中说明一个道理，"不怕一万，只怕万一"，违章作业不出事故是偶然性的，而出事故是必然性的，侥幸心理要不得。

② 事故应具有教育性。选择事故案例应当以教育职工遵章守纪为主要目的，指出违纪违章必然要导致事故；不要过分渲染事故的恐怖性、不可避免性，减少事故的负面影响，从而真正起到用典型事故教育人的积极作用和警钟长鸣的效果。

当然，以上安全教育的内容往往不是单独进行的，而是根据对象、要求、时间等不同情况，有机地结合开展的。

2）按教育的对象分类

安全教育按受教育者的对象分类，可分为领导干部的安全教育、一般管理人员的安全教育、新工人的三级安全教育、变换工种的安全教育等。

（1）领导干部的安全培训教育。加强对企业领导干部的安全培训教育，是社会主义市场经济条件下，安全生产工作的一项重要举措。

建设部为了督促施工企业落实主要领导的安全生产责任制，根据国务院文件精神，明确提出了"施工企业法定代表人是企业安全生产的第一责任人，项目经理是施工项目安全生产的第一责任人"。明确了企业与项目的两个安全生产第一责任人，使安全生产责任制得到了具体落实。

总之，要通过对企业领导干部的安全培训教育，全面提高他们的安全管理水平，使他们真正从思想上树立起安全生产意识，增强安全生产责任心，摆正安全与生产、安全与进度、安全与效益的关系，为进一步实现安全生产和文明施工打下基础。

（2）新工人的三级安全教育。1963年国务院明确规定必须对新工人进行三级安全教育，此后，住建部又多次对三级安全教育提出了具体要求，特别是住建部《关于印发建筑业企业职工安全培训教育暂行规定的通知》，除对安全培训教育主要内容作了要求外，还对时间作了规定，使安全培训教育工作能保质保量完成。

三级安全教育是每个刚进企业的新工人必须接受的首次安全生产方面的基本教育。三级一般是指公司（即企业）、项目部（或工程处、施工队、工区）、班组这3级。由于企业的所有制性质、内部组织结构的不同，三级安全教育的名称可以不同，但必须要确保这3个层次安全教育工作的到位。因为这3个层次的安全教育内容，体现了企业安全教育有分工、抓重点的特点。三级安全教育是为了使新工人能尽快地了解安全生产的方针、政策、法律、规章，逐步适应施工现场安全生产的基本要求，重点是遵章守纪，自我保护和提高防范事故的能力。三级安全教育一般是由企业的安全、教育、劳动、技术等部门配合进行的。受教育者必须经过考试，合格后才准予进入生产岗位；考试不合格者不得上岗工作，必须重新补课并进行补考，合格后方可工作。

为加深新工人对三级安全教育的感性认识和理性认识。一般规定，在新工人上岗工作6个月后，还要进行安全知识复训，即安全再教育。复训内容可以从原先的三级安全教育的内容中有重点地选择，复训后再进行考核。考核成绩要登记到本人劳动保护教育卡上，不合格者不得上岗工作。

施工企业必须给每一名职工建立职工劳动保护（安全）教育卡，教育卡应记录包括三级安全教育、变换工种安全教育等的教育及考核情况，并由教育者与受教育者双方签字后入册，作为企业及施工现场安全管理资料备查。

公司级的安全培训教育时间不得少于15学时。主要内容是：国家和地方有关安全生产、劳动保护的方针、政策、法律、法规、规范、标准及规章；企业及其上级部门（主管局、集团、总公司、办事处等）印发的安全管理规章制度；安全生产与劳动保护工作的目的、意义和任务等。

项目部安全培训教育时间不得少于15学时。主要内容是：建设工程施工生产的特点，施工现场的一般安全管理规定、要求；施工现场主要事故类别，常见多发性事故的特点、规律及预防措施，事故教训等；本工程项目施工的基本情况（工程类型、现场环境、施工阶段、作业特点等），施工中可能存在不安全因素的危险作业部位及应当注意的安全事项。

班组安全培训教育时间不得少于20学时，班组教育又叫做岗位教育。主要内容是：本工种作业的安全技术操作要求；本班组施工生产概况，包括工作性质、职责、范围等；本人及本班组在施工过程中，所使用、所遇到的各种生产设备、设施、电气设备、机械、工具的性能、作用、操作要求、安全防护要求；个人使用和保管的各类劳动防护用品的正确穿戴、使用方法及劳防用品的基本原理与主要功能；发生伤亡事故或其他事故，如火灾、爆炸、设备及管理事故等，应采取的措施（救助抢险、保护现场、报告事故等）要求；事故案例剖析、劳动纪律和岗位讲评等。

根据《建筑施工企业安全生产管理规范》（*Construction Company Safety Manage Criterion* GB 50656—2011），7.0.4 建筑施工企业新上岗操作工人必须进行岗前教育培训，教育培训应包括以下内容：①安全生产法律法规和规章制度；②安全操作规程；③针对性的安全防范措施；④违章指挥、违章作业、违反劳动纪律产生的后果；⑤预防、减少安全风险以及紧急情况下应急救援的基本措施。

（3）变换工种的安全教育。施工现场变化大，动态管理要求高，随着工程进度的发展，部分工人的工作岗位会发生变化，转岗现象较普遍。这种工种之间的互相转换，有利于施工生产的需要。但是，如果安全管理工作没有跟上，安全教育不到位，就可能给转岗工人带来伤害事故。因此，必须对他们进行转岗安全教育。根据建设部的规定，企业待岗、转岗、换岗的职工，在重新上岗前，必须接受一次安全培训，时间不得少于 20 学时。对待岗、转岗、换岗职工的安全教育主要内容是：本工种作业的安全技术操作规程；本班组施工生产的概况介绍；施工区域内各种生产设施、设备、工具的性能、作用、安全防护要求等。总之，要确保每一个变换工种的职工，在重新上岗工作前，熟悉并掌握将要工作岗位的安全技能要求。

3）按教育的时间分类

安全教育按教育的时间分类，可以分为经常性的安全教育、季节性施工的安全教育、节假日加班的安全教育等。

（1）经常性的安全教育。经常性的安全教育是施工现场开展安全教育的主要形式，可以起到提醒、告诫职工遵章守纪，加强责任心，消除麻痹思想。

经常性安全教育的形式多样，可以利用班前会进行教育，也可以采取大小会议进行教育；还可以用其他形式，如安全知识竞赛、演讲、展览、黑板报、广播、播放录像等进行。总之，要做到因地制宜，因材施教，不摆花架子，不搞形式主义，注重实效，才能使教育收到效果。经常性教育的主要内容有以下几个方面。

① 安全生产法规、规范、标准、规定。

② 企业及上级部门的安全管理新规定。

③ 各级安全生产责任制及管理制度。

④ 安全生产先进经验介绍，最近的典型事故教训。

⑤ 施工新技术、新工艺、新设备、新材料的使用及有关安全技术方面的要求。

⑥ 最近安全生产方面的动态情况，如新的法律、法规、标准、规章的出台，安全生产通报、批示等。

⑦ 本单位近期安全工作回顾、讲评等。

总之，经常性的安全教育必须做到经常化（规定一定的期限）、制度化（作为企业、项目安全管理的一项重要制度）。教育的内容要突出一个"新"字，即要结合当前工作的最新要求进行教育；要做到一个"实"字，即要使教育不流于形式，注重实际效果；要体现一个"活"字，即要把安全教育搞成活泼多样、内容丰富的一种安全活动。这样，才能使安全教育深入人心，才能为广大职工所接受，才能收到促进安全生产的效果。

（2）季节性施工的安全教育。季节性施工主要是指夏季与冬期施工。季节性施工的安全教育，主要是指根据季节变化，环境不同，人对自然的适应能力变得迟缓、不灵敏。因此，必须对安全管理工作进行重新调整和组合，同时，也要对职工进行有针对性的安全教育，使之适合自然环境的变化，以确保安全生产。

①夏季施工安全教育。夏季高温、炎热、多雷雨，是触电、雷击、坍塌等事故的高发期。闷热的气候容易造成中暑，高温使得职工夜间休息不好，打乱了人体的"生物钟"，往往容易使人乏力、走神、瞌睡，较易引起伤害事故；南方沿海地区在夏季还经常受到台风暴雨和大潮汛的影响，也容易发生大型施工机械、设施、设备及施工区域，特别是基坑等的坍塌；多雨潮湿的环境，人的衣着单薄、身体裸露部位多，使人的电阻值减小，导电电流增加，容易引发触电事故。因此，夏季施工安全教育的重点有以下几个方面。

a. 加强用电安全教育。讲解常见触电事故发生的原理，预防触电事故发生的措施，触电事故的一般解救方法，以加强职工的自我保护意识。

b. 讲解雷击事故发生的原因，避雷装置的避雷原理，预防雷击的方法。

c. 大型施工机械、设施常见事故案例，预防事故的措施。

d. 基础施工阶段的安全防护常识。基坑开挖的安全，支护安全。

e. 劳动保护工作的宣传教育。合理安排好作息时间，注意劳逸结合，白天上班避开中午高温时间，"做两头、歇中间"，保证职工有充沛的精力。

②冬期施工安全教育。冬期气候干燥、寒冷且常常伴有大风，受北方寒流影响，施工区域出现了霜冻，造成作业面及道路结冰打滑，既影响了生产的正常进行，又给安全带来隐患；同时，为了施工需要和取暖，使用明火、接触易燃易爆物品的机会增多，又容易发生火灾、爆炸和中毒事故；寒冷使人们衣着笨重、反应迟钝，动作不灵敏，也容易发生事故。因此，冬期施工安全教育应从以下几方面进行。

a. 针对冬期施工特点，避免冰雪结冻引发的事故。如施工作业面应采取必要的防雨雪结冰及防滑措施，个人要提高自身的安全防范意识，及时消除不安全因素。

b. 加强防火安全宣传。分析施工现场常见火灾事故发生的原因，讲解预防火灾事故的措施，扑救火灾的方法，必要时可采取现场演示，如消防灭火演习等，来教育职工正确使用消防器材。

c. 安全用电教育。冬期用电与夏季用电的安全教育要求的侧重点不同，夏季着重于防触电事故，冬期则着重于防电气火灾。因此，应教育工人懂得施工中电气火灾发生的原因。做到不擅自乱拉乱接电线及用电设备；不超负荷使用用电设备，免得引起电气线路发热燃烧；不使用大功率的灯具，如碘钨灯之类照射易燃、易爆及可燃物或取暖；生活区域也要注意用电安全。

d. 冬期气候寒冷，人们习惯于关闭门窗，而施工作业点也一样，在深基坑、地下管道、沉井、涵洞及地下室内作业时，应加强对作业人员的自我保护意识教育。既要预防在这种环境中，进行有毒有害物质(固体、液态及挥发性强的气体)作业，对人造成的伤害，也要防止施工作业点原先就存在的各种危险因素，如泄漏跑冒并积聚的有毒气体，易燃、易爆气体，有害的其他物质等。要教会职工识别一般中毒症状，学会解救中毒人员的安全基本常识。

(3)节假日加班的安全教育。节假日期间，大部分单位及职工已经放假休息，因此也往往影响到加班职工的思想和工作情绪，造成思想不集中，注意力分散，这给安全生产带来了不利因素。加强对这部分职工的安全教育，是非常必要的。教育的内容包括以下几个方面。

① 重点做好安全思想教育，稳定职工工作情绪，使他们集中精力，轻装上阵；鼓励表扬职工节假日坚守工作岗位的优良作风，全力以赴做好本职工作。

② 班组长要做好上岗前的安全教育，可以结合安全交底内容进行，工作过程中要互相督促、互相提醒，共同注意安全。

③ 重点做好当天作业将遇到的各类设施、设备、危险作业点的安全防护工作，对较易发生事故的薄弱环节，应进行专门的安全教育。

3. 安全教育的形式

开展安全教育应当结合建筑施工的生产特点，采取多种形式，有针对性地进行，还要考虑到安全教育的对象，大部分是文化水平不高的工人，就需要采用比较浅显、通俗、易懂、印象深、便于记的教材及形式。目前安全教育的形式主要有以下几个方面。

（1）会议形式。如安全知识讲座、座谈会、报告会、先进经验交流会、事故教训现场会、展览会、知识竞赛。

（2）报刊形式。订阅安全生产方面的书报杂志、企业自编自印的安全刊物及安全宣传小册子。

（3）张挂形式。如安全宣传横幅、标语、标志、图片、黑板报等。

（4）音像制品。如电视录像片、VCD 片、录音磁带等。

（5）固定场所展示形式。如劳动保护教育室、安全生产展览室等。

（6）文艺演出形式。

（7）现场观摩演示形式。如安全操作方法、消防演习、触电急救方法演示等。

4. 安全教育的要求

（1）广泛开展安全生产的宣传教育，使全体员工真正认识到安全生产的重要性和必要性，懂得安全生产和文明施工的科学知识，牢固树立"安全第一"的思想，自觉地遵守各项安全生产法律法规和规章制度。

（2）把安全知识、安全技能、设备性能、操作规程、安全法规等作为安全教育的主要内容。

（3）建立经常性的安全教育考核制度，考核成绩要记入员工档案。

（4）企业的下列人员上岗前还应满足下列要求：企业主要负责人、项目负责人和专职安全生产管理人员必须经安全生产知识和管理能力考核合格，依法取得安全生产考核合格证书；企业的技术和相关管理人员必须具备与岗位相适应的安全管理知识和能力，依法取得必要的岗位资格证书；电工、电焊工、架子工、司炉工、爆破工、机操工、起重工、机械司机、机动车辆司机等特殊工种工人，除一般安全教育外，还要经过专业安全技能培训，经考试合格持证后，方可独立操作。

（5）采用新技术、新工艺、新设备施工和调换工作岗位时，也要进行安全教育，未经安全教育培训的人员不得上岗操作。

特别提示

根据《建筑施工企业安全生产管理规范》（GB 50656—2011）7.0.1 建筑施工企业安全生产教育培训应贯穿于生产经营的全过程，教育培训包括计划编制、组织实施和人员资格审定等工作内容。7.0.2 建筑施工企业安全生产教育培训计划应依据类型、对象、内容、时间安排、形式等需求进行编制。7.0.3 安全教育和培训的类型应包括岗前教育、日常教育、年度继续教育，以及各类证书的初审、复审培训。7.0.5 建筑施工企业应结合季节施工要求及安全生产形势对从业人员进行日常安全生产教育培训。7.0.6 建筑施工企业每年应按规定对所有相关人员进行安全生产继续教育，教育培训应包括以下内容：①新颁布的安全生产法律法规、安全技术标准、规范、安全生产规范性文件；②先进的安全生产管理经验和典型事故案例分析。7.0.8 建筑施工企业应及时统计、汇总从业人员的安全教育培训和资格认定等相关记录，定期对从业人员持证上岗情况进行审核、检查。

1.5.4 安全技术交底

安全技术交底是施工负责人向施工作业人员进行责任落实的法律要求，要严肃认真地进行，不能流于形式。交底内容不能过于简单，千篇一律，应按分部分项工程和针对具体的作业条件进行。

1. 安全技术交底的基本要求

（1）项目经理部必须实行逐级安全技术交底制度，纵向延伸到班组全体作业人员。

（2）安全技术交底工作在正式作业前进行，技术交底必须具体、明确、针对性强。

（3）技术交底的内容应针对分部分项工程施工中给作业人员带来的潜在危害和存在问题。

（4）应优先采用新的安全技术措施。

（5）应将工程概况、施工方法、施工程序、安全技术措施等向工长、班组长进行详细交底。

（6）定期向由两个以上作业队和多工种进行交叉施工的作业队伍进行书面交底。

（7）保持书面安全技术交底签字记录，施工负责人、生产班组、现场安全员 3 方各留一份。

2. 安全技术交底的主要内容

（1）按照施工方案的要求，在施工方案的基础上对施工方案进行细化和补充。

（2）本工程项目的施工作业特点和危险点。

（3）针对危险点的具体预防措施。

（4）对具体操作者讲明安全注意事项，保证操作者的人身安全。

（5）相应的安全操作规程和标准。

（6）发生事故后应及时采取的避难和急救措施。

1.5.5 安全检查

工程项目安全检查的目的是为了消除隐患、防止事故、改善劳动条件及提高员工安全生产意识的重要手段，是安全控制工作的一项重要内容。通过安全检查可以发现工程中的危险因素，以便有计划地采取措施，保证安全生产。施工项目的安全检查应由项目经理组织，定期进行。

1. 安全检查的类型

安全检查可分为日常性检查、专业性检查、季节性检查、节假日前后的检查和不定期检查。

（1）日常性检查。日常性检查即经常的、普遍的检查。企业一般每年进行 1～4 次；工程项目组、车间、科室每月至少进行一次；班组每周、每班次都应进行检查。专职安全技术人员的日常检查应该有计划，针对重点部位周期性地进行。

（2）专业性检查。专业性检查是针对特种作业、特种设备、特殊场所进行的检查，如电焊、气焊、起重设备、运输车辆、锅炉压力容器、易燃易爆场所等。

（3）季节性检查。季节性检查是指根据季节特点，为保障安全生产的特殊要求所进行的检查。如春季风大，要着重防火、防爆；夏季高温多雨、雷、电，要着重防暑、降温、防汛、防雷击、防触电；冬季着重防寒、防冻等。

（4）节假日前后的检查。节假日前后的检查是针对节假日期间容易产生麻痹思想的特点而进行的安全检查，包括节日前进行安全生产综合检查，节日后要进行遵章守纪的检查等。

（5）不定期检查。不定期检查是指在工程或设备开工和停工前，检修中，工程或设备竣工及试运转时进行的安全检查。

2. 安全检查的主要形式

（1）项目每周或每旬由主要负责人带队组织定期的安全大检查。

（2）施工班组每天上班前由班组长和安全值日人员组织的班前安全检查。

（3）季节更换前由安全生产管理人员和安全专职人员、安全值日人员等组织的季节劳动保护安全检查。

（4）由安全管理小组、职能部门人员、专职安全员和专业技术人员组成对电气、机械设备、脚手架、登高设施等专项设施设备、高处作业、用电安全、消防保卫等进行专项安全检查。

（5）由安全管理小组成员、安全专兼职人员和安全值日人员进行日常的安全检查。

（6）对塔式起重机等起重设备、井架、龙门架、脚手架、电气设备、吊篮、现浇混凝土模板及支撑等设施设备在安装搭设完成后进行安全验收、检查。

特别提示

根据《建筑施工企业安全生产管理规范》（GB 50656—2011）规定，15.0.3 建筑施工企业安全检查的形式应包括各管理层的自查、互查以及对下级管理层的抽查等；安全检查的类型应包括日常巡查、专项检查、季节性检查、定期检查、不定期抽查等。①工程项目部每天应结合施工动态，实行安全巡查；总承包工程项目部组织各分包单位每周进行安全检查，每月对照《建筑施工安全检查标准》，至少进行一次定量检查。②企业每月应对工程项目施工现场安全职责落实情况至少进行一次检查，并针对检查中发现的倾向性问题、安全生产状况较差的工程项目，组织专项检查。③企业应针对承建工程所在地区的气候与环境特点，组织季节性的安全检查。

3. 安全检查的注意事项

（1）安全检查要深入基层、紧紧依靠职工，坚持领导与群众相结合的原则，组织好检查工作。

（2）建立检查的组织领导机构，配备适当的检查力量，挑选具有较高技术业务水平的专业人员参加。

（3）做好检查的各项准备工作，包括思想、业务知识、法规政策和检查设备、奖金的准备。

（4）明确检查的目的和要求。既要严格要求，又要防止一刀切，要从实际出发，分清主、次矛盾，力求实效。

（5）把自查与互查有机结合起来，基层以自检为主，企业内相应部门间互相检查，取长补短，相互学习和借鉴。

（6）坚持查改结合。检查不是目的，只是一种手段，整改才是最终目的。发现问题，要及时采取切实有效的防范措施。

（7）建立检查档案。结合安全检查表的实施，逐步建立健全检查档案，收集基本的数据，掌握基本安全状况，为及时消除隐患提供数据，同时也为以后的职业健康安全检查奠定基础。

（8）在制定安全检查表时，应根据用途和目的具体确定安全检查表的种类。安全检查表的主要种类有：设计用安全检查表；厂级安全检查表；车间安全检查表；班组及岗位安全检查表；专业安全检查表等。制定安全检查表要在安全技术部门的指导下，充分依靠职工来进行。初步制定出来的检查表，要经过群众的讨论，反复试行，再加以修订，最后由安全技术部门审定后方可正式实行。

4. 安全检查的主要内容

（1）查思想。主要检查企业的领导和职工对安全生产工作的认识。

（2）查管理。主要检查工程的安全生产管理是否有效。主要内容包括：安全生产责任制，安全技术措施计划，安全组织机构，安全保证措施，安全技术交底，安全教育，持证上岗，安全设施，安全标志，操作规程，违规行为，安全记录等。

（3）查隐患。主要检查作业现场是否符合安全生产、文明生产的要求。

（4）查整改。主要检查对过去提出问题的整改情况。

（5）查事故处理。对安全事故的处理应达到查明事故原因、明确责任并对责任者作出处理、明确和落实整改措施等要求。同时还应检查对伤亡事故是否及时报告、认真调查、严肃处理。

（6）安全检查的重点是违章指挥和违章作业。安全检查后应编制安全检查报告，说明已达标项目，未达标项目，存在问题，原因分析，纠正和预防措施。

特别提示

根据《建筑施工企业安全生产管理规范》（GB 0656—2011）规定，15.0.2 建筑施工企业安全检查的内容应包括：①安全目标的实现程度；②安全生产职责的落实情况；③各项安全管理制度的执行情况；④施工现场安全隐患排查和安全防护情况；⑤生产安全事故、未遂事故和其他违规违法事件的调查、处理情况；⑥安全生产法律法规、标准规范和其他要求的执行情况。

5. 安全检查的方法

常用的有一般检查方法和安全检查表法。

（1）一般检查方法。常采用看、听、嗅、问、查、测、验、析等方法。

① 看。看现场环境和作业条件，看实物和实际操作，看记录和资料等。

② 听。听汇报、听介绍、听反映、听意见或批评，听机械设备的运转响声或承重物发出的微弱声等。

③ 嗅。对挥发物、腐蚀物、有毒气体进行辨别。

④ 问。评影响安全问题，详细询问，寻根究底。

⑤ 查。查明问题、查对数据、查清原因，追查责任。

⑥ 测。测量、测试、监测。

⑦ 验。进行必要的试验或化验。

⑧ 析。分析安全事故的隐患、原因。

（2）安全检查表法。是一种原始的、初步的定性分析方法，它通过事先拟定的安全检查明细表或清单，对安全生产进行初步的诊断和控制。安全检查表通常包括检查项目、内容、回答问题、存在问题、改进措施、检查措施、检查人等内容。

6. 项目经理部安全检查的主要规定

（1）定期对安全控制计划的执行情况进行检查、记录、评价和考核，对作业中存在的不安全行为和隐患，签发安全整改通知，由相关部门制定整改方案，落实整改措施，实施整改后应复查。

（2）根据施工过程的特点和安全目标的要求确定安全检查的内容。

（3）安全检查应配备必要的设备或器具，确定检查负责人和检查人员，并明确检查的方法和要求。

（4）检查应采取随机抽样、现场观察和实地检测的方法，并记录检查结果，纠正违章指挥和违章作业。

（5）对检查结果进行分析，找出安全隐患，确定危险程度。

（6）编写安全检查报告并上报。

特别提示

根据《建筑施工企业安全生产管理规范》（GB 50656—2011）的规定，15.0.1 建筑施工企业安全检查和改进管理应包括规定安全检查的内容、形式、类型、标准、方法、频次，检查、整改、复查，安全生产管理评估与持续改进等工作内容。15.0.4 建筑施工企业应根据安全检查的类型，确定检查内容和具体标准，编制相应的安全检查评分表，配备必要的检查、测试器具。15.0.5 建筑施工企业对安全检查中发现的问题和隐患，应定人、定时间、定措施组织整改，并跟踪复查。15.0.6 建筑施工企业对安全检查中发现的问题，应定期统计、分析，确定多发和重大隐患，制定并实施治理措施。15.0.7 建筑施工企业应定期对安全生产管理的适宜性、符合性和有效性进行评估，确定安全生产管理需改进的方面，制定并实施改进措施，并对其有效性进行跟踪验证和评价。发生下列情况时，企业应及时进行安全生产管理评估：①适用法律法规发生变化时；②企业组织机构和体制发生重大变化；③发生生产安全事故；④其他影响安全生产管理的重大变化。15.0.8 建筑施工企业应建立并保存安全检查和改进活动的资料与记录。

案例分析

某公司负责承建一座大型公建建筑，结构形式为框剪结构。结构施工完毕进入设备安装阶段，在进行地下一层冷水机组吊装时，发生了设备坠落事件。设备机组重4t，采用人字桅杆吊运，施工人员将设备运至吊装孔滚杆上，再将设备起升离开滚杆20cm，将滚杆撤掉。施工人员缓慢向下启动倒链时，倒链的销钉突然断开，致使设备坠毁，造成损坏，直接经济损失30万元。经过调查，事故发生的原因是施工人员在吊装前没有对吊装索具设备进行详细检查，没有发现倒链的销钉已被修理过，并不是原装销钉；施工人员没有在滚杆撤掉前进行动态试吊，就进行了正式吊装。

【问题】

（1）本次事故主要是由于安全检查不到位引起的。安全检查的方法主要有哪些？如何应用？

（2）安全检查的主要内容有哪些？

（3）施工现场安全检查有哪些主要形式？

1.5.6　分包(供)安全生产管理

分包(供)安全生产管理应包括分包(供)单位选择、施工过程管理、评价等工作内容。

建筑施工企业应依据安全生产管理责任和目标，明确对分包(供)单位和人员的选择和清退标准、合同条款约定和履约过程控制的管理要求。

企业对分包单位的安全管理应符合下列要求：①选择合法的分包(供)单位；②与分包(供)单位签订安全协议；③对分包(供)单位施工过程的安全生产实施检查和考核；④及时清退不符合安全生产要求的分包(供)单位；⑤分包工程竣工后对分包(供)单位安全生产能力进行评价。

建筑施工企业应对分包(供)单位检查和考核的内容应包括：①分包(供)单位人员配置及履职情况；②分包(供)单位违约、违章记录；③分包(供)单位安全生产绩效。

建筑施工企业应建立合格分包(供)方名录，并定期审核，更新。

1.5.7　安全生产费用管理

安全生产费用管理应包括资金的储备、申请、审核审批、支付、使用、统计、分析、审计检查等工作内容。

建筑施工企业应按规定储备安全生产所需的费用。安全生产资金包括安全技术措施、安全教育培训、劳动保护、应急救援等，以及必要的安全评价、监测、检测、论证所需费用。

建筑施工企业各管理层应根据安全生产管理的需要，编制相应的安全生产费用使用计划，明确费用使用的项目、类别、额度、实施单位及责任者、完成期限等内容，经审核批准后执行。

建筑施工企业各管理层相关负责人必须在其管辖范围内，按专款专用、及时足额的要求，组织实施安全生产费用使用计划。

建筑施工企业各管理层应定期对安全生产费用使用计划的实施情况进行监督审查。

建筑施工企业各管理层应建立安全生产费用分类使用台账，定期统计上报。

建筑施工企业各管理层应对安全生产费用的使用情况进行年度汇总分析，及时调整安全生产费用的使用比例。

1.6　施工企业安全生产评价

根据《施工企业安全生产评价》（JGJ/T 77—2010）的内容，施工企业安全生产条件应按安全生产管理、安全技术管理、设备和设施管理、企业市场行为和施工现场安全管理等5项内容进行考核评价。

1.6.1 安全生产管理评价

安全生产管理评价应为对企业安全管理制度建立和落实情况的考核，其内容应包括安全生产责任制度、安全文明资金保障制度、安全教育培训制度、安全检查及隐患排查制度、生产安全事故报告处理制度、安全生产应急救援制度等6个评定项目。

（1）施工企业安全生产责任制度的考核评价应符合下列要求。

① 未建立以企业法人为核心分级负责的各部门及各类人员的安全生产责任制，则该评定项目不应得分。

② 未建立各部门、各级人员安全生产责任落实情况考核的制度及未对落实情况进行检查的，则该评定项目不应得分。

③ 未实行安全生产的目标管理、制定年度安全生产目标计划、落实责任和责任人及未落实考核的，则该评定项目不应得分。

④ 对责任制和目标管理等的内容和实施，应根据具体情况评定折减分数。

（2）施工企业安全文明资金保障制度的考核评价应符合下列要求。

① 制度未建立且每年未对与本企业施工规模相适应的资金进行预算和决算，未专款专用，则该评定项目不应得分。

② 未明确安全生产、文明施工资金使用、监督及考核的责任部门或责任人，应根据具体情况评定折减分数。

（3）施工企业安全教育培训制度的考核评价应符合下列要求。

① 未建立制度且每年未组织对企业主要负责人、项目经理、安全专职人员及其他管理人员的继续教育的，则该评定项目不应得分。

② 企业年度安全教育计划的编制，职工培训教育的档案管理，各类人员的安全教育，应根据具体情况评定折减分数。

（4）施工企业安全检查及隐患排查制度的考核评价应符合下列要求。

① 未建立制度且未对所属的施工现场、后方场站、基地等组织定期和不定期安全检查的，则该评定项目不应得分。

② 隐患的整改、排查及治理，应根据具体情况评定折减分数。

（5）施工企业生产安全事故报告处理制度的考核评价应符合下列要求。

① 未建立制度且未及时、如实上报施工生产中发生伤亡事故的，则该评定项目不应得分。

② 对已发生的和未遂事故，未按照"四不放过"原则进行处理的，则该评定项目不应得分。

③ 未建立生产安全事故发生及处理情况事故档案的，则该评定项目不应得分。

（6）施工企业安全生产应急救援制度的考核评价应符合下列要求。

① 未建立制度且未按照本企业经营范围，并结合本企业的施工特点，制定易发、多发事故部位、工序、分部、分项工程的应急救援预案，未对各项应急预案组织实施演练的，则该评定项目不应得分。

② 应急救援预案的组织、机构、人员和物资的落实，应根据具体情况评定折减分数。安全生产管理评分表见表1-7。

表1-7　安全生产管理评分表

序号	评定项目	评分标准	评分方法	应得分	扣减分	实得分
1	安全生产责任制度	企业未建立安全生产责任制度，扣20分，各部门、各级（岗位）安全生产责任制度不健全，扣10~15分 企业未建立安全生产责任制考核制度，扣10分，各部门、各级对各自安全生产责任制未执行，每起扣2分 企业未按考核制度组织检查并考核的，扣10分，考核不全面扣5~10分 企业未建立、完善安全生产管理目标，扣10分，未对管理目标实施考核的，扣5~10分 企业未建立安全生产考核、奖惩制度扣10分，未实施考核和奖惩的，扣5~10分	查企业有关制度文本；抽查企业各部门、所属单位有关责任人对安全生产责任制的知晓情况，查确认记录，查企业考核记录 查企业文件，查企业对下属单位各级管理目标设置及考核情况记录；查企业安全生产奖惩制度文本和考核、奖惩记录	20		
2	安全文明资金保障制度	企业未建立安全生产、文明施工资金保障制度扣20分 制度无针对性和具体措施的，扣10~15分 未按规定对安全生产、文明施工措施费的落实情况进行考核，扣10~15分	查企业制度文本、财务资金预算及使用记录	20		
3	安全教育培训制度	企业未按规定建立安全培训教育制度，扣15分 制度未明确企业主要负责人，项目经理，安全专职人员及其他管理人员，特种作业人员，待岗、转岗、换岗职工，新进单位从业人员安全培训教育要求的，扣5~10分 企业未编制年度安全培训教育计划，扣5~10分 企业未按年度计划实施的，扣5~10分	查企业制度文本、企业培训计划文本和教育的实施记录、企业年度培训教育记录和管理人员的相关证书	15		
4	安全检查及隐患排查制度	企业未建立安全检查及隐患排查制度，扣15分，制度不全面、不完善的，扣5~10分 未按规定组织检查的，扣15分，检查不全面、不及时的扣5~10分 对检查出的隐患未采取定人、定时、定措施进行整改的，每起扣3分，无整改复查记录的，每起扣3分 对多发或重大隐患未排查或未采取有效治理措施的，扣3~15分	查企业制度文本、企业检查记录、企业对隐患整改消项、处置情况记录、隐患排查统计表	15		

序号	评定项目	评分标准	评分方法	应得分	扣减分	实得分
5	安全生产事故报告处理制度	企业未建立安全生产事故报告处理制度，扣15分 未按规定及时上报事故的，每起扣15分 未建立事故档案扣5分 未按规定实施对事故的处理及落实"四不放过"原则的，扣10~15分	查企业制度文本 查企业事故上报及结案情况记录	15		
6	安全生产应急救援制度	未制定事故应急救援预案制度的，扣15分 事故应急救援预案无针对性的，扣5~10分；未按规定制定演练制度并实施的，扣5分 未按预案建立应急救援组织或落实救援人员和救援物资的，扣5分	查企业应急预案的编制、应急队伍建立情况以及相关演练记录、物资配备情况	15		
		分项评分		100		

评分员：　　　　　　　　　　　　　　　　　　　年　　月　　日

1.6.2　安全技术管理评价

1. 安全技术管理

建筑施工企业安全技术管理应包括危险源识别，安全技术措施和专项方案的编制、审核、交底、过程监督、验收、检查、改进等工作内容。

建筑施工企业各管理层的技术负责人应对管理范围的安全技术工作负责。

建筑施工企业应当在施工组织设计中编制安全技术措施和施工现场临时用电方案；对危险性较大的分部分项工程，编制专项安全施工方案；对其中超过一定规模的应按规定组织专家论证。

企业应明确各管理层施工组织设计、专项施工方案、安全技术方案（措施）方案的编制、修改、审核和审批的权限、程序及时限。

根据权限，按方案涉及内容，由企业的技术负责人组织相关职能部门审核，技术负责人审批。审核、审批应有明确意见并签名盖章。编制、审批应在施工前完成。

建筑施工企业应根据施工组织设计和专项安全施工方案（措施）编制和审批权限的设置，组织相关编制人员参与安全技术交底、验收和检查，并明确其他参与交底、验收和检查的人员。

建筑施工企业可结合实际制定内部安全技术标准和图集，定期进行技术分析和改造，完善安全生产作业条件，改善作业环境。

经过批准的安全技术措施具有技术法规的作用，必须认真贯彻执行。遇到因条件变化或考虑不周必须变更安全技术措施内容时，应经由原编制、审批人员办理变更手续，否则不能擅自变更。

建筑施工企业应明确安全技术交底分级的原则、内容、方法及确认手续。工程开工前，总工程师或技术负责人，要将工程概况、施工方法和安全技术措施，向参加施工的工地负责人、工长和职工进行安全技术交底。每个单项工程开始前，应重复进行交代单项工程的安全技术措施。对安全技术措施中的具体内容和施工要求，应向工地负责人、工长进行详细交底和讨论，使执行者了解其道理，为安全技术措施的落实打下基础，安全交底应有书面材料，有双方的签字和交底日期。

安全技术措施中的各种安全设施、防护设置的实施应列入施工任务单，责任落实到班组或个人，并实行验收制度。

加强安全技术措施实施情况的检查，技术负责人、编制者和安全技术人员，要经常深入工地检查安全技术措施的实施情况，及时纠正违反安全技术措施的行为、问题，要对其及时补充和修改，使之更加完善、有效。各级安全部门要以施工安全技术措施为依据，以安全法规和各项安全规章制度为准则，经常性地对各工地实施情况进行检查，并监督各项安全措施的落实。

对安全技术措施的执行情况，除认真监督检查外，还应建立必要的与经济挂钩的奖罚制度 。

建设工程施工安全技术措施计划包含以下几项内容。

（1）建设工程施工安全技术措施计划的主要内容包括：工程概况，控制目标，控制程序，组织机构，职责权限，规章制度，资源配置，安全措施，检查评价，奖惩制度等。

（2）编制施工安全技术措施计划时，对于某些特殊情况应考虑以下因素。

① 对结构复杂、施工难度大、专业性较强的工程项目，除制订项目总体安全保证计划外，还必须制定单位工程或分部分项工程的安全技术措施。

② 对高处作业、井下作业等专业性强的作业，电器、压力容器等特殊工种作业，应制定单项安全技术规程，并应对管理人员和操作人员的安全作业资格和身体状况进行合格检查。

（3）制定和完善施工安全操作规程，编制各施工工种，特别是危险性较大工种的安全施工操作要求，作为规范和检查考核员工安全生产行为的依据。

（4）施工安全技术措施：施工安全技术措施包括安全防护设施的设置和安全预防措施，主要有 17 方面的内容，如防火、防毒、防爆、防洪、防尘、防雷击、防触电、防坍塌、防物体打击、防机械伤害、防起重设备滑落、防高空坠落、防交通事故、防寒、防暑、防疫、防环境污染等方面措施。

2. 安全技术管理评价

安全技术管理评价应为对企业安全技术管理工作的考核，其内容应包括法规、标准和操作规程配置，施工组织设计，专项施工方案（措施），安全技术交底，危险源控制等 5 个评定项目。

（1）施工企业法规、标准和操作规程配置及实施情况的考核评价应符合下列要求。

① 未配置与企业生产经营内容相适应的、现行的有关安全生产方面的法规、标准，以及各工种安全技术操作规程，并未及时组织学习和贯彻的，则该评定项目不应得分。

② 配置不齐全，应根据具体情况评定折减分数。

（2）施工企业施工组织设计编制和实施情况的考核评价应符合下列要求。

① 未建立施工组织设计编制、审核、批准制度的，则该评定项目不应得分。

② 安全技术措施的针对性及审核、审批程序的实施情况等，应根据具体情况评定折减分数。

（3）施工企业专项施工方案（措施）编制和实施情况的考核评价应符合下列要求。

① 未建立对危险性较大的分部、分项工程专项施工方案编制、审核、批准制度的，则该评定项目不应得分。

② 制度的执行，应根据具体情况评定折减分数。

（4）施工企业安全技术交底制定和实施情况的考核评价应符合下列要求。

① 未制定安全技术交底规定的，则该评定项目不应得分。

② 安全技术交底资料的内容、编制方法及交底程序的执行，应根据具体情况评定折减分数。

（5）施工企业危险源控制制度的建立和实施情况的考核评价应符合下列要求。

① 未根据本企业的施工特点，建立危险源监管制度的，则该评定项目不应得分。

② 危险源公示、告知及相应的应急预案编制和实施，应根据具体情况评定折减分数。

安全技术管理评分表见表1-8。

表1-8 安全技术管理评分表

序号	评定项目	评分标准	评分方法	应得分	扣减分	实得分
1	法规标准和操作规程配置	企业未配备与生产经营内容相适应的现行有关安全生产方面的法律、法规、标准、规范和规程的，扣10分，配备不齐全，扣3～10分 企业未配备各工种安全技术操作规程，扣10分，配备不齐全的，缺一个工种扣1分 企业未组织学习和贯彻实施安全生产方面的法律、法规、标准、规范和规程，扣3～5分	查企业现有的法律、法规、标准、操作规程的文本及贯彻实施记录	10		
2	施工组织设计	企业无施工组织设计编制、审核、批准制度的，扣15分 施工组织设计中未明确安全技术措施的扣10分 未按程序进行审核、批准的，每起扣3分	查企业技术管理制度，抽查企业备份的施工组织设计	15		
3	专项施工方案（措施）	未建立对危险性较大的分部、分项工程编写、审核、批准专项施工方案制度的，扣25分 未实施或按程序审核、批准的，每起扣3分 未按规定明确本单位需进行专家论证的危险性较大的分部、分项工程名录（清单）的，每起扣3分	查企业相关规定、实施记录和专项施工方案备份资料	25		

续表

序号	评定项目	评分标准	评分方法	应得分	扣减分	实得分
4	安全技术交底	企业未制定安全技术交底规定的，扣25分 未有效落实各级安全技术交底，扣5～10分 交底无书面记录，未履行签字手续，每起扣1～3分	查企业相关规定、企业实施记录	25		
5	危险源控制	企业未建立危险源监管制度，扣25分 制度不齐全、不完善的，扣5～10分 未根据生产经营特点明确危险源的，扣5～10分 未针对识别评价出的重大危险源制定管理方案或相应措施，扣5～10分 企业未建立危险源公示、告知制度的，扣8～10分	查企业规定及相关记录	25		
分项评分				100		

评分员：　　　　　　　　　　　　　　　　　　年　　月　　日

1.6.3 设备和设施管理评价

1. 施工设施、设备和劳动防护用品安全管理

建筑施工企业施工设施、设备和劳动防护用品的安全管理应包括购置、租赁、装拆、验收、检测、使用、保养、维修、改造和报废等内容。

建筑施工企业应根据生产经营特点和规模，配备符合安全要求的施工设施、设备、劳动防护用品及相关的安全检测器具。

建筑施工企业各管理层应配备机械设备安全管理专业的专职管理人员。

建筑施工企业应建立并保存施工设施、设备、劳动防护用品及相关的安全检测器具的安全管理档案，并记录以下内容：①来源、类型、数量、技术性能、使用年限等静态管理信息，以及目前使用地点、使用状态、使用责任人、检测、日常维修保养等动态管理信息；②采购、租赁、改造、报废计划及实施情况。

建筑施工企业应依据企业安全技术管理制度，对施工设施、设备、劳动防护用品及相关的安全检测器具实施技术管理，定期分析安全状态，确定指导、检查的重点，采取必要的改进措施。

安全防护设施应标准化、定型化、工具化。

2. 设备和设施管理评价

设备和设施管理评价应为对企业设备和设施安全管理工作的考核，其内容应包括设备安全管理、设施和防护用品、安全标志、安全检查测试工具等4个评定项目。

(1) 施工企业设备安全管理制度的建立和实施情况的考核评价应符合下列要求。

① 未建立机械、设备(包括应急救援器材)采购、租赁、安装、拆除、验收、检测、使用、检查、保养、维修、改造和报废制度的，则该评定项目不应得分。

② 设备的管理台账、技术档案、人员配备及制度落实，应根据具体情况评定折减分数。

（2）施工企业设施和防护用品制度的建立及实施情况的考核评价应符合下列要求。

① 未建立安全设施及个人劳保用品的发放、使用管理制度的，则该评定项目不应得分。

② 安全设施及个人劳保用品管理的实施及监管，应根据具体情况评定折减分数。

（3）施工企业安全标志管理规定的制定和实施情况的考核评价应符合下列要求。

① 未制定施工现场安全警示、警告标志、标志使用管理规定的，则该评定项目不应得分。

② 管理规定的实施、监督和指导，应根据具体情况评定折减分数。

（4）施工企业安全检查测试工具配备制度的建立和实施情况的考核评价应符合下列要求。

① 未建立安全检查检验仪器、仪表及工具配备制度的，则该评定项目不应得分。

② 配备及使用，应根据具体情况评定折减分数。

设备和设施管理评分表见表1-9。

表1-9 设备和设施管理评分表

序号	评定项目	评分标准	评分方法	应得分	扣减分	实得分
1	设备安全管理	未制定设备(包括应急救援器材)采购、租赁、安装(拆除)、验收、检测、使用、检查、保养、维修、改造和报废制度，扣30分 制度不齐全、不完善的，扣10～15分 设备的相关证书不齐全或未建立台账的，扣3～5分 未按规定建立技术档案或档案资料不齐全的，每起扣2分 未配备设备管理的专(兼)职人员的，扣10分	查企业设备安全管理制度，企业设备清单和管理档案	30		
2	设施和防护用品	未制定安全物资供应单位及施工人员个人安全防护用品管理制度的，扣30分 未按制度执行的，每起扣2分 未建立施工现场临时设施(包括临时建、构筑物、活动板房)的采购、租赁、搭设与拆除、验收、检查、使用的相关管理规定的，扣30分 未按管理规定实施或实施有缺陷的，每项扣2分	查企业相关规定及实施记录	30		
3	安全标志	未制定施工现场安全警示、警告标志、标志使用管理规定的，扣20分 未定期检查实施情况的，每项扣5分	查企业相关规定及实施记录	20		
4	安全检查测试工具	企业未制定施工场所安全检查、检验仪器、工具配备制度的，扣20分 企业未建立安全检查、检验仪器、工具配备清单的，扣5～15分	查企业相关记录	20		
分项评分				100		

评分员： 年 月 日

1.6.4 企业市场行为评价

企业市场行为评价应为对企业安全管理市场行为的考核，其内容包括安全生产许可证、安全生产文明施工、安全质量标准化达标、资质机构与人员管理制度等 4 个评定项目。

（1）施工企业安全生产许可证许可状况的考核评价应符合下列要求。

① 未取得安全生产许可证而承接施工任务的、在安全生产许可证暂扣期间承接工程的、企业承发包工程项目的规模和施工范围与本企业资质不相符的，则该评定项目不应得分；

② 企业主要负责人、项目负责人和专职安全管理人员的配备和考核，应根据具体情况评定折减分数。

（2）施工企业安全生产文明施工动态管理行为的考核评价应符合下列要求。

① 企业资质因安全生产、文明施工受到降级处罚的，则该评定项目不应得分。

② 其他不良行为，视其影响程度、处理结果等，应根据具体情况评定折减分数。

（3）施工企业安全质量标准化达标情况的考核评价应符合下列要求。

① 本企业所属的施工现场安全质量标准化年度达标合格率低于国家或地方规定的，则该评定项目不应得分。

② 安全质量标准化年度达标优良率低于国家或地方规定的，应根据具体情况评定折减分数。

（4）施工企业资质、机构与人员管理制度的建立和人员配备情况的考核评价应符合下列要求。

① 未建立安全生产管理组织体系、未制定人员资格管理制度、未按规定设置专职安全管理机构、未配备足够的安全生产专管人员的，则该评定项目不应得分。

② 实行分包的，总承包单位未制定对分包单位资质和人员资格管理制度并监督落实的，则该评定项目不应得分。

企业市场行为评分表见表 1-10。

表 1-10 企业市场行为评分

序号	评定项目	评分标准	评分方法	应得分	扣减分	实得分
1	安全生产许可证	企业未得安全生产许可证而承接施工任务的，扣20分 企业在安全生产许可证暂扣期间继续承接施工任务的，扣20分 企业资质与承发包生产经营行为不相符，扣20分 企业主要负责人、项目负责人、专职安全管理人员持有的安全生产合格证书不符合规定要求的，每起扣10分	查安全生产许可证及各类人员相关证书	20		
2	安全生产文明施工	企业资质受到降级处罚，扣30分 企业受到暂扣安全生产许可证的处罚，每起扣5～30分	查各级行政主管部门管理信息资料，各类有效证明材料	30		

续表

序号	评定项目	评分标准	评分方法	应得分	扣减分	实得分
2	安全生产文明施工	企业受当地建设行政主管部门通报处分，每起扣5分 企业受当地建设行政主管部门经济处罚，每起扣5～10分 企业受到省级及以上通报批评每次扣10分，受到地市级通报批评每次扣5分	查各级行政主管部门管理信息资料，各类有效证明材料	30		
3	安全质量标准化达标	安全质量标准化达标优良率低于规定的，每低5%扣10分 安全质量标准化年度达标合格率低于规定要求的，扣20分	查企业相应管理资料	20		
4	资质、机构与人员管理	企业未建立安全生产管理组织体系(包括机构和人员等)、人员资格管理制度的，扣30分 企业未按规定设置专职安全管理机构的，扣30分，未按规定配足安全生产专管人员的，扣30分 实行总、分包的企业未制定对分包单位资质和人员资格管理制度的，扣30分，未按制度执行的，扣30分	查企业制度文本和机构、人员配备证明文件，查人员资格管理记录及相关证件，查总、分包单位的管理资料	30		
分项评分				100		

评分员：   年　月　日

1.6.5 施工现场安全管理评价

1. 施工现场安全管理

建筑施工企业各管理层级职能部门和岗位，按职责分工，对工程项目实施安全管理。

企业的工程项目部应根据企业安全管理制度，实施施工现场安全生产管理，内容应包括：①制定项目安全管理目标，建立安全生产责任体系，实施责任考核；②配置满足要求的安全生产、文明施工措施资金、从业人员和劳动防护用品；③选用符合要求的安全技术措施、应急预案、设施与设备；④有效落实施工过程的安全生产，隐患整改；⑤组织施工现场场容场貌、作业环境和生活设施安全文明达标；⑥组织事故应急救援抢险；⑦对施工安全生产管理活动进行必要的记录，保存应有的资料和记录。

施工现场安全生产责任体系应符合以下要求：①项目经理是工程项目施工现场安全生产第一责任人，负责组织落实安全生产责任，实施考核，实现项目安全管理目标；②工程项目施工实行总承包的，应成立由总承包单位、专业承包和劳务分包单位的项目经理、技术负责人和专职安全生产管理人员组成的安全管理领导小组；③按规定配备项目专职安全生产管理人员，负责施工现场安全生产日常监督管理；④工程项目部其他管理人员应承担本岗位管理范围内与安全生产相关的职责；⑤分包单位应服从总包单位管理，落实总包企业的安全生产要求；⑥施工作业班组应在作业过程中实施安全生产要求；⑦作业人员应严格遵守安全操作规程，做到不伤害自己、不伤害他人和不被他人所伤害。

项目专职安全生产管理人员应由企业委派，并承担以下主要的安全生产职责：①监督项目安全生产管理要求的实施，建立项目安全生产管理档案；②对危险性较大分部分项工程实施现场监护并做好记录；③阻止和处理违章指挥、违章作业和违反劳动纪律等现象；④定期向企业安全生产管理机构报告项目安全生产管理情况。

工程项目开工前，工程项目部应根据施工特征，组织编制项目安全技术措施和专项施工方案，包括应急预案，并按规定审批，论证，交底、验收，检查；方案内容应包括工程概况、编制依据、施工计划、施工工艺施工安全技术措施、检查验收内容及标准、计算书及附图等。

工程项目部应接受企业上级各管理层、建设行政主管部门及其他相关部门的业务指导与监督检查，对发现的问题按要求组织整改。

建筑施工企业应与工程项目及时交流与沟通安全生产信息，治理安全隐患和回应相关方的诉求。

2. 施工现场安全管理评价

施工现场安全管理评价应为对企业所属施工现场安全状况的考核，其内容应包括施工现场安全达标、安全文明资金保障、资质和资格管理、生产安全事故控制、设备设施工艺选用、保险6个评定项目。

（1）施工现场安全达标考核，企业应对所属的施工现场按现行规范标准进行检查，有一个工地未达到合格标准的，则该评定项目不应得分。

（2）施工现场安全文明资金保障，应对企业按规定落实其所属施工现场安全生产、文明施工资金的情况进行考核，有一个施工现场未将施工现场安全生产、文明施工所需资金编制计划并实施，未做到专款专用的，则该评定项目不应得分。

（3）施工现场分包资质和资格管理规定的制定以及施工现场控制情况的考核评价应符合下列要求。

① 未制定对分包单位安全生产许可证、资质、资格管理及施工现场控制的要求和规定，且在总包与分包合同中未明确参建各方的安全生产责任，分包单位承接的施工任务不符合其所具有的安全资质，作业人员不符合相应的安全资格，未按规定配备项目经理、专职或兼职安全生产管理人员的，则该评定项目不应得分。

② 对分包单位的监督管理，应根据具体情况评定折减分数。

（4）施工现场生产安全事故控制的隐患防治、应急预案的编制和实施情况的考核评价应符合下列要求。

① 未针对施工现场实际情况制定事故应急救援预案的，则该评定项目不应得分。

② 对现场常见、多发或重大隐患的排查及防治措施的实施，应急救援组织和救援物资的落实，应根据具体情况评定折减分数。

（5）施工现场设备、设施、工艺管理的考核评价应符合下列要求。

① 使用国家明令淘汰的设备或工艺，则该评定项目不应得分。

② 使用不符合国家现行标准的且存在严重安全隐患的设施，则该评定项目不应得分。

③ 使用超过使用年限或存在严重隐患的机械、设备、设施、工艺的，则该评定项目不应得分。

④ 对其余机械、设备、设施以及安全标志的使用情况，应根据具体情况评定折减分数。

⑤ 对职业病的防治，应根据具体情况评定折减分数。

（6）施工现场保险办理情况的考核评价应符合下列要求。

① 未按规定办理意外伤害保险的，则该评定项目不应得分。

② 意外伤害保险的办理实施，应根据具体情况评定折减分数。

施工现场安全管理评分表见表 1-11。

表 1-11　施工现场安全管理评分表

序号	评定项目	评分标准	评分方法	应得分	扣减分	实得分
1	施工现场安全达标	按《建筑施工安全检查标准》（JGJ 59）及相关现行标准规范进行检查不合格的，每个工地扣 30 分	查现场及相关记录	30		
2	安全文明资金保障	未按规定落实安全防护、文明施工措施费，发现一个工地扣 15 分	查现场及相关记录	15		
3	资质和资格管理	未制定对分包单位安全生产许可证、资质、资格管理及施工现场控制的要求和规定，扣 15 分，管理记录不全扣 5~15 分 合同未明确参建各方安全责任，扣 15 分 分包单位承接的项目不符合相应的安全资质管理要求，或作业人员不符合相应的安全资格管理要求扣 15 分 未按规定配备项目经理、专职或兼职安全生产管理人员(包括分包单位)，扣 15 分	查对管理记录、证书，抽查合同及相应管理资料	15		
4	生产安全事故控制	对多发或重大隐患未排查或未采取有效措施的，扣 3~15 分 未制定事故应急救援预案的，扣 15 分，事故应急救援预案无针对性的，扣 5~10 分 未按规定实施演练的，扣 5 分 未按预案建立应急救援组织或落实救援人员和救援物资的，扣 5~15 分	查检查记录及隐患排查统计表，应急预案的编制及应急队伍建立情况以及相关演练记录、物资配备情况	15		

序号	评定项目	评分标准	评分方法	应得分	扣减分	实得分
5	设备设施工艺选用	现场使用国家明令淘汰的设备或工艺的，扣15分 现场使用不符合标准的、且存在严重安全隐患的设施，扣15分 现场使用的机械、设备、设施、工艺超过使用年限或存在严重隐患的，扣15分 现场使用不合格的钢管、扣件的，每起扣1~2分 现场安全警示、警告标志使用不符合标准的扣5~10分 现场职业危害防治措施没有针对性扣1~5分	查现场及相关记录	15		
6	保险	未按规定办理意外伤害保险的，扣10分 意外伤害保险办理率不足100%，每低2%扣1分	查现场及相关记录	10		
分项评分				100		

评分员：　　　　　　　　　　　　　　　　　　年　　月　　日

1.7　职业健康安全管理体系

1.7.1　职业健康安全管理体系的基本结构和模式

（1）职业健康安全问题及其解决途径。

① 人的不安全行为。从人的心理学和行为学方面研究解决，可通过培训和提高人的安全意识和行为能力，以保证人的可靠性。

② 物的不安全状态。从研究安全技术，采取安全措施来解决，可通过各种有效的安全技术系统保证安全设施的可靠性。

③ 组织管理不力。用系统论的理论和方法，研究工业生产组织如何建立职业健康安全系统化、标准化的管理体系，实行全员、全过程、全方位、以预防为主的整体管理。

职业健康安全管理体系是用系统论的理论和方法来解决依靠人的可靠性和安全技术可靠性所不能解决的生产事故和劳动疾病的问题，即从组织管理上来解决职业健康安全问题。我国于2001年发布了《职业健康安全管理体系——规范》（GB/T 28001—2001），该体系标准覆盖了《职业健康安全管理体系——规范》（OHSAS 18001：1999）的所有技术内容，并考虑了国际上有关职业健康安全管理体系的现有文件的技术内容。

（2）《职业健康安全管理体系——规范》GB/T 28001（OHSAS 18001：1999）的总体结构如图1.14所示。

《职业健康安全管理体系规范》GB/T 28001—2001（OHSAS 18001：1999）

1 范围

2 引用标准

3 定义

4 职业健康安全管理体系要素

4.1 总要求

4.2 职业健康安全方针

4.3 策划
- 4.3.1 对危险源辨识、风险评价和风险控制的策划
- 4.3.2 法规和其他要求
- 4.3.3 目标
- 4.3.4 职业健康安全管理方案

4.4 实施和运行
- 4.4.1 结构和职责
- 4.4.2 培训、意识和能力
- 4.4.3 协商和沟通
- 4.4.4 文件
- 4.4.5 文件和资料控制
- 4.4.6 运行控制
- 4.4.7 应急准备和响应

4.5 检查和纠正措施
- 4.5.1 绩效测量和监视
- 4.5.2 事故、事件、不符合、纠正与预防措施
- 4.5.3 记录和记录管理
- 4.5.4 审核

4.6 管理评审

图 1.14　职业康安全管理体系总体结构图

（3）《职业健康安全管理体系——规范》的模式。为适应现代职业健康安全的需要，《职业健康安全管理体系——规范》（GB/T 28001）在确定职业健康安全管理体系模式时，强调按系统理论管理职业健康安全及其相关事务，以达到预防和减少生产事故和劳动疾病的目的。具体采用了系统化的戴明模型，即通过策划（Plan）、行动（Do）、检查（Check）和改进（Act）4 个环节构成一个动态循环并螺旋上升的系统化管理模式。职业健康安全管理体系模式如图 1.15 所示。

图 1.15　职业健康安全管理体系模式

1.7.2　职业健康安全管理体系的内容及其相互关系

1. 基本内容

职业健康安全管理体系的基本内容由 5 个一级要素和 17 个二级要素构成见表 1.12。

表 1-12　职业健康安全管理体系一、二级要素表

一级要素	二级要素
1. 职业健康安全方针(4.2)	1. 职业健康安全方针(4.2)
2. 规划(策划)(4.3)	2. 对危险源辨识、风险评价和风险控制的策划(4.3.1) 3. 法规和其他要求(4.3.2) 4. 目标(4.3.3) 5. 职业健康安全管理方案(4.3.4)
3. 实施和运行(4.4)	6. 结构和职责(4.4.1) 7. 培训、意识和能力(4.4.2) 8. 协商和沟通(4.4.3) 9. 文件(4.4.4) 10. 文件和资料控制(4.4.5) 11. 运行控制(4.4.6) 12. 应急准备和响应(4.4.7)
4. 检查和纠正措施(4.5)	13. 绩效测量和监视(4.5.1) 14. 事故、事件、不符合、纠正与预防措施(4.5.2) 15. 记录和记录管理(4.5.3) 16. 审核(4.5.4)
5. 管理评审(4.6)	17. 管理评审(4.6)

2. 各类要素之间的关系

在职业健康安全管理体系中，17 个要素的相互联系、相互作用共同有机地构成了职业健康安全管理体系的一个整体，如图 1.16 所示。

图 1.16 职业健康安全管理体系各要素的关联

为了更好地理解职业健康安全管理体系要素间的关系,可将其分为两类:一类是体现体系主体框架和基本功能的核心要素;另一类是支持体系主体框架和保证实现基本功能的辅助性要素。

(1)核心要素。核心要素包括职业健康安全方针,对危险源辨识、风险评价和风险控制的策划,法规和其他要求,目标,结构和职责,职业健康安全管理方案,运行控制,绩效测量和监视,审核和管理评审 10 个要素。

(2)辅助性要素。辅助要素包括培训、意识和能力,协商和沟通,文件,文件和资料控制,应急准备和响应,事故、事件、不符合、纠正和预防措施,以及记录和记录管理等 7 个要素。

建设工程生产在进行职业健康安全管理时要体现职业健康安全管理体系的每一个要素的基本内容,要深刻理解各要素的目的和意图。

职业健康安全管理体系的 16 个要素的目标和意图如下所示(17 个要素的标准条款见《职业健康安全管理体系——规范》GB/T 28001)。

 案例分析

某大厦建筑面积约 26 700 m²,框架剪力墙结构箱形基础,地上 12 层,地下 2 层。民工甲和两名电焊工在 10 层进行钢筋对焊埋弧焊作业时,甲右手拿起焊把钳正要往钢筋对接处连接电焊机的二次电源时,不慎触及到焊钳的裸露部分致使触电倒地。焊工乙见此情景,立即拉开了民工甲手中握着的焊把钳,使甲脱离带电体,但由于甲中午喝过酒,加剧了心脏承受力,送医院后经抢救无效死亡。

【问题】

(1)请简要分析这起事故发生的原因。

(2)请说明职业安全健康管理体系的建立流程。

(3)进行安全生产管理时,经常提及的"三个同时"、"四不放过"的内容是什么?

1.8 《绿色施工导则》简介

一段时间以来，恶劣气候不断增多，同时出现了 10 年、20 年、50 年甚至百年不遇的自然灾害，原因是什么？臭氧层破坏、温室效应、酸雨等系列全球性环境问题日益加剧，每个人都应以自己的行动来直接参与环境保护工作。根据国务院通过的《国家"十二五"节能减排综合性工作方案》第 18 条提出推动建筑节能要求和根据《"十二五"建筑节能专项规划》要求实施绿色建筑规模化推进要求，制定并实施绿色建筑行动方案，从规划、法规、技术、标准、设计、施工等方面全面推进建筑节能。因为在建筑施工、使用过程中，一方面消耗大量的能源，产生大量的粉尘和有害气体，污染大气和环境，另一方面，使用中会挥发出有害气体，对使用者来说，会对健康产生影响。建筑节能、环境保护与安全生产是密不可分的，住建部于 2007 年 9 月 10 日发布了《绿色施工导则》（建质〔2007〕223号，以下简称《导则》），其主要目的是用于指导建筑工程的绿色施工，使建筑施工的整个过程始终贯彻绿色施工的新理念。《导则》的出台，填补了建筑施工环节推进绿色建筑的空白，是推进绿色建筑的关键性举措，也是深入贯彻安全生产的必然要求。

绿色施工是指工程建设中，在保证工程质量、安全等基本要求的前提下，通过科学管理和技术进步，最大限度地节约资源与减少对环境负面影响的施工活动，实现四节一环保（节能、节地、节水、节材和环境保护）。在《导则》中，明确了绿色施工的原则：绿色施工是建筑全寿命周期中的一个重要阶段，实施绿色施工，应进行总体方案优化；在规划、设计阶段，应充分考虑绿色施工的总体要求，为绿色施工提供基础条件；实施绿色施工，应对施工策划、材料采购、现场施工、工程验收等各阶段进行控制，加强对整个施工过程的管理和监督。《导则》确定了绿色施工总体框架：由施工管理、环境保护、节材与材料资源利用、节水与水资源利用、节能与能源利用、节地与施工用地保护 6 个方面组成。这6 个方面涵盖了绿色施工的基本指标，同时包含了施工策划、材料采购、现场施工、工程验收等各阶段的指标的子集。《导则》订立了绿色施工的要点：鼓励发展绿色施工的新技术、新设备、新材料与新工艺应用。要求施工方案应建立推广、限制、淘汰公布制度和管理办法。发展适合绿色施工的资源利用与环境保护技术，对落后的施工方案进行限制或淘汰，鼓励绿色施工技术的发展，推动绿色施工技术的创新。《导则》倡导大力发展现场监测技术、低噪音的施工技术、现场环境参数检测技术、自密实混凝土施工技术、清水混凝土施工技术、建筑固体废弃物再生产品在墙体材料中的应用技术、新型模板及脚手架技术的研究与应用。《导则》要求加强信息技术应用，如绿色施工的虚拟现实技术、三维建筑模型的工程量自动统计、绿色施工组织设计数据库建立与应用系统、数字化工地、基于电子商务的建筑工程材料、设备与物流管理系统等。通过应用信息技术，进行精密规划、设计、精心建造和优化集成，实现与提高绿色施工的各项指标。

本 章 小 结

本章主要介绍了安全管理基本知识，建筑工程职业健康安全与环境管理的特点，建筑施工现场安全生产的基本要求，安全管理措施，施工企业安全生产评价，职业健康安全管理体系，《绿色施工导则》简介等内容。要求掌握安全管理工作的全过程包括安全生产管理体制、安全生产教育、安全生产技术措施、安全技术交底、施工现场安全检查，熟悉职业健康安全管理体系的内容，能收集和参与编写现场安全生产制度，能组织现场安全教育培训，能组织班前安全活动，能够对施工材料、设备、防护设施与劳保用品进行安全符合性判断等能力。

思考与拓展题

1. 请你谈谈我国建筑安全生产的形势。今后建筑施工安全生产监管的重点整治对象在哪些方面？我们目前安全管理存在的问题有哪些？结合自身在施工现场安全管理的实践经验来谈。

2. 谈谈你对"安全"两字的理解。

3. 什么是危险源？第一类危险源和第二类危险源各指什么？它们之间的关系如何？

4. 我国现阶段安全生产方针是什么？并说说它们的含义。

5. 你了解的安全管理基本原则有哪些？

6. 请谈谈施工安全控制的特点。

7. 请绘出施工安全控制程序图。

8. 施工安全控制的基本要求是什么？

9. 你了解的安全控制有哪些理论？谈谈它们的原理。

10. 安全色有几种颜色？它们各表示什么意思？

11. 安全标志可分哪几类？它们各表示什么意思？

12. 请你谈谈建筑工程职业健康安全与环境管理的特点。

13. 安全生产6大纪律是什么？

14. 施工现场"十不准"指什么？

15. 10项安全技术措施指什么？

16. 起重吊装"十不吊"规定是什么？

17. 气割、气焊的"十不烧"是什么？

18. 什么是安全生产责任制？谈谈你对安全生产责任制重要性的理解。

19. 安全教育具有哪些特点？

20. 按教育的内容分类，主要有哪5个方面的内容？

21. 三级安全教育的内容是什么？请简要说明。

22. 安全技术交底的要求和主要内容是什么？

23. 安全管理目标主要包括哪些？

24. 职业健康安全管理体系的基本内容是什么？

25. 企业安全生产管理评价的内容是什么？

26. 结合目前我国建筑业的安全生产现状和建设工程的特点，请谈一下你的解决思路和方法。

27. "安全生产、人人有责"，请结合你毕业后希望的就业岗位，想一想你的安全责任。然后，再考虑一下相关方和人员的安全责任。

28. 请实际考察一下当地的几个施工现场，再结合教材，谈谈你对安全教育、安全检查等管理内容的理解和想法。并展望一下今后的安全管理应当是什么情形。

29. 结合教材的相关内容，请谈一下在建筑业推广并实施职业健康安全管理体系以及绿色施工的必要性和紧迫性。

第 2 章

基坑支护和土方作业安全技术

课 程 内 容	知 识 要 点	教 学 目 标
基坑支护、土方作业安全控制技术能力	土方准备工作、基坑开挖、挖土的一般规定。深基坑的土壁支撑新技术及安全施工方案的编制，以及深基坑的降水技术	能落实土方施工前的安全准备，能遵守挖土的一般规定，懂得土方施工机械的安全操作要求；熟悉深基础施工的安全要求，会进行基坑施工安全检查；了解土方安全施工方案

▶▶章节导读

　　某市大剧院项目的地下室基坑围护设计方案由挡土支撑的钻孔灌注桩和起止水作用的水泥旋喷桩组成，在基坑开挖后发现坑壁局部有水夹粉土渗漏，要求进行堵漏抢险。于是项目经理胡某在工地指挥普工周某、童某等4人堵漏，从白天一直施工到晚上，当时天已黑，基坑内侧仅有中央的碘钨灯照明，堵漏点光线暗淡；胡某站在基坑东南侧的圈梁上向下观察，这时，在基坑堵漏的童某等人只听到背后发出似水泥包扔下坑底的声音，周某迅速赶到出事点，见胡某已倒在基坑底，就立即将其送医院抢救，到医院时发现已死亡。事故原因分析：直接原因，死者胡某缺乏安全意识，不戴安全帽，在无护栏的基坑边缘冒险观察、指挥作业；间接原因，在相对高差6m深的基坑未按规定设置防护栏及防护网措施，作业环境不良，基坑边缘泥泞，且有散落水泥块等障碍物，天色已晚，照明度不足。该案例涉及土方开挖、基础施工、基坑围护、临边防护等知识，将在本章进行学习。

　　土方工程施工往往具有工程量大、劳动繁重和施工条件复杂等特点；土方工程施工又受气候、水文、地质、地下障碍等因素的影响较大，不可确定的因素也较多，有时施工条件极为复杂。

　　基坑支护技术是一个综合性的岩石工程难题，既涉及土力学中典型的强度、稳定及变形问题，同时又涉及土与支护结构的共同作用问题。基坑支护与桩基础、地基处理工程不同，它是临时性工程。因此，在安全与经济之间寻求平衡对于施工企业是十分重要的。花最少的代价，得其最安全效果，做到经济与安全双赢。

2.1　土方工程安全控制技术

2.1.1　施工准备工作

　　土方工程包括土的开挖、运输和填筑等施工过程，有时还要进行排水、降水、土壁支撑等准备工作。在工程建设中，最常见的土方工程有：场地平整、基坑（槽）开挖、地坪填土、路基填筑及基坑回填土等。土方工程施工应由具有相应资质及安全生产许可证的企业承担。土方工程应编制专项施工安全方案，并应严格按照方案实施。施工前应针对安全风险进行安全教育及安全技术交底。特种作业人员必须持证上岗，机械操作人员应经过专业技术培训。

　　（1）土方开挖前，应查明施工场地明、暗设置物（电线、地下电缆、管道 、坑道等）的地点及走向，并采用明显记号表示。严禁在离电缆1m距离以内作业。应根据施工方案的要求，将施工区域内的地下、地上障碍物清除和处理完毕。

　　（2）建筑物或构筑物的位置或场地的定位控制线（桩）、标准水平桩及开槽的灰线尺寸，必须经过检验合格；并办完预检手续。

　　（3）夜间施工时，应有足够的照明设施；在危险地段应设置明显标志，并要合理安排开挖顺序，防止错挖或超挖。

　　（4）开挖有地下水位的基坑槽、管沟时，应根据当地工程地质资料，采取措施降低地下水位。一般要降至开挖面以下0.5m，然后才能开挖。

　　（5）施工机械进入现场所经过的道路、桥梁和卸车设施等，应事先经过检查，必要时要进行加固或加宽等准备工作。

　　（6）选择土方机械，应根据施工区域的地形与作业条件、土的类别与厚度、总工程量和工期综合考虑，以能发挥施工机械的效率。

　　（7）在机械施工无法作业的部位和修整边坡坡度、清理槽底等，均应配备人工进行。

2.1.2　土方开挖

　　土方施工必须遵循16字原则：开槽支撑，先撑后挖，分层开挖，严禁超挖。

　　施工中应防止地面水流入坑、沟内，以免边坡塌方。

　　挖方边坡要随挖随撑，并支撑牢固，且在施工过程中应经常检查，如有松动、变形等现象，要及时加固或更换。

　　挖土时应遵守的规定如下。

（1）人工开挖时，两个人操作间距应保持 2～3m，并应自上而下逐层挖掘，严禁采用掏洞的挖掘操作方法。

（2）挖土时要随时注意土壁的变异情况，如发现有裂纹或部分塌落现象，要及时进行支撑或改缓放坡，并注意支撑的稳固和边坡的变化。

（3）上下坑沟应先挖好阶梯或设木梯，不应踩踏土壁及其支撑上下。

（4）用挖土机施工时，挖土机的作业范围内，不得进行其他作业；且应至少保留 0.3m 厚不挖，最后由人工修挖至设计标高。

（5）在坑边堆放弃土、材料和移动施工机械，应与坑边保持一定距离；当土质良好时要距坑边 1m 以外，堆放高度不能超过 1.5m。

施工现场发现危及人身安全和公共安全的隐患时，必须立即停止作业，排除隐患后方可恢复施工。在土方施工过程中，当发现古墓、古物等地下文物或其他不能辨认的液体、气体及异物时，应立即停止作业，作好现场保护，并报有关部门处理后方可继续施工。

1. 斜坡土挖方

土坡坡度要根据工程地质和土坡高度，结合当地同类土体的稳定坡度值确定。

土方开挖宜从上到下分层分段依次进行，并随时做成一定的坡势以利泄水，且不应在影响边坡稳定的范围内积水。

在斜坡上方弃土时，应保证挖方边坡的稳定。弃土堆应连续设置，其顶面应向外倾斜，以防山坡水流入挖方场地。但坡度陡于 1/5 或在软土地区，禁止在挖方上侧弃土。在挖方下侧弃土时，要将弃土堆表面整平，并向外倾斜，弃土表面要低于挖方场地的设计标高，或在弃土堆与挖方场地间设置排水沟，防止地表水流入挖方场地。

2. 滑坡地段挖方

在滑坡地段挖方时应符合下列规定。

（1）施工前先了解工程地质勘察资料、地形、地貌及滑坡迹象等情况。

（2）不宜雨期施工，同时不应破坏挖方上坡的自然植被，并要事先做好地面和地下排水设施。

（3）遵循先整治后开挖的施工顺序，在开挖时，须遵循由上到下的开挖顺序，严禁先切除坡脚。

（4）爆破施工时，严防因爆破震动产生滑坡。

（5）抗滑挡土墙要尽量在旱季施工，基槽开挖应分段进行，并加设支撑，开挖一段就要做好这段的挡土墙。

（6）开挖过程中如发现滑坡迹象（如裂缝、滑动等）时，应暂停施工，必要时，所有人员和机械要撤至安全地点。

3. 湿土地区挖方

湿土地区开挖时要符合下列规定。

（1）施工前需要做好地面排水和降低地下水位的工作，若为人工降水时，要降至坑底 0.5～1.0m 时，方可开挖，采用明排水时可不受此限。

（2）相邻基坑和管沟开挖时，要先深后浅，并要及时做好基础。

（3）挖出的土不应堆放在坡顶上，应立即转运至规定的距离以外。

4. 膨胀土地区挖方

在膨胀土地区开挖时，要符合下列规定。

（1）开挖前要做好排水工作，防止地表水、施工用水和生活废水浸入施工现场或冲刷边坡。

（2）开挖后的基土不许受烈日曝晒或水浸泡。

（3）开挖、作垫层、基础施工和回填土等要连续进行。

2.1.3 土方施工安全事故应急救援体系

1. 编制防止坍塌的施工方案

工程土方施工，必须单独编制专项的施工方案，编制安全技术措施，防止土方坍塌，尤其是制定防止毗邻建筑物坍塌的安全技术措施。

（1）按土质放坡或护坡。施工中，要按土质的类别，较浅的基坑，要采取放坡的措施，对较深的基坑，要考虑采取护壁桩、锚杆等技术措施，必须有专业公司进行防护施工。

（2）降水处理。对工程标高低于地下水以下，首先要降低地下水位，对毗邻建筑物必须采取有效的安全防护措施，并进行认真观测。

（3）基坑边堆土要有安全距离，严禁在坑边堆放建筑材料，防止动荷载对土体的震动造成原土层内部颗粒结构发生变化。

（4）土方挖掘过程中，要加强监控。

（5）杜绝"三违"（"三违"：违章作业，违章指挥，违反劳动纪律。）现象。

2. 建立土方施工安全事故应急救援体系

（1）当施工现场的监控人员发现土方或建筑物有裂纹或发出异常声音时，应立即报告给应急救援领导小组组长，并立即下令停止作业，并组织施工人员快速撤离到安全地点。

（2）当土方或建筑物发生坍塌后，造成人员被埋、被压的情况下，应急救援领导小组全员上岗，除应立即逐级报告给主管部门之外，应保护好现场，在确认不会再次发生同类事故的前提下，立即组织人员进行抢救受伤人员。

（3）当少部分土方坍塌时，现场抢救组专业救护人员要用铁锹进行撮土挖掘，并注意不要伤及被埋人员；当建筑物整体倒塌时，造成特大事故时，由地方政府应急救援领导小组统一领导和指挥，各有关部门协调作战，保证抢险工作有条不紊地进行。要采用吊车、挖掘机进行抢救时，现场要有指挥并监护，防止机械伤及被埋或被压人员。

（4）被抢救出来的伤员，要由现场医疗室医生或急救组急救中心救护人员进行抢救，用担架把伤员抬到救护车上，对伤势严重的人员要立即进行吸氧和输液，到医院后组织医务人员全力救治伤员。

（5）当核实所有人员获救后，将受伤人员的位置进行拍照或录像，禁止无关人员进入事故现场，等待事故调查组进行调查处理。

（6）对在土方坍塌和建筑物坍塌死亡的人员，由企业及地方政府善后处理组负责对死亡人员的家属进行安抚，伤残人员安置和财产理赔等善后处理工作。

2.2 基础工程安全控制技术

2.2.1 桩基工程

桩基施工方法可分为预制桩和灌注桩。

1. 预制桩施工安全技术措施

(1) 搞清环境情况，健全监控机制。开工前必须对基地附近的建（构）筑物和地下各种管线调查清楚，并绘制相应的平、剖面图。会同建设单位、总承包单位一道与各种管线的主管单位取得联系，核对管线情况；成立监护领导小组，确立监测方案和防护方案。加强施工全过程的监测，及时整理信息并传递给有关方面。

(2) 设置排水系统。打桩时挤土也挤水，设置排水系统，使孔隙水顺利排出地面，是一种减少打桩影响的有效措施。一般排水有两种做法：一种是在打桩之前向地基内打入塑料排水板；另一种是向基坑内打入袋装砂井。这些塑料排水板或袋装砂井上都要有相通的排水沟，并保证通过这些排水沟将排放出地面的孔隙水排到地基外。

(3) 设置防振沟。打桩对环境的破坏作用除了挤压还有振动，设置防振沟是一种有效办法。

(4) 控制打桩速度。打桩速度对土体的影响极大，因为软土地基的土壤内含有大量的孔隙水，如果一根桩打入后，隔一段时间孔隙水压消失一点，再打入一根桩，这样慢慢打入可减少孔隙水压的提高，使土体的挤动减小。反之，将使基地内或附近土体大量隆起变形。

(5) 沉桩后基地中形成的孔洞，必须加以封盖。

(6) 基本要求有以下几个（另见 6.10 打桩机械）。

① 各种电动机械设备必须有保护接零和防护装置。

② 凡是电机和机械设备，都应定人定机，操作人员必须持证上岗。

③ 桩机的安装或拆卸作业，应有专人负责，统一指挥，角钢等部件均应编号，以免搞错。

④ 安装作业时，高处操作须以 1 人为主，负责高处作业指挥，地面指挥同高处作业密切联系，并听从高处指挥的讯号，司机要听从地面指挥的讯号。

⑤ 桩架底盘及第一节塔架安装完，应将司机操作座位上的安全防护棚板盖好，防止高处作业时有物件坠落砸伤司机。

⑥ 桩架安装完毕，要把所有螺栓拧紧，棚板用圆钉钉牢。

⑦ 工具、材料等不准放在高空架子上，随身携带的工具必须放入工具袋中。

⑧ 桩架安装完毕，桩锤进档后，要先试跳，以检查锤的各个部件工作是否正常。

⑨ 作业人员严禁搭乘桩锤上下。

⑩ 高处作业人员必须穿软底鞋登高操作，并在登高前清除鞋底淤泥。

⑪ 当使用蒸汽桩锤时，蒸汽管道就有防止烫伤措施。

⑫ 施工时，要注意清除粘附在桩身上的砂浆块或混凝土块，以防沉桩作业时突然坠落伤人。

⑬ 6 级以上大风时，必须停止打桩作业，并将桩锤下降到最低位置。

2. 灌注桩施工安全技术措施

(1) 应了解现场的工程水文地质资料，并查明施工现场内是否有电缆或管道等地下障碍物。

(2) 成孔机电设备应有专人负责管理，定人定机，操作人员必须持证上岗。

(3) 冲击成孔作业的落锤区要严加安全管理，任何人不准进入，主钢丝绳要经常检查，达到规范规定的报废标准时，一般一个节距内有 10 丝以上已拉断时，应及时调换。

（4）采用泥浆护壁时，对泥浆循环系统要认真管理，及时清扫场地上的浆液，做好现场防滑工作。

（5）钻孔灌注桩在已钻成的孔尚未浇混凝土以前，对孔口必须盖板封严，以免落土和发生事故。

（6）冲抓锤或冲孔锤操作时不准任何人进入落锤区安全范围以内，以防砸伤。

（7）成孔钻机操作时，注意钻机安全平稳，以防止钻架突然倾倒或钻具突然下落而发生事故。

（8）爆扩桩包扎药包时不要用牙去咬雷管和电线；遇雷、雨时不要包药。检查雷管和已经包扎的药包线路时，应做好安全防护；引爆时要拟定（一般不小于20m）安全区，并有专人警戒；当日使用的炸药雷管当日领用，并有专人保管，使用剩余的炸药雷管应当日退还入库。

3．人工挖孔桩施工安全技术措施

（1）孔内必须设置应急软爬梯；供人员上下井，使用的电葫芦、吊笼等应安全可靠并配有自动卡紧保险装置，不得使用麻绳和尼龙绳吊挂或脚踏井壁凸缘上下。使用前必须检验其安全起吊能力。

（2）每日开工前必须检测井下的有毒有害气体，并应有足够的安全防护措施。桩孔开挖深度超过10m时，应有专门向井下送风的设备。

（3）孔口四周必须设置护栏。

（4）挖出的土石方应及时运离孔口，不得堆放在孔口四周1m范围内，机动车辆的通行不得对井壁的安全造成影响。

（5）施工现场的一切电源、电路的安装和拆除必须由持证电工操作；电器必须严格接地、接零和使用漏电保护器。各孔用电必须分闸，严禁一闸多用。孔上电缆必须架空2.0m以上，严禁拖地和埋压土中，孔内电缆、电线必须有防磨损、防潮、防断等保护措施。照明应采用安全矿灯或12V以下的安全灯。

2.2.2 深基础施工

1．基坑周边的安全

基坑周边的安全是深基础施工的关键，除支护结构设计时应充分考虑外，施工中也要特别注意，尤其深基础施工处于闹市中心的较多，加之房地产开发者追求较高的效益，尽量利用建设基地开发地下空间。因此，基坑周边所留用地极小，建筑材料的进场堆放很困难，这时要特别注意基坑周边的堆载不得超过支护结构设计时所考虑的允许附加荷载，基坑周边必须设置不低于1.2m的固定防护栏杆。

2．行人架空便道上的护栏

应合理选择几根支撑，采取一定的防护措施，作为操作者或行人的坑内架空便道，其他支撑一律不得行人，并采取措施将其封堵。

3．基坑内扶梯的合理设置

为方便施工，保证施工人员的安全，有利于特殊情况下采取应急措施，基坑内必须合理设置上、下行人扶梯，其平面布置应考虑不同位置的作业人员上下方便。

4. 钢筋混凝土支撑爆破时的安全措施

钢筋混凝土支撑爆破施工除必须由取得公安消防主管部门批准资质的企业承担，并按国标和有关规范施工外，施工现场还必须采取一定的防护措施，这些措施主要有：支撑量大时，要合理分块施爆，以减少一次爆破时使用的药量；所要爆破的支撑必须搭设防护棚；在所要爆破的支撑三面覆盖几层湿草包或湿麻袋；必要时在基坑边搭防护挡板；选择适当的爆破时间，减轻噪声对周围居民和过往行人的影响。

2.3 基坑支护

在城市建设中高层建筑、超高层建筑所占比例逐年增多，高层建筑如何解决深基础施工中的安全问题也越来越突出，建设部近几年的事故统计中，坍塌事故成了建筑业常见的"五大伤害"（高处坠落、物体打击、坍塌、机械伤害、触电）安全事故之一。在坍塌事故中，基坑基槽开挖、人工挖孔桩施工造成的坍塌、基坑支护坍塌占坍塌事故总数的百分率较高。

针对以上问题，基坑支护安全控制，主要检查施工现场的基坑、基槽施工，在施工前必须进行勘察，明确地下情况，制定施工方案，按照土质情况和深度设置安全边坡或固壁支撑，对于较深的沟坑，必须进行专项设计和支护。对于边坡和支护应随时检查，发现问题立即采取措施消除隐患。按照规定坑槽周边，不得堆放材料和施工机械，以确保边坡的稳定，如施工机械确需大坑、槽边作业时，应对机械作业范围内的地面采取加固措施。施工方案、临边防护、坑壁支护、排水措施、坑边荷载、上下通道、土方开挖、基坑支护变形监测、作业环境是安全控制的重点。

在基坑开挖中造成坍塌事故的主要原因有以下几个。

（1）基坑开挖放坡不够，没按土的类别、坡度的容许值和规定的高宽比进行放坡（不按施工组织设计或方案进行）造成坍塌。

（2）基坑边坡顶部超载或由于震动，破坏了土体的内聚力，受重压后，引起土体结构破坏，造成滑坡。

（3）施工方法不正确，开挖程序不对，超标高挖土（未按设计设定层次）造成坍塌。

（4）支撑设置或拆除不正确，或者排水措施不力（基坑长时间水浸）以及解冻时造成坍塌等。

 案例分析

某年11月16日上午9时05分，在某村某房屋开发公司建筑工地，下水管网沟槽坍塌，两名作业人员被掩埋窒息死亡。

■**事故概况**

11月初房屋开发公司第二分公司经理傅某，将长97m，宽0.5m，深1.3～1.4m下水管网沟槽的挖掘工程发包给了本公司职工傅某某，同时制定了《下水管路坑槽方案》，并向傅某某下达了《技术、质量、安全交底记录》文本。11月10日，傅某某又以10000元的价格把该工程转包给了某机床厂劳务队（无书面合同，只有口头协议）。13日机床厂在没有制定施工方案，也没有向傅某某索取《下水管路坑槽方案》及《技术、质量、安全交底记录》的情况下，就指派劳务队张某某带领刘某、任某等15人进入工地进行作业。施工中，下水管网沟槽实际深度平均在1.7m，个别地段深达2m以上。16日上午9时05

分，刘某、任某、刘某某等人在挖沟作业时，沟槽西侧发生坍塌（当时沟深约 2.5m 左右，宽 0.5m），将正在沟底作业的 3 个人压没在下面。造成刘某、任某两人死亡，刘某某轻伤的事故。

■事故原因分析

1. 直接原因

(1) 机床厂劳务队张某某安全意识不强，在房屋开发公司没有提供施工图纸，也没有编制详细的施工方案的情况下，就带领刘某、任某等 15 人进入工地进行挖沟作业。

(2) 施工作业中盲目突击赶任务，在施工过程中又盲目加深了沟的深度（口头协议沟深定为 1.3～1.4m，宽 0.5m，长约 100m，而实际挖沟平均深度为 1.7m，个别地段达 2m 以上）。没有施工方案也没有采取任何有效的安全防护措施，盲目作业，致使沟帮坍塌，是造成 2 人死亡事故发生的直接原因。

2. 间接原因

(1) 机床厂劳务人员安全生产知识和经验不足，不具备识别该作业现场存在安全隐患的能力及组织安全措施的防范能力，在施工过程中，在没有采取任何的安全防护措施的情况下，盲目组织工人进行挖掘作业，是造成此起事故发生的间接原因，也是主要原因。

(2) 机床厂对外派劳务的安全管理有漏洞，安全管理制度不完善。在承包房屋开发公司下水管网沟槽的挖掘工程中，未组织制定施工方案，也未要求房屋开发公司提供施工图纸。对施工作业现场的监督检查管理工作不到位，安全生产管理松弛，是造成此起事故发生的间接原因，也是管理原因。

(3) 房屋开发公司二分公司对施工工程发包合同的管理有漏洞，在将下水管路坑槽的挖掘工程发包给机床厂时（口头协议），没有对其是否具有施工能力进行审查，也没有要求机床厂编制施工方案并审查。对施工作业现场的安全监督检查和技术指导不到位，是造成此起事故发生的间接原因，也是重要原因。

基坑支护、土方作业安全检查评定除符合现行国家标准《建筑基坑工程监测技术规范》（GB 50497）、现行行业标准《建筑基坑支护技术规程》（JGJ 120）、《建筑施工土石方工程安全技术规范》（JGJ 180）的规定。检查评定保证项目包括：施工方案、临边防护、基坑支护及支撑拆除、基坑降排水、坑边荷载。一般项目包括：上下通道、土方开挖、基坑工程监测、作业环境。

2.3.1 施工方案

基坑开挖之前，要按照土质情况、基坑深度以及周边环境确定支护方案，其内容应包括：放坡要求、支护结构设计、机械选择、开挖时间、开挖顺序、分层开挖深度、坡道位置、车辆进出道路、降水措施及监测要求等。施工方案的制订必须针对施工工艺结合作业条件，对施工过程中可能造成的坍塌因素和作业人员的安全以及防止周边建筑、道路等产生不均匀沉降，设计制定具体可行措施，并在施工中付诸实施。支护设计方案的合理与否，不但直接影响施工的工期、造价，更主要还对施工过程中能否保证安全有直接关系，因此必须经上级审批。基坑深度超过 3m 时，必须执行文件《关于印发危险性较大的分部分项工程安全管理办法的通知》（建质〔2009〕87 号）的要求。开挖深度超过 5m 的基坑或开挖深度虽未超过 5m，但地质情况和周边环境较复杂的基坑，必须由具有资质的设计单位进行专项支护设计。支护设计方案或施工组织设计必须按企业内部管理规定进行审批。超过一定规模的危险性较大的施工专项方案由施工单位组织专家进行论证。

2.3.2 临边防护

深度超过 2m 的基础，坑边必须设置防护栏杆，并且用密目网封闭，栏杆立杆应与便道预埋件电焊连接。栏杆宜采用 $\varPhi$48.3 钢管，表面喷黄漆标志。坑口应砖砌翻口，防坑边碎石和坑外水进入坑内。对于取土口、栈桥边、行人支撑边等部位必须设置安全防护设施并符合要求。

2.3.3 基坑支护

不同深度的基坑和作业条件，所采取的支护方式和放坡大小也不同。

1. 原状土放坡

一般基坑深度小于 3m 时，可采用一次性放坡。当深度达到 4～5m 时，可采取分级（阶梯式）放坡。明挖放坡必须保证边坡的稳定。根据土的类别进行稳定计算确定安全系数。原状土放坡适用于较浅的基坑(放坡限制见表 2-1、表 2-2)对于深基坑可采用打桩、土钉墙和地下连续墙的方法来确保边坡稳定。

表 2-1 直立壁不加支撑的挖深限制

序号	土质类别	挖深限制/m
1	密实、中密的砂土和碎石类土（充填物为砂土）	1.00
2	硬塑、可塑的轻亚粘土	1.25
3	硬塑、可塑的粘土和碎石类土（充填物为粘性土）	1.50
4	坚硬的土	2.00

表 2-2 挖深 5m 以内且不加支撑时坡度要求

土的类别	边坡坡度(高：宽)		
	坡顶无何载	坡顶有静载	坡顶有动载
中密的砂土	1：1.00	1：1.25	1：1.50
中密的碎石类土（充填物为砂土）	1：0.75	1：1.00	1：1.25
硬塑的轻亚粘土	1：0.67	1：0.75	1：1.00
中密的碎石类土（充填物为粘性土）	1：0.50	1：0.67	1：0.75
硬塑的亚粘土、粘土	1：0.33	1：0.50	1：0.67
老黄土	1：0.1	1：0.25	1：0.33
软土（经井点降水后）	1：1.00		

注：静载指堆土或材料等；动载指机械挖土或汽车运输作业等，静载和动载距挖方边缘的距离应符合规定。

2. 排桩(护坡桩)

当周边无条件放坡时，可设计成挡土墙结构。采用预制桩、钢筋混凝土桩和钢桩，当采用间隔排桩时，可采用高压旋喷或深层搅拌办法将桩与桩之间的土体固化形成桩墙挡土结构。其好处是：土体整体性好；阻止地下水渗入基坑形成隔渗结构。桩墙结构实际上是利用桩的入土深度形成悬臂结构，当基础较深时，可采用坑外拉锚或坑内支撑来保护桩的稳定。

3. 坑外拉锚与坑内支撑

1）坑外拉锚

用锚具将锚杆固定在桩的悬臂部分，将锚杆的另一端伸向基坑边土层内锚固，以增加桩的稳定。土锚杆由锚头、自由段和锚固段组成。锚杆必须有足够长度，锚固段不能设置在土层的滑动面之内，锚杆可设计一层和多层并要现场进行抗拔力确定试验。

2）坑内支撑

坑内支撑有单层平面或多层支撑，一般材料取型钢或钢筋砼。操作时要注意支撑安装和拆除顺序。多层支撑必须在上道支撑混凝土强度达80％时才可挖下层；钢支撑严禁在负荷状态下焊接。

4. 地下连续墙

地下连续墙就是在深层地下浇注一道钢筋混凝土墙，既可起挡土护壁又可起隔渗作用，还可以成为工程主体结构的一部分，也可以代替地下室墙的外模板。地下连续墙也可简称地连墙，地连墙施工是利用成槽机械，按照建筑平面挖出一条长槽，用膨润土泥浆护壁，在槽内放入钢筋笼，然后浇注混凝土。施工时，可以分成若干单元（5～8m 一段），最后将各段进行接头连接，形成一道地下连续墙。

5. 逆作法施工

逆作法的施工工艺和一般正常施工相反，一般基础施工先挖至设计深度，然后自下向上施工到正负零标高，然后再继续施工上部主体。逆作法是先施工地下一层（离地面最近的一层），在打完第一层楼板时，进行养护，在养护期间可以向上部施工主体，当第一层楼板达到强度时，可继续施工地下二层（同时向上方施工），此时的地下主体结构梁板体系，就作为挡土结构的支撑体系，地下室外的墙体又是基坑的护壁。这时梁板的施工只需插入土中，作为柱子钢筋，梁板施工完毕再挖土方施工柱子。第一层楼板以下部分由于楼板的封闭，只能采用人工挖土，可利用电梯间垂直运输通道。逆作法不但节省工料，上下同时施工缩短工期，还由于利用工程梁板结构做内支撑，可以避免由于装拆临时支撑造成的土体变形。

此外，应有针对支护设施产生变形的防治预案，并及时采取措施；应严格按支护设计及方案要求进行土方开挖及支撑的拆除；采用专业方法拆除支撑的施工队伍必须具备专业施工资质。

2.3.4 基坑降排水

基坑施工常遇地下水。对地下水的控制一般有排水、降水、隔渗等方法。

1. 排水

基坑深度较浅，常采用明排。即沿槽底挖出两道水沟，每隔30～40m 设一集水井，用其水泵将水抽走。

2. 降水

开挖深度大于 3m 时，可采用井点降水。井点降水每级可降 6m，再深时，可采用多级降水，水量大时，可采用深井降水。降水井井点位置距坑边1m 左右。基坑外面挖排水沟，防止雨水流入坑内。为了防止降水后造成周围建筑物不均匀沉降，可在降水的同时，采取回灌措施，以保持原有的地下水位不变。抽水过程中要经常检查真空度，防止漏气。

3. 隔渗

基坑隔渗是用高压旋喷、深层搅拌形成的水泥土墙和底板而筑成的止水帷幕，阻止地下水渗入坑内。

（1）坑内抽水。不会造成周边建筑物、道路等沉降问题。坑外高水位，坑内低水位干燥条件下作业。止水帷幕向下插入不透水层落底，对坑内封闭。注意防漏。

（2）坑外抽水。含水层较厚，帷幕悬吊在透水层中。这种方法抽水减轻了挡土桩的侧压力，但对周边建筑沉降问题有不利影响。

深基坑降水施工必须有防止临近建筑及管线沉降的措施。

2.3.5 坑边荷载

基坑边缘堆置建筑材料等，距槽边最小距离必须满足设计规定，禁止基坑边堆置弃土，施工机械施工行走路线必须按方案执行。

2.3.6 上下通道

（1）基坑施工作业人员上下必须设置专用通道，不得攀爬栏杆和自挖土级上下。

（2）人员专用通道应在施工组织设计中确定。视条件可采用梯子，斜道（有踏步级）两侧要设扶手栏杆。

（3）设备进出时按基坑部位设置专用坡道。推土机 25°，挖掘机 20°，铲运机 25°。

2.3.7 土方开挖

（1）施工机械必须实行进场验收制度，操作人员持证上岗。

（2）严禁施工人员进入施工机械作业半径内。

（3）基坑开挖应严格按方案执行，宜采用分层开挖的方法，严格控制开挖面的坡度和分层厚度，防止边坡和挖土机下的土体滑动，严禁超挖。

（4）基坑支护结构必须在达到设计要求的强度后，方可开挖下层土方。

（5）挖土机不能超标高挖土，以免造成土体结构破坏。

2.3.8 基坑支护变形监测

基坑开挖之前应作出系统的监测方案。包括：监测方法、精度要求、监测点布置、观测周期、工序管理、记录制度、信息反馈等。基坑开挖过程中特别注意监测：支护体系变形情况；基坑外地面沉降或隆起变形；邻近建筑物动态；监测支护结构的开裂、位移。重点监测桩位、护壁墙面、主要支撑杆、连接点以及渗漏情况。

开挖深度大于 5m 应由建设单位委托具备相应资质的第三方实施监测；总包单位应自行安排基坑监测工作，并与第三方监测资料定期对比分析，指导施工作业；基坑工程监测必须有基坑设计方确定监测报警值，施工单位应及时通报变形情况。

2.3.9 作业环境

基坑内作业人员必须有足够的安全作业面；垂直作业必须有隔离防护措施；夜间施工

必须有足够的照明设施。电箱的设置及周围环境以及各种电气设备的架设使用均应符合电气规范规定。

基坑支护、土方作业检查评分表见表2-3。

表2-3 基坑支护、土方作业检查评分表

序号	检查项目		扣 分 标 准	应得分数	扣减分数	实得分数
1		施工方案	深基坑施工未编制支护方案扣20分 基坑深度超过5m未编制专项支护设计扣20分 开挖深度3m及以上未编制专项方案扣20分 开挖深度5m及以上专项方案未经过专家论证扣20分 支护设计及土方开挖方案未经审批扣15分 施工方案针对性差不能指导施工扣12~15分	20		
2		临边防护	深度超过2m的基坑施工未采取临边防护措施扣10分 临边及其他防护不符合要求扣5分	10		
3	保证项目	基坑支护及支撑拆除	坑槽开挖设置安全边坡不符合安全要求扣10分 特殊支护的做法不符合设计方案扣5~8分 支护设施已产生局部变形又未采取措施调整扣6分 砼支护结构未达到设计强度提前开挖,超挖扣10分 支撑拆除没有拆除方案扣10分 未按拆除方案施工扣5~8分 用专业方法拆除支撑,施工队伍没有专业资质扣10分	10		
4		基坑降排水	高水位地区深基坑内未设置有效降水措施扣10分 深基坑边界周围地面未设置排水沟扣10分 基坑施工未设置有效排水措施扣10分 深基础施工采用坑外降水,未采取防止临近建筑和管线沉降措施扣10分	10		
5		坑边荷载	积土、料具堆放距槽边距离小于设计规定扣10分 机械设备施工与槽边距离不符合要求且未采取措施扣10分	10		
		小计		60		

续表

序号	检查项目		扣 分 标 准	应得分数	扣减分数	实得分数
6	一般项目	上下通道	人员上下未设置专用通道扣10分 设置的通道不符合要求扣6分	10		
7		土方开挖	施工机械进场未经验收扣5分 挖土机作业时，有人员进入挖土机作业半径内扣6分 挖土机作业位置不牢、不安全扣10分 司机无证作业扣10分 未按规定程序挖土或超挖扣10分	10		
8		基坑支护变形监测	未按规定进行基坑工程监测扣10分 未按规定对毗邻建筑物和重要管线和道路进行沉降观测扣10分	10		
9		作业环境	基坑内作业人员缺少安全作业面扣10分 垂直作业上下未采取隔离防护措施扣10分 光线不足，未设置足够照明扣5分	10		
	小计				40	
	检查项目合计				100	

注：① 每项最多扣减分数不大于该项应得分数。

② 保证项目有一项不得分或保证项目小计得分不足40分，检查评分表记零分。

③ 该表换算到汇总表后得分 $= \dfrac{10 \times 该表检查项目实得分数合计}{100}$。

本 章 小 结

本章主要介绍了不同情况的挖方规定，对土方施工的安全要求作了全面的阐述，确保土方施工安全可靠。建立健全土方施工安全事故应急救援体系。基础工程安全控制要点，基坑支护安全检查要点等。会根据基坑支护、土方作业检查评分表进行检查评分。

思考与拓展题

1. 土方开挖前要做好哪些施工准备工作？
2. 挖土时应遵守哪些规定？
3. 土方施工时发生坍塌事故，如何进行应急救援？
4. 请你谈谈基坑开挖中造成坍塌事故的原因。
5. 基坑支护、土方作业安全检查评定项目有哪些内容？

第 3 章

脚手架工程安全技术

 课程标准

课程内容	知识要点	教学目标
脚手架工程安全技术措施与控制	脚手架的种类、扣件式钢管脚手架组成和构造要求、扣件式钢管脚手架的搭设和使用、悬挑脚手架构造要求和检查评定、门式脚手架组成和检查评定、碗扣式钢管脚手架安全使用和检查评定、附着升降脚手架、承插型盘扣式钢管支架、高处作业吊篮、满堂式脚手架、模板支架的检查评定应用训练	懂得常用脚手架的类别和安全基本要求；能够掌握扣件式钢管脚手架、门式钢管脚手架、附着式升降脚手架及吊篮脚手架的构造要求、搭设和拆除的安全技术以及安全管理等内容；会运用所学知识，检查脚手架、会进行搭设和拆除脚手架的交底，并会在工程实际中进行脚手架的安全管理

▶▶章节导读

　　脚手架是为建筑施工而搭设的上料、堆料与施工作业用的临时结构架。它作为建筑施工用的临时设施，贯穿于施工的全过程，其设计和搭设的质量，不仅直接影响操作人员的人身安全，而且还影响建筑施工的进度、效率和质量。由于脚手架的搭设、使用和拆除不符合安全技术和管理的要求，可能引起高处坠落、坍塌、物体打击、触电和雷击等安全事故的发生。所以，脚手架工程一直是建筑施工现场安全技术和管理的工作重点。

知识链接

　　脚手架是建筑施工中必不可少的临时设施，用于施工操作、堆放物料、短距离水平运输，但搭设不及时，会影响施工进度。搭设不符合施工需要，会影响工人操作和工程质量。如果搭设不牢固，就容易造成伤亡事故。

3.1　脚手架的分类及基本要求

3.1.1　脚手架的分类

　　脚手架的分类方法有很多，一般包括以下类别。

　　(1) 按搭设位置不同，分外脚手架和内(里)脚手架。搭设在建筑物或构筑物外围的脚手架统称为外脚手架，一般包括单排脚手架、双排脚手架和悬挑式脚手架等；而搭设在建筑物或构筑物内侧的脚手架统称为内(里)脚手架，一般包括马凳式内脚手架和支柱式脚手架等。

　　(2) 按搭设的用途不同，又可分为操作(作业)脚手架、防护脚手架和承重(或支撑)脚手架等。操作(作业)脚手架又可分为结构作业脚手架、装饰装修作业脚手架和安装作业脚手架等。结构作业脚手架是供建筑物或构筑物主体结构施工作业时使用的脚手架；装饰作业脚手架是供装饰施工作业使用的脚手架；安装作业脚手架是供安装器具或设备等使用的脚手架；防护脚手架是供建筑施工时安全防护而搭设的脚手架；承重(或支撑)脚手架是指主要用于模板支设而搭设的脚手架。

　　(3) 按搭设的立杆排数不同，分为单排脚手架、双排脚手架和满堂脚手架。单排脚手架是由许多落地的单排立杆与大横杆、小横杆、扫地杆等杆件按规定的连接方式组合而成的脚手架；双排脚手架是由许多落地的内、外两排立杆与大横杆、小横杆、扫地杆等按规定的连接方式组合而成的脚手架；满堂脚手架是由较多排(≥3排)的立杆、横杆、扫地杆以及斜撑和剪刀撑等组成的，主要用于结构、装饰和设备安装等施工用的脚手架，一般起承重、加固和支撑等作用，又称满堂红脚手架。

　　(4) 按脚手架的闭合形式不同，分为全封闭式脚手架、半封闭式脚手架、局部封闭式脚手架和敞开式脚手架。全封闭脚手架是指沿脚手架外侧全长和全高封闭的脚手架；半封闭脚手架是指遮挡面积占30%～70%的脚手架；局部封闭脚手架是指遮挡面积小于30%的脚手架；敞开式脚手架是指仅设有作业层栏杆和挡脚板，无其他遮挡设施的脚手架。

　　(5) 按脚手架的支固形式不同，又分为落地式脚手架、悬挑式脚手架、附墙悬挂脚手架、悬吊式脚手架、附着升降式脚手架等。落地式脚手架是指搭设在地面、楼面、屋面或其他平台结构之上的脚手架；悬挑式脚手架(简称挑脚手架)是采用悬挑方式支固的脚手架，其悬挑方式又分为架设于专用悬挑梁上、架设于专用三角桁架上和架设于由撑拉杆件组合的支挑结构上3种；附墙悬挂脚手架(简称挂脚手架)是指在上部或中部挂设于墙体条挂件上的定型脚手架；悬吊脚手架(简称吊脚手架)是指悬吊于悬挑梁或工程结构之下的脚手架,当采用篮式作业架时,也称为吊篮;附着式升降脚手架(简称爬架)是指附着于工程结构之上,依靠自身的提升设备实现升降的悬空脚手架,又因能够实现整体的提升又称为整体式提升脚手架。

(6) 按脚手架搭设后的可移动性不同,分为固定式脚手架和移动式脚手架。

(7) 按搭设材质不同,分成竹脚手架、木脚手架和钢管脚手架等。钢管脚手架又分成扣件式脚手架和碗扣式脚手架等。

3.1.2 脚手架安全基本要求

1. 设计安全基本要求

(1) 脚手架应满足在各类荷载作用下整体稳定性的要求。

(2) 脚手架应满足在所承受各类荷载作用下强度的要求。

(3) 脚手架在正常使用时应有足够的刚度。

(4) 在满足上述要求的同时,还应满足经济性和搭设、使用方便等要求。

2. 脚手架搭设和使用安全基本要求

(1) 组成脚手架的原、配件质量必须符合相关要求,并经检查验收合格后方准使用。

(2) 脚手架的搭设必须依据经有关部门和人员审核的专项施工方案,并附必要的验算结果。

(3) 高度超过24m的各类脚手架(包括落地式钢管脚手架、附着式升降脚手架、整体提升与分片式提升、悬挑式脚手架、门型脚手架、挂脚手架、吊篮脚手架、卸料平台等)除应编制专项施工方案。

(4) 脚手架的搭设人员(专业架子工)需经建设行政主管部门组织的考试合格后方可持证上岗,并定期体检。

(5) 搭设脚手架人员必须按要求佩戴安全帽、系好安全带、穿防滑鞋。

(6) 其搭设与设计必须一致、设计与实际的荷载相一致,并符合有关标准和规程的要求,需要改变搭设方案时,必须履行规定的变更审核手续。

(7) 脚手架的搭设必须满足相关的构造要求。

(8) 所有的操作平台应铺设符合相关要求的脚手板,在平台的边缘应有扶手、防护网、挡脚板或其它防坠落的保护措施。

(9) 脚手架上堆料量不得超过规定荷载和高度,同一块脚手板上的操作人员不得超过两人。

(10) 提供合适、安全的方法,使操作人员和物料等能顺利到达操作平台。

(11) 所有置于工作平台上的物料应安全堆放,严禁超载。

(12) 对搭设后的脚手架要进行定期或不定期地检查,首次检查应当在搭设完成之后,由施工单位安全机构专职安全管理人员、项目部安全负责人、搭设单位(或人员)、相关分包单位等参加,每次检查的详情应有记录并予以存档。

(13) 对于已搭设的脚手架结构,未经允许不得改动或拆除。

(14) 遇6级以上大风或大雾、雨雪等恶劣天气时应暂停脚手架的搭设和作业。

(15) 脚手架的安全检查与维护,应按规定进行,安全网应按有关规定搭设或拆除。

3. 脚手架拆除的安全基本要求

（1）拆除脚手架前必须制定拆除方案，并履行规定的审批手续。

（2）拆除脚手架时，应在拆除区设置警戒线，严禁无关人员进入。

（3）拆除脚手架应坚持先搭的后拆，后搭的先拆的拆除原则，自上而下进行拆除，并且拆除某一部分应不得使另一部分或其他结构产生倾倒或失稳，严禁上下同时作业。

（4）拆除脚手架时，严禁采用将脚手架整体推倒的方法。

（5）凡脚手架拆下的构件都要用绳索捆绑牢固向下传递，严禁从高处向下抛掷。

（6）在架空电力线路附近拆除时，应停电进行，若不能停电，应采取防止触电和防止有损线路的安全措施。

（7）遇 6 级以上大风或大雾、雨雪等恶劣天气时应暂停脚手架的拆除作业。

4. 脚手架的防电、避雷要求

《施工现场临时用电安全技术规范》（JGJ 46—2005）对脚手架的防电、避雷措施作了明确规定，具体要求如下。

1）脚手架的防电措施

脚手架周边与外电架空线路边线之间的最小安全操作距离应符合《施工现场临时用电安全技术规范》的相关规定。

2）脚手架的避雷措施

（1）施工现场内的钢脚手架，当在相邻建筑物、构筑物等设施的防雷装置接闪器的保护范围以外时，应按规定安装防雷装置。

（2）当最高机械设备上避雷针（接闪器）的保护范围能覆盖其他设施，且又最后退出现场，则其他设施可不设防雷装置。

（3）机械设备或设施的防雷引下线可利用该设备或设施的金属结构体，但应保证金属结构体连接有效。

（4）机械设备上的避雷针（接闪器）长度应为 1～2m。

（5）施工现场内所有防雷装置的冲击接地电阻值不得大于 30Ω。

3.2　扣件式钢管脚手架

扣件式钢管脚手架是为建筑施工而搭设的、承受荷载的由扣件和钢管等构成的脚手架与支撑架，包含《建筑施工扣件式钢管脚手架安全技术规范》（JGJ 130—2011）各类脚手架与支撑架，统称脚手架。该类脚手架因为具有搭设简便、可周转使用、灵活适用等特点，在当前的工程建设中应用较为广泛。但值得注意的是，在目前的一些建筑施工现场，由于扣件式钢管脚手架的违规搭设、使用和拆除而引发的安全事故仍然是屡见不鲜，其根本原因就是现场有些工程技术人员和操作者，不懂得扣件式钢管脚手架的安全技术要求和管理规定。

3.2.1　基本组成及构配件的技术要求

1. 基本组成及作用

扣件式钢管脚手架的主要杆件如图 3.1 所示。

图 3.1　扣件式钢管脚手架各杆件位置

1—外立杆；2—内立杆；3—横向水平杆；4—纵向水平杆；5—栏杆；6—挡脚
板；7—直角扣件；8—旋转扣件；9—连墙件；10—横向斜撑；11—主立杆；
12—副立杆；13—抛撑；14—剪刀撑；15—垫板；16—纵向扫地杆；17—横向
扫地杆；h—步距；l_a—纵距；l_b—横距；

扣件式钢管脚手架主要杆件及配件的作用见表 3-1。

表 3-1　扣件式脚手架的主要组成构件及作用

序号	杆件名称		作　用
1	立杆	外立杆	平行于建筑物并垂直于地面的杆件，既是组成脚手架结构的主要杆件，又是传递脚手架结构自重、施工荷载与风荷载的主要受力杆件
		内立杆	
2	横向水平杆（小横杆）		垂直于建筑物，横向连接脚手架内、外排立杆或一端连接脚手架立杆、另端支于建筑物的水平杆，是组成脚手架结构并传递施工荷载给立杆的主要受力杆件
3	纵向水平杆（大横杆）		平行于建筑物，在纵向连接各立杆的通长水平杆，既是组成脚手架结构的主要杆件，又是传递施工荷载给立杆的主要受力杆件
4	扣件	直角扣件	用于垂直交叉杆件间连接的扣件，是依靠扣件与钢管表面间的摩擦力传递施工荷载、风荷载的受力连接件
		旋转扣件	用于平行或斜交杆件间连接的扣件、用于连接支撑斜杆与立杆或横向水平杆的连接件
		对接扣件	用于杆件对接连接的扣件，也是传递荷载的受力连接件

序号	杆件名称	作　用
5	连墙件	连接脚手架与建筑物的部件，是脚手架既要承受、传递风荷载，又要防止脚手架在横向失稳或倾覆的重要受力部件
6	脚手板	供操作人员作业，并承受和传递施工荷载的板件，当设于非操作层时可起防护作用
7	横向斜撑（之字撑）	与双排脚手架内、外排立杆或水平杆斜交，呈之字形的斜杆，可增强脚手架的横向刚度、提高脚手架的承载能力
8	剪刀撑（十字撑）	设在脚手架外侧面，与墙面平行，且成对设置的交叉斜杆，可增强脚手架的纵向刚度，提高脚手架的承载能力
9	抛撑	与脚手架外侧面斜交的杆件，可增强脚手架的稳定和抵抗水平荷载的能力
10	纵向扫地杆	连接立杆下端，平行于外墙，距底座下皮200mm处的纵向水平杆，可约束立杆底端纵向发生的位移
11	横向扫地杆	连接立杆下端，垂直于外墙，位于纵向扫地杆下方的横向水平杆，可约束立杆底端横向发生的位移
12	垫板	设在立杆下端，承受并传递立杆荷载的配件
13	主节点	立杆、纵向水平杆、横向水平杆3杆紧靠的扣节点

2. 构配件的技术要求

1）钢管

脚手架钢管应采用现行国家标准《直缝电焊钢管》（GB/T 13793）或《低压流体输送用焊接钢管》（GB/T 3091）中规定的 Q235 普通钢管；钢管的钢材质量应符合现行国家标准《碳素结构钢》（GB/T 700）中 Q235 级钢的规定。脚手架钢管宜采用 Φ48.3mm × 3.6mm 钢管。每根钢管的最大质量不应大于 25.8kg。

2）扣件

扣件应采用可锻铸铁或铸钢制作，其质量和性能应符合现行国家标准《钢管脚手架扣件》（GB 15831）的规定。采用其他材料制作的扣件，应经试验证明其质量符合该标准的规定后方可使用。扣件在螺栓拧紧扭力矩达到 65N·m 时，不得发生破坏。

3）脚手板

脚手板可采用钢、木、竹材料制作，单块脚手板的质量不宜大于 30kg。冲压钢脚手板的材质应符合现行国家标准《碳素结构钢》（GB/T 700）中 Q235 级钢的规定。木脚手板材质应符合现行国家标准《木结构设计规范》（GB 50005）中 IIa 级材质的规定。脚手板厚度不应小于 50mm，两端宜各设置直径不小于 4mm 的镀锌钢丝箍两道。竹脚手板宜采用由毛竹或楠竹制作的竹串片板、竹笆板，竹串片脚手板应符合现行行业标准《建筑施工木脚手架安全技术规范》（JGJ 164）的相关规定。

4）可调托撑

可调托撑螺杆外径不得小于 36mm，直径与螺距应符合现行国家标准《梯形螺纹》

(GB/T 5796.2、GB/T 5796.3)的规定。可调托撑的螺杆与支托板焊接应牢固，焊缝高度不得小于 6mm；可调托撑螺杆与螺母旋合长度不得少于 5 扣，螺母厚度不得小于 30mm。可调托撑抗压承载力设计值不应小于 40kN，支托板厚不应小于 5mm。

3.2.2 构造要求

1. 常用单、双排脚手架设计尺寸

常用密目式安全网全封闭单、双排脚手架结构的设计尺寸，可按表 3-2 和表 3-3 采用。

表 3-2 常用密目式安全立网全封闭式单排脚手架的设计尺寸

单位：m

连墙件设置	立杆横距 l_b	步距 h	下列荷载时的立杆纵距 l_a		脚手架允许搭设高度 $[H]$
			2+0.35 (kN/m²)	3+0.35 (kN/m²)	
二步三跨	1.20	1.5	2.0	1.8	24
		1.80	1.5	1.2	24
	1.40	1.5	1.8	1.5	24
		1.80	1.5	1.2	24
三步三跨	1.20	1.5	2.0	1.8	24
		1.80	1.2	1.2	24
	1.40	1.5	1.8	1.5	24
		1.80	1.2	1.2	24

表 3-3 常用密目式安全立网全封闭式双排脚手架的设计尺寸

单位：m

连墙件设置	立杆横距 l_b	步距 h	下列荷载时的立杆纵距 l_a (m)				脚手架允许搭设高度 $[H]$
			2+0.35 (kN/m²)	2+2+2×0.35 (kN/m²)	3+0.35 (kN/m²)	3+2+2×0.35 (kN/m²)	
二步三跨	1.05	1.5	2.0	1.5	1.5	1.5	50
		1.80	1.8	1.5	1.5	1.5	32
	1.30	1.5	1.8	1.5	1.5	1.5	50
		1.80	1.8	1.2	1.5	1.2	30
	1.55	1.5	1.8	1.5	1.5	1.5	38
		1.80	1.8	1.2	1.5	1.2	22

续表

连墙件设置	立杆横距 l_b	步距 h	下列荷载时的立杆纵距 l_a(m)				脚手架允许搭设高度 [H]
			2+0.35 (kN/m²)	2+2+2×0.35 (kN/m²)	3+0.35 (kN/m²)	3+2+2×0.35 (kN/m²)	
三步三跨	1.05	1.5	2.0	1.5	1.5	1.5	43
		1.80	1.8	1.2	1.5	1.2	24
	1.30	1.5	1.8	1.5	1.5	1.2	30
		1.80	1.8	1.2	1.5	1.2	17

注：① 表中所示 2+2+2×0.35(kN/m²)，包括下列荷载，2+2(kN/m²)为二层装修作业层施工荷载标准值，2×0.35(kN/m²)为二层作业层脚手板自重荷载标准值。

② 作业层横向水平杆间距，应按不大于 $l_a/2$ 设置。

③ 地面粗糙度为 B 类，基本风压 W_0=0.4kN/m²。

单排脚手架搭设高度不应超过 24m；双排脚手架搭设高度不宜超过 50m，高度超过 50m 的双排脚手架，应采用分段搭设等措施。

2. 立杆

(1) 每根立杆底部宜设置底座或垫板，如图 3.2 所示。

(2) 脚手架必须设置纵、横向扫地杆。纵向扫地杆应采用直角扣件固定在距底座上皮不大于 200mm 处的立杆上。横向扫地杆亦应采用直角扣件固定在紧靠纵向扫地杆下方的立杆上。当立杆基础不在同一高度上时，必须将高处的纵向扫地杆向低处延长两跨与立杆固定，高低差不应大于 1m。靠边坡上方的立杆轴线到边坡的距离不应小于 500mm，如图 3.3 所示。

图 3.2　脚手架底层

图 3.3　纵、横向扫地杆构造

1—向扫地杆；2—纵向扫地杆

(3) 脚手架底层步距不应大于 2m，如图 3.3 所示。

(4) 立杆必须用连墙件与建筑物可靠连接，连墙件布置间距宜按表 3-4 采用。

表 3-4 连墙件布置最大间距

脚手架高度		竖向间距/h	水平间距/l_a	每根连墙件覆盖面和/m²
双排	≤50m	3	3	≤40
	>50m	2	3	≤27
单排	≤24m	3	3	≤40

注：h—步距；la—纵距。

（5）立杆接长除顶层顶步可采用搭接外，其余各层各步接头必须采用对接扣件连接如图 3.4 所示。对接、搭接应符合下列规定。

① 立杆上的对接扣件应交错布置：两根相邻立杆的接头不应设置在同步内，同步内隔一根立杆的两个相隔接头在高度方向错开的距离不宜小于 500mm；各接头中心至主节点的距离不宜大于步距的 1/3。

② 搭接长度不应小于 1m，应采用不少于两个旋转扣件固定，端部扣件盖板的边缘至杆端距离不应小于 100mm。

（6）立杆顶端宜高出女儿墙上皮 1m，高出檐口上皮 1.5m。

3. 纵向水平杆的构造要求

（1）纵向水平杆宜设置在立杆内侧，其长度不宜小于 3 跨。

（2）纵向水平杆接长宜采用对接扣件连接，也可采用搭接。对接、搭接应符合下列规定。

① 纵向不平杆的对接扣件应交错布置：两根相邻纵向水平杆的接头不宜设置在同步或同跨内；不同步或不同跨两个相邻接头在水平方向错开的距离不应小于 500mm；各接头中心至最近主节点的距离不宜大于纵距的 1/3，如图 3.4 所示。

图 3.4 纵向水平杆对接接头布置
(a)接头不在同步内（立面）；(b)接头不在同跨内（平面）
1—立杆；2—纵向水平杆；3—横向水平杆

② 搭接长度不应小于 1m，应等间距设置 3 个旋转扣件固定，端部扣件盖板边缘至搭接纵向水平杆杆端的距离不应小于 100mm。

③ 当使用冲压钢脚手板、木脚手板、竹串片脚手板时，纵向水平杆应作为横向水平杆的支座，用直角扣件固定在立杆上；当使用竹笆脚手板时，纵向水平杆应采用直角扣件

图3.5　铺竹笆脚手板时纵向水平杆的构造
1—立杆；2—纵向水平杆；3—横向水平杆；
4—竹笆脚手板；5—其他脚手板

固定在横向水平杆上，并应等间距设置，间距不应大于400mm，如图3.5所示。

4.横向水平杆的构造要求

（1）主节点处必须设置一根横向水平杆，用直角扣件扣接，且严禁拆除。

（2）作业层上非主节点处的横向水平杆，宜根据支承脚手板的需要等间距设置，最大间距不应大于纵距的1/2。

（3）当使用冲压钢脚手板、木脚手板、竹串片脚手板时，双排脚手架的横向水平杆两端均应采用直角扣件固定在纵向水平杆上；单排脚手架的横向水平杆的一端，应用直角扣件固定在纵向水平杆上，另一端应插入墙内，插入长度不应小于180mm。

（4）使用竹笆脚手板时，双排脚手架的横向水平杆两端应用直角扣件固定在立杆上；单排脚手架的横向水平杆的一端应用直角扣件固定在立杆上，另一端应插入墙内，插入长度亦不应小于180mm。

5.脚手板的构造要求

（1）作业层脚手板应铺满、铺稳、铺实。

（2）冲压钢脚手板、木脚手板、竹串片脚手板等，应设置在3根横向水平杆上。当脚手板长度小于2m时，可采用两根横向水平杆支承，但应将脚手板两端与其可靠固定，严防倾翻。此3种脚手板的铺设可采用对接平铺，亦可采用搭接铺设。脚手板对接平铺时，接头处必须设两根横向水平杆，脚手板外伸长应取130～150mm，两块脚手板外伸长度的和不应大于300mm 如图3.6(a)所示；脚手板搭接铺设时，接头必须支在横向水平杆上，搭接长度应大于200mm，其伸出横向水平杆的长度不应小于100mm 如图3.6(b)所示。

（3）竹笆脚手板应按其主竹筋垂直于纵向水平杆方向铺设，且采用对接平铺，4个角应用直径1.2mm的镀锌钢丝固定在纵向水平杆上。

（4）作业层端部脚手板探头长度应取150mm，其板长两端均应与支承杆可靠地固定。

图3.6　脚手板对接、搭接构造
(a)脚手板对接；(b)脚手板搭接

6.连墙件的构造要求

（1）连墙件数量的设置除应满足设计计算的要求外，尚应符合表3-4的规定。

（2）连墙件的布置应符合下列规定。

① 宜靠近主节点设置，偏离主节点的距离不应大于 300mm。

② 应从底层第一步纵向水平杆处开始设置，当该处设置有困难时，应采用其他可靠措施固定。

③ 应优先采用菱形布置，或采用方形、矩形布置。

④ 开口型脚手架的两端必须设置连墙件，连墙件的垂直间距不应大于建筑物的层高，并不应大于 4m。

⑤ 连墙件中的连墙杆应呈水平设置，当不能水平设置时，应向脚手架一端下斜连接。

⑥ 连墙件必须采用可承受拉力和压力的构造。对高度 24m 以上的双排脚手架，应采用刚性连墙件与建筑物连接。

⑦ 当脚手架下部暂不能设连墙件时应采取防倾覆措施。当搭设抛撑时，抛撑应采用通长杆件，并用旋转扣件固定在脚手架上，与地面的倾角应在 45°～60°之间；连接点中心至主节点的距离不应大于 300mm。抛撑应在连墙件搭设后再拆除。

⑧ 架高超过 40m 且有风涡流作用时，应采取抗上升翻流作用的连墙措施。

7．门洞处的构造要求

（1）单、双排脚手架门洞宜采用上升斜杆、平行弦杆桁架结构形式如图 3.7 所示，斜杆与地面的倾角 α 应在 45°～60°之间。门洞桁架的形式宜按下列要求确定。

图 3.7 门洞处上升斜杆、平行弦杆桁架

(a)挑空一根立杆（A 型）；(b)挑空二根立杆（A 型）；(c)挑空一根立杆（B 型）；(d)挑空二根立杆（B 型）

1—防滑扣件；2—增设的横向水平杆；3—副立杆；4—主立杆

① 当步距(h)小于纵距(l_a)时，应采用 A 型。

② 当步距(h)大于纵距(l_a)时，应采用 B 型，并应满足：$h=1.8$m 时，纵距不应大于 1.5mm；$h=2.0$m 时，纵距不应大于 1.2mm。

（2）单、双排脚手架门洞桁架的构造应符合下列规定。

① 单排脚手架门洞处，应在平面桁架（图 3.7 中 A、B、C、D）的每一节间设置一根斜腹杆；双排脚手架门洞处的空间桁架，除下弦平面外，应在其余 5 个平面内的图示节间设置一根斜腹杆（图 3.7 中 1-1、2-2、3-3 剖面）。

② 斜腹杆宜采用旋转扣件固定在与之相交的横向水平杆地伸出端上，旋转扣件中心线至主节点的距离不宜大于 150mm。当斜腹杆在 1 跨内跨越 2 个步距（图 3.7A 型）时，宜在相交的纵向水平杆处，增设一根横向水平杆，将斜腹杆固定在其伸出端上。

③ 斜腹杆宜采用通长杆件，当必须接长使用时，宜采用对接扣件连接，也可采用搭接，搭接构造应符合相关规定。

（3）单排脚手架过窗洞时应增设立杆或增设一根纵向水平杆，如图 3.8 所示。

1-1 剖面

图 3.8　单排脚手架过窗洞构造

1—增设的纵向水平杆

（4）门洞桁架下的两侧立杆应为双管立杆，副立杆高度应高于门洞口 1～2 步。

（5）门洞桁架中伸出上、下弦杆的杆件端头，均应增设一个防滑扣件（图 3.8），该扣件宜紧靠主节点处的扣件。

8. 剪刀撑与横向斜撑的构造要求

（1）双排脚手架应设剪刀撑与横向斜撑，单排脚手架应设剪刀撑。

（2）剪刀撑的设置应符合下列规定。

① 每道剪刀撑跨越立杆的根数宜按表 3-5 的规定确定。每道剪刀撑宽度不应小于 4 跨，且不应小于 6m，斜杆与地面的倾角宜在 45°～60°之间。

表 3-5　剪刀撑跨越立杆的最多根数

剪子撑斜杆与地面的倾角 α	45°	50°	60°
剪子撑跨越立杆的最多根数 n	7	6	5

② 高度在 24m 以下的单、双排脚手架，均必须在外侧立面的两端各设置一道剪刀撑，并应由底至顶连续设置；中间各道剪刀撑之间的净距不应大于 15m，如图 3.9 所示。

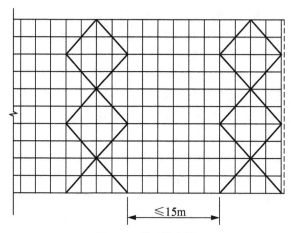

图 3.9　剪刀撑布置

③ 高度在 24m 以上的双排脚手架应在外侧立面整个长度和高度上连续设置剪刀撑。

④ 剪刀撑斜杆的接长宜采用搭接，搭接要求应按纵向水平地搭接要求执行。

⑤ 剪刀撑斜杆应用旋转扣件固定在与之相交的横向水平杆的伸出端或立杆上，旋转扣件中心线至主节点的距离不宜大于 150mm。

（3）横向斜撑的设置应符合下列规定。

① 横向斜撑应在同一节间，由底层至顶层呈之字形连续布置，斜撑的固定应参考门洞斜腹杆的固定要求。

② 开口型双排脚手架的两端均必须设置横向斜撑。

③ 高度在 24m 以下的封闭型双排脚手架可不设横向斜撑，高度在 24m 以上的封闭型脚手架，除拐角应设置横向斜撑外，中间应每隔 6 跨设置一道。

9．斜道的构造要求

（1）人行并兼作材料运输的斜道的形式宜按下列要求确定。

① 高度不大于 6m 的脚手架，宜采用一字形斜道。

② 高度大于 6m 的脚手架，宜采用之字形斜道。

（2）斜道的构造应符合下列规定。

① 斜道宜附着外脚手架或建筑物设置。

② 运料斜道宽度不宜小于 1.5m，坡度宜采用 1：6，人行斜道宽度不宜小于 1m，坡度宜采用 1：3。

③ 拐弯处应设置平台，其宽度不应小于斜道宽度。

④ 斜道两侧及平台外围均应设置栏杆及挡脚板。栏杆高度应为 1.2m，挡脚板高度不应小于 180mm。

⑤ 运料斜道两侧、平台外围和端部均应按规定设置连墙件（设置要求参见连墙件构造）；每两步应加设水平斜杆；应按规定设置剪刀撑和横向斜撑（设置要求参见剪刀撑和横向斜撑构造）。

（3）斜道脚手板构造应符合下列规定。

① 脚手板横铺时，应在横向水平杆下增设纵向支托杆，纵向支托杆间距不应大于 500mm。

② 脚手板顺铺时，接头宜采用搭接；下面的板头应压住上面的板头，板头的凸棱外宜采用三角木填顺。

③ 人行斜道和运料斜道的脚手板上应每隔 250～300mm 设置一根防滑木条，木条厚度宜为 20～30mm。

3.2.3 扣件式钢管脚手架的施工

1. 施工准备工作

(1) 脚手架搭设前，应按专项施工方案向施工人员进行交底。

(2) 应按规范的规定和脚手架专项施工方案要求对钢管、扣件、脚手板、可调托撑等进行检查验收，不合格产品不得使用。

(3) 经检验合格的构配件应按品种、规格分类，堆放整齐、平稳，堆放场地不得有积水。

(4) 应清除搭设场地用杂物，平整搭设场地，并使排水畅通。

2. 地基与基础

(1) 脚手架地基与基础的施工，必须根据脚手架搭设高度、搭设场地土质情况与现行国家标准《建筑地基基础工程施工质量验收规范》(GB 50202)的有关规定进行。

(2) 压实填土地基应符合现行国家标准《建筑地基基础设计规范》(GB 50007)的相关规定；灰土地基应符合现行国家标准《建筑地基基础工程施工质量验收规范》(GB 50202)的相关规定。

(3) 立杆垫板或底座底面标高宜高于自然地坪 50～100mm。

(4) 脚手架基础经验收合格后，应按施工组织设计或专项方案的要求放线定位。

3. 搭设要求

(1) 脚手架必须配合施工进度搭设，一次搭设高度不应超过相邻连墙件以上二步架。

(2) 每搭完一步脚手架后，应按规定校正步距、纵距、横距及立杆的垂直度等。

(3) 底座、垫板均应准确地放在定位线上，并宜采用长度不少于两跨、厚度不小于 50mm、宽度不小 200mm 的木垫板。

(4) 立杆搭设应符合下列规定。

① 当搭至有连墙件的构造点时，在搭设完该处的立杆、纵向水平杆、横向水平杆后，应立即设置连墙件。

② 相邻立杆的对接扣件不得在同一高度内，错开距离应符合上述相关规定。

③ 开始搭设立杆时应每隔 6 跨设置一根抛撑，直至连墙件安装稳定后，方可根据情况拆除。

(5) 纵向水平杆搭设应符合下列规定。

① 纵向水平杆的搭设应符合其构造要求。

② 在封闭型脚手架的同一步架中，纵向水平杆应四周交圈，用直角扣件与内外角部立杆固定。

(6) 横向水平杆搭设应符合下列规定。

① 搭设横向水平杆应符合其构造要求。

② 双排脚手架横向水平杆的靠墙一端至墙装饰面的距离不宜大于 100mm。

③ 单排脚手架的横向水平杆不应设置在下列部位。

a. 设计上不允许留脚手眼的部位。

b. 过梁上与过梁两端成 60°角的三角形范围内及过梁净跨度 1/2 的高度范围内。

c. 宽度小于 1m 的窗间墙。

d. 梁或梁垫下及其两侧各 500mm 的范围内。

e. 砖砌体的门窗洞口两侧 200mm 和转角处 450mm 的范围内；其他砌体的门窗洞口两侧 300mm 和转角处 600mm 的范围内。

f. 独立或附墙砖柱，空斗砖墙、加气块墙等轻质墙体；砌筑砂浆强度等级小于或等于 M2.5 的砖墙。

（7）纵向、横向扫地杆搭设应符合上述的相关构造要求。

（8）连墙件、剪刀撑、横向斜撑等的搭设应符合下列规定。

① 连墙件搭设应符合相关构造要求。当脚手架施工操作层高出连墙件二步时，应采取临时稳定措施，直到上一层连墙件搭设完后方可根据情况拆除。

② 剪刀撑、横向斜撑搭设应符合上述相关构造要求，并应随立杆、纵向和横向水平杆等同步搭设，各底层斜杆下端均必须支承在垫块或垫板上。

（9）门洞搭设应符合上述相关构造要求。

（10）扣件安装应符合下列规定。

① 扣件规格必须与钢管外径相同。

② 螺栓拧紧扭力矩不应小于 40N·m，且不应大于 65N·m。

③ 在主节点处固定横向水平杆、纵向水平杆、剪刀撑、横向斜撑等用的直角扣件、旋转扣件的中心点的相互距离不应大于 150mm。

④ 对接扣件开口应朝上或朝内。

⑤ 各杆件端头伸出扣件盖板边缘长度不应小于 100mm。

（11）作业层、斜道的栏杆和挡脚板的搭设应符合下列规定如图 3.10 所示。

图 3.10 栏杆与挡脚板构造
1—上栏杆；2—外立杆；3—挡脚板；4—中栏杆

① 栏杆和挡脚板均应搭设在外立杆的内侧。

② 上栏杆上皮高度应为 1.2m。

③ 挡脚板高度不应小于 180mm。

④ 中栏杆应居中设置。

（12）脚手板的铺设应符合下列规定。

① 脚手架应铺满、铺稳，离开墙面 120～150mm。

② 采用对接或搭接时均应符合相关规定；脚手板探头应用直径 3.2mm 镀锌钢丝固定在支承杆件上。

③ 在拐角、斜道平台口处的脚手板，应与横向水平杆可靠连接，防止滑移。

4. 拆除要求

（1）脚手架拆除应按专项方案施工，拆除脚手架的准备工作应符合下列规定。

① 应全面检查脚手架的扣件连接、连墙件、支撑体系等是否符合构造要求。

② 应根据检查结果补充完善脚手架拆除专项方案中的拆除顺序和措施，并经批准后方可实施。

③ 应由工程项目技术负责人进行拆除前的安全技术交底。

④ 应清除脚手架上的杂物及地面障碍物。

（2）拆除脚手架时，应符合下列规定。

① 拆除作业必须由上而下逐层进行，严禁上下同时作业。

② 连墙件必须随脚手架逐层拆除，严禁先将连墙件整层或数层拆除后再拆脚手架；分段拆除高差不应大于两步，如高差大于两步，应增设连墙件加固。

③ 当脚手架拆至下部最后一根长立杆的高度（约 6.5m）时，应先在适当位置搭设临时抛撑加固后，再拆除连墙件。

④ 当脚手架采取分段、分立面拆除时，对不拆除的脚手架两端，应先按相关规定设置连墙件和横向斜撑加固。

（3）卸料时应符合下列规定。

① 各构配件严禁抛掷至地面。

② 运至地面的构配件应按有关规定及时检查、整修与保养，并按品种、规格随时堆存放。

3.2.4　检查与验收

（1）新钢管的检查应符合下列规定。应有产品质量合格证；应有质量检验报告，钢管材质检验方法应符合现行国家标准《金属材料室温拉伸试验方法》（GB/T 228）的有关规定，其质量应符合规定；钢管表面应平直光滑，不应有裂缝、结疤、分层、错位、硬弯、毛刺、压痕和深的划道；钢管外径、壁厚、端面等的偏差，应分别符合规定；钢管应涂有防锈漆。

（2）旧钢管的检查应符合下列规定。表面锈蚀深度应符合规定。锈蚀检查应每年一次。检查时，应在锈蚀严重的钢管中抽取 3 根，在每根锈蚀严重的部位横向截断取样检查，当锈蚀深度超过规定值时不得使用。钢管弯曲变形应符合规定。

（3）扣件验收应符合下列规定。扣件应有生产许可证、法定检测单位的测试报告和产品质量合格证。当对扣件质量有怀疑时，应按现行国家标准《钢管脚手架扣件》（GB 15831）的规定抽样检测；新、旧扣件均应进行防锈处理；扣件的技术要求应符合现行国家标准《钢管脚手架扣件》（GB 15831）的相关规定。扣件进入施工现场应检查产品合格证，并应进行抽样复试，技术性能应符合现行国家标准《钢管脚手架扣件》（GB 15831）的规定。扣件在使用前应逐个挑选，有裂缝、变形、螺栓出现滑丝的严禁使用。

（4）脚手板的检查应符合下列规定。

① 冲压钢脚手板：新脚手板应有产品质量合格证；尺寸偏差应符合规定，且不得有裂纹、开焊与硬弯；新、旧脚手板均应涂防锈漆；应有防滑措施。

② 木脚手板、竹脚手板：木脚手板质量应符合规定，宽度、厚度允许偏差应符合国家标准《木结构工程施工质量验收规范》（GB 50206）规定。不得使用扭曲变形、劈裂、腐朽的脚手板；竹笆脚手板、竹串片脚手板的材料应符合规定。

（5）可调托撑的检查应符合下列规定。应有产品质量合格证，其质量应符合本规范第3.4节的规定；应有质量检验报告，可调托撑抗压承载力应符合规定；可调托撑支托板厚不应小于5mm，变形不应大于1mm；严禁使用有裂缝的支托板、螺母。

（6）脚手架及其地基基础应在下列阶段进行检查与验收。

① 基础完工后及脚手架搭设前。

② 作业层上施加荷载前。

③ 每搭设完10～13m高度后。

④ 达到设计高度后。

⑤ 遇有6级大风与大雨后；寒冷地区开冻后。

⑥ 停用超过1个月。

（7）进行脚手架检查、验收时应根据下列技术文件进行。

①《建筑施工扣件式钢管脚手架安全技术规范》的规定。

② 施工组织设计及变更文件。

③ 专项施工方案及专家论证文件。

④ 技术交底文件等。

（8）脚手架使用中，应定期检查下列项目。

① 杆件的设置和连接，连墙件、支撑、门洞桁架等的构造是否符合要求。

② 地基是否积水，底座是否松动，立杆是否悬空。

③ 扣件螺栓是否松动。

④ 高度在24m以上的脚手架，其立杆的沉降与垂直度的偏差是否符合表3-6规定。

⑤ 安全防护措施是否符合要求。

⑥ 是否超载等。

（9）脚手架搭设的技术要求、允许偏差与检验方法，应符合表3-6的规定。

表3-6 脚手架搭设的技术要求、允许偏差与检验方法

项次	项目		技术要求	允许偏差 Δ/mm	示 意 图	检查方法与工具
1	地基基础	表面	坚实平整	—	—	观察
		排水	不积水			
		垫板	不晃动			
		底座	不滑动			
			不沉降	—10		
2	立杆垂直度	最后验收垂直度 20～80m	—	±100		用经纬仪或吊线和卷尺

续表

项次	项目	技术要求	允许偏差 Δ/mm	示 意 图			检查方法与工具
2	立杆垂直度	下列脚手架允许水平偏差/mm					用经纬仪或吊线和卷尺
		搭设中检查偏差的高度/m	总高度				
			50m	40m	20m		
		$H＝2$	±7	±7	±7		
		$H＝10$	±20	±25	±50		
		$H＝20$	±40	±50	±100		
		$H＝30$	±60	±75			
		$H＝40$	±80	±100			
		$H＝50$	±100				
		中间档次用插入法。					
3	间距	步距 纵距 横距	—	±20 ±50 ±20	—		钢板尺
4	纵向水平杆高差	一根杆的两端	—	±20			水平仪或水平尺
		同跨内两根纵向水平杆高差	—	±10			
5	双排脚手架横向水平杆外伸长度偏差	外伸500mm	—50	—			钢板尺
6	扣件安装	主节点处各扣件中心点相互距离	$a≤150mm$	—			钢板尺
		同步立杆上两上相隔对接扣件的高差	$a≥500mm$	—			钢卷尺
		立杆上的对接扣件至主节点的距离	$a≤h/3$	—			

续表

项次	项目		技术要求	允许偏差 Δ/mm	示 意 图	检查方法与工具
6	扣件安装	纵向水平杆上的对接扣件至主节点距离	$a\leqslant l_a/3$	—		钢卷尺
		扣件螺栓拧紧扭力矩	40～65N·m	—	—	扭力扳手
7	剪刀撑斜杆与地面的倾角		45°～65°	—	—	角尺
8	脚手板外伸长度	对接	a=130～150mm $l\leqslant$300mm	—		卷尺
		搭接	$a\geqslant100mm$ $l\leqslant200mm$	—		卷尺

注：1—立杆；2—纵向水平杆；3—横向水平杆；4—剪刀撑。

（10）安装后的扣件螺栓拧紧扭力矩应采用力扭扳手检查，抽样方法应按随机分布原则进行。抽样检查数目与质量判定标准，应按表3-7的规定确定。不合格的必须重新拧紧，直至合格为止。

表3-7 扣件拧紧抽样检查数目及质量判定标准

项次	检查项目	安装扣件数量/个	抽检数量/个	允许的不合格数
1	连接立杆与纵（横）向水平杆或剪刀撑和扣件；接长立杆、纵向水平杆或剪刀撑的扣件	51～90	5	0
		91～150	8	1
		151～280	13	1
		281～500	20	2
		501～1200	32	3
		1201～3200	50	5
2	连接横向水平杆与纵向水平杆的扣件（非主节点处）	51～90	5	1
		91～150	8	2
		151～280	13	3
		281～500	20	5
		501～1200	32	7
		1201～3200	50	10

3.2.5　安全管理

（1）扣件式钢管脚手架安装与拆除人员必须是经考核合格的专业架子工。架子工应持证上岗。

（2）搭设脚手架人员必须戴安全帽、系安全带、穿防滑鞋。

（3）脚手架的构配件质量与搭设质量，应按规定进行检查验收，合格后方准使用。

（4）作业层上的施工荷载应符合设计要求，不得超载。不得将模板支架、缆风绳、泵送混凝土和砂浆的输送管等固定在脚手架上、严禁悬挂起重设备。

（5）当有6级及6级以上大风和雾、雨、雪天气时应停止脚手架的搭设与拆除作业。雨、雪后上架作业应有防滑措施，并应扫除积雪。

（6）脚手架的安全检查与维护，应按规定进行，安全网应按有关规定搭设或拆除。

（7）在脚手架使用期间，严禁拆除下列杆件。

① 主节点处的纵、横向水平杆，纵、横向扫地杆。

② 连墙件。

（8）当在脚手架使用过程中开挖脚手架基础下的设备基础或管沟时，必须对脚手架采取加固措施。

（9）临街搭设脚手架时，外侧应有防止坠物伤人的防护措施。

（10）在脚手架上进行电、气焊作业时，必须有防火措施和专人看守。

（11）工地临时用电线路的架设及脚手架接地、避雷措施等，应按现行行业标准《施工现场临时用电安全技术规范》（JGJ 46）的有关规定执行。

（12）搭拆脚手架时，地面应设围栏和警戒标志，并派专人看守，严禁非操作人员入内。

（13）钢管上严禁打孔。

（14）满堂支撑架在使用过程中，应设有专人监护施工，当出现异常情况时，应立即停止施工，并应迅速撤离作业面上人员。应在采取确保安全的措施后，查明原因、做出判断和处理。

（15）满堂支撑架顶部的实际荷载不得超过设计规定。

3.2.6　扣件式钢管脚手架检查评定应用训练

扣件式钢管脚手架检查评定应符合现行行业标准《建筑施工扣件式钢管脚手架安全技术规范》（JGJ 130）的规定。检查评定保证项目包括：施工方案、立杆基础、架体与建筑物结构拉结、杆件间距与剪刀撑、脚手板与防护栏杆、交底与验收。一般项目包括：横向水平杆设置、杆件搭接、架体防护、脚手架材质、通道。

1. 保证项目的检查评定应符合的规定

1）施工方案

（1）架体搭设应有施工方案，搭设高度超过24m的架体应单独编制安全专项方案，结构设计应进行设计计算，并按规定进行审核、审批。

（2）搭设高度超过50m的架体，应组织专家对专项方案进行论证，并按专家论证意见组织实施。

（3）施工方案应完整，能正确指导施工作业。

2）立杆基础

（1）立杆基础应按方案要求平整、夯实，并设排水设施，基础垫板及立杆底座应符合规范要求。

（2）架体应设置距地高度不大于 200mm 的纵、横向扫地杆，并用直角扣件固定在立杆上。

3）架体与建筑结构拉结

（1）架体与建筑物拉结应符合规范要求。

（2）连墙件应靠近主节点设置，偏离主节点的距离不应大于 300mm。

（3）连墙件应从架体底层第一步纵向水平杆开始设置，并应牢固可靠。

（4）搭设高度超过 24m 的双排脚手架应采用刚性连墙件，与建筑物可靠连接。

4）杆件间距与剪刀撑

（1）架体立杆、纵向水平杆、横向水平杆间距应符合规范要求。

（2）纵向剪刀撑及横向斜撑的设置应符合规范要求。

（3）剪刀撑杆件接长、剪刀撑斜杆与架体杆件连接应符合规范要求。

5）脚手板与防护栏杆

（1）脚手板材质、规格应符合规范要求，铺板应严密、牢靠。

（2）架体外侧应封闭密目式安全网，网间应严密。

（3）作业层应在 1.2m 和 0.6m 处设置上、中两道防护栏杆。

（4）作业层外侧应设置高度不小于 180mm 的挡脚板。

6）交底与验收

（1）架体搭设前应进行安全技术交底。

（2）搭设完毕应办理验收手续，验收内容应量化。

2. 一般项目的检查评定应符合的规定

1）横向水平杆设置

（1）横向水平杆应设置在纵向水平杆与立杆相交的主节点上，两端与大横杆固定。

（2）作业层铺设脚手板的部位应增加设置小横杆。

（3）单排脚手架横向水平杆插入墙内应大于 18cm。

2）杆件搭接

（1）纵向水平杆杆件搭接长度不应小于 1m，且固定应符合规范要求。

（2）立杆除顶层顶步外，不得使用搭接。

3）架体防护

（1）架体作业层脚手板下应安全平网双层兜底，以下每隔 10m 应用安全平网封闭。

（2）作业层与建筑物之间应进行封闭。

4）脚手架材质

（1）钢管直径、壁厚、材质应符合规范要求。

（2）钢管弯曲、变形、锈蚀应在规范允许范围内。

（3）扣件应进行复试且技术性能符合规范要求。

5）通道

架体必须设置符合规范要求的上下通道。扣件式钢管脚手架检查评分表见表 3-8。

表3-8　扣件式钢管脚手架检查评分表

序号	检查项目		扣分标准	应得分数	扣减分数	实得分数
1	保证项目	施工方案	架体搭设未编制施工方案或搭设高度超过24m未编制专项施工方案扣10分 架体搭设高度超过24m，未进行设计计算或未按规定审核、审批扣10分 架体搭设高度超过50m，专项施工方案未按规定组织专家论证或未按专家论证意见组织实施扣10分 施工方案不完整或不能指导施工作业扣5~8分	10		
2		立杆基础	立杆基础不平、不实、不符合方案设计要求扣10分 立杆底部底座、垫板或垫板的规格不符合规范要求每一处扣2分 未按规范要求设置纵、横向扫地杆扣5~10分 扫地杆的设置和固定不符合规范要求扣5分 未设置排水措施扣8分	10		
3		架体与建筑结构拉结	架体与建筑结构拉结不符合规范要求每处扣2分 连墙件距主节点距离不符合规范要求每处扣4分 架体底层第一步纵向水平杆处未按规定设置连墙件或未采用其他可靠措施固定每处扣2分 搭设高度超过24m的双排脚手架，未采用刚性连墙件与建筑结构可靠连接扣10分	10		
4		杆件间距与剪刀撑	立杆、纵向水平杆、横向水平杆间距超过规范要求每处扣2分 未按规定设置纵向剪刀撑或横向斜撑每处扣5分 剪刀撑未沿脚手架高度连续设置或角度不符合要求扣5分 剪刀撑斜杆的接长或剪刀撑斜杆与架体杆件的固定不符合要求每处扣2分	10		
5		脚手板与防护栏杆	脚手板未满铺或铺设不牢、不稳扣7~10分 脚手板规格或材质不符合要求扣7~10分 每有一处探头板扣2分 架体外侧未设置密目式安全网封闭或网间不严扣7~10分 作业层未在高度1.2m和0.6m处设置上、中两道防护栏杆扣5分 作业层未设置高度不小于180mm的挡脚板扣5分	10		
6		交底与验收	架体搭设前未进行交底或交底未留有记录扣5分 架体分段搭设分段使用未办理分段验收扣5分 架体搭设完毕未办理验收手续扣10分 未记录量化的验收内容扣5分	10		
		小计		60		

序号	检查项目		扣分标准	应得分数	扣减分数	实得分数
7	一般项目	横向水平杆设置	未在立杆与纵向水平杆交点处设置横向水平杆每处扣2分 未按脚手板铺设的需要增加设置横向水平杆每处扣2分 横向水平杆只固定端每处扣1分 单排脚手架横向水平杆插入墙内小于18cm每处扣2分	10		
8		杆件搭接	纵向水平杆搭接长度小于1m或固定不符合要求每处扣2分 立杆除顶层顶步外采用搭接每处扣4分	10		
9		架体防护	作业层未用安全平网双层兜底,且以下每隔10m未用安全平网封闭扣10分 作业层与建筑物之间未进行封闭扣10分	10		
10		脚手架材质	钢管直径、壁厚、材质不符合要求扣5分 钢管弯曲、变形、锈蚀严重扣4~5分 扣件未进行复试或技术性能不符合标准扣5分	5		
11		通道	未设置人员上下专用通道扣5分 通道设置不符合要求扣1~3分	5		
		小计		40		
检查项目合计				100		

案例分析

某年3月6日上午6点30分,某工地项目部架子班组工人洪某某与冯某某在4号楼18~19层进行外脚手架拆除作业。对第5根剪刀撑钢管进行拆除时(此时洪某某在上方19层位置,冯某某在下方18层位置),两人约好先由洪某某解开最上方的扣件(此根钢管有4个扣件)并抓住钢管,待冯某某解开剩下3个扣件后再一起将钢管抬出。7点05分许,冯某某在解最后一个扣件时,以为洪某某依旧抓着钢管(此时洪某某并没有抓住,也没有告知下方的冯某某),致使该6m长的钢管坠落。与此同时,由另一公司分包的水电班组谭某某(没戴安全帽)等3名工人正好从四号楼下经过去上班,坠落的钢管刚好砸中谭某某头部,致其倒地不起,大出血,呼之不应。随后被送往医院,经抢救无效死亡。

事故原因:

(1)人的不安全行为。根据该工程的脚手架拆除方案,要求"拆除大横杆、斜撑、剪刀撑时,应先拆中间扣件,然后托住中间,再解头扣;拆架时应分作业区、周围设绳绑围栏或竖立警戒标志,地面应设专人指挥;拆除时要统一指挥,上下呼应,动作协调,当解开与另一人有关的结扣时,应先通知对方,以防坠落。"显然架子工洪某某、冯某某存在违章操作行为,致使剪刀撑钢管从18~19层坠落,砸中下方路过的没有佩戴安全帽的谭某某头部,致其死亡。洪某某、冯某某违章操作和谭某某没有佩戴安全帽进入施工区域的不安全行为是导致事故发生的直接原因之一。

(2)物的不安全状态。根据该工程的脚手架拆除方案要求,4号楼前地面上虽有设置警戒线,但警戒的范围过小,不符合安全距离要求,且地面没有设专人指挥,是造成事故发生的直接原因之二。

（3）施工单位及其项目部未认真落实安全生产责任制，安全管理工作流于形式，对架子工违章操作未能及时发现制止，安全警戒线的设置不符合实际安全要求，没有要求架子班组派人进行现场安全监管，对工人安全生产教育培训不够，是造成事故发生的间接原因之一。

（4）分包施工单位及其项目部未认真落实安全生产责任制，安全管理工作流于形式，对工人尤其是新工人安全生产教育培训不到位，没有及时给工人发放安全帽等安全防护用品，新工人未经三级教育培训就上岗，对工人没有佩戴安全帽进入施工区域未能及时制止，是造成事故发生的间接原因之二。

（5）监理单位项目部没有切实履行好监理职责，现场安全监管不到位，未能及时掌握施工进程，对工人违章行为未能及时制止，是造成事故发生的间接原因之三。

3.3　悬挑式脚手架

3.3.1　悬挑式脚手架构造要求

型钢悬挑梁宜采用双轴对称截面的型钢。悬挑钢梁型号及锚固件应按设计确定，钢梁截面高度不应小于 160mm。悬挑梁尾端应在两处及以上固定于钢筋混凝土梁板结构上。锚固型钢悬挑梁的 U 型钢筋拉环或锚固螺栓直径不宜小于 16mm，如图 3.11 所示。一次悬挑脚手架高度不宜超过 20m。

图 3.11　型钢悬挑脚手架构造
1—钢丝绳或钢拉杆

用于锚固的 U 型钢筋拉环或螺栓应采用冷弯成型。U 型钢筋拉环、锚固螺栓与型钢间隙应用钢楔或硬木楔楔紧。每个型钢悬挑梁外端宜设置钢丝绳或钢拉杆，与上一层建筑结构斜拉结。钢丝绳、钢拉杆不参与悬挑钢梁的受力计算；钢丝绳与建筑结构拉结的吊环

图 3.12 悬挑钢梁 U 型螺栓固定构造

1—木楔侧向楔紧；2—两根 1.5m 长直径 18mmHRB335 钢筋

应使用 HPB235 级钢筋，其直径不宜小于 20mm，吊环预埋锚固长度应符合现行国家标准《混凝土结构设计规范》（GB 50010）中钢筋锚固的规定，如图 3.12 所示。

悬挑钢梁悬挑长度应按设计确定，固定段长度不应小于悬挑段长度的 1.25 倍。型钢悬挑梁固定端应采用 2 个（对）及以上 U 型钢筋拉环或锚固螺栓，与建筑结构梁板固定，U 型钢筋拉环或锚固螺栓应预埋至混凝土梁、板底层钢筋位置，并应与混凝土梁、板底层钢筋焊接或绑扎牢固，其锚固长度应符合现行国家标准《混凝土结构设计规范》（GB 50010）中钢筋锚固的规定如图 3.12～图 3.14 所示。

图 3.13 悬挑钢梁穿墙构造
1—木楔楔紧

图 3.14 悬挑钢梁楼面构造

当型钢悬挑梁与建筑结构采用螺栓钢压板连接固定时，钢压板尺寸不应小于100mm×10mm（宽×厚）；当采用螺栓角钢压板连接时，角钢的规格不应小于 3mm×63mm×6mm。型钢悬挑梁悬挑端应设置能使脚手架立杆与钢梁可靠固定的定位点，定位点离悬挑梁端部不应小于100mm。锚固位置设置在楼板上时，楼板的厚度不宜小于120mm。如果楼板的厚度小于120mm应采取加固措施。悬挑梁间距应按悬挑架架体立杆纵距设置，每一纵距设置一根。悬挑架的外立面剪刀撑应自下而上连续设置。剪刀撑设置应符合规范规定。连墙件设置应符合规范规定。锚固型钢的主体结构混凝土强度等级不得低于 C20。

3.3.2　悬挑式脚手架检查评定应用训练

悬挑式脚手架检查评定应符合现行行业标准《建筑施工扣件式钢管脚手架安全技术规范》(JGJ 130)和《建筑施工门式钢管脚手架安全技术规范》(JGJ 128)的规定。检查评定保证项目包括：施工方案、悬挑钢梁、架体稳定、脚手板、荷载、交底与验收。一般项目包括：杆件间距、架体防护、层间防护、脚手架材质。

1. 保证项目的检查评定应符合楼外施工的规定

1) 施工方案

(1) 架体搭设、拆除作业应编制专项施工方案，结构设计应进行设计计算。

(2) 专项施工方案应按规定进行审批，架体搭设高度超过20m的专项施工方案应经专家论证。

2) 悬挑钢梁

(1) 钢梁截面尺寸应经设计计算确定，且截面高度不应小于160mm。

(2) 钢梁锚固端长度不应小于悬挑长度的1.25倍。

(3) 钢梁锚固处结构强度、锚固措施应符合规范要求。

(4) 钢梁外端应设置钢丝绳或钢拉杆，并与上层建筑结构拉结。

(5) 钢梁间距应按悬挑架体立杆纵距相设置。

3) 架体稳定

(1) 立杆底部应与钢梁连接柱固定。

(2) 承插式立杆接长应采用螺栓或销钉固定。

(3) 剪刀撑应沿悬挑架体高度连续设置，角度应符合45°～60°的要求。

(4) 架体应按规定在内侧设置横向斜撑。

(5) 架体应采用刚性连墙5件与建筑结构拉结，设置应符合规范要求，如图3.15所示已坍落的悬挑脚手架

图3.15　已坍落的悬挑脚手架

4) 脚手板

(1) 脚手板材质、规格应符合规范要求。

(2) 脚手板铺设应严密、牢固，探出横向水平杆长度不应大于150mm。

5) 荷载

架体荷载应均匀，并不应超过设计值。

6) 交底与验收

(1) 架体搭设前应进行安全技术交底。

(2) 分段搭设的架体应进行分段验收。

(3) 架体搭设完毕应按规定进行验收，验收内容应量化。

2. 一般项目的检查评定应符合的规定

1) 杆件间距

(1) 立杆底部应固定在钢梁处。

(2) 立杆纵、横向间距、纵向水平杆步距应符合方案设计和规范要求。

2）架体防护

（1）作业层外侧应在高度 1.2m 和 0.6m 处设置上、中两道防护栏杆。

（2）作业层外侧应设置高度不小于 180mm 的挡脚板。

（3）架体外侧应封挂密目式安全网。

3）层间防护

（1）架体作业层脚手板下应用安全平网双层兜底，以下每隔 10m 应用安全平网封闭。

（2）架体底层应进行封闭。

4）脚手架材质

（1）型钢、钢管、构配件规格材质应符合规范要求。

（2）型钢、钢管弯曲、变形、锈蚀应在规范允许范围内悬挑式脚手架检查评分表见表 3-9。

表 3-9　悬挑式脚手架检查评分表

序号	检查项目		扣分标准	应得分数	扣减分数	实得分数
1	保证项目	施工方案	未编制专项施工方案或未进行设计计算扣 10 分 专项施工方案未经审核、审批或架体搭设高度超过 20m 未按规定组织进行专家论证扣 10 分	10		
2		悬挑钢梁	钢梁截面高度未按设计确定或载面高度小于 160mm 扣 10 分 钢梁固定段长度小于悬挑段长度的 1.25 倍扣 10 分 钢梁外端未设置钢丝绳或钢拉杆与上一层建筑结构拉结每处扣 2 分 钢梁与建筑结构锚固措施不符合规范要求每处扣 5 分 钢梁间距未按悬挑架体立杆纵距设置扣 6 分	10		
3		架体稳定	立杆底部与钢梁连接处未设置可靠固定措施每处扣 2 分 承插式立杆接长未采取螺栓或销钉固定每处扣 2 分 未在架体外侧设置连续式剪刀撑扣 10 分 未按规定在架体内侧设置横向斜撑扣 5 分 架体未按规定与建筑结构拉结每处扣 5 分	10		
4		脚手板	脚手板规格、材质不符合要求扣 7～10 分 脚手板未满铺或铺设不严、不牢、不稳扣 7～10 分 每处探头板扣 2 分	10		
5		荷载	架体施工荷载超过设计规定扣 10 分 施工荷载堆放不均匀每处扣 5 分	10		
6		交底与验收	架体搭设前未进行交底或交底未留有记录扣 5 分 架体分段搭设分段使用，未办理分段验收扣 7～10 分 架体搭设完毕未保留验收资料或未记录量化的验收内容扣 5 分	10		
		小计		60		

续表

序号	检查项目		扣分标准	应得分数	扣减分数	实得分数
7	一般项目	杆件间距	立杆间距超过规范要求，或立杆底部未固定在钢梁上每处扣2分 纵向水平杆步距超过规范要求扣5分 未在立杆与纵向水平杆交点处设置横向水平杆每处扣1分	10		
8		架体防护	作业层外侧未在高度1.2m和0.6m处设置上、中两道防护栏杆扣5分 作业层未设置高度不小于180mm的挡脚板扣5分 架体外侧未采用密目式安全网封闭或网间不严扣7～10分	10		
9		层间防护	作业层未用安全平网双层兜底，且以下每隔10m未用安全平网封闭扣10分 架体底层未进行封闭或封闭不严扣10分	10		
10		脚手架材质	型钢、钢管、构配件规格及材质不符合规范要求扣7～10分 型钢、钢管弯曲、变形、锈蚀严重扣7～10分	10		
		小计		40		
检查项目各计				100		

评分员：　　　　　　　　　　　　　　　　　　　　　　　　年　　月　　日

3.4 门式钢管脚手架

门式钢管脚手架是以门架、交叉支撑、连接棒、挂扣式脚手板或水平架、锁臂等组成基本结构，再设置水平加固杆、剪刀撑、扫地杆、封口杆、托座与底座，并采用连墙件与建筑物主体结构相连的一种标准化钢管脚手架。由于它具有装拆简单、移动方便、承载性好、使用安全可靠、经济效益好等优点，因此发展速度很快。它不但能用作建筑施工的内外脚手架，又能用作楼板、梁模板支架和移动式脚手架等，具用较多的功能，所以又称多功能脚手架。但是，这种脚手架若材质或搭设质量满足不了《建筑施工门式钢管脚手架安全技术规范》(JGJ 128—2010)的规定，极易发生安全事故，并且影响施工工效。

3.4.1 基本组成及搭设高度

1. 基本组成

门式钢管脚手架是以门架、交叉支撑、连接棒、挂扣式脚手板或水平架、锁臂等组成。

（1）门架。门架是门式钢管脚手架的主要构件，由立杆、横杆及加强杆焊接组成，如图3.16所示。

（2）其他构配件。门式钢管脚手架的其他构配件包括连接棒、锁臂、交叉支撑、水平架、挂扣式脚手板、底座与托座等，如图 3.17 所示。

图 3.16　门架

1—立杆；2—立杆加强杆；3—横
杆；4—横杆加强杆；5—锁销

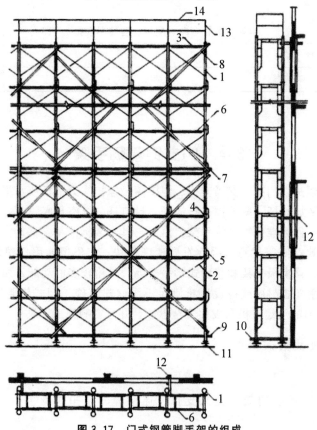

图 3.17　门式钢管脚手架的组成

1—门架；2—交叉支撑；3—脚手板；4—连接棒；5—锁臂；6—水平架；7—水平加固杆；8—剪刀撑；
9—扫地杆；10—封口杆；11—底座；12—连墙件；13—栏杆；14—扶手

2. 搭设高度

落地门式钢管脚手架的搭设高度不宜超过表3-10的规定。

表3-10　落地门式钢管脚手架搭设高度

序号	搭设方式	施工荷载标准值 $\sum Q_k$ /kN/m²	搭设高度/m
1	落地、密目式安全网全封闭	≤3.0	≤55
2		>3.0且≤5.0	≤40
3	悬挑、密目式安全立网全封闭	≤3.0	≤24
4		>3.0且≤5.0	≤18

注：表内数据适用于重现期为10年、基本风压值 ω_0≤0.45kN/m² 的地区，对于10年重现期、基本风压值 ω_0>0.45kN/m² 的地区应按实际计算确定。

3.4.2　门式钢管脚手架检查评定应用训练

门式钢管脚手架检查评定应符合现行行业标准《建筑施工门式钢管脚手架安全技术规范》（JGJ 128）的规定。检查评定保证项目包括：施工方案、架体基础、架体稳定、杆件锁件、脚手板、交底与验收。一般项目包括：架体防护、材质、荷载、通道。

1. 保证项目的检查评定应符合的规定

1）施工方案

（1）架体搭设应编制专项施工方案，结构设计应进行设计计算，并按规定进行审批。

（2）搭设高度超过50m的脚手架，应组织专家对方案进行论证，并按专家论证意见组织实施。

（3）专项施工方案应完整，能正确指导施工作业。

2）架体基础

（1）立杆基础应按方案的要求平整、夯实。

（2）架体底部设排水设施，基础垫板、立杆底座符合规范要求。

（3）架体扫地杆设置应符合规范要求。

3）架体稳定

（1）架体与建筑物拉结应符合规范要求，并应从脚手架底层第一步纵向水平杆开始设置连墙件。

（2）架体剪刀撑斜杆与地面夹角应在45°～60°之间，采用旋转扣件与立杆相连，设置应符合规范要求。

（3）应按规范要求高度对架体进行整体加固。

（4）架体立杆的垂直偏差应符合规范要求。

4）杆件锁件

（1）架体杆件、锁件应按说明书要求进行组装。

（2）纵向加固杆件的设置应符合规范要求。

（3）架体使用的扣件与连接杆件参数应匹配。

5）脚手板

（1）脚手板材质、规格应符合规范要求。

（2）脚手板应铺设严密、平整、牢固。

（3）钢脚手板的挂钩必须完全扣在水平杆上，并处于锁住状态。

6）交底与验收

（1）架体搭设前应进行安全技术交底。

（2）架体分段搭设分段使用时应进行分段验收。

（3）搭设完毕应办理验收手续，验收内容应量化。

2. 一般项目的检查评定应符合的规定

1）架体防护

（1）作业层应在外侧立杆 1.2m 和 0.6m 处设置上、中两道防护栏杆。

（2）作业层外侧应设置高度不小于 180mm 的挡脚板。

（3）架体外侧应使用密目式安全网进行封闭。

（4）架体作业层脚手板下应用安全网双层兜底，以下每隔 10m 应用安全平网封闭。

2）材质

（1）钢管不应有弯曲、锈蚀严重、开焊的现象，材质符合规范要求。

（2）架体构配件的规格、型号、材质应符合规范要求。

3）荷载

（1）架体承受的施工荷载应符合规范要求。

（2）不得在脚手架上集中堆放模板、钢筋等物料。

4）通道

架体必须设置符合规范要求的上下通道。

门式钢管脚手架检查评分表见表 3-11。

表 3-11　门式钢管脚手架检查评分表

序号	检查项目		扣分标准	应得分数	扣减分数	实得分数
1	保证项目	施工方案	未编制专项施工方案或未进行设计计算扣 10 分 专项施工方案未按规定审核、审批或架体搭设高度超过 50m 未按规定组织专家论证扣 10 分	10		
2		架体基础	架体基础不平、不实、不符合专项施工方案要求扣 10 分 架体底部未设垫板或垫板底部的规格不符合要求扣 10 分 架体底部未按规范要求设置底座每处扣 1 分 架体底部未按规范要求设置扫地杆扣 5 分 未设置排水措施扣 8 分	10		
3		架体稳定	未按规定间距与结构拉结每处扣 5 分 未按规范要求设置剪刀撑扣 10 分 未按规范要求高度做整体加固扣 5 分 架体立杆垂直偏差超过规定扣 5 分	10		

续表

序号	检查项目		扣分标准	应得分数	扣减分数	实得分数
4	保证项目	杆件锁件	未按说明书规定组装，或漏装杆件、锁件扣 6 分 未按规范要求设置纵向水平加固杆扣 10 分 架体组装不牢或紧固不符合要求每处扣 1 分 使用的扣件与连接的杆件参数不匹配每处扣 1 分	10		
5		脚手板	脚手板未满铺或铺设不牢、不稳扣 5 分 脚手板规格或材质不符合要求的扣 5 分 采用钢脚手板时挂钩未挂扣在水平杆上或挂钩未处于锁住状态每处扣 2 分	10		
6		交底与验收	脚手架搭设前未进行交底或交底未留有记录扣 6 分 脚手架分段搭设分段使用未办理分段验收扣 6 分 脚手架搭设完毕未办理验收手续扣 6 分 未记录量化的验收内容扣 5 分	10		
		小计		60		
7	一般项目	架体防护	作业层脚手架外侧未在 1.2m 和 0.6m 高度设置上、中两道防护栏杆扣 10 分 作业层未设置高度不小于 180 mm 的挡脚板扣 3 分 脚手架外侧未设置密目式安全网封闭或网间不严扣 7～10 分 作业层未用安全平网双层兜底，且以下每隔 10m 未用安全平网封闭扣 5 分	10		
8		材质	杆件变形、锈蚀严重扣 10 分 门架局部开焊扣 10 分 构配件的规格、型号、材质或产品质量不符合规范要求扣 10 分	10		
9		荷载	施工荷载超过设计规定扣 10 分 荷载堆放不均匀每处扣 5 分	10		
10		通道	未设置人员上下专用通道扣 10 分 通道设置不符合要求扣 5 分	10		
		小计		40		
检查项目合计				100		

评分员：　　　　　　　　　　　　　　　　　　　　　　　　　年　　　月　　　日

3.5 碗扣式钢管脚手架

碗扣式钢管脚手架是采用碗扣方式连接的钢管脚手架和模板支撑架。立杆的碗扣节点应由上碗扣、下碗扣、横杆接头和上碗扣限位销等构成如图 3.18 所示。

图 3.18 碗扣节点构成
(a)连接前；(b)连接后

3.5.1 施工

1. 施工组织

双排脚手架及模板支撑架施工前必须编制专项施工方案，并经批准后，方可实施。双排脚手架搭设前，施工管理人员应按双排脚手架专项施工方案的要求对操作人员进行技术交底。对进入现场的脚手架构配件，使用前应对其质量进行复检。对经检验合格的构配件应按品种、规格分类放置在堆料区内或码放在专用架上，清点好数量备用；堆放场地排水应畅通，不得有积水。当连墙件采用预埋方式时，应提前与相关部门协商，按设计要求预埋。脚手架搭设场地必须平整、坚实、有排水措施。

2. 地基与基础处理

脚手架基础必须按专项施工方案进行施工，按基础承载力要求进行验收。土层地基上的立杆应采用可调底座和垫板。双排脚手架立杆基础验收合格后，应按专项施工方案的设计进行放线定位。

3. 双排脚手架搭设

底座和垫板应准确地放置在定位线上；垫板宜采用长度不少于立杆二跨，厚度不小于 50mm 的木板；底座的轴心线应与地面垂直。双排脚手架搭设应按立杆、横杆、斜杆、连墙件的顺序逐层搭设，底层水平框架的纵向直线度偏差应小于 1/20。架体长度、横杆间水平度偏差应小于 1/400 架体长度。双排脚手架的搭设应分阶段进行，每段搭设后必须经检查验收合格后，方可投入使用。双排脚手架的搭设应与建筑物的施工同步上升，并应高于作业面 1.5m。当双排脚手架高度 H 小于或等于 30m 时，垂直度偏差应小于或等于 $H/500$；当高度 H 大于 30m 时，垂直度偏差应小于或等于 $H/10000$。当双排脚手架内外侧加挑梁时，在一跨挑梁范围内不得超过一名施工人员操作，严禁堆放物料。连墙件必须随双排脚手架升高及时在规定的位置处设置，严禁任意拆除。作业层设置应符合下列规定：脚手板必须铺满、铺实，外侧应设 180mm 挡脚板及 1200mm 高两道防护栏杆；防护栏杆应在立杆0.6m和1.2m的碗扣接头处搭设两道；作业层下部的水平安全网设置应符合国家现行标准《建筑施工安全检查标准》(JGJ 59)的规定。当采用钢管扣件作加固件、连墙件、斜撑时，应符合国家现行标准《建筑施工扣件式钢管脚手架安全技术规范》(JGJ 130)的有关规定。

4. 双排脚手架拆除

双排脚手架拆除时，必须按专项施工方案，在专人统一指挥下进行。拆除作业前，施工管理人员应对操作人员进行安全技术交底。双排脚手架拆除时必须划出安全区，并设置警戒标志，派专人看守。拆除前应清理脚手架上的器具及多余的材料和杂物。拆除作业应从顶层开始，逐层向下进行，严禁上下层同时拆除。连墙件必须在双排脚手架拆到该层时方可拆除，严禁提前拆除。拆除的构配件应采用起重设备吊运或人工传递到地面，严禁抛掷。当双排脚手架采取分段、分立面拆除时，必须事先确定分界处的技术处理方案。拆除的构配件应分类堆放，以便于运输、维护和保管。架体拆除应按施工方案设计的顺序进行。

3.5.2 检查与验收

进入现场的构配件应具备以下证明资料：主要构配件应有产品标识及产品质量合格证；供应商应配套提供钢管、零件、铸件、冲压件等材质、产品性能检验报告。构配件进场应重点检查以下部位的质量：钢管壁厚、焊接质量、外观质量；可调底座和可调托撑材质及丝杆直径、与螺母配合间隙等。双排脚手架搭设应重点检查下列内容。

(1) 保证架体几何不变性的斜杆、连墙件等设置情况。

(2) 基础的沉降，立杆底座与基础面的接触情况。

(3) 上碗扣锁紧情况。

(4) 立杆连接销的安装，斜杆扣接点、扣件拧紧程度。

双排脚手架搭设质量应按下列情况进行检验。

(1) 首段高度达到6m时，应进行检查与验收。

(2) 架体随施工进度升高应按结构层进行检查。

(3) 架体高度大于24m时，在24m处或在设计高度H/2处及达到设计高度后，进行全面检查与验收。

(4) 遇6级及以上大风、大雨、大雪后施工前检查。

(5) 停工超过一个月恢复使用前。

双排脚手架搭设过程中，应随时进行检查，及时解决存在的结构缺陷。双排脚手架验收时，应具备下列技术文件：专项施工方案及变更文件；安全技术交底文件；周转使用的脚手架构配件使用前的复验合格记录；搭设的施工记录和质量安全检查记录。

3.5.3 安全使用与管理

作业层上的施工荷载应符合设计要求，不得超载，不得在脚手架上集中堆放模板、钢筋等物料。混凝土输送管、布料杆、缆风绳等不得固定在脚手架上。遇6级及以上大风、雨雪、大雾天气时，应停止脚手架的搭设与拆除作业。脚手架使用期间，严禁擅自拆除架体结构杆件；如需拆除必须经修改施工方案并报请原方案审批人批准，确定补救措施后方可实施。严禁在脚手架基础及临近处进行挖掘作业。脚手架应与输电线路保持安全距离，施工现场临时用电线路架设及脚手架接地防雷措施等应按国家现行标准《施工现场临时用电安全技术规范》(JGJ 46)的有关规定执行。搭设脚手架人员必须持证上岗。上岗人员应定期体检，合格者方可持证上岗。搭设脚手架人员必须戴安全帽、系安全带、穿防滑鞋。

3.5.4 碗扣式钢管脚手架检查评定应用训练

碗扣式钢管脚手架检查评定应符合现行行业标准《建筑施工碗扣式钢管脚手架安全技术规范》(JGJ 166)的规定。检查评定保证项目包括：施工方案、架体基础、架体稳定、杆件锁件、脚手板、交底与防护验收。一般项目包括：架体防护、材质、荷载、通道。

1. 保证项目的检查评定应符合的规定

1) 施工方案

(1) 架体搭设应有施工方案，结构设计应进行设计计算，并按规定进行审批。

(2) 搭设高度超过 50m 的脚手架，应组织专家对安全专项方案进行论证，并按专家论证意见组织实施。

2) 架体基础

(1) 立杆基础应按方案要求平整、夯实，并设排水设施，基础垫板、立杆底座应符合规范要求。

(2) 架体纵横向扫地杆距地高度应小于 350mm。

3) 架体稳定

(1) 架体与建筑物拉结应符合规范要求，并应从架体底层第一步纵向水平杆开始设置连墙件。

(2) 架体拉结点应牢固可靠。

(3) 连墙件应采用刚性杆件。

(4) 架体竖向应沿高度方向连续设置专用斜杆或八字撑。

(5) 专用斜杆两端应固定在纵横向横杆的碗扣节点上。

(6) 专用斜杆或八字形斜撑的设置角度应符合规范要求。

4) 杆件锁件

(1) 架体立杆间距、水平杆步距应符合规范要求。

(2) 应按专项施工方案设计的步距在立杆连接碗扣节点处设置纵、横向水平杆。

(3) 架体搭设高度超过 24m 时，顶部 24m 以下的连墙件层必须设置水平斜杆并应符合规范要求。

(4) 架体组装及碗扣紧固应符合规范要求。

5) 脚手板

(1) 脚手板材质、规格应符合规范要求。

(2) 脚手板应铺设严密、平整、牢固。

(3) 钢脚手板的挂钩必须完全扣在水平杆上，并处于锁住状态。

6) 交底与验收

(1) 架体搭设前应进行安全技术交底。

（2）架体分段搭设分段使用时应进行分段验收。

（3）搭设完毕应办理验收手续，验收内容应量化并经责任人签字确认。

2. 一般项目的检查评定应符合的规定

1）架体防护

（1）架体外侧应使用密目式安全网进行封闭。

（2）作业层应在外侧立杆1.2m和0.6m的碗扣节点处设置上、中两道防护栏杆。

（3）作业层外侧应设置高度不小于180mm的挡脚板。

（4）架体作业层脚手板下应用安全网双层兜底，以下每隔10m应用安全平网封闭。

2）材质

（1）架体构配件的规格、型号、材质应符合规范要求。

（2）钢管不应有弯曲、变形、锈蚀严重的现象，材质符合规范要求。

3）荷载

（1）架体承受的施工荷载应符合规范要求。

（2）不得在架体上集中堆放模板、钢筋等物料。

4）通道

架体必须设置符合规范要求的上下通道。

碗扣式钢管脚手架检查评分表见表3-12。

表3-12　碗扣式钢管脚手架检查评分表

序号	检查项目		扣分标准	应得分数	扣减分数	实得分数
1	保证项目	施工方案	未编制专项施工方案或未进行设计计算扣10分 专项施工方案未按规定审核、审批或架体高度超过50m未按规定组织专家论证扣10分	10		
2		架体基础	架体基础不平、不实，不符合专项施工方案要求扣10分 架体底部未设置垫板或垫板的规格不符合要求扣10分 架体底部未按规范要求设置底座每处扣1分 架体底部未按规范要求设置扫地杆扣5分 未设置排水措施扣8分	10		
3		架体稳定	架体与建筑结构未按规范要求拉结每处扣2分 架体底层第一步水平杆处未按规范要求设置连墙件或未采用其他可靠措施固定每处扣2分 连墙件未采用刚性杆件扣10分 未按规范要求设置竖向专用斜杆或八字形斜撑扣5分 竖向专用斜杆两端未固定在纵、横向水平杆与立杆汇交的碗扣节点处每处扣2分 竖向专用斜杆或八字形斜撑未沿脚手架高度连续设置或角度不符合要求扣5分	10		

序号	检查项目		扣分标准	应得分数	扣减分数	实得分数
4	保证项目	杆件锁件	立杆间距、水平杆步距超过规范要求扣 10 分 未按专项施工方案设计的步距在立杆连接碗扣节点处设置纵、横向水平杆扣 10 分 架体搭设高度超过 24 m 时，顶部 24m 以下的连墙件层未按规定设置水平斜杆扣 10 分 架体组装不牢或上碗扣紧固不符合要求每处扣 1 分	10		
5		脚手板	脚手板未满铺或铺设不牢、不稳扣 7～10 分 脚手板规格或材质不符合要求扣 7～10 分 采用钢脚手板时挂钩未挂扣在横向水平杆上或挂钩未处于锁住状态每处扣 2 分	10		
6		交底与验收	架体搭设前未进行交底或交底未留有记录扣 6 分 架体分段搭设分段使用未办理分段验收扣 6 分 架体搭设完毕未办理验收手续扣 6 分 未记录量化的验收内容扣 5 分	10		
		小计		60		
7	一般项目	架体防护	架体外侧未设置密目式安全网封闭或网间不严扣 7～10 分 作业层未在外侧立杆的 1.2m 和 0.6m 的碗扣节点设置上、中两道防护栏杆扣 5 分 作业层外侧未设置高度不小于 180mm 的挡脚板扣 3 分 作业层未用安全平网双层兜底，且以下每隔 10m 未用安全平网封闭扣 5 分	10		
8		材质	杆件弯曲、变形、锈蚀严重扣 10 分 钢管、构配件的规格、型号、材质或产品质量不符合规范要求扣 10 分	10		
9		荷载	施工荷载超过设计规定扣 10 分 荷载堆放不均匀每处扣 5 分	10		
10		通道	未设置人员上下专用通道扣 10 分 通道设置不符合要求扣 5 分	10		
		小计		40		
	检查项目合计			100		

评分员：　　　　　　　　　　　　　　　　　　　　　　　　　　年　　月　　日

3.6　附着式升降脚手架

在高层施工中，建筑物外围常采用悬挑钢管脚手架等作为工作面和外防护架，这些方法效率低，安全性差，劳动强度大，周转材料耗用多，施工成本较高。附着式升降脚手架的施工工艺较好地解决了这些问题。它是在地面成型好脚手承重架，由两片脚手承重架组成一榀，脚手承重架通过升降轨道与建筑物连接在一起，通过手动（或电动）葫芦和升降轨道，脚手承重架随主体同步升降。这样工效高、劳动强度低、整体性好、安全可靠、能节省大量周转材料，经济效益显著。该项技术目前日臻成熟，许多施工单位都制定出了一套行之有效的附着式升降脚手架的施工工法。但附着式升降脚手架属定型施工设备，一旦出现坠落等安全事故，往往会造成非常严重的后果。

3.6.1 主要特点

附着升降脚手架是指预先组装一定高度（一般为 4 个标准层）的脚手架，将其附着在建筑物的外侧，利用自身的提升设备，从下至上提升一层，施工一层主体，当主体施工完毕，再从上至下装修一层下降一层，直至将底层装修完毕。按施工工艺需要，脚手架可以整体提升，也可以分段提升，它比落地式脚手架可节省工料，而且建筑越高，其经济效益和社会效益也越显著，对施工超高层建筑，它比挑、吊脚手架更具适应性。具体该脚手架具有以下特点。

(1) 脚手承重架可在墙柱、楼板、阳台处连接，连接灵活。

(2) 每榀脚手架有两处承重连接、两处附着连接，整体牢靠稳定。

(3) 具体防外倾及导向功能，受环境因素影响小。

(4) 脚手架一次安装、多次进行循环升降，操作简单，工效高、速度快，材料成本低。

(5) 可按施工流水段进行分段分单元升降，便于流水交叉作业。

(6) 手动（或电动）葫芦提升，可控性强。

(7) 具备防坠落保险装置，安全性高。

(8) 主体及装修均可应用。

但是，如果设计或使用不当即存在着比较大的危险性，会导致发生脚手架坠落事故。

附着升降脚手架一般由架体、水平梁架、竖向主框架、附着支撑、提升机构及安全装置 6 部分组成。

3.6.2 附着式升降脚手架检查评定应用训练

附着式升降脚手架检查评定应符合现行行业标准《建筑施工工具式脚手架安全技术规范》（JGJ 202）的规定。检查评定保证项目包括：施工方案、安全装置、架体构造、附着支座、架体安装、架体升降。一般项目包括：检查验收、脚手板、防护、操作。

1. 保证项目的检查评定应符合的规定

1）施工方案

(1) 附着式升降脚手架搭设、拆除作业应编制专项施工方案，结构设计应进行设计计算。

(2) 专项施工方案应按规定进行审批，架体提升高度超过 150m 的专项施工方案应经专家论证。

2）安全装置

(1) 附着式升降脚手架应安装机械式全自动防坠落装置，技术性能应符合规范要求。

（2）防坠落装置与升降设备应分别独立固定在建筑结构处。

（3）防坠落装置应设置在竖向主框架处与建筑结构附着。

（4）附着式升降脚手架应安装防倾覆装置，技术性能应符合规范要求。

（5）在升降或使用工况下，最上和最下两个防倾装置之间最小间距不应小于 2.8m 或架体高度的 1/4。

（6）附着式升降脚手架应安装同步控制或荷载控制装置，同步控制或荷载控制误差应符合规范要求。

3）架体构造

（1）架体高度不应大于 5 倍楼层高度，宽度不应小于 1.2m。

（2）直线布置架体支承跨度不应大于 7m，折线、曲线布置架体支承跨度不应大于 5.4m。

（3）架体水平悬挑长度不应大于 2m 且不应大于跨度的 1/2。

（4）架体悬臂高度应不大于 2/5 架体高度且不大于 6m。

（5）架体高度与支承跨度的乘积不应大于 $110m^2$。

4）附着支座

（1）附着支座数量、间距应符合规范要求。

（2）使用工况时应将主框架与附着支座固定。

（3）升降工况时，应将防倾、导向装置设置在附着支座处。

（4）附着支座与建筑结构连接固定方式应符合规范要求。

5）架体安装

（1）主框架和水平支承桁架的节点应采用焊接或螺栓连接，各杆件的轴线应汇交于节点。

（2）内外两片水平支承桁架上弦、下弦间应设置水平支撑杆件，各节点应采用焊接式螺栓连接。

（3）架体立杆底端应设在水平桁架上弦杆的节点处。

（4）与墙面垂直的定型竖向主框架组装高度应与架体高度相等。

（5）剪刀撑应沿架体高度连续设置，角度应符合 45°～60°的要求，剪刀撑应与主框架、水平桁架和架体有效连接。

6）架体升降

（1）两跨以上架体同时升降应采用电动或液压动力装置，不得采用手动装置。

（2）升降工况时附着支座处建筑结构混凝土强度应符合规范要求。

（3）升降工况时架体上不得有施工荷载，禁止操作人员停留在架体上。

2. 一般项目的检查评定应符合的规定

1）检查验收

（1）动力装置、主要结构配件进场应按规定进行验收。

（2）架体分段安装、分段使用应办理分段验收。

（3）架体安装完毕，应按规范要求进行验收，验收表应由责任人签字确认。

（4）架体每次提升前应按规定进行检查，并应填写检查记录。

2）脚手板

（1）脚手板应铺设严密、平整、牢固。

(2) 作业层与建筑结构间距离应不大于规范要求。

(3) 脚手板材质、规格应符合规范要求。

3) 防护

(1) 架体外侧应封挂密目式安全网。

(2) 作业层外侧应在高度 1.2m 和 0.6m 处设置上、中两道防护栏杆。

(3) 作业层外侧应设置高度不小于 180mm 的挡脚板。

4) 操作

(1) 操作前应按规定对有关技术人员和作业人员进行安全技术交底。

(2) 作业人员应经培训并定岗作业。

(3) 安装拆除单位资质应符合要求，特种作业人员应持证上岗。

(4) 架体安装、升降、拆除时应按规定设置安全警戒区，并应设置专人监护。

(5) 荷载分布应均匀，荷载最大值应在规范允许范围内。

附着式升降脚手架检查评分表见表 3-13。

表 3-13　附着式升降脚手架检查评分表

序号	检查项目		扣分标准	应得分数	扣减分数	实得分数
1	保证项目	施工方案	未编制专项施工方案或未进行设计计算扣 10 分 专项施工方案未按规定审核、审批扣 10 分 脚手架提升高度超过 150m，专项施工方案未按规定组织专家论证扣 10 分	10		
2		安全装置	未采用机械式的全自动防坠落装置或技术性能不符合规范要求扣 10 分 防坠落装置与升降设备未分别独立固定在建筑结构处扣 10 分 防坠落装置未设置在竖向主框架处与建筑结构附着扣 10 分 未安装防倾覆装置或防倾覆装置不符合规范要求扣 10 分 在升降或使用工况下，最上和最下两个防倾装置之间的最小间距不符合规范要求扣 10 分 未安装同步控制或荷载控制装置扣 10 分 同步控制或荷载控制误差不符合规范要求扣 10 分	10		
3		架体构造	架体高度大于 5 倍楼层高扣 10 分 架体宽度大于 1.2m 扣 10 分 直线布置的架体支承跨度大于 7m，或折线、曲线布置的架体支撑跨度的架体外侧距离大于 5.4m 扣 10 分 架体的水平悬挑长度大于 2m 或水平悬挑长度未大于 2m 但大于跨度 1/2 扣 10 分 架体悬臂高度大于架体高度 2/5 或悬臂高度大于 6m 扣 10 分 架体全高与支撑跨度的乘积大于 110m² 扣 10 分	10		

序号	检查项目		扣分标准	应得分数	扣减分数	实得分数
4	保证项目	附着支座	未按竖向主框架所覆盖的每个楼层设置一道附着支座扣 10 分 在使用工况时，未将竖向主框架与附着支座固定扣 10 分 在升降工况时，未将防倾、导向的结构装置设置在附着支座处扣 10 分 附着支座与建筑结构连接固定方式不符合规范要求扣 10 分	10		
5		架体安装	主框架和水平支撑桁架的结点未采用焊接或螺栓连接或各杆件轴线未交汇于主节点扣 10 分 内外两片水平支承桁架的上弦和下弦之间设置的水平支撑杆件未采用焊接或螺栓连接扣 5 分 架体立杆底端未设置在水平支撑桁架上弦各杆件汇交节点处扣 10 分 与墙面垂直的定型竖向主框架组装高度低于架体高度扣 5 分 架体外立面设置的连续式剪刀撑未将竖向主框架、水平支撑桁架和架体构架连成一体扣 8 分	10		
6		架体升降	两跨以上架体同时整体升降采用手动升降设备扣 10 分 升降工况时附着支座在建筑结构连接处砼强度未达到设计要求或小于 C10 扣 10 分 升降工况时架体上有施工荷载或有人员停留扣 10 分	10		
		小计		60		
7	一般项目	检查验收	构配件进场未办理验收扣 6 分 分段安装、分段使用未办理分段验收扣 8 分 架体安装完毕未履行验收程序或验收表未经责任人签字扣 10 分 每次提升前未留有具体检查记录扣 6 分 每次提升后、使用前未履行验收手续或资料不全扣 7 分	10		
8		脚手板	脚手板未满铺或铺设不严、不牢扣 3～5 分 作业层与建筑结构之间空隙封闭不严扣 3～5 分 脚手板规格、材质不符合要求扣 5～8 分	10		
9		防护	脚手架外侧未采用密目式安全网封闭或网间不严扣 10 分 作业层未在高度 1.2m 和 0.6m 处设置上、中两道防护栏杆扣 5 分 作业层未设置高度不小于 180mm 的挡脚板扣 5 分	10		

续表

序号	检查项目		扣分标准	应得分数	扣减分数	实得分数
10	保证项目	操作	操作前未向有关技术人员和作业人员进行安全技术交底扣 10 分 作业人员未经培训或未定岗定责扣 7~10 分 安装拆除单位资质不符合要求或特种作业人员未持证上岗扣 7~10 分 安装、升降、拆除时未采取安全警戒扣 10 分 荷载不均匀或超载扣 5~10 分	10		
		小计		40		
	检查项目合计			100		

评分员： 年 月 日

3.7 承插型盘扣式钢管支架应用训练

承插型盘扣式钢管支架检查评定应符合现行行业标准《建筑施工承插型盘扣式钢管支架安全技术规范》(JGJ 231)的规定。检查评定保证项目包括：施工方案、架体基础、架体稳定、杆件、脚手板、交底与防护验收。一般项目包括：架体防护、杆件接长、架体内封闭、材质、通道。

3.7.1 保证项目的检查评定应符合下列规定

1）施工方案

(1）架体搭设应有施工方案，搭设高度超过 24m 的架体应单独编制安全专项方案，结构设计应进行设计计算，并按规定进行审核、审批。

(2）施工方案应完整，能正确指导施工作业。

2）架体基础

(1）立杆基础应按方案要求平整、夯实，并设排水设施，基础垫木应符合规范要求。

(2）土层地基上立杆应采用基础垫板及立杆可调底座，设置应符合规范要求。

(3）架体纵、横扫地杆设置应符合规范要求。

3）架体稳定

(1）架体与建筑物拉结应符合规范要求，并应从架体底层第一步水平杆开始设置连墙件。

(2）架体拉结点应牢固可靠。

(3）连墙件应采用刚性杆件。

(4）架体竖向斜杆、剪刀撑的设置应符合规范要求。

(5）竖向斜杆的两端应固定在纵、横向水平杆与立杆汇交的盘扣节点处。

(6）斜杆及剪刀撑应沿脚手架高度连续设置，角度应符合规范要求。

4）杆件

(1）架体立杆间距、水平杆步距应符合规范要求。

(2）应按专项施工方案设计的步距在立杆连接插盘处设置纵、横向水平杆。

（3）当双排脚手架的水平杆层没有挂扣钢脚手板时，应按规范要求设置水平斜杆。

5）脚手板

（1）脚手板材质、规格应符合规范要求。

（2）脚手板应铺设严密、平整、牢固。

（3）钢脚手板的挂钩必须完全扣在水平杆上，并处于锁住状态。

6）交底与验收

（1）架体搭设前应进行安全技术交底。

（2）架体分段搭设，分段使用时应进行分段验收。

（3）搭设完毕应办理验收手续，验收内容应量化。

3.7.2 一般项目的检查评定应符合下列规定

1）架体防护

（1）架体外侧应使用密目式安全网进行封闭。

（2）作业层应在外侧立杆 1.0m 和 0.5m 的盘扣节点处设置上、中两道防护栏杆。

（3）作业层外侧应设置高度不小于 180mm 的挡脚板。

2）杆件接长

（1）立杆的接长位置应符合规范要求。

（2）搭设悬挑脚手架时，立杆的接长部位必须采用螺栓固定立杆连接件。

（3）剪刀撑的接长应符合规范要求。

3）架体封闭

（1）架体作业层脚手板下应用安全平网双层兜底，以下每隔 10m 应用安全平网封闭。

（2）作业层与建筑物之间应进行封闭。

4）材质

（1）架体构配件的规格、型号、材质应符合规范要求。

（2）钢管不应有弯曲、变形、锈蚀严重的现象，材质符合规范要求。

5）通道

架体必须设置符合规范要求的上下通道。

承插型盘扣式钢管支架检查评分表见表 3-14。

表 3-14 承插型盘扣式钢管支架检查评分表

序号	检查项目		扣分标准	应得分数	扣减分数	实得分数
1	保证项目	施工方案	未编制专项施工方案或搭设高度超过 24m 未另行专门设计和计算扣 10 分 专项施工方案未按规定审核、审批扣 10 分	10		
2		架体基础	架体基础不平、不实、不符合方案设计要求扣 10 分 架体立杆底部缺少垫板或垫板的规格不符合规范要求每处扣 2 分 架体立杆底部未按要求设置底座每处扣 1 分 未按规范要求设置纵、横向扫地杆扣 5~10 分 未设置排水措施扣 8 分	10		

序号	检查项目		扣分标准	应得分数	扣减分数	实得分数
3	保证项目	架体稳定	架体与建筑结构未按规范要求拉结每处扣2分 架体底层第一步水平杆处未按规范要求设置连墙件或未采用其他可靠措施固定每处扣2分 连墙件未采用刚性杆件扣10分 未按规范要求设置竖向斜杆或剪刀撑扣5分 竖向斜杆两端未固定在纵、横向水平杆与立杆汇交的盘扣节点处每处扣2分 斜杆或剪刀撑未沿脚手架高度连续设置或角度不符合要求扣5分	10		
4		杆件	架体立杆间距、水平杆步距超过规范要求扣2分 未按专项施工方案设计的步距在立杆连接盘处设置纵、横向水平杆扣10分 双排脚手架的每步水平杆层，当无挂扣钢脚手板时未按规范要求设置水平斜杆扣5～10分	10		
5		脚手板	脚手板不满铺或铺设不牢、不稳扣7～10分 脚手板规格或材质不符合要求扣7～10分 采用钢脚手板时挂钩未挂扣在水平杆上或挂钩未处于锁住状态每处扣2分	10		
6		交底与验收	脚手架搭设前未进行交底或未留有交底记录扣5分 脚手架分段搭设、分段使用未办理分段验收扣10分 脚手架搭设完毕未办理验收手续扣10分 未记录量化的验收内容扣5分	10		
		小计		60		
7	一般项目	架体防护	架体外侧未设置密目式安全网封闭或网间不严扣7～10分 作业层未在外侧立杆的1m和0.5m的盘扣节点处设置上、中两道水平防护栏杆扣5分 作业层外侧未设置高度不小于180mm的挡脚板扣3分	10		
8		杆件接长	立杆竖向接长位置不符合要求扣5分 搭设悬挑脚手架时，立杆的承插接长部位未采用螺栓作为立杆连接件固定扣7～10分 剪刀撑的斜杆接长不符合要求扣5～8分	10		
9		架体内封闭	作业层未用安全平网双层兜底，且以下每隔10m未用安全平网封闭扣7～10分 作业层与主体结构间的空隙未封闭扣5～8分	10		

续表

序号	检查项目		扣分标准	应得分数	扣减分数	实得分数
10	一般项目	材质	钢管、构配件的规格、型号、材质或产品质量不符合规范要求扣5分 钢管弯曲、变形、锈蚀严重扣5分	5		
11		通道	未设置人员上下专用通道扣5分 通道设置不符合要求扣3分	5		
		小计		40		
	检查项目合计			100		

评分员： 年 月 日

3.8 高处作业吊篮应用训练

吊篮脚手架是指悬挂机构架设于建筑物或构筑物上,提升机驱动悬吊平台通过钢丝绳沿立面上下运行,为施工人员提供一种可移动的非常设悬挂的脚手架。一般按驱动方式不同分为手动、气动和电动。

吊篮脚手架一般用于高层建筑的外装修施工,它与落地式脚手架相比较可节省材料、人工和缩短工期,但必须严格按有关规定进行设计、制作、安装和使用,否则极易发生坠落事故。

高处作业吊篮检查评定应符合现行行业标准《建筑施工工具式脚手架安全技术规范》(JGJ 202)的规定。检查评定保证项目包括:施工方案、安全装置、悬挂机构、钢丝绳、安装、升降操作。一般项目包括:交底与验收、防护、吊篮稳定、荷载。

3.8.1 保证项目的检查评定应符合下列规定

1. 施工方案

(1) 吊篮安装、拆除作业应编制专项施工方案,悬挂吊篮的支撑结构承载力应经过验算。

(2) 专项施工方案应按规定进行审批。

2. 安全装置

(1) 吊篮应安装防坠安全锁,并应灵敏有效。

(2) 防坠安全锁不应超过标定期限。

(3) 吊篮应设置作业人员专用的挂设安全带的安全绳或安全锁扣,安全绳应固定在建筑物可靠位置上不得与吊篮上的任何部位有链接。

(4) 吊篮应安装上限位装置,并应保证限位装置灵敏可靠。

3. 悬挂机构

(1) 悬挂机构前支架严禁支撑在女儿墙上、女儿墙外或建筑物外挑檐边缘。

(2) 悬挂机构前梁外伸长度应符合产品说明书的规定。

(3) 前支架应与支撑面垂直且脚轮不应受力。

(4) 前支架调节杆应固定在上支架与悬挑梁连接的节点处。

(5) 严禁使用破损的配重件或其他替代物。

（6）配重件的重量应符合设计规定。

4．钢丝绳

（1）钢丝绳磨损、断丝、变形、锈蚀应在允许范围内。

（2）安全绳应单独设置，型号规格应与工作钢丝绳一致。

（3）吊篮运行时安全绳应张紧悬垂。

（4）利用吊篮进行电焊作业时，应对钢丝绳采取保护措施。

5．安装

（1）吊篮应使用经检测合格的提升机。

（2）吊篮平台的组装长度应符合规范要求。

（3）吊篮所用的构配件应是同一厂家的产品。

6．升降操作

（1）必须由经过培训合格的持证人员操作吊篮升降。

（2）吊篮内的作业人员不应超过两人。

（3）吊篮内作业人员应将安全带使用安全锁扣正确挂置在独立设置的专用安全绳上。

（4）吊篮正常工作时，人员应从地面进入吊篮内。

3.8.2 一般项目的检查评定应符合下列规定

1）交底与验收

（1）吊篮安装完毕，应按规范要求进行验收，验收表应由责任人签字确认。

（2）每天班前、班后应对吊篮进行检查。

（3）吊篮安装、使用前对作业人员进行安全技术交底。

2）防护

（1）吊篮平台周边的防护栏杆、挡脚板的设置应符合规范要求。

（2）多层吊篮作业时应设置顶部防护板。

3）吊篮稳定

（1）吊篮作业时应采取防止摆动的措施。

（2）吊篮与作业面距离应在规定要求范围内。

4）荷载

（1）吊篮施工荷载应满足设计要求。

（2）吊篮施工荷载应均匀分布。

（3）严禁利用吊篮作为垂直运输设备。

高处作业吊篮检查评分表见表 3－15。

表 3－15　高处作业吊篮检查评分表

序号	检查项目		扣分标准	应得分数	扣减分数	实得分数
1	保证项目	施工方案	未编制专项施工方案或未对吊篮支架支撑处结构的承载力进行验算扣10分 专项施工方案未按规定审核、审批扣10分	10		

序号	检查项目		扣分标准	应得分数	扣减分数	实得分数
2	保证项目	安全装置	未安装安全锁或安全锁失灵扣10分 安全锁超过标定期限仍在使用扣10分 未设置挂设安全带专用安全绳及安全锁扣，或安全绳未固定在建筑物可靠位置扣10分 吊篮未安装上限位装置或限位装置失灵扣10分	10		
3		悬挂机构	悬挂机构前支架支撑在建筑物女儿墙上或挑檐边缘扣10分 前梁外伸长度不符合产品说明书规定扣10分 前支架与支撑面不垂直或脚轮受力扣10分 前支架调节杆未固定在上支架与悬挑梁连接的节点处扣10分 使用破损的配重件或采用其他替代物扣10分 配重件的重量不符合设计规定扣10分	10		
4		钢丝绳	钢丝绳磨损、断丝、变形、锈蚀达到报废标准扣10分 安全绳规格、型号与工作钢丝绳不相同或未独立悬挂每处扣5分 安全绳不悬垂扣10分 利用吊篮进行电焊作业未对钢丝绳采取保护措施扣6～10分	10		
5		安装	使用未经检测或检测不合格的提升机扣10分 吊篮平台组装长度不符合规范要求扣10分 吊篮组装的构配件不是同一生产厂家的产品扣5～10分	10		
6		升降操作	操作升降人员未经培训合格扣10分 吊篮内作业人员数量超过两人扣10分 吊篮内作业人员未将安全带使用安全锁扣正确挂置在独立设置的专用安全绳上扣10分 吊篮正常使用，人员未从地面进入篮内扣10分	10		
		小计		60		
7	一般项目	交底与验收	未履行验收程序或验收表未经责任人签字扣10分 每天班前、班后未进行检查扣5～10分 吊篮安装、使用前未进行交底扣5～10分	10		
8		防护	吊篮平台周边的防护栏杆或挡脚板的设置不符合规范要求扣5～10分 多层作业未设置防护顶板扣7～10分	10		
9		吊篮稳定	吊篮作业未采取防摆动措施扣10分 吊篮钢丝绳不垂直或吊篮距建筑物空隙过大扣10分	10		
10		荷载	施工荷载超过设计规定扣5分 荷载堆放不均匀扣10分 利用吊篮作为垂直运输设备扣10分	10		
		小计		40		
	检查项目各计			100		

评分员：　　　　　　　　　　　　　　　　　　　　　　　　　　年　　月　　日

3.9　满堂式脚手架应用训练

满堂式脚手架检查评定除符合现行行业标准《建筑施工扣件式钢管脚手架安全技术规范》(JGJ 130)的规定外，尚应符合其他现行脚手架安全技术规范。检查评定保证项目包括：施工方案、架体基础、架体稳定、杆件锁件、脚手板、交底与验收。一般项目包括：架体防护、材质、荷载、通道。

3.9.1　保证项目的检查评定应符合下列规定

1. 施工方案

(1)架体搭设应编制安全专项方案，结构设计应进行设计计算。

(2)专项施工方案应按规定进行审批。

2. 架体基础

(1)立杆基础应按方案要求平整、夯实，并设排水设施，基础垫板符合规范要求。

(2)架体底部应按规范要求设置底座。

(3)架体扫地杆设置应符合规范要求。

3. 架体稳定(图3.19满堂脚手架坍塌现场)

(1)架体周圈与中部应按规范要求设置竖向剪刀撑及专用斜杆。

图3.19　满堂脚手架坍塌现场

(2)架体应按规范要求设置水平剪刀撑或水平斜杆。

(3)架体高宽比大于2时，应按规范要求与建筑接构刚性连接或扩大架体底脚。

4. 杆件锁件

(1)满堂式脚手架的搭设高度应符合规范及设计计算要求。

(2)架体立杆件跨距，水平杆步距应符合规范要求。

(3)杆件的接长应符合规范要求。

(4)架体搭设应牢固，杆件节点应按规范要求进行紧固。

5. 脚手板

(1)架体脚手板应满铺，确保牢固稳定。

(2)脚手板的材质、规格应符合规范要求。

(3)钢脚手板的挂钩必须完全扣在水平杆上，并处于锁住状态。

6. 交底与验收

(1)架体搭设完毕应按规定进行验收，验收内容应量化并经责任人签字确认。

(2)分段搭设的架体应进行分段验收。

(3)架体搭设前应进行安全技术交底。

3.9.2　一般项目的检查评定应符合下列规定

1. 架体防护

(1)作业层应在外侧立杆1.2m和0.6m高度设置上、中两道防护栏杆。

（2）作业层外侧应设置高度不小于 180mm 的挡脚板。

（3）架体作业层脚手板下应用安全平网双层兜底，以下每隔 10m 应用安全平网封闭。

2. 材质

（1）架体构配件的规格、型号、材质应符合规范要求。

（2）钢管不应有弯曲、变形、锈蚀严重的现象，材质符合规范要求。

3. 荷载

（1）架体承受的施工荷载应符合规范要求。

（2）不得在架体上集中堆放模板、钢筋等物料。

4. 通道

架体必须设置符合规范要求的上下通道。

满堂式脚手架检查评分表见表 3-16。

表 3-16　满堂式脚手架检查评分表

序号	检查项目		扣分标准	应得分数	扣减分数	实得分数
1	保证项目	施工方案	未编制专项施工方案或未进行设计计算扣 10 分 专项施工方案未按规定审核、审批扣 10 分	10		
2		架体基础	架体基础不平、不实、不符合专项施工方案要求扣 10 分 架体底部未设置垫木或垫木的规格不符合要求扣 10 分 架体底部未按规范要求设置底座每处扣 1 分 架体底部未按规范要求设置扫地杆扣 5 分 未设置排水措施扣 5 分	10		
3		架体稳定	架体四周与中间未按规范要求设置竖向剪刀撑或专用斜杆扣 10 分 未按规范要求设置水平剪刀撑或专用水平斜杆扣 10 分 架体高宽比大于 2 时未按要求采取与结构刚性连接或扩大架体底脚等措施扣 10 分	10		
4		杆件锁件	架体搭设高度超过规范或设计要求扣 10 分 架体立杆间距水平杆步距超过规范要求扣 10 分 杆件接长不符合要求每处扣 2 分 架体搭设不牢或杆件节点紧固不符合要求每处扣 1 分	10		
5		脚手板	脚手板不满铺或铺设不牢、不稳扣 5 分 脚手板规格或材质不符合要求扣 5 分 采用钢脚手板时挂钩未挂扣在水平杆上或挂钩未处于锁住状态每处扣 2 分	10		
6		交底与验收	架体搭设前未进行交底或交底未留有记录扣 6 分 架体分段搭设分段使用未办理分段验收扣 6 分 架体搭设完毕未办理验收手续扣 6 分 未记录量化的验收内容扣 5 分	10		
		小计		60		

续表

序号	检查项目		扣分标准	应得分数	扣减分数	实得分数
7	一般项目	架体防护	作业层脚手架周边，未在高度1.2m和0.6m处设置上、中两道防护栏杆扣10分　作业层外侧未设置180mm高挡脚板扣5分　作业层未用安全平网双层兜底，且以下每隔10m未用安全平网封闭扣5分	10		
8		材质	钢管、构配件的规格、型号、材质或产品质量不符合规范要求扣10分　杆件弯曲、变形、锈蚀严重扣10分	10		
9		荷载	施工荷载超过设计规定扣10分　荷载堆放不均匀每处扣5分	10		
10		通道	未设置人员上下专用通道扣10分　通道设置不符合要求扣5分	10		
		小计		40		
检查项目合计				100		

评分员：　　　　　　　　　　　　　　　　　　　　年　　月　　日

案例分析

　　某实验楼工程主体为36m×45m钢筋混凝土框架结构，屋面为网架结构，由某公司总承包。由于总承包单位不具备该屋面网架结构的施工能力，建设单位将屋面网架工程分包给了某网架厂，并由总承包单位配合搭设满堂脚手架，以提供高空组装网架的操作平台，脚手架高度26m。为赶施工进度，未等脚手架交接验收确认，网架厂便于2009年4月25日晚，将运至施工现场的网架部件(约40t)，全部成捆吊上脚手架，使脚手架严重超载。4月26日上班后，在用撬棍解捆时产生的振动导致堆放部件处的脚手架坍塌，脚手架上的网架部件及施工人员同时坠落，致使7人死亡1人重伤的较大安全事故。

　　请问此次事故存在哪些安全隐患？

3.10　模板支架应用训练

　　模板支撑架的搭设应按专项施工方案，在专人指挥下，统一进行。应按施工方案弹线定位，放置底座后应分别按先立杆后横杆再斜杆的顺序搭设。在多层楼板上连续设置模板支撑架时，应保证上下层支撑立杆在同一轴线上。模板支撑架拆除应符合现行国家标准《混凝土结构工程施工质量验收规范》(GB 50204)中混凝土强度的有关规定。模板支架安全检查评定应符合现行行业标准《建筑施工模板安全技术规程》(JGJ 162)和《建筑施工扣件式钢管脚手架安全技术规程》(JGJ 130)的规定。检查评定保证项目包括：施工方案、立杆基础、支架稳定、施工荷载、交底与验收。一般项目包括：立杆设置、水平杆设置、支架拆除、支架材质。

3.10.1 保证项目的检查评定应符合下列规定

1. 施工方案

(1) 模板支架搭设应编制专项施工方案，结构设计应进行设计计算，并应按规定进行审核、审批。

(2) 超过一定规模的模板支架，专项施工方案应按规定组织专家论证。

(3) 专项施工方案应明确混凝土浇筑方式。

2. 立杆基础

(1) 立杆基础承载力应符合设计要求，并能承受支架上部全部荷载。

(2) 基础应设排水设施。

(3) 立杆底部应按规范要求设置底座、垫板。

3. 支架稳定

(1) 支架高宽比大于规定值时，应按规定设置连墙杆。

(2) 连墙杆的设置应符合规范要求。

(3) 应按规定设置纵、横向及水平剪刀撑，并符合规范要求。

4. 施工荷载

施工均布荷载、集中荷载应在设计允许范围内。

5. 交底与验收

(1) 支架搭设(拆除)前应进行交底，并应有交底记录。

(2) 支架搭设完毕，应按规定组织验收，验收应有量化内容。

3.10.2 一般项目的检查评定应符合下列规定

1. 立杆设置

(1) 立杆间距应符合设计要求。

(2) 立杆应采用对接连接。

(3) 立杆伸出顶层水平杆中心线至支撑点的长度应符合规范要求。

2. 水平杆设置

(1) 应按规定设置纵、横向水平杆。

(2) 纵、横向水平杆间距应符合规范要求。

(3) 纵、横向水平杆连接应符合规范要求。

3. 支架拆除

(1) 支架拆除前应确认混凝土强度符合规定值。

(2) 模板支架拆除前应设置警戒区，并设专人监护。

4. 支架材质

(1) 杆件弯曲、变形、锈蚀量应在规范允许范围内。

(2) 构配件材质应符合规范要求。

(3) 钢管壁厚应符合规范要求，模板支架检查评分表见表3-17。

表 3-17　模板支架检查评分表

序号	检查项目		扣分标准	应得分数	扣减分数	实得分数
1	保证项目	施工方案	未按规定编制专项施工方案或结构设计未经设计计算扣 15 分 专项施工方案未经审核、审批扣 15 分 超过一定规模的模板支架，专项施工方案未按规定组织专家论证扣 15 分 专项施工方案未明确混凝土浇筑方式扣 10 分	15		
2		立杆基础	立杆基础承载力不符合设计要求扣 10 分 基础未设排水设施扣 8 分 立杆底部未设置底座、垫板或垫板规格不符合规范要求每处扣 3 分	10		
3		支架稳定	支架高宽比大于规定值时，未按规定要求设置连墙杆扣 15 分 连墙杆设置不符合规范要求每处扣 5 分 未按规定设置纵、横向及水平剪刀撑扣 15 分 纵、横向及水平剪刀撑设置不符合规范要求扣 5~10 分	15		
4		施工荷载	施工均布荷载超过规定值扣 10 分 施工荷载不均匀，集中荷载超过规定值扣 10 分	10		
5		交底与验收	支架搭设(拆除)前未进行交底或无交底记录扣 10 分 支架搭设完毕未办理验收手续扣 10 分 验收无量化内容扣 5 分	10		
		小计		60		
6	一般项目	立杆设置	立杆间距不符合设计要求扣 10 分 立杆未采用对接连接每处扣 5 分 立杆伸出顶层水平杆中心线至支撑点的长度大于规定值每处扣 2 分	10		
7		水平杆设置	未按规定设置纵、横向扫地杆或设置不符合规范要求每处扣 5 分 纵、横向水平杆间距不符合规范要求每处扣 5 分 纵、横向水平杆件连接不符合规范要求每处扣 5 分	10		
8		支架拆除	混凝土强度未达到规定值，拆除模板支架扣 10 分 未按规定设置警戒区或未设置专人监护扣 8 分	10		
9		支架材质	杆件弯曲、变形、锈蚀超标扣 10 分 构配件材质不符合规范要求扣 10 分 钢管壁厚不符合要求扣 10 分	10		
		小计		40		
检查项目合计				100		

评分员：　　　　　　　　　　　　　　　　　　　　　　　年　　月　　日

本 章 小 结

本章主要介绍了常用脚手架的类别和安全基本要求，扣件式钢管脚手架的构造要求、搭设和拆除的安全技术以及安全管理等内容；悬挑脚手架构造要求和检查评定；门式脚手架组成和检查评定；碗扣式钢管脚手架安全使用和检查评定；附着升降脚手架、承插型盘扣式钢管支架、高处作业吊篮、满堂式脚手架；模板支架的检查评定应用训练等。运用所学知识，检查评定脚手架、会进行搭设和拆除脚手架的交底等安全管理工作。

思考与拓展题

1. 请说说脚手架的分类方法。
2. 请说说脚手架安全基本要求。
3. 请说说扣件式钢管脚手架的主要杆件名称及作用。
4. 新、旧钢管的检查各有哪些规定？
5. 脚手架应分哪些阶段进行检查与验收？
6. 脚手架使用中，应定期检查哪些项目？
7. 扣件式钢管脚手架、悬挑式钢管脚手架、门式脚手架、碗扣式钢管脚手架、附着升降脚手架、承插型盘扣式钢管支架、高处作业吊篮、满堂式脚手架、模板支架的检查评定保证项目和一般项目各包括哪些内容？
8. 说说门式钢管脚手架组成构件。
9. 说说附着升降脚手架的主要特点。

第 4 章

高处作业安全技术

课程内容	知识要点	教学目标
高处作业安全控制	高处作业及"三宝、四口"安全技术措施与控制；安全防护用品的使用	掌握高处作业、临边作业与洞口作业、操作平台与交叉作业、攀登与悬空作业、安全用具的安全基本知识

▶▶章节导读

根据近年来所发生在建筑业"三大伤害"（高处坠落、坍塌、物体打击）事故中，高处坠落事故的发生率最高、危险性极大。因此，减少和避免高处坠落事故的发生，是降低建筑业伤亡事故的关键；同时正确及时的应急救援工作也是减少事故伤亡的有效途径。根据高处作业者工作时所处的部位不同，高处作业坠落有临边作业、洞口作业、攀登作业、悬空作业、操作平台和交叉作业等的坠落。

特别提示

高处作业存在于脚手架的搭设、使用、拆除；模板的搭设、拆除；大型机械的搭、拆和使用等多个环节，稍不注意就容易发生事故，高处坠落事故近年来一直是建筑业首位多发事故，因此只有加强对高处作业的安全管理，才能降低事故数量。

4.1 高处作业概述

1. 高处作业的含义及分级

1) 高处作业的相关概念

(1) 高处作业。按照国家标准《高处作业分级》(GB/T 3608)的规定：高处作业是指凡在坠落高度基准面 2m 以上(含 2m)有可能坠落的高处进行的作业。其中坠落高度基准面是指通过可能坠落范围内最低处的水平面，它是确定高处作业高度的起始点。如：从作业位置可能坠落到最低点的楼面、地面、基坑等平面。

(2) 可能坠落范围半径。是指为确定可能坠落范围而规定的，相对于作业位置的一段水平距离，以 R 表示。其大小取决于与作业现场的地形、地势或建筑物分布等有关的基础高度。依据该值可以确定不同高处作业时，安全平网架设的宽度。

(3) 基础高度。是指以作业位置为中心，6m 为半径，划出一个垂直水平面的柱形空间，此柱形空间内最低处与作业位置间的高度差，以 h 表示。该值是用以确定高处作业高度的依据。

(4) 可能坠落范围。是指以作业位置为中心，可能坠落范围半径为半径划成的与水平面垂直的柱形空间。该值是确定高处坠落范围的依据。

(5) 高处作业高度。作业区各作业位置至相应坠落高度基准面的垂直距离中的最大值，称为该作业区的高处作业高度，简称作业高度，以 H 表示。作业高度是确定高处作业危险性高低的依据，作业高度越高，作业的危险性就越大。按作业高度不同，国家标准将高处作业划分为 2～5m；>5～15m；>15～30m 及 >30m 4 个区域。

作业高度的确定方法：根据《高处作业分级》的规定，首先依据基础高度(h)查表 4-1，即可确定可能坠落范围半径(R)；在基础高度(h)和可能坠落范围半径(R)确定后，即可根据实际情况计算出作业高度。

表 4-1 高处作业基础高度与坠落半径

单位：m

高处作业基础高度(h)	2～5	5～15	15～30	>30
可能坠落范围半径(R)	3	4	5	6

【例 4-1】 如图 4.1 所示试确定基础高度、可能坠落范围半径和作业高度。

解 由图中条件可知：在作业区边沿至附近最低处的可能坠落的基础高度为：

$$h = 4.5m + 25.0m = 29.5m$$

查表 4-1 得：可能坠落范围半径 $R=5m$，则在作业区边缘，半径为 $R=5m$ 的作业区范围内，高处作业高度 $H=4.5m$。

2) 高处作业的分级

根据《高处作业分级》的规定：高处作业分为A、B两类。其中符合下列9类而直接引起坠落的客观危险因素之一的高处作业，即为B类高处作业。

图4.1 例题4-1图

（1）阵风风力6级（风速10.8m/s）以上。

（2）《高温作业分级》（GB 4200）规定的Ⅱ级以上的高温条件。

（3）气温低于10℃的室外环境。

（4）场地有冰、雪、霜、水、油等易滑物。

（5）自然光线不足，能见度差。

（6）接近或接触危险电压带电体。

（7）摆动，立足处不是平面或只有很小的平面，致使作业者无法维持正常姿势。

（8）抢救突然发生的各种灾害事故。

（9）超过《体力搬运重量限值》（GB 12330）规定的搬运。

不存在以上列举的任一种客观危险因素的高处作业就是A类高处作业。

A、B类高处作业又依据表4-2分别划分为4个和3个级别。级别越高，高处作业的危险性就越大，应该采取安全防范的措施也就要更加完善。如例4-1中，若作业环境为5℃的室外作业，即为B类的Ⅱ级高处作业。

表4-2 高处作业分级

级别 作业高度/m 分类法	2～5	5～15	15～30	>30
A	Ⅰ	Ⅱ	Ⅲ	Ⅳ
B	Ⅱ	Ⅲ	Ⅳ	Ⅳ

图4.2 系好安全带是高处作业基本要求

2. 高处作业安全的基本要求

根据《建筑施工高处作业安全技术规范》（JGJ 80）的规定，建筑施工单位在进行高处作业时，应满足以下基本要求。

（1）凡进行高处作业时，应正确使用脚手架、操作平台、梯子、防护栏杆、安全带、安全网和安全帽等安全设施和用具，作业前应认真检查所用安全设施和用具是否牢固、可靠，如图4.2所示。

（2）高处作业的安全技术措施及其所需料具，必须列入工程的施工组织设计。

（3）单位工程施工负责人应对工程的高处作业安全技术负责，并建立相应的责任制。

（4）施工单位应有针对性地将高处作业的警示标志悬挂于

施工现场相应的醒目部位，夜间应设红灯警示。各类安全标志、工具、仪表、电气设施和各种设备，必须在施工前加以检查验收，确认其完好，并经相关人员签字后，方能投入使用。

（5）作业前，应按规定逐级进行安全技术教育及技术交底，落实所有安全技术措施和人身防护用品，未经落实不得进行施工操作。

（6）攀登和悬空高处作业人员及搭设高处作业安全设施的人员，必须经过专业技术培训及专业考试合格，持证上岗，并定期进行身体检查。

（7）施工中对高处作业的安全技术设施，发现有缺陷和隐患时，必须及时解决，危及人身安全时，必须停止作业。

（8）高处作业上下应设置联系信号或通信装置，并指定专人负责。

（9）施工作业场所有坠落可能的物件，应一律先行撤除或加以固定，高处作业中所用的物料，均应堆放平稳，不妨碍通行和装卸。

（10）使用的工具应随手放入工具袋，拆卸下的物件、余料和废料均应及时清理运走，不得任意乱置或向下丢弃，传递物件禁止抛掷。作业中的走道、通道板和登高用具，应随时清理干净，如图4.3所示。

高空抛掷物料属违章举动
（a）
（b）

图4.3　高处作业注意事项

图4.4　恶劣气候下不得进行露天高处作业

（11）雨天和雪天进行高处作业时，必须采取可靠的防滑、防寒和防冻措施。如水、冰、霜、雪均应及时清除。

（12）对进行高处作业的高耸建筑物，应事先设置避雷设施。遇有6级以上强风和浓雾、雷电、暴雨等恶劣气候，不得进行露天高处作业，如图4.4所示。暴风雪及台风暴雨后，应对高处作业安全设施逐一加以检查，发现有松动、变形、损坏或脱落等现象，应立即修理完善。

（13）因作业必须临时拆除或变动安全防护设施时，必须经项目负责人同意，并采取相应的可靠措施，作业后应立即恢复。

（14）防护棚搭设与拆除时，应设警戒区，并应派专人监护，严禁上下同时搭设或拆除。

（15）高处作业安全设施的主要受力杆件，力学计算按一般结构力学公式，强度及挠度计算按现行有关规范进行，但钢受弯构件的强度计算不考虑塑性影响，构造上应符合现行相应规范的要求。

3. 高处作业安全防护设施的验收

建筑施工进行高处作业之前，应由单位工程负责人，组织有关人员进行安全防护设施的逐项检查和验收。验收合格后，方可进行高处作业。验收也可分层进行，或分阶段进行。

1）验收时应具备的资料

安全防护设施的验收，应具备下列资料。

（1）施工组织设计及有关验算数据。

（2）安全防护设施验收记录。

（3）安全防护设施变更记录及签证。

2）验收的内容

安全防护设施的验收，主要包括以下内容。

（1）所有临边、洞口等各类安全技术措施的设置状况。

（2）安全技术措施所用的配件、材料和工具的规格和材质。

（3）安全技术措施的节点构造及其与建筑物的固定情况。

（4）扣件和连接件的紧固程度。

（5）安全防护设施的用品及设备的性能与质量是否合格的验证等。

安全防护设施的验收应按类别逐项查验，并作出验收记录。凡不符合规定者，必须修整合格后再行查验，施工期间还应定期进行抽查。

4.2 临边高处作业

在施工作业时，当作业中的工作面边沿没有围护设施或围护设施的高度低于800mm时的高处作业即为临边高处作业，简称临边作业。建筑工地常称的"五临边"是指：基坑周边，二层以上，楼层周边，分层施工的楼梯口和梯段边，各种垂直运输接料平台边，井架与施工用电梯和脚手架等与建筑物通道的两侧边等。

1. 临边作业必须设置防护措施并符合下列规定

（1）基坑周边，尚未安装栏杆或栏板的阳台、料台与挑平台周边，雨篷与挑檐边，无外脚手架的屋面与楼层周边及水箱与水塔周边等处，都必须设置防护栏杆。如图4.5临边无防护栏不准作业。

（2）头层墙高度超过3.2m的二层楼面周

图 4.5 临边无防护栏不准作业

边，以及无外脚手架的高度超过 3.2m 的楼层周边，必须在外围架设安全平网一道。

（3）分层施工的楼梯口和梯段边，必须安装临时护栏；顶层楼梯口应随工程结构进度安装正式防护栏杆。

（4）井架与施工用电梯和脚手架等与建筑物通道的两侧边，必须设防护栏杆；地面通道上部应装设安全防护棚；双笼井架通道中间，应予以分隔封闭。

（5）各种垂直运输接料平台，除两侧设防护栏杆外，平台口还应设置安全门或活动防护栏杆。

2. 临边防护栏杆杆件的搭设

1）防护栏杆的材质要求

防护栏杆的规格及连接要求，应符合下列规定。

（1）毛竹横杆小头有效直径不应小于 70mm，栏杆柱小头直径不应小于 80mm，并须用不小于 16 号的镀锌钢丝绑扎，不应少于 3 圈，并无泻滑。

（2）原木横杆上杆梢直径不应小于 70mm，下杆梢直径不应小于 60mm，栏杆柱梢直径不应小于 75mm，并必须用相应长度的圆钉钉紧，或用不小于 12 号的镀锌钢丝绑扎，要求表面平顺和稳固无动摇。

（3）钢筋横杆上杆直径不应小于 16mm，下杆直径不应小于 14mm，栏杆柱直径不应小于 18mm，采用电焊或镀锌钢丝绑扎固定。

（4）钢管栏杆及栏杆柱均采用 $\phi48mm\times3.5mm$ 的管材，以扣件或电焊固定。

（5）以其他钢材如角钢等作防护栏杆杆件时，应选用强度相当的规格，以电焊固定。

2）防护栏杆的搭设

搭设临边防护栏杆时，必须符合下列要求。

（1）防护栏杆应由上、下两道横杆及栏杆柱组成，上杆离地高度为 1.0～1.2m，下杆离地高度为 0.5～0.6m；坡度大于 1：2.2 的层面，防护栏杆应高于 1.5m，并加挂安全立网。除经设计计算外，横杆长度大于 2m 时，必须加设栏杆柱，如图 4.5 所示。

（2）当在基坑四周固定栏杆柱时，可采用钢管并打入地面 500～700mm 深。钢管离边口的距离，不应小于 500mm，当基坑周边采用板桩时，钢管可打在板桩外侧。

（3）当在混凝土楼面、屋面或墙面固定栏杆柱时，可用预埋件与钢管或钢筋焊牢。采用竹、木栏杆时，可在预埋件上焊接 300mm 长的 ∟50×5 角钢，其上下各钻一孔，然后用 10mm 螺栓与竹、木等杆件固定牢固。

（4）当在砖或砌块等砌体上固定栏杆柱时，可预先砌入规格相适应的 80×6 弯转扁钢作预埋铁的混凝土块，然后用上述方法固定。

（5）栏杆柱的固定及其与横向杆的连接，其整体构造应使防护栏杆在上杆任何处，能经受任何方向的 1000N 外力。当栏杆所处位置有发生人群拥挤、车辆冲击或物件碰撞等可能时，应加大横杆截面或加密柱距。

（6）防护栏杆必须自上而下用安全立网封闭，或在栏杆下边设置严密固定的高度不低于 180mm 的挡脚板或 400mm 的挡脚笆。挡脚板与挡脚笆上如有孔眼，不应大于 25mm。板与笆下边距离底面的空隙不应大于 10mm。

（7）接料平台两侧的防护栏杆，必须自上而下加挂安全立网或满扎竹笆。

（8）当临边的外侧面临街道时，除防护栏杆外，敞口立面必须采取满挂安全网或其他可靠措施作全封闭处理。

（9）临边防护栏杆应进行抗弯强度、挠度等力学验算，此项计算应纳入施工组织设计的内容。

（10）临边防护栏杆的构造形式如图4.6和图4.7所示。

图4.6　屋面和楼面临边的防护栏杆构造

图4.7　楼梯、楼层和阳台临边防护栏杆的构造

4.3　洞口高处作业

洞口高处作业是指洞与孔、边口旁的高处作业，包括施工现场及通道旁深度在2m及2m以上的桩孔、沟槽与管道、孔洞等边沿上的作业，简称洞口作业。

孔和洞的定义按照《建筑施工高处作业安全技术规范》的规定如下。

孔是指楼板、屋面、平台等面上，短边尺寸小于250mm的；墙上，高度小于750mm的孔洞。

洞是指楼板、屋面、平台等面上，短边尺寸等于或大于250mm的；墙上，高度等于或大于750mm的孔洞。

建筑施工中常因工程或工序的需要而留设一些洞口。常见的洞口有：预留洞口、电梯井口、楼梯口、通道口等，即为常称的"四口"。

（1）进行洞口作业以及在因工程和工序需要而产生的，使人与物有坠落危险或危及人身安全的其他洞口进行高处作业时，如图4.8所示，必须按下列规定设置防护设施。

① 板与墙的洞口，必须设置牢固的盖板、防护栏杆、安全网或其他防坠落的防护设施。

图4.8 有洞口请根据施工方案设置防护设施

② 电梯井口必须设防护栏杆或固定栅门，高度不得低于1.8m；电梯井内应每隔两层并最多隔10m设一道安全网。

③ 钢管桩、钻孔桩等桩孔上口，杯形、条形基础上口，未填土的坑槽，以及天窗、地板门等处，均应按洞口防护设置稳固的盖件或防护栏杆。

④ 施工现场通道附近的各类洞口与坑槽等处，除设置防护设施与安全标志外，夜间还应设红灯示警。

（2）洞口作业安全设施的要求，洞口根据具体情况采取设防护栏杆、加盖件、张挂安全网与装栅门等措施时，必须符合下列要求。

① 楼板、屋面和平台等面上短边尺寸小于250mm，但大于25mm的孔口，必须用坚实的盖板盖没，盖板应防止挪动移位。

② 楼板面等处边长为250~500mm的洞口、安装预制构件时的洞口以及缺件临时形成的洞口，可用竹、木等作盖板、盖住洞口，盖板须能保持四周搁置均衡，并有固定其位置的措施。

③ 边长为500~1500mm的洞口，必须设置以扣件扣接钢管而成的网格，并在其上满铺竹笆或脚手板。也可采用贯穿于混凝土板内的钢筋构成防护网，钢筋网格间距不得大于200mm。

④ 边长在1500mm以上的洞口，四周设防护栏杆，洞口下设张安全平网。

⑤ 垃圾井道和烟道，应随楼层的砌筑或安装而消除洞口，或参照预留洞口作防护；管道井施工时，除按上述要求设置防护外，还应加设明显的标志，如有临时性拆移，需经施工负责人核准，工作完毕后必须恢复防护设施。

⑥ 位于车辆行驶道旁的洞口、深沟与管道坑、槽，所加盖板应能承受不小于当地额定卡车后轮有效承载力2倍的荷载。

⑦ 墙面等处的竖向洞口，凡落地的洞口应加装开关式、工具式或固定式的防护门，门栅网格的间距不应大于150mm，也可采用防护栏杆，下设挡脚板（笆）。

⑧ 下边沿至楼板或底面低于800mm的窗台等竖向洞口，如侧边落差大于2m时，应加设1.2m高的临时护栏。

⑨ 对邻近的人与物有坠落危险性的其他竖向的孔、洞口，均应予以盖没或加以防护，并有固定其位置的措施。

⑩ 洞口防护设施应进行必要的力学验算，此项计算应纳入施工组织设计的内容。

⑪ 洞口防护设施的构造型式如图4.9~图4.11所示。

(a)边长1500~2000的洞口　　　　(b)边长2000~4000的洞口

图4.9　洞口防护栏杆的构造

(a)边长 1500~2000 的洞口；(b)边长 2000~4000 的洞口

(a)平面图　　　　　　　　(b)剖面图

图4.10　洞口钢筋防护网的构造

(a)平面图；(b)剖面图

(a)立面图　　　　　　　　(b)剖面图

图4.11　电梯井口防护门的构造

(a)立面图；(b)剖面图

4.4 攀登高处作业

攀登高处作业是指在施工现场，凡借助于登高用具或登高设施，在攀登的条件下进行的高处作业，简称攀登作业。

1. 登高用梯的安全技术要求

登高作业经常使用的工具是梯子，不同类型的梯子国家都有相应的标准和要求，如角度、斜度、宽度、高度、连接措施、拉攀措施和受力性能等。供人上下的踏板负荷能力（即使用荷载）不小于1100N，这是以人和衣物的总重量作为750N乘以动载安全系数1.5而定的。因而就限定了过于肥胖的人员不宜从事攀登高处作业。对梯子的具体技术要求如下。

（1）攀登的用具，结构构造上必须牢固可靠。供人上下的踏板，其使用荷载不应小于1100N，当梯面上有特殊作业，重量超过上述荷载时，应按实际情况加以验算。

（2）固定式直爬梯应用金属材料制成。梯宽不应大于500mm，支撑应采用不小于L70×6的角钢，埋设与焊接均必须牢固。梯子顶端的踏板应与攀登的顶面齐平，并加设1～1.5m高的扶手。

（3）移动式梯子，均应按现行的国家标准验收其质量。

（4）梯脚底部应坚实，不得垫高使用。梯子的上端应有固定措施。立梯工作角度以75°±5°为宜，踏板上下间距以300mm为宜，不得有缺挡。

（5）梯子如需接长使用，必须有可靠的连接措施，且接头不得超过1处。连接后梯梁的强度，不应低于单梯梯梁的强度。

（6）折梯使用时，上部夹角以35°～45°为宜，铰链必须牢固，并应有可靠的拉撑措施。

图4.12 错误攀登作业

（7）柱、梁和行车梁等构件吊装所需的直爬梯及其他登高用拉攀件，应在构件施工图或说明中作出规定。

（8）使用直爬梯进行攀登作业时，攀登高度以5m为宜。超过2m时，宜加设护笼，超过8m时，必须设置梯间平台。

（9）上下梯子时，必须面向梯子，且不得手持器物。如图4.12所示。

（10）钢柱安装登高时，应使用钢挂梯或设置在钢柱上的爬梯。

2. 其他要求

（1）在施工组织设计中应确定用于现场施工的登高和攀登设施。现场登高应借助建筑结构或脚手架上的登高设施，也可采用载人的垂直运输设备。进行攀登作业时可使用梯子或采用其他攀登设施。

（2）作业人员应从规定的通道上下，不得在阳台之间等非规定通道进行攀登，也不得任意利用吊车臂架等施工设备进行攀登。

4.5 悬空高处作业

悬空高处作业是指无立足点或无牢靠立足点的条件下，进行的高处作业，简称悬空作业。建筑施工现场的悬空作业，主要是指从事建筑物或构筑物结构主体和相关装修施工的悬空操作，一般包括：构件吊装与管道安装；模板支撑与拆卸；钢筋绑扎和安装钢筋骨架；混凝土浇筑；预应力现场张拉；门窗安装作业等6类。

（1）悬空作业的基本安全要求。

① 悬空作业处应有牢靠的立足处，并必须视具体情况，配置防护栏网、栏杆或其他安全设施。

② 悬空作业所用的索具、脚手板、吊篮、吊笼、平台等设备，均需经过技术鉴定或检证合格后，方可使用。

（2）构件吊装和管道安装时的悬空作业，必须遵守下列规定。

① 钢结构的吊装，构件应尽可能在地面组装，并应搭设进行临时固定、电焊、高强螺栓连接等工序的高空安全设施，随构件同时上吊就位。拆卸时的安全措施，亦应一并考虑和落实。高空吊装预应力钢筋混凝土屋架、桁架等大型构件前，也应搭设悬空作业中所需的安全设施。

② 悬空安装大模板、吊装第一块预制构件、吊装单独的大中型预制构件时，必须站在操作平台上操作。吊装中的大模板和预制构件以及石棉水泥板等屋面板上，严禁站人和行走。

③ 安装管道时，必须有已完结构或操作平台为立足点，严禁在安装中的管道上站立和行走。

（3）模板支撑和拆卸时的悬空作业，必须遵守下列规定。

① 支模应按规定的作业程序进行，模板未固定前不得进行下一道工序。严禁在连接件和支撑件上攀登上下，并严禁在上下同一垂直面上装、拆模板。结构复杂的模板，装、拆应严格按照施工组织设计的措施进行。

② 支设高度在3m以上的柱模板，四周应设斜撑，并应设立操作平台。低于3m的可使用马凳等设施操作。

③ 支设悬挑形式的模板时，应有稳固的立足点。支设临空构筑物模板时，应搭设支架或脚手架。模板上有预留洞时，应在安装后将洞盖没。混凝土板上，拆模后形成的临边或洞口，应按有关规定进行防护。

④ 拆模高处作业，应配置登高用具或搭设支架，并设置警戒区域，有专人看护。

（4）钢筋绑扎时的悬空作业，必须遵守下列规定。

① 绑扎钢筋和安装钢筋骨架时，必须搭设脚手架和马道。

② 绑扎圈梁、挑梁、挑檐、外墙和边柱等钢筋时，应搭设操作台架和张挂安全网。

③ 悬空大梁钢筋的绑扎，必须在满铺脚手板的支架或操作平台上操作。

④ 在深坑下或较密的钢筋中绑扎钢筋时，照明电源应用低压并禁止将高压电线拴挂在钢筋上。

⑤ 绑扎立柱和墙体钢筋时，不得站在钢筋骨架上或攀登骨架上下。3m以内的柱钢筋，可在地面或楼面上绑扎，整体竖立。绑扎3m以上的柱钢筋，必须搭设操作平台。

（5）混凝土浇筑时的悬空作业，必须遵守下列规定。

① 浇筑离地2m以上框架、过梁、雨篷和小平台时，应设操作平台，不得直接站在模板或支撑件上操作。

② 浇筑拱形结构，应自两边拱脚对称地相向进行。浇筑储仓，下口应先行封闭，并搭设脚手架以防人员坠落。

③ 特殊情况下如无可靠的安全设施，必须系好安全带并扣好保险钩，或架设安全网。

（6）进行预应力张拉的悬空作业时，必须遵守下列规定。

① 进行预应力张拉时，应搭设站立操作人员和设置张拉设备的牢固可靠的脚手架或操作平台。雨天张拉时，还应架设防雨棚。

② 预应力张拉区域应标示明显的安全标志，禁止非操作人员进入。张拉钢筋的两端必须设置挡板。挡板应距所张拉钢筋的端部 1.5～2m，且应高出最上一组张拉钢筋 0.5m，其宽度应距张拉钢筋两外侧各不小于 1m。

③ 孔道灌浆应按预应力张拉安全设施的有关规定进行。

（7）门窗悬空作业时，必须遵守下列规定。

① 安装门、窗，油漆及安装玻璃时，严禁操作人员站在樘子、阳台栏板上操作。门、窗临时固定，封填材料未达到强度，以及电焊时，严禁手拉门、窗进行攀登。

② 在高处外墙安装门、窗，无外脚手时，应张挂安全网。无安全网时，操作人员应系好安全带，其保险钩应挂在操作人员上方的可靠物件上。

③ 进行各项窗口作业时，操作人员的重心应位于室内，不得在窗台上站立，必要时应系好安全带进行操作。

4.6 操作平台高处作业

操作平台是指在建筑施工现场，用以站人、载料，并可进行操作的平台。操作平台有移动式操作平台和悬挑式操作平台两种。操作平台高处作业是指供施工操作人员在操作平台上进行砌筑、绑扎、装修以及粉刷等的高处作业，简称操作平台作业。操作平台的安全性能将直接影响操作人员的安危。

（1）移动式操作平台，必须符合下列规定。

① 操作平台应由专业技术人员按现行的相应规范进行设计，计算书及图纸应编入施工组织设计。

② 操作平台的面积不应超过 $10m^2$，高度不应超过 5m，还应进行稳定验算，并采用措施减少立柱的长细比。

③ 装设轮子的移动式操作平台，轮子与平台的接合处应牢固可靠，立柱底端离地面不得超过 80mm。

④ 操作平台可用 $\phi48.3mm\times3.6mm$ 的钢管，以扣件连接，亦可采用门架式或承插式钢管脚手架部件，按产品使用要求进行组装。平台的次梁，间距不应大于 400mm；台面应满铺不小于 30mm 厚的木板或竹笆。

⑤ 操作平台四周必须按临边作业要求设置防护栏杆，并应布置登高扶梯。

⑥ 移动式操作平台的构造形式如图 4.13 所示。

（2）悬挑式钢平台的安全要求。悬挑式钢平台，必须符合下列规定。

① 悬挑式钢平台应按现行的相应规范进行设计，其结构构造应能防止左右晃动，计算书及图纸应编入施工组织设计。

图 4.13 移动式操作平台的构造

(a)立面图;(b)侧面图

② 悬挑式钢平台的搁支点与上部拉结点,必须位于建筑物上,不得设置在脚手架等施工设备上。

③ 斜拉杆或钢丝绳,构造上宜两边各设前后两道,两道中的每一道均应作单道受力计算。

④ 应设置 4 个经过验算的吊环。吊运平台时应使用卡环,不得使吊钩直接钩挂吊环。吊环应用 Q235 牌号沸腾钢制作。

⑤ 钢平台安装时,钢丝绳应采用专用的挂钩挂牢,采取其他方式时,卡头的卡子不得少于 3 个。建筑物锐角利口围系钢丝绳处应加衬软垫物,钢平台外口应略高于内口。

⑥ 钢平台左右两侧必须装置固定的防护栏杆,如图 4.14 所示。

⑦ 钢平台吊装,需待横梁支撑点电焊固定,接好钢丝绳,调整完毕,经过检查验收后,方可松卸起重吊钩,上下操作。

⑧ 钢平台使用时,应有专人进行检查,发现钢丝绳有锈蚀或损坏应及时调换,焊缝脱焊应及时修复。

⑨ 操作平台上应显著地标明容许荷载值。操作平台上人员和物料的总重量,严禁超过设计的容许荷载,应配备专人加以监督。

⑩ 操作平台可以 ϕ48.3mm×3.6mm 镀锌钢管作次梁与主梁,上铺厚度不小于 30mm 的木板作铺板。铺板应予固定,并以 ϕ48.3mm×3.6mm 的钢管作立柱。

图 4.14 平台周围要有防护栏维护

4.7 交叉高处作业

交叉高处作业是指在施工现场的不同层次，于空间贯通状态下同时进行的高处作业，简称交叉作业。建筑物形体庞大，为加速施工进度，经常会组织立体交叉的施工作业，而上下立体的交叉作业又极易造成坠物伤人，因此，交叉作业必须严格遵守相关的安全操作要求。

交叉作业时，必须满足以下安全要求。

（1）支模、粉刷、砌墙等各工种进行上下立体交叉作业时，不得在同一垂直方向上操作。下层作业的位置，必须处于依上层高度确定的可能坠落范围半径之外。不符合以上条件时，应设置安全防护层，如图 4.15 所示。

（2）钢模板、脚手架等拆除时，下方不得有其他操作人员，不要坐在架子上聊天如图 4.16 所示。

图 4.15　上下层同时作业非常危险　　　　图 4.16　工作中禁止聊天

（3）钢模板部件拆除后，临时堆放处离楼层边沿不应小于 1m，堆放高度不得超过 1m。楼层边口、通道口、脚手架边缘等处，严禁堆放任何拆下物件。

（4）结构施工自二层起，凡人员进出的通道口（包括井架、施工用电梯的进出通道口），均应搭设安全防护棚，高度超过 24m 的层次上的交叉作业，应设双层防护，且高层建筑的防护棚长度不得小于 6m。

（5）由于上方施工可能坠落物件处或处于起重机把杆回转范围之内的通道处，在其受影响的范围内，必须搭设顶部能防止穿透的双层防护廊。

 案例分析

某高层住宅建筑工地，高处作业的一工人在移动一块跳板时，因失手使跳板坠落，将下方在通道口

3m 处堆放钢模板的另一工人砸伤致死。经现场调查，事故现场位于该建筑一楼门口外侧，楼门宽 2m，通道上方设置防护棚总宽度 2.5m，总长度 2m。

【问题】试分析该施工工地哪些方面不符合安全要求？应采取什么防范措施？

【答案提要】

不符合要求之处：①防护棚尺寸未能满足通道口防护标准要求，高层建筑通道口防护棚长度不应小于 6m；②堆放钢模板位置应在离开建筑物一定距离，不应堆放在通道口；

应采取的防范措施：①防护棚应按标准规定搭设；②教育工人在高处移动物件时，应先观察下面是否有人，在移动前应先打招呼，下面人员离开后再移动物件，确保不伤害他人，要注意不使物体坠落；③堆放物料应按施工组织设计的要求，在规定的区域内堆放，不能随意乱放；④加强安全管理，加强监督检查，及时消除安全隐患，严格执行标准规范，加强安全技术交底，交底内容要全面、翔实，并签字认可。

4.8 "三宝"防护

"三宝"是施工中必须使用的防护用品。在施工中被广泛使用的 3 种防护用具安全帽、安全带、安全网，通称为"三宝"；如无"三宝"保护，容易发生高处坠落事故和物体打击碰撞事故。

4.8.1 安全帽

通过对发生物体打击事故的分析，由于不正确佩戴安全帽而造成的伤害事故占事故总数的 90% 以上。因此，选择品质合格的安全帽，并且正确的佩戴，是预防伤害事故发生的有效措施。

当前安全帽的产品类别很多，制作安全帽的材料一般有塑料、橡胶、竹、藤等。但无论选择哪一类的安全帽，均应满足相关的安全要求。

1. 安全帽的技术要求

任何一类安全帽，均应满足以下要求。

1) 标志和包装

(1) 每顶安全帽应有以下 4 顶永久性标志：制造厂名称、商标、型号；制造年、月；生产合格证和验证；生产许可证编号。

(2) 安全帽出厂装箱，应将每顶帽用纸或塑料薄膜做衬垫包好再放入纸箱内。装入箱中的安全帽必须是成品。

(3) 箱上应注有产品名称、数量、重量、体积和其他注意事项等标记。

(4) 每箱安全帽均要附说明书。

2) 安全帽的组成

安全帽应由帽壳、帽衬、下颚带、后箍等组成，如图 4.17 所示。

(1) 帽壳。安全帽的帽壳包括帽舌、帽檐、顶筋、透气孔、插座、连接孔及下颚带插座等。

图 4.17 安全帽的组成

①帽舌。帽壳前部伸出的部分。

②帽檐。帽壳除帽舌外周围伸出的部分。

③顶筋。用来增强帽壳顶部强度的部分。

④透气孔。帽壳上开的气孔。

⑤插座。帽壳与帽衬及附件连接的插入结构。

⑥连接孔。连接帽衬和帽壳的开孔。

(2)帽衬。帽壳内部部件的总称。包括帽箍、托带、护带、吸汗带、拴绳、衬垫、后箍及帽衬接头等。

①帽箍。绕头围部分起固定作用的带圈。

②托带。与头顶部直接接触的带子。

③护带。托带上面另加的一层不接触头顶的带子,起缓冲作用。

④吸汗带。包裹在帽箍外面的带状吸汗材料。

⑤拴绳(带)。连接托带和护带、帽衬和帽壳的绳(带)。

⑥衬垫。帽箍和帽壳之间起缓冲作用的垫。

⑦后箍。在帽箍后部加有可调节的箍。

⑧帽衬接头。连接帽衬和帽壳的接头。

(3)下颚带。系在下颚上的带子。

(4)锁紧卡。调节下颚带长短的卡具。

(5)插接。帽壳和帽衬采用插合连接的方式。

(6)拴接。帽壳和帽衬采用拴绳连接的方式。

(7)铆接。帽壳和帽衬采用铆钉铆合的方式。

3)安全帽的结构形式

(1)帽壳顶部应加强,可以制成光顶或有筋结构。帽壳制成无沿、有沿或卷边。

(2)塑料帽衬应制成有后箍的结构,能自由调节帽箍大小。

(3)无后箍帽衬的下颚带制成"Y"型,有后箍的,允许制成单根。

(4)接触头前额部的帽箍,要透气、吸汗。

(5)帽箍周围的衬垫,可以制成条形,或块状,并留有空间使空气流通。

4)尺寸要求

(1)帽壳内部。长:195~250mm;宽:170~220mm;高:120~150mm。

(2)帽舌。10~70mm。

(3)帽檐。0~70mm,向下倾斜度0°~60°。

(4)透气孔隙:帽壳上的打孔,总面积不少于400mm²,特殊用途不受此限。

(5)帽箍。可分3个型号:1号,610~660mm;2号,570~600mm;3号,510~560mm。帽箍,可以分开单做,也可以通用。

(6)垂直间距。塑料衬:25~50mm;棉织或化纤带:30~50mm。

(7)佩戴高度。80~90mm。

(8)水平间距。5~20mm。

(9)帽壳内周围突出物高度不超过6mm,突出物周围应有软垫。

5)重量

(1)小沿、卷边安全帽不超过430g(不包括附件)。

(2) 大沿安全帽不超过 460g(不包括附件)。

(3) 防寒帽不超过 690g(不包括附件)。

6) 安全帽的力学性能

安全帽应当满足以下力学性能检验。

(1) 耐冲击。检验方法是:将安全帽在+50℃、−10℃的温度下,或用水浸处理后,将50kg的钢锤自1m高处自由落下,冲击安全帽,若安全帽不破坏即为合格。试验时,最大冲击力不应超过5kN,因为人体的颈椎最大只能承受5kN的冲击力,超过此力就易受伤害。

(2) 耐穿透。检验方法是:将安全帽置于+50℃、−10℃的温度下,或用水浸处理后,用3kg的钢锥,自安全帽的上方1m的高处自由落下,钢锥若穿透安全帽,但不触及头皮即为合格。

(3) 耐低温性能良好。要求在−10℃以下的环境中,安全帽的耐冲击和耐穿透性能不变。

(4) 侧向刚度。要求以 GB 2812 的规定进行试验,最大变形不超过 40mm,残余变形不超过 15mm。

施工企业安全技术部门根据以上规定对新购买及到期的安全帽,要进行抽查测试,合格后方可继续使用,以后每年至少抽验一次,抽验不合格则该批安全帽即报废。

7) 采购和管理

(1) 安全帽的采购。企业必须购买有产品检验合格证的产品,购入的产品经验收后,方准使用。

(2) 安全帽不应贮存在酸、碱、高温、日晒、潮湿等处所,更不可和硬物放在一起。

(3) 安全帽的使用期限。从产品制造完成之日计算:植物枝条编织帽不超过两年;塑料帽、纸胶帽不超过两年半;玻璃钢(维纶钢)橡胶帽不超过 3 年半。

2. 安全帽的正确佩戴

(1) 进入施工现场必须正确佩戴安全帽,如图 4.18 所示。

(2) 首先要选择与自己头型适合的安全帽,佩戴安全帽前,要仔细检查合格证、使用说明、使用期限,并调整帽衬尺寸,其顶端与帽壳内顶之间必须保持 20～50mm 的空间。

(3) 佩戴安全帽时,必须系紧下颚系带,防止安全帽失去作用。不同头型或冬季佩戴的防寒安全帽,应选择合适的型号,并及时调节帽箍,注意保留帽衬与帽壳的距离。

(4) 不能随意对安全帽进行拆卸或添加附件,以免影响其原有的防护性能。

(5) 佩戴一定要戴正、戴牢,不能晃动,防止脱落。

(6) 安全帽在使用过程中会逐渐损坏,因此要经常进行外观检查。如果发现帽壳与帽衬有异常损伤或裂痕,或帽衬

图 4.18 正确佩戴安全帽

与帽壳内顶之间水平垂直间距达不到标准要求的,就不能继续使用,应当更换新的安全帽。

(7) 安全帽不用时,需放置在干燥通风的地方,远离热源,不要受日光的直射,这样才能确保在有效使用期内的防护功能不受影响。

（8）注意使用期限，到期的安全帽要进行检验，符合安全要求才能继续使用，否则必须更换。

（9）安全帽只要受过一次强力的撞击，就无法再次有效吸收外力，有时尽管外表上看不到任何损伤，但是内部已经遭到损伤，不能继续使用。

4.8.2 安全网

安全网是用来防止人、物坠落，或用来避免、减轻坠落及物击伤害的网具。

1. 安全网的组成

安全网一般由网体、边绳、系绳、筋绳等部分组成。

（1）网体。由单丝、线、绳等经编织或采用其他成网工艺制成的，构成安全网主体的网状物。

（2）边绳。沿网体边缘与网体连接的绳索。

（3）系绳。把安全网固定在支撑物上的绳索。

（4）筋绳。为增加安全网强度而有规则地穿在网体上的绳索。

2. 分类和标记

1）分类

根据功能，产品分为 3 类。

（1）平网。安装平面不垂直水平面，用来防止人或物坠落的安全网。

（2）立网。安装平面垂直水平面，用来防止人或物坠落的安全网。

（3）密目式安全立网。网目密度不低于 2000 目/100cm²，垂直于水平面安装，用于防止人员坠落及坠物伤害的网，一般由网体、开眼环扣、边绳和附加系绳等组成。

2）产品标记

由名称、类别、规格和标准代号 4 部分组成，字母 P、L、ML 分别代表平网、立网及密目式安全立网。如宽 3m，长 6m 的锦纶平网标记为：锦纶安全网—P—3×6（GB 5725）；宽 1.8m，长 6m 密目式安全立网标记为：ML—1.8×6（GB 16909）。

3. 技术要求

（1）安全网可采用锦纶、维纶、涤纶或其他的耐候性不低于上述品种耐候性的材料制成。丙纶因为性能不稳定，应严禁使用。

（2）同一张安全网上的同种构件的材料、规格和制作方法须一致，外观应平整。

（3）平网宽度不得小于 3m，立网宽（高）度不得小于 1.2m，密目式安全立网宽（高）度不得小于 1.2m。产品规格偏差应在 ±2% 以下。每张安全网重量一般不宜超过 15kg。

（4）菱形或方形网目的安全网，其网目边长不大于 80mm。

（5）边绳与网体连接必须牢固，平网边绳断裂强力不得小于 7000N；立网边绳断裂强力不得小于 3000N。

（6）系绳沿网边均匀分布，相邻两系绳间距应符合：平网 ≤0.75m；立网 ≤0.75m；密目式 ≤0.45m，且长度不小于 0.8m 的规定。当筋绳、系绳合一使用时，系绳部分必须加长，且与边绳系紧后，再折回边绳系紧，至少形成双根。

（7）筋绳分布应合理，平网上两根相邻筋绳的距离不小于 300mm，筋绳的断裂强力不小于 3000N。

(8) 网体(网片或网绳线)断裂强力应符合相应的产品标准。

(9) 安全网所有节点必须固定。

(10) 应按规定的方法进行验收,平网和立网应满足外观、尺寸偏差、耐候性、抗冲击性能、绳的断裂强力、阻燃性能等要求,密目网应满足外观、尺寸偏差、耐贯穿性能、耐冲击性能等要求。

(11) 阻燃安全网必须具有阻燃性,其续燃、阻燃时间均不得小于4s。

4. 安全网的安装、使用和拆除的要求

1) 安全网的安装

(1) 未安装前要检查安全网是否是合格产品,有无准用证,产品出厂时,网上都要缝上永久性标记,其标记应包括以下内容。

① 产品名称及分类标记。

② 网目边长(指安全平网、立网)。

③ 出厂检验合格证和安鉴证。

④ 商标。

⑤ 制造厂厂名、厂址。

⑥ 生产批号、生产日期(或编号和有效期)。

⑦ 工业生产许可证编号。

产品销售到使用地,应到当地国家指定的监督检验部门认证,确定为合格产品后,发放准用证,施工单位凭准用证方能使用。

(2) 安装前要对安全网和支撑物进行检查,网体是否有影响使用的缺陷,支撑物是否有足够的强度、刚性和稳定性。

(3) 安装时,安全网上每根系绳都应与支撑点系结,网体四周的连绳应与支撑点贴紧,系结点沿网边均匀分布,系结应符合打结方便,连接牢固,防止工作中受力散脱。

(4) 安装平网时,网面不宜绷得过紧,应有一定的下陷,网面与下方物体表面的最小距离为3m。当网面与作业面的高度差大于5m时,网体应最少伸出建筑物(或最边缘作业点)4m。小于5m时,伸出长度应大于3m。两层平网间距离不得超过10m。

(5) 立网的安装平面与水平面垂直,网平面与作业面边缘的间隙不能超过10cm。

(6) 安装后的安全网,必须经安全专业人员检查,合格后方可使用。

2) 安全网的使用

安全网在使用中应避免发生下列现象。

(1) 随意拆除安全网的部件。

(2) 把网拖过粗糙的表面或锐边。

(3) 人员跳入和撞击或将物体投入和抛掷到网内和网上。

(4) 大量焊接火星和其他火星落入和落上安全网上。

(5) 安全网周围有严重的腐蚀性酸、碱烟雾。

(6) 安全网要定期检查,并及时清理网上的落物,保持网表面清洁。

(7) 当网受到脏物污染或网上嵌入砂浆、泥灰粒及其他可能引起磨损的异物时,应进行冲洗,自然干燥后再用。

(8) 安全网受到很大冲击,发生严重变形、霉变、系绳松脱、搭接处脱开,则要修理或更换,不可勉强使用。

3）安全网的拆除和保管

（1）在保护区的作业完全停止后，才可拆除安全网。

（2）拆除工作应在有关人员的严格监督下进行，拆除人员必须在有保护人身安全的措施下拆网。

（3）拆除工作应从上到下进行。

（4）拆下的安全网由专人保管，入库，存放地点要注意通风、遮光、隔热，避免化学物品的侵袭。

（5）搬运时不能用钩子钩或在地下拖拉。

5．关于密目式安全立网的试验

（1）耐贯穿性试验。用长 6m 宽 1.8m 的密目网，紧绑在与地面倾斜 30°的试验框架上，网面绷紧。将直径 48～50mm，重 5kg 的脚手管，距框架中心 3m 高度自由落下，钢管不贯穿为合格标准。

（2）冲击试验。用长 6m 宽 1.8m 的密目网，紧绑在刚性试验水平架上，将长 100cm，底面积 2800cm^2，重 100kg 的人形砂包 1 个，砂包方向为长边平行于密目网的长边，砂包位置为距网中心高度 1.5m 自由落下，网绳不断裂为合格标准。

图 4.19 高处作业应系好安全带

4.8.3 安全带

建筑施工中的攀登作业、悬空作业、吊装作业、钢结构安装等，均应按要求系安全带，如图 4.19 所示。

1．安全带的组成及分类

1）组成

安全带是预防高处作业工人坠落事故的个人防护用品，由带子、绳子和金属配件等组成，总称安全带。适用于围杆、悬挂、攀登等高处作业用，不适用于消防和吊物。

2）分类

安全带按使用方式，分为围杆安全带和悬挂、攀登安全带两类。

围杆作业安全带适用于电工、电信工、园林工等杆上作业。主要品种有：电工围杆带单腰带式、电工围杆带防下脱式、通用Ⅰ型围杆绳单腰带式、通用Ⅱ型围杆绳单腰带式、电信工围杆绳单腰带式和牛皮电工保安带等。

悬挂及攀登作业安全带适用于建筑、造船、安装、维修、起重、桥梁、采石、矿山、公路及铁路调车等高处作业。其式样较多，按结构分为单腰带式、双背带式、攀登式 3 种。其中单腰带式有架子工Ⅰ型悬挂安全带、架子工Ⅱ型悬挂安全带、铁路调车工悬挂安全带、电信工悬挂安全带、通用Ⅰ型悬挂安全带、通用Ⅱ型悬挂自锁式安全带等 6 个品种；双背带式有通用Ⅰ型悬挂双背带式安全带、通用Ⅱ型悬挂双背带式安全带、通用Ⅲ型悬挂双背带式安全带、通用Ⅳ型悬挂双背带式安全带、全丝绳安全带等 5 个品种；攀登式有通用Ⅰ型攀登活动带式安全带、通用Ⅱ型攀登活动式安全带和通用攀登固定式等 3 个品种。

2．安全带的代号

安全带按品种系列，采用汉语拼音字母，依前、后顺序分别表示不同工种、不同使用方法、不同结构。符号含意如下：D——电工；DX——电信工；J——架子工；L——铁路调车工；T——通用(油漆工、造船、机修工等)；W——围杆作业；W1——围杆带式；W2——围杆绳式；X——悬挂作业；P——攀登作业；Y——单腰带式；F——防下脱式；B——双背带式；S——自锁式；H——活动式；G——固定式。例如：DW1Y——电工围杆带单腰带式；TPG——通用攀登固定式。

3. 安全带的技术要求

按照安全带国家标准《安全带》(GB 6095)，有以下几个要求(2008年11月将修订此标准)。

(1) 安全带和安全绳必须用锦纶、维纶、蚕丝料等制成；电工围杆可用黄牛革带；金属配件用普通碳素钢或铝合金钢；包裹绳子的套则采用皮革、维纶或橡胶等。

(2) 安全带、绳和金属配件的破断负荷指标应满足相关国家标准的要求。

(3) 腰带必须是一整根，其宽度为40~50mm，长度为1300~1600mm，附加小袋1个。

(4) 护腰带宽度不小于80mm，长度约为600~700mm。带子在触腰部分垫有柔软材料，外层用织带或轻革包好，边缘圆滑无角。

(5) 带子颜色主要采用深绿、草绿、橘红、深黄，其次为白色等。缝线颜色必须与带子颜色一致。

(6) 安全绳直径不小于13mm，捻度为(8.5~9)/100(花/mm)。吊绳、围杆绳直径不小于16mm，捻度为7.5/100(花/mm)。电焊工用悬挂绳必须全部加套。其他悬挂绳只是部分加套。吊绳不加套。绳头要编成3~4道加捻压股插花，股绳不准有松紧。

(7) 金属钩必须有保险装置(铁路专用钩例外)。自锁钩的卡齿用在钢丝绳上时，硬度为洛氏HRC60。金属钩舌弹簧有效复原次数不少于20000次。钩体和钩舌的咬口必须平整，不得偏斜。

(8) 金属配件圆环、半圆环、三角环、8字环、品字环、三道联等不许焊接，边缘应成圆弧形。调节环只允许对接焊。金属配件表面要光洁，不得有麻点、裂纹，边缘呈圆弧形，表面必须防锈。不符合上述要求的配件，不准装用。

4. 安全带检验

安全带及其金属配件、带、绳必须按照《安全带检验方法》国家标准进行测试，并符合安全带、绳和金属配件的破断负荷指标。

围杆安全带以静负荷4500N，作100mm/min的拉伸速度测试时，应无破断；悬挂、攀登安全带以100kg重量检验，自由坠落，作冲击试验，应无破断；架子工安全带作冲击试验时，应模拟人型并且腰带的悬挂处要抬高1m；自锁式安全带和速差式自控器以100kg重量做坠落冲击试验，下滑距离均不大于1.2m；用缓冲器连接的安全带在4m冲距内，以100kg重量作冲击试验，应不超过9000N。

5. 使用和保管

安全带国家标准对安全带的使用和保管作了严格要求。

(1) 安全带应高挂低用，注意防止摆动碰撞。使用3m以上长绳应加缓冲器，自锁钩所用的吊绳则例外，如图4.20所示。

(2) 缓冲器、速差式装置和自锁钩可以串联使用。

(3) 不准将绳打结使用，也不准将挂钩直接挂在安全

图4.20　安全带应高挂低用

绳上使用，应挂在连接环上使用。

（4）安全带上的各种部件不得任意拆除，更换新绳时要注意加绳套。

（5）安全带使用两年后，按批量购入情况，抽验一次。围杆安全带作静负荷试验，以2206N拉力拉伸5mm，如无破断方可继续使用；悬挂安全带作冲击试验时，以80kg重量做自由坠落试验，若不破断，该批安全带可继续使用。对抽试过的样带，必须更换安全绳后才能继续使用。

（6）使用频繁的绳，要经常进行外观检查，发现异常时，应立即更换新绳。

（7）安全带的使用期为3～5年，发现异常应提前报废。

4.9 高处坠落案例分析

高处坠落是由于危险势能差引起的伤害，包括从架子、屋架上坠落以及平地坠入坑内等。

某年5月26日，由某市第五建筑工程公司承建的康强医药化工有限公司新标准车间工地，发生高处坠落事故，死亡1人。

该工程项目共3层现浇钢筋混凝土框架结构。总长度为36m，宽为19m，建筑面积为1587m²，沿口高度13.5m，中间设有气楼。气楼顶沿口高度为15.4m。1～3层均为车间；底层层高为3.5m；2层层高为3.9m；3层层高为5.6m。

某年5月26日上午，泥工班长李某分配普工在3层楼面拉砂浆（砌砖用），在9时30分左右，李某在三楼北面砌砖，因砌到了一定的高度需要排架，于是李某叫陈某去底层拿4张排架来，但是陈某不是去底层拿，而是图省力把2层楼面作预留洞口防护的两张排架拿走（是通过在3层楼抛砖的王某帮助下拿走的），再未用脚手片覆盖预留洞口，在陈某将2张排架交给李某后，因李某原来说过需要4张，又叫陈某再去拿两张，结果陈再次图省力把3层手拉车通道北侧作防护设施的两张排架拿走，这就形成2层和3层约2m²无任何防护设施的预留洞口，留下了事故的隐患，约在10时，陈将空车拉回经过通道时，不慎摔下预留洞口至1层地面，后脑着地，安全帽跌抛一旁，经送医院抢救无效死亡。

事故原因分析：

1. 直接原因

死者陈某缺乏安全意识，将二层和三层预留洞口作防护用的排架拿走，是导致本起事故发生的直接原因。

2. 间接原因

（1）工地项目部对施工现场安全生产管理不严，对职工的安全教育不力，是导致本起事故发生的间接原因。

（2）未对二层和三层预留洞口作防护用的排架进行固定，是导致本起事故发生的间接原因。

（3）施工单位负责人及职能部门对施工现场的安全检查没有落到实处，没有严格的对职工进行安全教育，是导致本起事故发生的间接原因。

高处坠落事故多年来一直是建筑施工现场"五大伤害"事故之首。建筑施工现场存在人员流动大、高处作业多、手工操作、体力劳动繁重、施工变化幅度大等诸多不利因素。因此，在进行各项高处作业时必须做好各项必要的安全防护措施，全面预防高处作业坠落事故的发生，显得十分重要。如图4.21和图4.22所示避免和消除高处附落事故的常见对策。

图4.21 高处坠落事故原因

可能发生高处坠落事故原因分析

人

总包与分包之间安全失控
有高血压、心脏病、贫血、癫痫病工人登高作业
高处作业用力过猛
安全交底不清

安全员检查不严不紧
新工人上岗未经三级教育
思想麻痹
坐在防护栏杆上休息
在脚手架上睡觉

环 境

突遇大风暴雨天气
冬雨季施工，脚手、跳板上雨雪、霜冻、易滑
危险地段或坑井边，随坎处未设警示、警灯
夜间施工照明不够

夏季高温中暑

机具设备

人货升降机限位保险装置失灵或"带病"工作
人货升降机钢丝绳磨损断裂

自制爬架等设备未经有关部门检验审批

材料

安全网质量不好或有破损
安全帽质量不好或未扣帽带
架杆、扣件材质量、规格不符合要求
围护杆、栅栏未经量或材质有问题
梯子材料不坚实

安全技术措施

洞口未防护（楼梯口、升架口、电梯口、预留洞口及井边口）
临边未防护（阳台、楼层、框架及屋面等周边）
架杆搭设不符合要求

4m以上立柱、独立梁支模不搭脚手
在屋架上弦、支撑、桁条、挑梁、挑架下无坚实支拆，挑梁未固定构件上行走作业
人字梯底脚未拉结实，单梯下无防滑、垫高使用
拆除工作违章作业（拆脚手架、拆垂直运输机械、拆建筑物）
爬架提升时违章作业

未用"三宝"或"三宝"使用不当
人货升降机超载
垂直运输机械操作工无证上岗
脚手架有空头板
井架吊篮载人上下

项目	可能发生事故的因素	采取对策及执行的措施	执行部门或人
人	总包与分包之间安全失控	由建设方、监理牵头协调，督促双方加强安全管理	建设单位
	安全员检查不严不紧不细	加强教育、提高责任心，提高安全员自身业务水平	项目经理
	新工人上岗未经三级教育	补上三级安全教育	安全员
	思想麻痹	开会教育、谈心教育、强化安全宣传，提高安全意识	项目经理
	有高血压、心脏病、贫血、癫痫病工人登高作业	体检、撤换工人	技术负责人
	高处作业用力过猛	加强自我保护教育（三不：不害别人、不伤害自己、不被他人伤害者）	安全员
	安全交底不清	重新交底	
	坐在防护栏上休息、在脚手架睡觉	违章处罚，当作典型公开批评教育	
环境	突遇大风、暴雨等天气	暂停施工，如实在不能停工，必须加强方方面面的安全检查和安全工作	安全员
	夏季高温中暑	加强防暑降温	项目经理
	冬雨季施工脚手架、跳板上时浸霜冻易滑	清理脚手架跳板，增加防滑措施	班组长
	危险地段或坑井边、陡坎处未设警示、警灯，未架围护栅栏	增设警示、警灯、围护栏杆	安电工
	夜间施工照明不够	增加夜间施工照明亮度	
材料	安全网质量不好或有破损	所有质量不好或不符合规范要求的"三宝"、围护杆、棚栏、架杆、扣件、梯木等一律清理更换，并在下次进料时严格检查	材料员
	安全带帽质量不好或质量不符合要求	发现零部件有损坏立即更换	
	架杆、扣件材料质量、规范不符合要求或质量有问题		
	围护栏、栅板不结实或质量不结实不牢		
	梯子材料不结实		
机具设备	人货升降机限位保险装置失灵或"带病"工作	经常性维修保养，发现零部件有损坏立即更换	班组长
	人货升降机钢丝绳磨损断裂	勤检查、更换新钢丝绳，严禁带病作业	班组长
	自制爬架等设备未经有关部门验收审批	自制后由公司安全科报经有关部门严格检验审批后再用	公司安全科
安全技术措施	未用"三宝"或"三宝"使用不当	学习"三宝"知识，认识"三宝"重要性和学会正确使用方法	安全员
	人货升降机超载	加强教育，对操作人员批评处罚，严禁违章	安全员
	脚手架、垂直运输机械操作工无证上岗	学习、培训、考核，持证上岗	操作全员
	井架吊篮载人上下	对操作人员进行违章处罚教育，严禁违章上岗	安全员
	洞口未防护、临边未防护	洞口、临边加设防护	班组长
	架杆搭设不符合要求	重新搭设，经检查批准后使用	班组长
	4m以上立杆、独立架支模不搭脚手	加强安全教育，对违章人员批评处罚	班组长
	在屋架上弦、支撑、桁条、挑架挑梁未固定物件上行走作业	整修梯子、垫实防滑、扑消，不准爬梯脚手高使用	安全员
	爬架提升时违章作业	认真检查，一律灭章头板	班组长
	拆除工程违章作业（拆脚手架、拆垂直运输机械、拆建筑物）	加强学习安全技能知识，严禁违章作业，学习安全技术规程，加强安全技术交底，严格按安全技术操作规程作业	安全员
			班组长

图4.22 避免和消除发生高处坠落事故常见对策

案例分析

工人甲在某工程上剔凿保护层上的裂缝，由于没有将剔凿所用的工具带到工作面，便回去取工具，行走途中，不小心踏上了通风口盖板上(通风口为 1.3m×1.3m，盖板为 1.4m×1.4m、厚 1mm 的镀锌铁皮)，铁皮在甲的踩踏作用下，迅速变形塌落，甲随塌落的钢板掉到首层地面(落差 12.35m)，经抢救无效，于当日死亡。

【问题】 这是一起由于"四口"防护不到位所引起的伤亡事故。那么，什么是"三宝"、"四口"? "临边"指哪些部位?

4.10　高处作业安全防护应用训练

"三宝、四口"及临边防护检查评定应符合现行行业标准《建筑施工高处作业安全技术规范》(JGJ 80)的规定。检查评定项目包括：安全帽、安全网、安全带、临边防护、洞口防护、通道口防护、攀登作业、悬空作业、移动式操作平台、物料平台、悬挑式钢平台。检查评定应符合下列规定。

1. 安全帽

(1) 进入施工现场的人员必须正确佩戴安全帽。

(2) 现场使用的安全帽必须是符合国家相应标准的合格产品。

2. 安全网

(1) 在建工程外侧应使用密目式安全网进行封闭。

(2) 安全网的材质应符合规范要求。

(3) 现场使用的安全网必须是符合国家标准的合格产品。

3. 安全带

(1) 现场高处作业人员必须系挂安全带。

(2) 安全带的系挂使用应符合规范要求。

(3) 现场作业人员使用的安全带应符合国家标准。

4. 临边防护

(1) 作业面边沿应设置连续的临边防护栏杆。

(2) 临边防护栏杆应严密、连续。

(3) 防护设施应达到定型化、工具化。

5. 洞口防护

(1) 在建工程的预留洞口、楼梯口、电梯井口应有防护措施。

(2) 防护措施、设施应铺设严密，符合规范要求。

(3) 防护设施应达到定型化、工具化。

(4) 电梯井内应每隔两层(不大于 10m)设置一道安全平网。

6. 通道口防护

(1) 通道口防护应严密、牢固。

(2) 防护棚两侧应设置防护措施。

（3）防护棚宽度应大于通道口宽度，长度应符合规范要求。

（4）建筑物高度超过30m时，通道口防护顶棚应采用双层防护。

（5）防护棚的材质应符合规范要求。

7．攀登作业

（1）梯脚底部应坚实，不得垫高使用。

（2）折梯使用时上部夹角以35°～45°为宜，设有可靠的拉撑装置。

（3）梯子的制作质量和材质应符合规范要求。

8．悬空作业

（1）悬空作业处应设置防护栏杆或其他可靠的安全措施。

（2）悬空作业所使用的索具、吊具、料具等设备应为经过技术鉴定或验证、验收的合格产品。

9．移动式操作平台

（1）操作平台的面积不应超过$10m^2$，高度不应超过5m。

（2）移动式操作平台轮子与平台连接应牢固、可靠，立柱底端距地面高度不得大于80mm。

（3）操作平台应按规范要求进行组装，铺板应严密。

（4）操作平台四周应按规范要求设置防护栏杆，并设置登高扶梯。

（5）操作平台的材质应符合规范要求。

10．物料平台

（1）物料平台应有相应的设计计算，并按设计要求进行搭设。

（2）物料平台支撑系统必须与建筑结构进行可靠连接。

（3）物料平台的材质应符合规范及设计要求，并应在平台上设置荷载限定标牌。

11．悬挑式钢平台

（1）悬挑式钢平台应有相应的设计计算，并按设计要求进行搭设。

（2）悬挑式钢平台的搁支点与上部拉结点，必须位于建筑结构上。

（3）斜拉杆或钢丝绳应按要求两边各设置前后两道。

（4）钢平台两侧必须安装固定的防护栏杆，并应在平台上设置荷载限定标牌。

（5）钢平台台面、钢平台与建筑结构间铺板应严密、牢固。

"三宝、四口"及临边防护检查评分表见表4-3。

表4-3　"三宝、四口"及临边防护检查评分表

序号	检查项目	扣 分 标 准	应得分数	扣减分数	实得分数
1	安全帽	作业人员不戴安全帽每人扣2分 作业人员未按规定佩戴安全帽每人扣1分 安全帽不符合标准每顶扣1分	10		
2	安全网	在建工程外侧未采用密目式安全网封闭或网间不严扣10分 安全网规格、材质不符合要求扣10分	10		

续表

序号	检查项目	扣 分 标 准	应得分数	扣减分数	实得分数
3	安全带	作业人员未系挂安全带每人扣5分 作业人员未按规定系挂安全带每人扣3分 安全带不符合标准每条扣2分	10		
4	临边防护	工作面临边无防护每处扣5分 临边防护不严或不符合规范要求每处扣5分 防护设施未形成定型化、工具化扣5分	10		
5	洞口防护	在建工程的预留洞口、楼梯口、电梯井口，未采取防护措施每处扣3分 防护措施、设施不符合要求或不严密每处扣3分 防护设施未形成定型化、工具化扣5分 电梯井内每隔两层(不大于10m)未按设置安全平网每处扣5分	10		
6	通道口防护	未搭设防护棚或防护不严、不牢固可靠每处扣5分 防护棚两侧未进行防护每处扣6分 防护棚宽度不大于通道口宽度每处扣4分 防护棚长度不符合要求每处扣6分 建筑物高度超过30m，防护棚顶未采用双层防护每处扣5分 防护棚的材质不符合要求每处扣5分	10		
7	攀登作业	移动式梯子的梯脚底部垫高使用每处扣5分 折梯使用未有可靠拉撑装置每处扣5分 梯子的制作质量或材质不符合要求每处扣5分	5		
8	悬空作业	悬空作业处未设置防护栏杆或其他可靠的安全设施每处扣5分 悬空作业所用的索具、吊具、料具等设备，未经过技术鉴定或验证、验收每处扣5分	5		
9	移动式操作平台	操作平台的面积超过10m² 或高度超过5m扣6分 移动式操作平台，轮子与平台的连接不牢固可靠或立柱底端距离地面超过80mm扣10分 操作平台的组装不符合要求扣10分 平台台面铺板不严扣10分 操作平台四周未按规定设置防护栏杆或未设置登高扶梯扣10分 操作平台的材质不符合要求扣10分	10		

续表

序号	检查项目	扣 分 标 准	应得分数	扣减分数	实得分数
10	物料平台	物料平台未编制专项施工方案或未经设计计算扣10分 物料平台搭设不符合专项方案要求扣10分 物料平台支撑架未与工程结构连接或连接不符合要求扣8分 平台台面铺板不严或台面层下方未按要求设置安全平网扣10分 材质不符合要求扣10分 物料平台未在明显处设置限定荷载标牌扣3分	10		
11	悬挑式钢平台	悬挑式钢平台未编制专项施工方案或未经设计计算扣10分 悬挑式钢平台的搁支点与上部拉结点，未设置在建筑物结构上扣10分 斜拉杆或钢丝绳，未按要求在平台两边各设置两道扣10分 钢平台未按要求设置固定的防护栏杆和挡脚板或栏板扣10分 钢平台台面铺板不严，或钢平台与建筑结构之间铺板不严扣10分 平台上未在明显处设置限定荷载标牌扣6分	10		
	检查项目合计		100		

评分员　　　　　　　　　　　　　　　　　　　　　　　　　年　　月　　日

本 章 小 结

本章叙述了高处作业的相关概念、分级和安全基本要求。并具体介绍了临边作业、洞口作业、攀登作业、悬空作业、操作平台作业和交叉作业的概念及安全技术要求。较为详细地说明了安全生产"三宝"（安全帽、安全带和安全网）的正确选择、使用和管理。通过学习，能够使学生较为全面地掌握高处作业的安全防范知识，并且懂得高处作业的安全管理在建筑工程安全管理中的重要性。

思考与拓展题

1. 试想一下，为什么国家将高处作业的界限高度定为2m（含2m）以上？

2. 请结合可能坠落范围半径、作业高度等概念，谈一下，将高处作业分为4级，对建筑施工高处作业的安全防范有什么实际意义？

3. 调查一下附近的建筑施工现场，从高处作业安全的基本要求和具体要求，评价他们的高处作业安全防范是否合格，存在哪些问题和隐患？应该如何解决？

4. 你用过安全帽，应当也见过安全网和安全带，可是你首先考虑过它们的安全性能吗？如果这些安全用品都不安全，使用它们还有什么用？你应当怎样确定这些安全用品的安全性能？

5. 搭设临边防护栏杆时，有哪些要求？

6. 根据洞口尺寸大小，安全设施有哪些要求？

第5章

垂直运输机械安全技术

课程内容	知识要点	教学目标
垂直运输机械安全技术与预控	（1）塔式起重机的分类、性能参数、主要机构、安全装置、基本规定、基础工程的设计与施工、安装使用拆卸、吊索具的使用、安全评估和检查评定训练。 （2）施工升降机概述、构造、基本规定、安装使用拆卸、检查评定训练。 （3）物料提升机概述、构造、安装使用拆卸、检查评定训练	掌握塔机及施工升降机和物料提升机的结构和分类，安装和拆卸要点，安全保护装置，安全使用和维修保养，安全检查内容。会进行塔机及施工升降机和物料提升机的安全使用检查验收，根据《建筑施工安全检查标准》（JGJ 59）进行评分。

▶▶章节导读

　　施工现场用来解决物料上下运输的机械叫垂直运输机械。垂直运输机械包括塔式起重机、施工升降机（人货两用电梯）、物料提升机等。但垂直运输机械伤人的事故却时有发生。如图5.1所示浦东某工地一台新塔机，在安装检测验收使用10天后，在顶升加节时发生倒塌事故，造成两人死亡。

　　事故原因：①安装时顶升套架未装，检测合格后，再次顶升未检查顶升套架与回转平台是否连接，盲目将回转平台的过渡标准节与塔身标准节的连接螺栓拆卸，在顶升时由于回转上部重量失去平衡造成塔机回转平台以上结构

图5.1　工地塔吊倒塌

倒塌事故。②由于在塔机顶升时由于施工现场未采取临时安全警戒措施，现场施工交叉作业造成两人死亡的安全事故。

特别提示

　　建筑行业中的施工活动涉及面广，施工环境复杂，群体、多层、立体作业几率高，各种垂直运输机械及建筑施工机具施工危险性较大，稍有不慎，就会造成事故。在建筑行业历年的事故中，垂直运输机械伤害事故均占有一定的比例。

5.1　塔式起重机

5.1.1　塔式起重机的分类

1. 塔式起重机(简称塔机)

塔式起重机指的是臂架安置在垂直的塔身顶部的可回转臂架型起重机。

塔机是现代工业和民用建筑中的重要起重设备，在建筑工程施工中，尤其在高层、超高层的工业和民用建筑的施工中得到了非常广泛的应用。塔机在施工中主要用于建筑结构和工业设备的安装、吊运建筑材料和建筑构件。它的主要作用是重物的垂直运输和施工现场内的短距离水平运输。

2. 塔机根据其不同的形式可进行分类

1)按结构形式分

(1)固定式塔式起重机。通过连接件将塔身基架固定在地基基础或结构物上，进行起重作业的塔式起重机。

(2)移动式塔式起重机。具有运行装置，可以行走的塔式起重机。根据运行装置的不同，又可分为轨道式、轮胎式、汽车式、履带式。

(3)自升式塔式起重机。依靠自身的专门装置，增、减塔身标准节或自行整体爬升的塔式起重机。根据升高方式的不同又分为附着式和内爬式两种。

① 附着式塔式起重机。按一定间隔距离，通过支撑装置将塔身锚固在建筑物上的自升塔式起重机。

② 内爬式塔式起重机。设置在建筑物内部，通过支承在结构物上的专门装置，使整机能随着建筑物的高度增加而升高的塔式起重机。

2) 按回转形式分

(1)上回转塔式起重机如图5.2所示。回转支承设置在塔身上部的塔式起重机。又可分为塔帽回转式、塔顶回转式、上回转平台式、转柱式等形式。

(2)下回转塔式起重机如图5.3所示。回转支承设置于塔身底部，塔身相对于底架转动的塔式起重机。

3) 按架设方法分

(1)非自行架设塔式起重机。依靠其他起重设备进行组装架设成整机的塔式起重机。

图5.2 上回转自升式塔式起重机外形结构示意图

1—台车；2—底架；3—压重；4—斜撑；5—塔身基础节；6—塔身标准节；7—顶升套架；8—承座；9—转台；10—平衡臂；11—起升机构；12—平衡重；13—平衡臂拉索；14—塔帽操作平台；15—塔帽；16—小车牵引机构；17—起重臂拉索；18—起重臂；19—起重小车；20—吊钩滑轮；21—司机室；22—回转机构；23—引进轨道

图5.3 下回转自升式塔式起重机外形结构示意图

1—底架即行走机构；2—压重门；3—架设及变幅机构；4—起升机构；5—变幅定滑轮组；6—变幅动滑轮组；7—塔顶撑架；8—臂架拉绳；9—起重臂；10—吊钩滑轮；11—司机室；12—塔身；13—转台；14—回转支撑装置

（2）自行架设塔式起重机。依靠自身的动力装置和机构能实现运输状态与工作状态相互转换的塔式起重机。

4）按变幅方式分

（1）小车变幅塔式起重机。起重小车沿起重臂运行进行变幅的塔式起重机。

（2）动臂变幅塔式起重机。臂架作俯仰运动进行变幅的塔式起重机。

（3）折臂式塔式起重机。根据起重作业的需要，臂架可以弯折的塔式起重机。它可以同时具备动臂变幅和小车变幅的性能。

塔式起重机型号分类及表示方法具体见表5－1。

表5－1 塔式起重机型号分类及表示方法（ZBJ 04008）

类	组	型	代号	代号含义	主参数	
					名称	单位表示
建筑起重机	塔式起重机Q.T（起塔）	轨道式	一	QT	上回转式塔式起重机	额定起重力矩	kN·m×10⁻¹
			Z（自）	QTZ	上回转自升式塔式起重机		
			A（下）	QTA	下回转式塔式起重机		
			K（快）	QTK	快速安装式塔式起重机		

类	组	型	代号	代号含义	主参数	
					名称	单位表示
建筑起重机	塔式起重机 Q. T（起塔）	固定式 G（固）	QTG	固定式塔式起重机	额定起重力矩	kN·m×10⁻¹
		内爬升式 P（爬）	QTP	内爬升式塔式起重机		
		轮胎式 L（轮）	QTL	轮胎式塔式起重机		
		汽车式 Q（汽）	QTQ	汽车式塔式起重机		
		履带式 U（履）	QTU	履带式塔式起重机		

5.1.2 塔式起重机的性能参数

塔式起重机的技术性能用各种数据来表示，即性能参数。

1. 主参数

根据《塔式起重机分类》（JG/T 5037），塔式起重机以公称起重力矩为主参数。公称起重力矩是指起重臂为基本臂长时，最大幅度与相应起重量的乘积。

2. 基本参数

（1）起升高度（最大起升高度）。塔式起重机运行或固定状态时，空载、塔身处于最大高度，吊钩位于最大幅度外，吊钩支承面对塔式起重机支承面的允许最大垂直距离。

（2）工作速度。塔式起重机的工作速度参数包括起升速度、回转速度、小车变幅速度、整机运行速度和稳定下降速度等。

① 最大起升速度。塔式起重机空载，吊钩上升至起升高度（最大起升高度）过程中稳定运动状态下的最大平均上升速度。

② 回转速度。塔式起重机空载，风速小于 3m/s，吊钩位于基本臂最大幅度和最大高度时的稳定回转速度。

③ 小车变幅速度。塔式起重机空载，风速小于 3m/s，小车稳定运行的速度。

④ 整机运行速度。塔式起重机空载，风速小于 3m/s，起重臂平行于轨道方向稳定运行的速度。

⑤ 最低稳定下降速度。吊钩滑轮组为最小钢丝绳倍率，吊有该倍率允许的最大起重量，吊钩稳定下降时的最低速度。

（3）工作幅度。塔式起重机置于水平场地时，吊钩垂直中心线与回转中心线的水平距离。

（4）起重量。起重机吊起重物和物料，包括吊具（或索具）质量的总和。起重量又包括两个参数，一个是基本臂幅度时的起重量，另一个是最大起重量。

（5）轨距。两条钢轨中心线之间的水平距离。

（6）轴距。前后轮轴的中心距。

（7）自重。不包括压重、平衡重，塔机全部自身的重量。

5.1.3 塔式起重机的主要机构

塔式起重机是一种塔身直立、起重臂回转的起重机械。塔机主要由金属结构、工作机构和控制系统部分组成。

1. 金属结构

塔机金属结构基础部件包括底架、塔帽、塔身、起重臂、平衡臂、转台等部分。

1) 底架

塔机底架结构的构造形式由塔机的结构形式(上回转和下回转)、行走方式(轨道式或轮胎式)及相对于建筑物的安装方式(附着及自升)而定。下回转轻型快速安装塔机多采用平面框架式底架,而中型或重型下回转塔机则多用水母式底架。上回转塔机,轨道中央要求用做临时堆场或作为人行通道时,可采用门架式底架。自升式塔机的底架多采用平面框架加斜撑式底架。轮胎式塔机则采用箱形梁式结构。

2) 塔身

塔身结构形式可分为两大类:固定高度式和可变高度式。轻型吊钩高度不大的下旋转塔机一般均采用固定高度塔身结构,而其他塔机的塔身高度多是可变的。可变高度塔身结构又可分为5种不同形式:折叠式塔身、伸缩式塔身、下接高式塔身、中接高式塔身和上接高式塔身。

3) 塔帽

塔帽结构形式多样,有竖直式、前倾式及后倾式之分。同塔身一样,主弦杆采用无缝钢管、圆钢、角钢或组焊方钢管制成,腹杆用无缝钢管或角钢制作。

4) 起重臂

起重臂为小车变幅臂架采用正三角形断面,一般长 30～40m,但也有做到 50m 和超过 50m 的。

俯仰变幅臂架多采用矩形断面格桁结构,由角钢或钢管组焊而成,节与节之间采用销轴连接、法兰盘连接或高强螺栓连接。臂架结构钢材选用 16Mn、20 号或 Q235。

5) 平衡臂

上回转塔机的平衡臂多采用平面框架结构,主梁采用槽钢或工字钢,连系梁及腹杆采用无缝钢管或角钢制成。重型自升塔机的平衡臂常采用三角断面格桁结构。

2. 工作机构

塔机一般设置有起升机构、变幅机构、回转机构和行走机构。这 4 个机构是塔机最基本的工作机构。

1) 起升机构

塔机的起升机构绝大多数采用电动机驱动。常见的驱动方式有以下两种。

(1) 滑环电动机驱动。

(2) 双电动机驱动(高速电动机和低速电动机,或负荷作业电动机及空钩下降电动机)。

2) 变幅机构

(1) 动臂变幅式塔机的变幅机构用以完成动臂的俯仰变化。

(2) 水平臂小车变幅式塔机。

小车牵引机构的构造原理同起升机构一样,采用的传动方式是:变极电机—少齿差减速器或圆柱齿轮减速器、圆锥齿轮减速器—钢丝绳卷筒。

3）回转机构

塔机回转机构目前常用的驱动方式是：滑环电动机—液力耦合器—少齿差行星减速器—开式小齿轮—大齿圈（回转支承装置的齿圈）。

轻型和中型塔机只装一台回转机构，重型的一般装用两台回转机构，而超重型塔机则根据起重能力和转动质量的大小，装设 3 台或 4 台回转机构。

4）大车行走机构

轻、中型塔机采用 4 轮式行走机构，重型采用 8 轮或 12 轮行走机构，超重型塔机采用 12～16 轮行走机构。

5.1.4 安全装置

为了保证塔机的安全作业，防止发生各项意外事故，根据《塔式起重机设计规范》（GB/T 13752）和《塔式起重机安全规程》（GB 5144）规定，塔机必须配备各类安全保护装置。安全装置有下列几种。

1. 起重力矩限制器

起重力矩限制器主要作用是防止塔机超载，避免塔机由于严重超载而引起塔机的倾覆或折臂等恶性事故。力矩限制器是塔机最重要的安全装置，它应始终处于正常工作状态。力矩限制器仅对塔机臂架的纵垂直平面内的超载力矩起防护作用，不能防护斜吊、风载、轨道的倾斜或陷落等引起的倾翻事故。对于起重力矩限制器除了要求一定的精度外，还要有高的可靠性。

根据力矩限制器的构造和塔式起重机形式的不同，它可安装在塔帽、起重臂根部和端部等部位。力矩限制器主要分为机械式和电子式两大类，机械力矩限制器按弹簧的不同可分为螺旋弹簧和板弹簧两类。

当起重力矩超过其相应幅度的规定值并小于规定值的 110％时，起重力矩限制器应起作用，使塔机停止提升方向及向臂端方向变幅的动作。对小车变幅的塔机，起重力矩限制器应分别由起重量和幅度进行控制。

2. 起重量限制器

起重量限制器的作用是保护起吊物品的重量不超过塔机的允许的最大起重量，是用以防止塔机的吊物重量超过最大额定荷载，避免发生机械损坏事故。起重量限制器根据构造不同可装在起重臂头部、根部等部位。它主要分为电子式和机械式两种。

1）电子式起重量限制器

电子式起重量限制器俗称"电子秤"或称拉力传感器，当吊载荷的重力传感器的应变元件发生弹性变形时，而与应变元件连成一体的电阻应变元件随其变形产生阻值变化，这一变化与载荷重量大小成正比，这就是电子秤工作的基本原理，一般情况将电子式起重量限制器串接在起升钢丝绳中至地臂架的前端。

2）机械式起重量限制器

限制器安装在回转框架的前方，主要由支架、摆杆、导向滑轮、拉杆、弹簧、撞块、行程开关等组成。当绕过导向滑轮的起升钢丝绳的单根拉力超过其额定数值时，押运杆带动拉杆克服弹簧的张力向右运动，使紧固在拉杆上的碰块触发行程开关，从而接触电铃电源，发出警报信号，并切断起升机构的起升电源，使吊钩只能下降不能提升，以保证塔机安全作业。

当起重量大于相应挡位的额定值并小于额定值的 110％时，应切断上升方向的电源，但允许机构有下降方向的运动。具有多挡变速的起升机构，限制器应对各挡位具有防止超载的作用。

3. 起升高度限位器

起升高度限位器是用来限制吊钩接触到起重臂头部或与载重小车之前，或是下降到最低点（地面或地面以下若干米）以前，使起升机构自动断电并停止工作，防止因起重钩起升过度而碰坏起重臂的装置。可使起重钩在接触到起重臂头部之前，起升机构自动断电并停止工作。常用的有两种形式：一是安装在起重臂端头附近；二是安装在起升卷筒附近。

安装在起重臂端头的是以钢丝绳为中心，从起重臂端头悬挂重锤，当起重钩达到限定位置时，托起重锤，在拉簧作用下，限位开关的杠杆转过一个角度，使起升机构的控制回路断开，切断电源，停止起重钩上升。安装在起升卷筒附近的是卷筒的回转，通过链轮和链条或齿轮带动丝杆转动，并通过丝杆的转动使控制块移动到一定位置时，限位开关断电。

对动臂变幅的塔机，当吊钩装置顶部升至起重臂下端的最小距离为 800mm 处时，应能立即停止起升运动。对小车变幅的塔机，吊钩装置顶部至小车架下端的最小距离根据塔机形式及起升钢丝绳的倍率而定。上回转式塔机 2 倍率时为 1000mm，4 倍率时为 700mm，下回转塔机 2 倍率时为 800mm，4 倍率时为 400mm，此时应能立即停止起升运动。

4. 幅度限位器

用来限制起重臂在俯仰时不超过极限位置的装置。当起重的俯仰到一定限度之前发出警报，当达到限定位置时，则自动切断电源。

动臂式塔机的幅度限制器是用以防止臂架在变幅时，变幅到仰角极限位置时（一般与水平夹角为 63°～70°之间时），切断变幅机构的电源，使其停止工作，同时还设有机械止挡，以防臂架因起幅中的惯性而后翻。小车运行变幅式塔机的幅度限制器用来防止运行小车超过最大或最小幅度的两个极限位置。一般小车变幅限位器是安装在臂架小车运行轨道的前后两端，用行程开关达到控制。

对动臂变幅的塔机，应设置最小幅度限位器和防止臂架反弹后倾装置。对小车变幅的塔机，应设置小车行程限位开关和终端缓冲装置。限位开关动作后应保证小车停车时其端部距缓冲装置最小距离为 200mm。

5. 行程限位器

（1）小车行程限位器。设于小车变幅式起重臂的头部和根部，包括终点开关和缓冲器（常用的有橡胶和弹簧两种），用来切断小车牵引机构的电路，防止小车越位而造成安全事故。

（2）大车行程限位器。包括设于轨道两端尽头的制动缓冲装置和制动钢轨以及装在起重机行走台车上的终点开关，用来防止起重机脱轨。

6. 夹轨钳

装设于行走底架（或台车）的金属结构上，用来夹紧钢轨，防止起重机在大风情况下被风力吹动而行走造成塔机出轨倾翻事故的装置。

7. 风速仪

自动记录风速，当超过 6 级风速以上时自动报警，操作司机及时采取必要的防范措施，如停止作业，放下吊物等。

臂架根部铰点高度大于 50m 的塔机，应安装风速仪。当风速大于工作极限风速时，应能发出停止作业的警报。风速仪应安装在起重机顶部吊至具最高的位置间的不挡风处。

8．障碍指示灯

超过 30m 的塔机，必须在起重机的最高部位(臂架、塔帽或人字架顶端)安装红色障碍指示灯，并保证供电不受停机影响。

9．钢丝绳防脱槽装置

主要用以防止钢丝绳在传动过程中，脱离滑轮槽而造成钢丝绳卡死和损伤。

10．吊钩保险

吊钩保险是安装在吊钩挂绳处的一种防止起吊钢丝绳由于角度过大或挂钩不妥时，造成起吊钢丝绳脱钩，吊物附落事故的装置。吊钩保险一般采用机械卡环式，用弹簧来控制挡板，阻止钢丝绳的滑脱。

11．回转限位器

无集电器的起重机，应安装回转限位器且工作可靠。塔机回转部分在非工作状态下应能自由旋转；对有自锁作用的回转机构，应安装安全极限力矩联轴器。

5.1.5　基本规定

塔式起重机安装、拆卸单位必须具有从事塔式起重机安装、拆卸业务的资质。起重设备安装工程专业承包企业资质分为一级、二级、三级。

塔式起重机安装、拆卸单位应具备安全管理保证体系，有健全的安全管理制度。包括：转场保养、安装拆卸前维修、保修制度，员工的培训制度，周期检查制度，安装、拆卸中的检验监督制度等。

塔式起重机安装、拆卸作业应配备下列人员：持有安全生产考核合格证书的项目负责人和安全负责人、机械管理人员；具有建筑施工特种作业操作资格证书的建筑起重机械安装拆卸工、起重司机、起重信号工、司索工等特种作业操作人员。塔式起重机应具有特种设备制造许可证、产品合格证、制造监督检验证明，并已在县级以上地方建设主管部门备案登记。塔式起重机应符合现行国家标准《塔式起重机安全规程》(GB 5144)及《塔式起重机》(GB/T 5031)的相关规定。塔机启用前应检查下列项目。

(1) 塔式起重机的备案登记证明等文件。

(2) 建筑施工特种作业人员的操作资格证书。

(3) 专项施工方案。

(4) 辅助起重机械的合格证及操作人员资格证书。

对塔式起重机应建立技术档案，其技术档案应包括下列内容。

(1) 购销合同、制造许可证、产品合格证、制造监督检验证明、使用说明书、备案证明等原始资料。

(2) 定期检验报告、定期自行检查记录、定期维护保养记录、维修和技术改造记录、运行故障和生产安全事故记录、累计运转记录等运行资料。

(3) 历次安装验收资料。

塔式起重机的选型和布置应满足工程施工要求，便于安装和拆卸，并不得损害周边其他建筑物或构筑物。有下列情况之一的塔式起重机严禁使用。

（1）国家明令淘汰的产品。

（2）超过规定使用年限经评估不合格的产品。

（3）不符合国家现行相关标准的产品。

（4）没有完整安全技术档案的产品。

塔式起重机安装、拆卸前，应编制专项施工方案，指导作业人员实施安装、拆卸作业。专项施工方案应根据塔式起重机使用说明书和作业场地的实际情况编制，并应符合国家现行相关标准的规定。专项施工方案应由本单位技术、安全、设备等部门审核，技术负责人审批后，经监理单位批准实施。

塔式起重机安装前应编制专项施工方案，并应包括下列内容：工程概况；安装位置平面和立面图；所选用的塔式起重机型号及性能技术参数；基础和附着装置的设置；爬升工况及附着节点详图；安装顺序和安全质量要求；主要安装部件的重量和吊点位置；安装辅助设备的型号、性能及布置位置；电源的设置；施工人员配置；吊索具和专用工具的配备；安装工艺程序；安全装置的调试；重大危险源和安全技术措施；应急预案等。

塔式起重机拆卸专项方案应包括下列内容：工程概况；塔式起重机位置的平面和立面图；拆卸顺序；部件的重量和吊点位置；拆卸辅助设备的型号、性能及布置位置；电源的设置；施工人员配置；吊索具和专用工具的配备；重大危险源和安全技术措施；应急预案等。

塔式起重机与架空输电线的安全距离应符合现行国家标准《塔式起重机安全规程》GB 5144 的规定。当多台塔式起重机在同一施工现场交叉作业时，应编制专项方案，并应采取防碰撞的安全措施。任意两台塔式起重机之间的最小架设距离应符合下列规定：低位塔式起重机的起重臂端部与另一台塔式起重机的塔身之间的距离不得小于 2m；高位塔式起重机的最低位置的部件（或吊钩升至最高点或平衡重的最低部位）与低位塔式起重机中处于最高位置部件之间的垂直距离不得小于 2m。在塔式起重机的安装、使用及拆卸阶段，进入现场的作业人员必须佩戴安全帽、防滑鞋、安全带等防护用品，无关人员严禁进入作业区域内。在安装、拆卸作业期间，应设警戒区。

塔式起重机在安装前和使用过程中，发现有下列情况之一的，不得安装和使用：结构件上有可见裂纹和严重锈蚀的；主要受力构件存在塑性变形的；连接件存在严重磨损和塑性变形的；钢丝绳达到报废标准的；安全装置不齐全或失效的。

塔式起重机使用时，起重臂和吊物下方严禁有人员停留；物件吊运时，严禁人员从上方通过。严禁用塔式起重机载运人员。

特别提示

一级企业：可承担各类起重设备的安装与拆卸。

二级企业：可承担单项合同额不超过企业注册资本金 5 倍的 1000kN·m 及以下塔式起重机等起重设备、120t 及以下起重机和龙门吊的安装与拆卸。

三级企业：可承担单项合同额不超过企业注册资本金 5 倍的 800kN·m 及以下塔式起重机等起重设备、60t 及以下起重机和龙门吊的安装与拆卸。

顶升、加节、降节等工作均属于安装、拆卸范畴。

5.1.6 塔机混凝土基础工程的设计与施工

塔机混凝土基础工程的设计与施工应根据地质勘察资料，综合考虑工程结构类型及布置、施工条件、环境影响、使用条件和工程造价等因素，因地制宜，做到科学设计、精心施工。

塔机的基础形式应根据工程地质、荷载大小与塔机稳定性要求、现场条件、技术经济指标，并结合塔机制造商提供的《塔机使用说明书》的要求确定。塔机基础的设计应按独立状态下的工作状态和非工作状态的荷载分别计算。塔机基础工作状态的荷载应包括塔机和基础的自重荷载、起重荷载、风荷载，并应计入可变荷载的组合系数，其中起重荷载不应计入动力系数；非工作状态下的荷载应包括塔机和基础的自重荷载、风荷载。

1. 构造要求

基础高度应满足塔机预埋件的抗拔要求，且不宜小于 1000mm，不宜采用坡形或台阶形截面的基础。基础的混凝土强度等级不应低于 C25，垫层混凝土强度等级不应低于 C10，混凝土垫层厚度不宜小于 100mm。当地基土为软弱土层，采用浅基础不能满足塔机对地基承载力和变形的要求时，可采用桩基础。

基桩可采用预制混凝土桩、预应力混凝土管桩、混凝土灌注桩或钢管桩等，在软土中采用挤土桩时，应考虑挤土效应的影响。桩基构造应符合现行行业标准《建筑桩基技术规范》（JGJ 94）的规定。预埋件应按《塔机使用说明一书》布置。桩身和承台的混凝土强度等级不应小于 C25，混凝土预制桩强度等级不应小于 C30，预应力混凝土实心桩的混凝土强度等级不应小于 C40。

承台宜采用截面高度不变的矩形板式或十字形梁式，截面高度不宜小于 1000mm，且应满足塔机使用说明书的要求。基桩宜均匀对称布置，且不宜少于 4 根，边桩中心至承台边缘的距离不应小于桩的直径或截面边长，且桩的外边缘至承台边缘的距离不应小于200mm。十字形梁式承台的节点处应采用加腋构造。

当塔机安装于地下室基坑中，根据地下室结构设计、围护结构的布置和工程地质条件及施工方便的原则，塔机基础可设置于地下室底板下、顶板上或底板至顶板之间。组合式基础可由混凝土承台或型钢平台、格构式钢柱或钢管柱及灌注桩或钢管桩等组成如图 5.4 所示。

图 5.4 组合式基础立面示意

型钢平台的设计应符合现行国家标准《钢结构设计规范》（GB 50017）的有关规定，由厚钢板和型钢主次梁焊接或螺栓连接而成，型钢主梁应连接于格构式钢柱，宜采用焊接连接。塔机在地下室中的基桩宜避开底板的基础梁、承台及后浇带或加强带。

随着基坑土方的分层开挖，应在格构式钢柱外侧四周及时设置型钢支撑，将各格构式钢柱连接为整体（图 5.4）。型钢支撑的截面积不宜小于格构式钢柱分肢的截面积，与钢柱分肢及缀件的连接焊缝厚度不宜小于 6mm，绕角焊缝长度不宜小于 200mm。当格构式钢柱的计算长度（H）超过 8m 时，宜设置水平型钢剪刀撑，剪刀撑的竖向间距不宜超过 6m，其构造要求同竖向型钢支撑。

2. 施工质量及验收

基础施工前应按塔机基础设计及施工方案做好准备工作，必要时塔机基础的基坑应采取支护及降排水措施。基础的钢筋绑扎和预埋件安装后，应按设计要求检查验收，合格后方可浇捣混凝土，浇捣中不得碰撞、移位钢筋或预埋件，混凝土浇筑后应及时保湿养护。基础四周应回填土方并夯实。安装塔机时基础混凝土应达到 80% 以上设计强度，塔机运行使用时基础混凝土应达到 100% 设计强度。基础混凝土施工中，在基础顶面四角应作好沉降及位移观测点，并作好原始记录，塔机安装后应定期观测并记录，沉降量和倾斜率不应超过规定。

5.1.7　塔式起重机的安装

1. 塔式起重机安装条件

塔式起重机安装前，必须经维修保养，并应进行全面的检查，确认合格后方可安装。塔式起重机的基础及其地基承载力应符合使用说明书和设计图纸的要求。安装前应对基础进行验收，合格后方可安装。基础周围应有排水设施。行走式塔式起重机的轨道及基础应按使用说明书的要求进行设置，且应符合现行国家标准《塔式起重机安全规程》（GB 5144）及《塔式起重机》（GB/T 5031）的规定。内爬式塔式起重机的基础、锚固、爬升支承结构等应根据使用说明书提供的荷载进行设计计算，并应对内爬式塔式起重机的建筑承载结构进行验算。

2. 塔式起重机的安装

安装前应根据专项施工方案，对塔式起重机基础的下列项目进行检查，确认合格后方可实施：基础的位置、标高、尺寸；基础的隐蔽工程验收记录和混凝土强度报告等相关资料；安装辅助设备的基础、地基承载力、预埋件等；基础的排水措施。

安装作业，应根据专项施工方案的要求实施。安装作业人员应分工明确、职责清楚。安装前应对安装作业人员进行安全技术交底。安装辅助设备就位后，应对其机械和安全性能进行检验，合格后方可作业。安装所使用的钢丝绳、卡环、吊钩和辅助支架等起重机具均应符合相关规定，并经检查合格后方可使用。安装作业中应统一指挥，明确指挥信号。当视线受阻、距离过远时，应采用对讲机或多级指挥。自升式塔式起重机的顶升加节应符合下列规定：顶升系统必须完好；结构件必须完好；顶升前，塔式起重机下支座与顶升套架应可靠连接；顶升前，应确保顶升横梁搁置正确；顶升前，应将塔式起重机配平；顶升过程中，应确保塔式起重机的平衡；顶升加节的顺序，应符合使用说明书的规定；顶升过程中，不应进行起升、回转、变幅等操作；顶升结束后，应将标准节与回转下支座可靠连接；塔式起重机加节后需进行附着的，应按照先装附着装置、后顶升加节的顺序进行，附着装置的位置和支撑点的强度应符合要求。塔式起重机的独立高度、悬臂高度应符合使用说明书的要求。雨雪、浓雾天气严禁进行安装作业。安装时塔式起重机最大高度处的风速应符合使用说明书的要求，且风速不得超过 12m/s。

塔式起重机不宜在夜间进行安装作业；当需在夜间进行塔式起重机安装和拆卸作业时，应保证提供足够的照明。当遇特殊情况安装作业不能连续进行时，必须将已安装的部位固定牢靠并达到安全状态，经检查确认无隐患后，方可停止作业。电气设备应按使用说明书的要求进行安装，安装所用的电源线路应符合现行行业标准《施工现场临时用电安全技术规范》（JGJ 46）的要求。

塔式起重机的安全装置必须齐全，并应按程序进行调试合格。连接件及其防松防脱件严禁用其他代用品代用。连接件及其防松防脱件应使用力矩扳手或专用工具紧固连接螺栓。安装完毕后，应及时清理施工现场的辅助用具和杂物。

安装单位应对安装质量进行自检，填写自检报告书。安装单位自检合格后，应委托有相应资质的检验检测机构进行检测。检验检测机构应出具检测报告书。安装质量的自检报告书和检测报告书应存入设备档案。经自检、检测合格后，应由总承包单位组织出租、安装、使用、监理等单位进行验收，并应填写验收表，合格后方可使用。塔式起重机停用 6个月以上的，在复工前，应重新进行验收，合格后方可使用。

5.1.8 塔式起重机的使用

塔式起重机起重司机、起重信号工、司索工等操作人员应取得特种作业人员资格证书，严禁无证上岗，如图 5.5 所示。塔式起重机使用前，应对起重司机、起重信号工、司索工等作业人员进行安全技术交底，如图 5.6 所示。

图 5.5　严禁无证上岗

图 5.6　不准兼职操作

塔式起重机的力矩限制器、重量限制器、变幅限位器、行走限位器、高度限位器等安全保护装置不得随意调整和拆除，严禁用限位装置代替操纵机构。

塔式起重机回转、变幅、行走、起吊动作前应示意警示。起吊时应统一指挥，明确指挥信号，如图 5.7 所示；当指挥信号不清楚时，不得起吊。塔式起重机起吊前，当吊物与地面或其他物件之间存在吸附力或摩擦力而未采取处理措施时，不得起吊。塔式起重机起吊前，应对安全装置进行检查，确认合格后方可起吊；安全装置失灵时，不得起吊。塔式起重机起吊前，应按要求对吊具与索具进行检查，确认合格后方可起吊；当吊具与索具不符合相关规定的，不得用于起吊作业。

作业中遇突发故障，应采取措施将吊物降落到安全地点，严禁吊物长时间悬挂在空中。遇有风速在 12m/s 及以上的大风或大雨、大雪、大雾等恶劣天气时，应停止作业。雨雪过后，应先经过试吊，确认制动器灵敏可靠后方可进行作业。夜间施工应有足够照明，照明的安装应符合现行行业标准《施工现场临时用电安全技术规范》(JGJ 46—2005)的要求。

塔式起重机不得起吊重量超过额定载荷的吊物，且不得起吊重量不明的吊物。在吊物载荷达到额定载荷的 90％时，应先将吊物吊离地面 200～500 mm 后，检查机械状况、制动性能、物件绑扎情况等，确认无误后方可起吊。对有晃动的物件，必须拴拉溜绳使之稳固。物件起吊时应绑扎牢固，不得在吊物上堆放或悬挂其他物件；零星材料起吊时，必须用吊笼或钢丝绳绑扎牢固。当吊物上站人时不得起吊，如图 5.8 所示。标有绑扎位置或记号的物件，应按标明位置绑扎。钢丝绳与物件的夹角宜为 45°～60°，且不得小于 30°。吊索与吊物棱角之间应有防护措施；未采取防护措施的，不得起吊。

图 5.7　起吊时统一指挥

图 5.8　吊物上不准有人

作业完毕后，应松开回转制动器，各部件应置于非工作状态，控制开关应置于零位，并应切断总电源。

行走式塔式起重机停止作业时，应锁紧夹轨器。

当塔式起重机使用高度超过 30m 时，应配置障碍灯，起重臂根部铰点高度超过 50m 时应配备风速仪。

严禁在塔式起重机塔身上附加广告牌或其他标语牌。

每班作业应做好例行保养，并应做好记录。记录的主要内容应包括结构件外观、安全装置、传动机构、连接件、制动器、索具、夹具、吊钩、滑轮、钢丝绳、液位、油位、油压、电源、电压等。

实行多班作业的设备，应执行交接班制度，认真填写交接班记录，接班司机经检查确认无误后，方可开机作业。塔式起重机应实施各级保养。转场时，应作转场保养，并应有记录。

塔式起重机的主要部件和安全装置等应进行经常性检查，每月不得少于一次，并应有记录；当发现有安全隐患时，应及时进行整改。

当塔式起重机使用周期超过一年时，应进行一次全面检查，合格后方可继续使用。

当使用过程中塔式起重机发生故障时，应及时维修，维修期间应停止作业。

5.1.9　塔式起重机的拆卸

塔式起重机拆卸作业宜连续进行；当遇特殊情况拆卸作业不能继续时，应采取措施保证塔式起重机处于安全状态。当用于拆卸作业的辅助起重设备设置在建筑物上时，应明确设置位置、锚固方法，并应对辅助起重设备的安全性及建筑物的承载能力等进行验算。拆卸前应检查主要结构件、连接件、电气系统、起升机构、回转机构、变幅机构、顶升机构等项目。发现隐患应采取措施，解决后方可进行拆卸作业。

附着式塔式起重机应明确附着装置的拆卸顺序和方法。

自升式塔式起重机每次降节前，应检查顶升系统和附着装置的连接等，确认完好后方可进行作业。

拆卸时应先降节、后拆除附着装置。拆卸完毕后，为塔式起重机拆卸作业而设置的所有设施应拆除，清理场地上作业时所用的吊索具、工具等各种零配件和杂物。

5.1.10　吊索具的使用

塔式起重机安装、使用、拆卸时，起重吊具、索具应符合下列要求。

(1) 吊具与索具产品应符合现行行业标准《起重机械吊具与索具安全规程》(LD 48)的规定。

(2) 吊具与索具应与吊重种类、吊运具体要求以及环境条件相适应。

(3) 作业前应对吊具与索具进行检查，当确认完好时方可投入使用。

(4) 吊具承载时不得超过额定起重量，吊索(含各分肢)不得超过安全工作载荷。

(5) 塔式起重机吊钩的吊点，应与吊重重心在同一条铅垂线上，使吊重处于稳定平衡状态。新购置或修复的吊具、索具，应进行检查，确认合格后，方可使用。

吊具、索具在每次使用前应进行检查，经检查确认符合要求后，方可继续使用。当发现有缺陷时，应停止使用。吊具与索具每 6 个月应进行一次检查，并应做好记录。检验记录应作为继续使用、维修或报废的依据。

1. 钢丝绳

钢丝绳作吊索时，其安全系数不得小于 6 倍。钢丝绳的报废应符合现行国家标准《起重机用钢丝绳检验和报废实用规范》(GB/T 5972)的规定。当钢丝绳的端部采用编结固接时，编结部分的长度不得小于钢丝绳直径的 20 倍，并不应小于 300mm，插接绳股应拉紧，凸出部分应光滑平整，且应在插接末尾留出适当长度，用金属丝扎牢，钢丝绳插接方法宜符合现行行业标准《起重机械吊具与索具安全规程》(LD 48)的要求。用其他方法插接的，应保证其插接连接强度不小于该绳最小破断拉力的 75%。当采用绳夹固接时，钢丝绳吊索绳夹最少数量应满足表 5-2 的要求。

表5-2 钢丝绳吊索绳夹最少数量

绳夹规格(钢丝绳公称直径)d_1(mm)	钢丝绳夹的最少数量(组)
≤18	3
18～26	4
26～36	5
36～44	6
44～60	7

钢丝绳夹压板应在钢丝绳受力绳一边,绳夹间距 A 如图5.9所示不应小于钢丝绳直径的5倍。

图5.9 钢丝绳夹压板布置图

吊索必须由整根钢丝绳制成,中间不得有接头。环形吊索应只允许有一处接头。当采用两点或多点起吊时,吊索数宜与吊点数相符,且各根吊索的材质、结构尺寸、索眼端部固定连接、端部配件等性能应相同。钢丝绳严禁采用打结方式系结吊物。当吊索弯折曲率半径小于钢丝绳公称直径的2倍时,应采用卸扣将吊索与吊点挂接。卸扣应无明显变形、可见裂纹和弧焊痕迹。销轴螺纹应无损伤现象。

2.吊钩与滑轮

吊钩应符合现行行业标准《起重机械吊具与索具安全规程》(LD 48)中的相关规定。吊钩严禁补焊,有下列情况之一的应予以报废。

(1)表面有裂纹。

(2)挂绳处截面磨损量超过原高度的10%。

(3)钩尾和螺纹部分等危险截面及钩筋有永久性变形。

(4)开口度比原尺寸增加15%。

(5)钩身的扭转角超过10°。

滑轮的最小绕卷直径应符合现行国家标准《塔式起重机设计规范》(GB/T 13752)的相关规定。滑轮有下列情况之一的应予以报废。

(1)裂纹或轮缘破损。

(2)轮槽不均匀磨损达3mm。

(3)滑轮绳槽壁厚磨损量达原壁厚的20%。

(4)铸造滑轮槽底磨损达钢丝绳原直径的30%;焊接滑轮槽底磨损达钢丝绳原直径的15%。滑轮、卷筒均应设有钢丝绳防脱装置;吊钩应设有钢丝防脱钩装置。

5.1.11 塔式起重机安全评估

安全评估是对建筑起重机械的设计、制造情况进行了解,对使用保养情况记录进行检查,对钢结构的磨损、锈蚀、裂纹、变形等损伤情况进行检查与测量,并按规定对整机安全性能进行载荷试验,由此分析判别其安全度,作出合格或不合格结论的活动。超过规定使用年限的塔式起重机应进行安全评估。

塔式起重机有下列情况之一的应进行安全评估:630kN·m 以下(不含 630kN·m)、出厂年限超过 10 年(不含 10 年);630~1250kN·m(不含 1250kN·m)、出厂年限超过 15 年(不含 15 年);1250kN·m 以上(含 1250kN·m),出厂年限超过 20 年(不含 20 年)。

对超过设计规定相应载荷状态允许工作循环次数的建筑起重机械,应作报废处理。

塔式起重机的评估应以重要结构件及主要零部件、电气系统、安全装置和防护设施等为主要内容。塔式起重机的重要结构件宜包括下列主要内容:塔身、起重臂、平衡臂(转台)、塔帽或塔顶构造、拉杆、回转支承座、附着装置、顶升套架或内爬升架、行走底盘及底座等。

当出现下列情况之一时,塔式起重机应判为不合格。

(1)重要结构件检测有指标不合格的;

(2)按《建筑起重机械安全评估技术规程》(JGJ/T 189)附录 E 中有保证项目不合格的。

重要结构件检测指标均合格,并按本规程附录 E 中保证项目全部合格的,可判定为整机合格。

安全评估机构应对评估后的建筑起重机进行"合格"、"不合格"的标志。标志必须具有唯一性,并应置于重要结构件的明显部位。设备产权单位应注意对评估标志的保护。经评估为合格或不合格的建筑起重机械,设备产权单位应在建筑起重机械的标牌和司机室等部位挂牌明示。

特别提示

近几年来,老旧建筑起重机械存在的安全隐患越来越明显,甚至有造成机毁人亡的严重事故。各建筑起重机械企业对设备的折旧报废各有规定,有追求眼前利益而忽视科学管理的现象,住建部根据需要制订《建筑起重机械安全评估技术规程》。该规程依据《住建部关于发布建设事业"十一五"推广应用和限制禁止使用技术》(中华人民共和国住建部公告第 659 号),有关标准要求制定,主要适用于超过规定使用年限的塔式起重机和施工升降机的安全评估检测。

5.1.12 塔式起重机检查评定应用训练

塔式起重机检查评定应符合现行国家标准《塔式起重机安全规程》(GB 5144)和现行行业标准《建筑施工塔式起重机安装、使用、拆卸安全技术规程》(JGJ 196)的规定。检查评定保证项目包括:载荷限制装置、行程限位装置、保护装置、吊钩、滑轮、卷筒与钢丝绳、多塔作业、安装、拆卸与验收。一般项目包括:附着、基础与轨道、结构设施、电气安全。

1.保证项目的检查评定应符合下列规定

1)载荷限制装置

(1)应安装起重量限制器并应灵敏可靠,当起重量大于相应挡位的额定值并小于该额定值的 110% 时,应切断上升方向上的电源,但机构可作下降方向的运动。

(2)应安装起重力矩限制器并应灵敏可靠,当起重力矩大于相应工况下的额定值并小于该额定值的 110% 时,应切断上升和幅度增大方向的电源,但机构可作下降和减小幅度方向的运动；力矩限制器控制定码变幅的触电或控制定幅变码的触电应分别设置，且能分别调整；对小车变幅的塔式起重机，其最大变幅速度超过 40m/min，在小车向外运行，且起重力矩达到额定值的 80％时，变幅速度应自动转换为不大于 40m/min。

2）行程限位装置

（1）应安装吊钩上极限位置的起升高度限位器并灵敏可靠。

（2）小车变幅的塔式起重机应安装小车行程开关，动臂变幅的塔式起重机应安装臂架低位和高位的幅度限制开关，并应灵敏可靠。

（3）回转部分不设集电器的塔式起重机应安装回转限位器并应灵敏可靠。

（4）行走式塔式起重机应安装行走限位器并应灵敏可靠。

3）保护装置

（1）小车变幅的塔式起重机应安装断绳保护及断轴保护装置并符合规范要求。

（2）行走及小车变幅的轨道行程末端应安装缓冲器及止挡装置并符合规范要求。

（3）起重臂根部绞点高度大于 50m 的塔式起重机应安装风速仪并应灵敏可靠。

（4）塔式起重机顶部高度大于 30m 且高于周围建筑物应安装障碍指示灯。

4）吊钩、滑轮、卷筒与钢丝绳

（1）吊钩应安装钢丝绳防脱钩装置并完整可靠，吊钩的磨损、变形、疲劳裂纹应在规范允许范围内。

（2）滑轮、卷筒应安装钢丝绳防脱装置并完整可靠，滑轮、卷筒的裂纹、磨损应在规范允许范围内。

（3）钢丝绳的磨损、变形、锈蚀应未达到报废标准，钢丝绳的规格、固定、缠绕应符合说明书及规范要求。

5）多塔作业

（1）多塔作业应制定专项施工方案并经过审批，方案内容符合规范要求。

（2）任意两台塔式起重机之间的最小架设距离应符合规范要求。

6）安装、拆卸与验收

（1）安装、拆卸单位应具备建设行政主管部门颁发的起重设备安装工程专业承包资质和建筑施工企业安全生产许可证。

（2）安装、拆卸应制定专项方案并经过审批，方案编制应符合说明书及规范要求。

（3）安装验收资料填写应符合规范要求并经责任人签字确认。

（4）塔式起重机的安装拆卸工、电工、司机、指挥应具有建筑施工特种作业操作资格证书。

（5）塔式起重机作业应设置有效联络信号。

2. 一般项目的检查评定应符合下列规定

1）附着

（1）塔式起重机高度超过说明书规定应安装附着装置。

（2）附着装置水平距离或间距不满足说明书要求应进行设计计算和审批。

（3）安装内爬式塔式起重机的建筑承载结构应进行受力计算。

（4）附着装置安装应符合说明书及规范要求。

（5）附着前、后塔身垂直度应符合规范要求。

① 在空载、风速不大于 3m/s 状态下，独立状态塔身(或附着状态下最高附着点以上塔身)对支承面的垂直度≤4‰。

② 在空载、风速不大于 3m/s 状态下，附着状态下最高附着点以下塔身对支承面的垂直度≤2‰。

2）基础与轨道

（1）基础应按说明书及有关规定设计、检测、验收，桩基础的桩基宜随同主体结构基础的工程桩进行承载力和桩身质量检测。

（2）基础应设置排水措施。

（3）路基箱或枕木铺设应符合说明书及规范要求。

（4）轨道铺设应符合说明书及规范要求。

3）结构设施

（1）主要结构件的变形、开焊、裂纹、锈蚀应在规范允许范围内。

（2）平台、走道、梯子、栏杆等应符合规范要求。

（3）高强螺栓、销轴等连接件及其防松防脱件应符合规范要求，严禁用其他代用品代替，高强螺栓应使用力矩扳手或专用工具紧固。

4）电气安全

（1）塔式起重机应采用 TN－S 接零保护系统供电。

（2）塔式起重机与架空线路安全距离和防护应符合现行行业标准《施工现场临时用电安全技术规范》（JGJ 46）的规定。

（3）塔式起重机未在其他避雷装置保护范围内，应设置避雷装置。

（4）避雷装置设置应符合现行行业标准《施工现场临时用电安全技术规范》（JGJ 46）的规定。

（5）电缆的使用及固定应符合规范要求。

塔式起重机检查评分表见表 5－3。

表 5－3　塔式起重机检查评分表

序号	检查项目		扣 分 标 准	应得分数	扣减分数	实得分数
1	保证项目	载荷限制装置	未安装起重量限制器或不灵敏扣 10 分 未安装力矩限制器或不灵敏扣 10 分	10		
2		行程限位装置	未安装起升高度限位器或不灵敏扣 10 分 未安装幅度限位器或不灵敏扣 6 分 回转不设集电器的塔式起重机未安装回转限位器或不灵敏扣 6 分 行走式塔式起重机未安装行走限位器或不灵敏扣 8 分	10		
3		保护装置	小车变幅的塔式起重机未安装断绳保护及断轴保护装置或不符合规范要求扣 8～10 分 行走及小车变幅的轨道行程末端未安装缓冲器及止挡装置或不符合规范要求扣 6～10 分 起重臂根部铰点高度大于 50m 的塔式起重机未安装风速仪或不灵敏扣 4 分 塔式起重机顶部高度大于 30m 且高于周围建筑物未安装障碍指示灯扣 4 分	10		

序号	检查项目		扣 分 标 准	应得分数	扣减分数	实得分数
4	保证项目	吊钩、滑轮、卷筒与钢丝绳	吊钩未安装钢丝绳防脱钩装置或不符合规范要求扣8分 吊钩磨损、变形、疲劳裂纹达到报废标准扣10分 滑轮、卷筒未安装钢丝绳防脱装置或不符合规范要求扣4分 滑轮及卷筒的裂纹、磨损达到报废标准扣6～8分 钢丝绳磨损、变形、锈蚀达到报废标准扣6～10分 钢丝绳的规格、固定、缠绕不符合说明书及规范要求扣5～8分	10		
5		多塔作业	多塔作业未制定专项施工方案扣10分 施工方案未经审批或方案针对性不强扣6～10分 任意两台塔式起重机之间的最小架设距离不符合规范要求扣10分	10		
6		安装、拆卸与验收	安装、拆卸单位未取得相应资质扣10分 未制定安装、拆卸专项方案扣10分 方案未经审批或内容不符合规范要求扣5～8分 未履行验收程序或验收表未经责任人签字扣5～8分 验收表填写不符合规范要求每项扣2～4分 特种作业人员未持证上岗扣10分 未采取有效联络信号扣7～10分	10		
		小计		60		
7	一般项目	附着	塔式起重机高度超过规定不安装附着装置扣10分 附着装置水平距离或间距不满足说明书要求而未进行设计计算和审批的扣6～8分 安装内爬式塔式起重机的建筑承载结构未进行受力计算扣8分 附着装置安装不符合说明书及规范要求扣6～10分 附着后塔身垂直度不符合规范要求扣8～10分	10		
8		基础与轨道	基础未按说明书及有关规定设计、检测、验收扣8～10分 基础未设置排水措施扣4分 路基箱或枕木铺设不符合说明书及规范要求扣4～8分 轨道铺设不符合说明书及规范要求扣4～8分	10		
9		结构设施	主要结构件的变形、开焊、裂纹、锈蚀超过规范要求扣8～10分 平台、走道、梯子、栏杆等不符合规范要求扣4～8分 主要受力构件高强螺栓使用不符合规范要求扣6分 销轴连接不符合规范要求扣2～6分	10		

续表

序号	检查项目		扣分标准	应得分数	扣减分数	实得分数
10	一般项目	电气安全	未采用 TN－S 接零保护系统供电扣 10 分 塔式起重机与架空线路小于安全距离又未采取防护措施扣 10 分 防护措施不符合要求扣 4～6 分 防雷保护范围以外未设置避雷装置的扣 10 分 避雷装置不符合规范要求扣 5 分 电缆使用不符合规范要求扣 4～6 分	10		
	小计			40		
检查项目合计				100		

评分员：　　　　　　　　　　　　　　　　　　　年　　月　　日

案例分析

2011 年 8 月 10 日，某施工单位在某住宅小区 18 号楼工程施工中，使用一台自升式塔式起重机(行走时起升高度 49.4m，最大幅度为 45m)进行吊装作业时，由于违反起重吊装作业的安全规定，严重超载，造成变幅小车失控，塔身整体失控倾斜倒塌，将在该楼 10 层作业的 2 名民工砸死，起重机司机受重伤，直接经济损失 50 余万元。经事故调查，在吊装作业中，作业人员严重违反关于起重吊装"十不吊"的规定，超载运行。在施工中未认真贯彻执行安全生产法规，对施工现场监督检查不力，特别是对职工安全生产意识和遵纪守法的教育工作不落实，形成了事故隐患和违章行为长期得不到解决和制止的现状，最终导致事故发生。

【问题】

① 简要分析造成这起事故的原因。

② 关于起重吊装"十不吊"的规定如何？

5.2 施工升降机

5.2.1 概述

建筑施工升降机(又称外用电梯，施工电梯，附壁式升降机)，是一种使用工作笼(吊笼)沿导轨架作垂直(或倾斜)运动，用来运送人员和物料的机械。用于运载人员及货物的施工机械称作人货两用施工升降机；用于运载货物，禁止运载人员的施工机械称作货用施工升降机(物料提升机)。

施工升降机的分类。

(1) 建筑施工升降机按驱动方式分为：齿轮齿条驱动(SC 型)、卷扬机钢丝绳驱动(SS 型)和混合驱动(SH 型)3 种。如图 5.10 所示齿条传动双吊笼施工升降机整机示意图。

(2)按导轨架的结构可分为单柱和双柱两种。

一般情况下，SC 型建筑施工升降机多采用单柱式导轨架，而且采用上接节方式。SC 型建筑施工升降机按其吊笼数又分单笼和双笼两种。单导轨架双吊笼的 SC 型建筑施工升降机，在导轨架的两侧各装一个吊笼，每个吊笼各有自己的驱动装置，并可独立地上、下移动，从而提高了运送客货的能力。

5.2.2 施工升降机的构造

施工升降机主要由金属结构、驱动机构、安全保护装置和电气控制系统等部分组成。

1. 金属结构

金属结构由吊笼、底笼、导轨架、对(配)重、天轮架及小起重机构、附墙架等组成。

1）吊笼(梯笼)

吊笼(梯笼)是施工升降机运载人和物料的构件，笼内有传动机构、限速器及电气箱等，外侧附有驾驶室，设置了门保险开关与门连锁，只有当吊笼前后两道门均关好后，梯笼才能运行。

吊笼内空净高度不得小于2m。对于SS型人货两用升降机，提升吊笼的钢丝绳不得少于两根，且应是彼此独立的。钢丝绳的安全系数不得小于12，直径不得小于9mm。

2）底笼

底笼的底架是施工升降机与基础连接部分，多用槽钢焊接成平面框架，并用地脚螺栓与基础相固结。底笼的底架上装有导轨架的基础节，吊笼不工作时停在其上。底笼四周有钢板网护栏，入口处有门，门的自动开启装置与梯笼门配合动作。在底笼的骨架上装有4个缓冲弹簧，梯笼坠落时起缓冲作用。

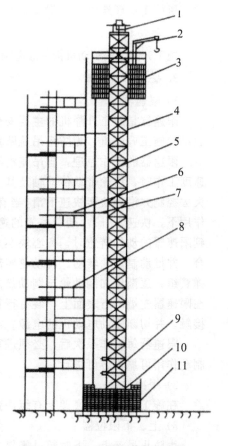

图5.10 施工升降机整机示意图
1—天轮架；2—吊杆；3—吊笼；4—导轨架；5—电缆；6—后附墙架；7—前附墙架；8—护栏；9—配重；10—吊笼；11—基础

3）导轨架

导轨架是吊笼上下运动的导轨，升降机的主体，能承受规定的各种载荷。导轨架是由若干个具有互换性的标准节，经螺栓连接而成的多支点的空间桁架，用来传递和承受荷载。标准节的截面形状有正方形、矩形和三角形，标准节的长度与齿条的模数有关，一般每节为1.5m。导轨架的主弦杆和腹杆多用钢管制造，横缀条则选用不等边角钢。

4）对(配)重

对(配)重用以平衡吊笼的自重，可改善结构受力情况，从而提高电动机功率利用率和吊笼载重。

5）天轮架及小起重机构

天轮架由导向滑轮和天轮架钢结构组成，用来支承和导向配重的钢丝绳。

6）天轮

立柱顶的左前方和右后方安装两组定滑轮，分别支承两对吊笼和对重，当单笼时，只使用一组天轮。

7）附墙架

立柱的稳定是靠与建筑结构进行附墙连接来实现的。附墙架用来使导轨架能可靠地支撑在所施工的建筑物上。附墙架多由型钢或钢管焊成平面桁架。

2．驱动机构

施工升降机的驱动机构一般有两种形式。一种为齿轮齿条式，一种为卷扬机钢丝绳式。

3．安全保护装置

1）限速器

限速器是施工升降机的主要安全装置，它可以限制梯笼的运行速度，防止坠落。齿条驱动的施工升降机，为防止吊笼坠落均装有锥鼓式限速器。

限速器的工作原理：当吊笼沿导轨架上、下移动时，齿轮沿齿条随动。当吊笼以额定速度工作时，齿轮带动传动轴及其上的离心块空转。一旦驱动装置的传动件损坏，吊笼将失去控制并沿导轨架快速下滑（当有配重，而且配重大于吊笼一侧载荷时，吊笼在配重的作用下，快速上升）。随着吊笼的速度提高，限速器齿轮的转速也随之增加。当转速增加到限速器的动作转速时，离心块在离心力和重力的作用下与制动轮的内表面上的凸齿相啮合，并推动制动轮转动。制动轮尾部的螺杆使螺母沿着螺杆做轴向移动，进一步压缩碟形弹簧组，逐渐增加制动轮与制动鼓之间的制动力矩，直到将工作笼制动在导轨架上为止。在限速器左端的下表面上，装有行程开关。当导板向右移动一定距离后，与行程开关触头接触，并切断驱动电动机的电源。

限速器每动作一次后，必须进行复位，在调整限速器之前，必须确认传动机构的电磁制动作用可靠，方可进行。

2）缓冲弹簧

在施工升降机的底架上有缓冲弹簧，以便当吊笼发生坠落事故时，减轻吊笼的冲击。

3）上、下限位器

为防止吊笼上、下时超过需停位置时，因司机误操作和电气故障等原因继续上升或下降引发事故而设置。

4）上、下极限限位器

上、下极限限位器是在上、下限位器一旦不起作用，吊笼继续上行或下降到设计规定的最高极限或最低极限位置时能及时切断电源，以保证吊笼安全。

5）安全钩

安全钩是为防止吊笼到达预先设定位置，上限位器和上极限限位器因各种原因不能及时动作、吊笼继续向上运行，将导致吊笼冲击导轨架顶部而发生倾翻坠落事故而设置的。安全钩是安装在吊笼上部的重要装置，也是最后一道安全装置，它能使吊笼上行到导轨架顶部的时候，安全钩钩住导轨架，保证吊笼不发生倾翻坠落事故。

6）吊笼门、底笼门连锁装置

施工升降机的吊笼门、底笼门均装有电气联锁开关，它们能有效地防止因吊笼或底笼门未关闭就启动运行而造成人员坠落和物料滚落，只有当吊笼门和底笼门完全关闭时才能启动运行。

7）急停开关

当吊笼在运行过程中发生各种原因的紧急情况时，司机应能及时按下急停开关，使吊笼立即停止，防止事故的发生。急停开关必须是非自行复位的电气安全装置。

8）楼层通道门

施工升降机与各楼层均搭设了运料和人员进出的通道，在通道口与升降机结合部必须设置楼层通道门。此门在吊笼上下运行时处于常闭状态，只有在吊笼停靠时才能由吊笼内的人打开。应做到楼层内的人员无法打开此门，以确保通道口处在封闭的条件下不出现危险。

4. 电气控制系统

施工升降机的每个吊笼都有一套电气控制系统。施工升降机的电气控制系统包括：电源箱、电控箱、操作台和安全保护系统等。

5.2.3　施工升降机基本规定

施工升降机安装单位应具备建设行政主管部门颁发的起重设备安装工程专业承包资质和建筑施工企业安全生产许可证。施工升降机安装、拆卸项目应配备与承担项目相适应的专业安装作业人员以及专业安装技术人员。施工升降机的安装拆卸工、电工、司机等应具有建筑施工特种作业操作资格证书。施工升降机使用单位应与安装单位签订施工升降机安装、拆卸合同，明确双方的安全生产责任。实行施工总承包的，施工总承包单位应与安装单位签订施工升降机安装、拆卸工程安全协议书。

施工升降机应具有特种设备制造许可证、产品合格证、使用说明书、起重机械制造监督检验证书，并已在产权单位工商注册所在地县级以上建设行政主管部门备案登记。

施工升降机安装作业前，安装单位应编制施工升降机安装、拆卸工程专项施工方案，由安装单位技术负责人批准后，报送施工总承包单位或使用单位、监理单位审核，并告知工程所在地县级以上建设行政主管部门。施工升降机的类型、型号和数量应能满足施工现场货物尺寸、运载重量、运载频率和使用高度等方面的要求。当利用辅助起重设备安装、拆卸施工升降机时，应对辅助设备设置位置、锚固方法和基础承载能力等进行设计和验算。施工升降机安装、拆卸工程专项施工方案应根据使用说明书的要求、作业场地及周边环境的实际情况、施工升降机使用要求等编制。当安装、拆卸过程中专项施工方案发生变更时，应按程序重新对方案进行审批，未经审批不得继续进行安装、拆卸作业。

施工升降机安装、拆卸工程专项施工方案应包括下列主要内容：工程概况；编制依据；作业人员组织和职责；施工升降机安装位置平面、立面图和安装作业范围平面图；施工升降机技术参数、主要零部件外形尺寸和重量；辅助起重设备的种类、型号、性能及位置安排；吊索具的配置、安装与拆卸工具及仪器；安装、拆卸步骤与方法；安全技术措施；安全应急预案。

施工总承包单位进行的工作应包括下列内容。

（1）向安装单位提供拟安装设备位置的基础施工资料，确保施工升降机进场安装所需的施工条件。

（2）审核施工升降机的特种设备制造许可证、产品合格证、起重机械制造监督检验证书、备案证明等文件。

（3）审核施工升降机安装单位、使用单位的资质证书、安全生产许可证和特种作业人员的特种作业操作资格证书。

（4）审核安装单位制定的施工升降机安装、拆卸工程专项施工方案。

（5）审核使用单位制定的施工升降机安全应急预案。

(6)指定专职安全生产管理人员监督检查施工升降机安装、使用、拆卸情况。

监理单位进行的工作应包括下列内容：

(1)审核施工升降机特种设备制造许可证、产品合格证、起重机械制造监督检验证书、备案证明等文件。

(2)审核施工升降机安装单位、使用单位的资质证书、安全　生产许可证和特种作业人员的特种作业操作资格证书。

(3)审核施工升降机安装、拆卸工程专项施工方案。

(4)监督安装单位对施工升降机安装、拆卸工程专项施工方案的执行情况。

(5)监督检查施工升降机的使用情况。

(6)发现存在生产安全事故隐患的，应要求安装单位、使用单位限期整改；对安装单位、使用单位拒不整改的，应及时向建设单位报告。

5.2.4　施工升降机安装使用拆卸

1.施工升降机安装

有下列情况之一的施工升降机不得安装使用。

(1)属国家明令淘汰或禁止使用的。

(2)超过由安全技术标准或制造厂家规定使用年限的。

(3)经检验达不到安全技术标准规定的。

(4)无完整安全技术档案的。

(5)无齐全有效的安全保护装置的。

安装作业人员应按施工安全技术交底的内容进行作业。安装单位的专业技术人员、专职安全生产管理人员应进行现场监督。施工升降机的安装作业范围应设置警戒线及明显的警示标志。非作业人员不得进入警戒范围。任何人不得在悬吊物下方行走或停留。进入现场的安装作业人员应佩戴安全防护用品，高处作业人员应系安全带，穿防滑鞋。作业人员严禁酒后作业。

安装作业中应统一指挥，明确分工。危险部位安装时应采取可靠的防护措施。当指挥信号传递困难时，应使用对讲机等通信工具进行指挥。

当遇大雨、大雪、大雾或风速大于13m/s的大风等恶劣天气时，应停止安装作业。

电气设备安装应按施工升降机使用说明书的规定进行，安装用电应符合现行行业标准《施工现场临时用电安全技术规范》(JGJ 46)的规定。施工升降机金属结构和电气设备金属外壳均应接地，接地电阻不应大于4Ω。

安装时应确保施工升降机运行通道内无障碍物。安装作业时必须将按钮盒或操作盒移至吊笼顶部操作。当导轨架或附墙架上有人员作业时，严禁开动施工升降机。传递工具或器材不得采用投掷的方式。

施工升降机安装完毕且经调试后，安装单位应按规程(JGJ 215)及使用说明书的有关要求对安装质量进行自检，并应向使用单位进行安全使用说明。安装单位自检合格后，应经有相应资质的检验检测机构监督检验。检验合格后，使用单位应组织租赁单位、安装单位和监理单位等进行验收。实行施工总承包的，应由施工总承包单位组织验收。施工升降机安装验收应按规程(JGJ 215)进行。严禁使用未经验收或验收不合格的施工升降机。使用单位应自施工升降机安装验收合格之日起 30 日内，将施工升降机安装验收资料、施工升降机安全管理制度、特种作业人员名单等，向工程所在地县级以上建设行政主管部门办理使用登记备案。安装自检表、检测报告和验收记录等应纳入设备档案。

2．施工升降机使用

施工升降机司机应持有建筑施工特种作业操作资格证书，不得无证操作。使用单位应对施工升降机司机进行书面安全技术交底，交底资料应留存备查。使用单位应按使用说明书的要求对需润滑部件进行全面润滑。

不得使用有故障的施工升降机。严禁施工升降机使用超过有效标定期的防坠安全器。施工升降机额定载重量、额定乘员数标牌应置于吊笼醒目位置。严禁在超过额定载重量或额定乘员数的情况下使用施工升降机，如图 5.11 所示。当电源电压值与施工升降机额定电压值的偏差超过±5％，或供电总功率小于施工升降机的规定值时，不得使用施工升降机。

图 5.11　电梯严禁超载

应在施工升降机作业范围内设置明显的安全警示标志，应在集中作业区做好安全防护。

当建筑物超过两层时，施工升降机地面通道上方应搭设防护棚。当建筑物高度超过 24 m 时，应设置双层防护棚。

使用单位应根据不同的施工阶段、周围环境、季节和气候，对施工升降机采取相应的安全防护措施。

使用单位应在现场设置相应的设备管理机构或配备专职的设备管理人员，并指定专职设备管理人员、专职安全生产管理人员进行监督检查。

当遇大雨、大雪、大雾、施工升降机顶部风速大于 20m/s 或导轨架、电缆表面结有冰层时，不得使用施工升降机。严禁用行程限位开关作为停止运行的控制开关。

在每天开工前和每次换班前，施工升降机司机应按使用说明书及规程(JGJ 215)的要求对施工升降机进行检查。对检查结果应进行记录，发现问题应向使用单位报告。在使用期间，使用单位应每月组织专业技术人员按规程(JGJ 215)对施工升降机进行检查，并对检查结果进行记录。

当遇到可能影响施工升降机安全技术性能的自然灾害、发生设备事故或停工 6 个月以上时，应对施工升降机重新组织检查验收。

应按使用说明书的规定对施工升降机进行保养、维修。保养、维修的时间间隔应根据使用频率、操作环境和施工升降机状况等因素确定。使用单位应在施工升降机使用期间安排足够的设备保养、维修时间。对保养和维修后的施工升降机，经检测确认各部件状态良好后，宜对施工升降机进行额定载重量试验。双吊笼施工升降机应对左右吊笼分别进行额定载重量试验。试验范围应包括施工升降机正常运行的所有方面。

施工升降机使用期间，每 3 个月应进行不少于一次的额定载重量坠落试验。坠落试验的方法、时间间隔及评定标准应符合使用说明书和现行国家标准《施工升降机》（GB/T 10054)的有关要求。

对施工升降机进行检修时应切断电源，并应设置醒目的警示标志。当需通电检修时，应做好防护措施。

不得使用未排除安全隐患的施工升降机。

严禁在施工升降机运行中进行保养、维修作业。施工升降机保养过程中,对磨损、破坏程度超过规定的部件,应及时进行维修或更换,并由专业技术人员检查验收。应将各种与施工升降机检查、保养和维修相关的记录纳入安全技术档案,并在施工升降机使用期间内在工地存档。

3. 施工升降机的拆卸

拆卸前应对施工升降机的关键部件进行检查,当发现问题时,应在问题解决后方能进行拆卸作业。施工升降机拆卸作业应符合拆卸工程专项施工方案的要求。应有足够的工作面作为拆卸场地,应在拆卸场地周围设置警戒线和醒目的安全警示标志,并应派专人监护。拆卸施工升降机时,不得在拆卸作业区域内进行与拆卸无关的其他作业。夜间不得进行施工升降机的拆卸作业。拆卸附墙架时施工升降机导轨架的自由端高度应始终满足使用说明书的要求。应确保与基础相连的导轨架在最后一个附墙架拆除后,仍能保持各方向的稳定性。施工升降机拆卸应连续作业。当拆卸作业不能连续完成时,应根据拆卸状态采取相应的安全措施。吊笼未拆除之前,非拆卸作业人员不得在地面防护围栏内、施工升降机运行通道内、导轨架内以及附墙架上等区域活动。

4. 施工升降机的安全评估

出厂年限超过 8 年(不含 8 年)的 SC 型施工升降机、出厂年限超过 5 年(不含 5 年)的 SS 型施工升降机应进行安全评估。施工升降机的评估应以重要结构件及主要零部件、电气系统、安全装置和防护设施等为主要内容。施工升降机的重要结构件宜包括下列主要内容:导轨架(标准节)、吊笼、天轮架、底架及附着装置等。

案例分析

2011 年 12 月 14 日某建筑工地发生了电梯坠地事故。据该市安监局官员证实,在当日的事故中死亡

图 5.12 电梯中暗藏的危险

人数为 7 人,另 10 名伤员中有 4 人情况危险,至深夜又因抢救无效死亡 4 人。据当时现场目击工人介绍,出事的 17 人中,有两名为女性,其中一人专门负责开电梯。这些外地打工者大多二十岁左右,已经在这个工地上干了两年,彼此都很熟悉。肇事电梯载重为一吨半,内有 3 个刹车可以控制升降。事发时还有一辆推车也一起在电梯内,占据了一定空间,否则一起坠落的人数还不止 17 人。电梯是在 25 层的位置急速落地,在 17 层的 3 名准备一起搭乘的工人眼睁睁地看着电梯在三四秒时间内随着齿轮链条的巨响急速坠地,如图 5.12 所示,腾起一片飞扬的沙尘。工友们目前认为是电梯长期缺乏保养,超负荷运作导致了惨剧的发生。事发后,该大楼的另一个电梯一直悬在半空,不敢升降。

5.2.5 施工升降机检查评定应用训练

施工升降机检查评定应符合现行国家标准《施工升降机安全规程》(GB 10055)和现行行业标准《建筑施工升降机安装、使用、拆卸安全技术规程》(JGJ 215)的规定。检查评定保证项目包括:安全装置、限位装置、防护设施、附墙架、钢丝绳、滑轮与对重、安装、拆卸与验收。一般项目包括:导轨架、基础、电气安全、通信装置。

1. 保证项目的检查评定应符合下列规定

1) 安全装置

(1) 应安装超载保护装置并应灵敏可靠。

(2) 应安装渐进式防坠安全器并应灵敏可靠,并且只能在有效的标定期内使用。

(3) 对重钢丝绳应安装防松绳装置。

(4) 吊笼的控制装置(含便携式控制装置)应安装非自动复位型的急停开关,任何时候均可切断控制电路停止吊笼运行。

(5) 底架应安装吊笼和对重用的缓冲器,缓冲器应符合规范要求。

(6) SC型施工升降机应安装一对以上安全钩。

2) 限位装置

(1) 应安装非自动复位型极限开关并应灵敏可靠。

(2) 应安装自动复位型上、下限位开关并应灵敏可靠,上、下限位开关安装位置应符合规范要求。

(3) 正常工作状态下,上极限开关与上限位开关之间的越程距离为0.15m,在吊笼碰到缓冲器前下极限开关应首先动作。

(4) 极限开关不应与限位开关共用一个触发元件。

(5) 吊笼门应安装机电连锁装置并应灵敏可靠。

(6) 吊笼顶窗应安装电气安全开关并应灵敏可靠。

3) 防护设施

(1) 吊笼和对重升降通道周围应安装地面防护围栏,并符合规范要求,围栏门应安装机电联锁装置并应灵敏可靠。

(2) 应设置地面出入通道防护棚并应符合规范要求。

(3) 停层平台搭设应符合规范要求。

(4) 各停层处应安装层门,层门应符合规范要求。

4) 附墙架

(1) 附墙架应采用配套标准产品,当附墙架不能满足施工现场要求时,应对附墙架另行设计,附墙架的设计应满足构件刚度、强度、稳定性等要求,制作应满足设计要求。

(2) 附墙架与建筑结构的连接方式、角度应符合说明书要求。

(3) 附墙架间距、最高附着点以上导轨架的自由高度应符合说明书要求。

5) 钢丝绳、滑轮与对重

(1) 对重钢丝绳绳数不得少于两根且应相互独立。

(2) 钢丝绳使用应符合规范要求,未达到报废标准。

(3) 滑轮应安装钢丝绳防脱装置并应符合规范要求。

(4) 对重应符合说明书及规范要求,除对重导向轮和滑靴外还应设有防脱轨保护装置。

6) 安装、拆卸与验收

(1) 安装、拆卸单位应具备建设行政主管部门颁发的起重设备安装工程专业承包资质和建筑施工企业安全生产许可证。

(2) 安装、拆卸应制定专项方案,并经过审批,方案编制应符合说明书及规范要求。

（3）安装验收资料填写应符合规范要求并经责任人签字确认。

（4）施工升降机的安装拆卸工、电工、司机应具有建筑施工特种作业操作资格证书。

2．一般项目的检查评定应符合下列规定

1）导轨架

（1）垂直安装的施工升降机的导轨架垂直度偏差和倾斜式或曲线式导轨架正面垂直度偏差应符规范要求。

（2）标准节腐蚀、磨损、开焊、变形应符合说明书及规范要求。

（3）标准节结合面阶差不应大于0.8mm。

（4）齿条结合处，沿齿高方向的阶差不应大于0.3mm，沿长度方向的齿距偏差不应大于0.6mm。

2）基础

（1）基础制作、验收应符合说明书及规范要求。

（2）特殊基础应有制作方案及验收资料，对设置在地下室顶板、楼面或其他下部悬空结构上的施工升降机，应对基础支承结构进行承载力验算。

（3）基础应设有排水设施。

3）电气安全

（1）施工升降机与架空线路安全距离和防护应符合《施工现场临时用电安全技术规范》（JGJ 46）的规定。

（2）电缆应符合说明书及规范要求，并保证在吊笼运行中不受阻碍。

（3）电缆导向架应按说明书设置。

（4）施工升降机未在其他避雷装置保护范围内、应设置避雷装置。

（5）避雷装置设置应符合现行行业标准《施工现场临时用电安全技术规范》（JGJ 46）的规定。

4）通信装置

应安装楼层联络装置，并应灵敏可靠。

施工升降机检查评分表见表5-4。

表5-4　施工升降机检查评分表

序号	检查项目		扣分标准	应得分数	扣减分数	实得分数
1	保证项目	安全装置	未安装起重量限制器或不灵敏扣10分 未安装渐进式防坠安全器或不灵敏扣10分 防坠安全器超过有效标定期限扣10分 对重钢丝绳未安装防松绳装置或不灵敏扣6分 未安装急停开关扣5分 急停开关不符合规范要求扣3~5分 未安装吊笼和对重用的缓冲器扣5分 未安装安全钩扣5分	10		

续表

序号	检查项目		扣分标准	应得分数	扣减分数	实得分数
2		限位装置	未安装极限开关或极限开关不灵敏扣 10 分 未安装上限位开关或上限位开关不灵敏扣 10 分 未安装下限位开关或下限位开关不灵敏扣 8 分 极限开关与上限位开关安全不符合规范要求的扣 5 分 极限限位器与上、下限位开关共用一个触发元件扣 4 分 未安装吊笼门机电联锁装置或不灵敏扣 8 分 未安装吊笼顶窗电气安全开关或不灵敏扣 4 分	10		
3	保证项目	防护设施	未设置防护围栏或设置不符合规范要求扣 8～10 分 未安装防护围栏门联锁保护装置或联锁保护装置不灵敏扣 8 分 未设置出入口防护棚或设置不符合规范要求扣 6～10 分 停层平台搭设不符合规范要求扣 5～8 分 未安装平台门或平台门不起作用每一处扣 4 分 平台门不符合规范要求、未达到定型化每一处扣 2～4 分	10		
4		附着	附墙架未采用配套标准产品扣 8～10 分 附墙架与建筑结构连接方式、角度不符合说明书要求扣 6～10 分 附墙架间距、最高附着点以上导轨架的自由高度超过说明书要求扣 8～10 分	10		
5		钢丝绳、滑轮与对重	对重钢丝绳绳数少于 2 根或未相对独立扣 10 分 钢丝绳磨损、变形、锈蚀达到报废标准扣 6～10 分 钢丝绳的规格、固定、缠绕不符合说明书及规范要求扣 5～8 分 滑轮未安装钢丝绳防脱装置或不符合规范要求扣 4 分 对重重量、固定、导轨不符合说明书及规范要求扣 6～10 分 对重未安装防脱轨保护装置扣 5 分	10		
6		安装、拆卸与验收	安装、拆卸单位无资质扣 10 分 未制定安装、拆卸专项方案扣 10 分 方案无审批或内容不符合规范要求扣 5～8 分 未履行验收程序或验收表无责任人签字扣 5～8 分 验收表填写不符合规范要求每一项扣 2～4 分 特种作业人员未持证上岗扣 10 分	10		
		小计		60		

续表

序号	检查项目		扣分标准	应得分数	扣减分数	实得分数
7	一般项目	导轨架	导轨架垂直度不符合规范要求扣 7～10 分 标准节腐蚀、磨损、开焊、变形超过说明书及规范要求扣 7～10 分 标准节结合面偏差不符合规范要求扣 4～6 分 齿条结合面偏差不符合规范要求扣 4～6 分	10		
8		基础	基础制作、验收不符合说明书及规范要求扣 8～10 分 特殊基础未编制制作方案及验收扣 8～10 分 基础未设置排水设施扣 4 分	10		
9		电气安全	施工升降机与架空线路小于安全距离又未采取防护措施扣 10 分 防护措施不符合要求扣 4～6 分 电缆使用不符合规范要求扣 4～6 分 电缆导向架未按规定设置扣 4 分 防雷保护范围以外未设置避雷装置扣 10 分 避雷装置不符合规范要求扣 5 分	10		
10		通信装置	未安装楼层联络信号扣 10 分 楼层联络信号不灵敏扣 4～6 分	10		
		小计		40		
检查项目合计				100		

评分员：　　　　　　　　　　　　　　　　　　　　　　　　　年　　月　　日

5.3 物料提升机

5.3.1 概述

物料提升机是建筑施工现场常用的一种输送物料的垂直运输设备。它以卷扬机为动力，以底架、立柱及天梁为架体，以钢丝绳为传动，以吊笼（吊篮）为工作装置。在架体上装设滑轮、导轨、导靴、吊笼、安全装置等和卷扬机配套构成完整的垂直运输体系。物料提升机构造简单，用料品种和数量少，制作容易，安装拆卸和使用方便，价格低，是一种投资少、见效快的装备机具，因而受到施工企业的欢迎，近几年得到了快速发展。

按照不同的分类方式如下。

（1）按结构形式的不同，物料提升机可分为龙门架式物料提升机和井架式物料提升机。

① 龙门架式物料提升机：以地面卷扬机为动力，由两根立柱与天梁构成门架式架体、吊篮（吊笼）在两立柱间沿轨道作垂直运动的提升机。

② 井架式物料提升机：以地面卷扬机为动力，由型钢组成井字架体、吊笼（吊篮）在井孔内或架体外侧沿轨道作垂直运动的提升机。

(2) 按架设高度的不同，物料提升机可分为高架物料提升机和低架物料提升机。

① 架设高度在 30m(含 30m)以下的物料提升机为低架物料提升机。

② 架设高度在 30～150m(不含 30m)的物料提升机为高架物料提升机。

5.3.2　物料提升机的结构

物料提升机由架体、提升与传动机构、吊笼(吊篮)、稳定机构、安全保护装置和电气控制系统组成。本节介绍物料提升机的架体、提升与传动机构和吊笼(吊篮)。

物料提升机结构的设计和计算应符合《钢结构设计规范》(GBJ 50017)、《塔式起重机设计规范》(GB/T 13752)和《龙门架及井架物料提升机安全技术规范》(JGJ 88)等标准的有关要求。物料提升机结构的设计和计算应提供正式、完整的计算书，结构计算应含整体抗倾翻稳定性、基础、立柱、天梁、钢丝绳、制动器、电机、安装抱杆、附墙架等的计算。

1. 架体

架体的主要构件有底架、立柱、导轨和天梁。

1) 底架

架体的底部设有底架，用于立柱与基础的连接。

2) 立柱

由型钢或钢管焊接组成，用于支承天梁的结构件，可为单立柱、双立柱或多立柱。立柱可由标准节组成，也可以由杆件组成，其断面可组成三角形、方形。当吊笼在立柱之间，立柱与天梁组成龙门形状时，称为龙门架式；当吊笼在立柱的一侧或两侧时，立柱与天梁组成井字形状时，称为井架式。

3) 导轨

导轨是为吊笼提供导向的部件，可用工字钢或钢管。导轨可固定在立柱上，也可直接用立柱主肢作为吊笼垂直运行的导轨。

4) 天梁

安装在架体顶部的横梁，是主要的受力构件，承受吊笼(吊篮)自重及所吊物料重量，天梁应使用型钢，其截面高度应经计算确定，但不得小于两根 14 槽钢。

2. 提升与传动机构

1) 卷扬机

卷扬机是物料提升机主要的提升机构。按构造形式分为可逆式卷扬机和摩擦式卷扬机。提升机卷扬机应符合《建筑卷扬机》(GB/T 1955)的规定，卷扬机的牵引力应满足物料提升机设计要求。卷筒与钢丝绳直径的比值不应小于 30。卷筒两端的凸缘至最外层钢丝绳的距离不应小于钢丝绳直径的两倍。钢丝绳在卷筒上应整齐排列，端部应与卷筒压紧装置连接牢固。当吊笼处于最低位置时，卷筒上的钢丝绳不应少于 3 圈。卷扬机应设置防止钢丝绳脱出卷筒的保护装置。物料提升机严禁使用摩擦式卷扬机。

2) 滑轮与钢丝绳

装在天梁上的滑轮称天轮，装在架体底部的滑轮称地轮，钢丝绳通过天轮、地轮及吊篮上的滑轮穿绕后，一端固定在天梁的销轴上，另一端与卷扬机卷筒锚固。滑轮直径与钢丝绳直径的比值不应小于30。滑轮应设置防钢丝绳脱出的装置。滑轮与吊笼或导轨架，应采用刚性连接。

3）导靴

导靴是安装在吊笼上沿导轨运行的装置，可防止吊笼运行中偏移或摆动，保证吊笼垂直上下运行。

4）吊笼（吊篮）

吊笼（吊篮）是装载物料沿提升机导轨作上下运行的部件。吊笼（吊篮）的两侧应设置高度不小于100cm的安全挡板或挡网。

5.3.3　物料提升机的稳定性

物料提升机的稳定性能主要取决于物料提升机的基础、附墙架、缆风绳及地锚。

1. 基础

物料提升机的基础应能承受最不利工作条件下的全部荷载。30m及以上物料提升机的基础应进行设计计算。对30m以下物料提升机的基础，当设计无要求时，应符合下列规定。

（1）基础土层的承载力，不应小于80kPa。

（2）基础混凝土强度等级不应低于C20，厚度不应小于300mm。

（3）基础表面应平整，水平度不应大于10mm。

（4）基础周边应有排水设施。

2. 附墙架

它是为增强提升机架体的稳定性而连接在物料提升机架体立柱与建筑物结构之间的钢结构。当导轨架的安装高度超过设计的最大独立高度时，必须安装附墙架。宜采用制造商提供的标准附墙架，当标准附墙架结构尺寸不能满足要求时，可经设计计算采用非标准附墙架，并应符合下列规定。

（1）附墙架的材质应与导轨架相一致。

（2）附墙架与导轨架及建筑结构采用刚性连接，不得与脚手架连接。

（3）附墙架间距、自由端高度不应大于使用说明书的规定值。

3. 缆风绳

缆风绳是为保证架体稳定而在其4个方向设置的拉结绳索，所用材料为钢丝绳。当物料提升机安装条件受到限制不能使用附墙架时，可采用缆风绳，缆风绳的设置应符合说明书的要求，并应符合下列规定。

（1）每一组4根缆风绳与导轨架的连接点应在同一水平高度，且应对称设置；缆风绳与导轨架的连接处应采取防止钢丝绳受剪破坏的措施。

（2）缆风绳宜设在导轨架的顶部；当中间设置缆风绳时，应采取增加导轨架刚度的措施。

（3）缆风绳与水平面夹角宜在45°～60°之间，并应采用与缆风绳等强度的花篮螺栓与地锚连接。

（4）当物料提升机安装高度大于或等于30m时，不得使用缆风绳。

4. 地锚

地锚的受力情况，埋设的位置如何都直接影响着缆风绳的作用，常常因地锚角度不够或受力达不到要求发生变形，而造成架体歪斜甚至倒塌。在选择缆风绳的锚固点时，要视其土质情况，决定地锚的形式和做法。30m以下物料提升机可采用桩式地锚。当采用钢管(48mm×3.5mm)或角钢(75mm×6mm)时，不应少于两根，应并排设置，间距不应小于0.5mm，打入深度不应小于1.7m；顶部应设有防止缆风绳滑脱的装置。

5.3.4 物料提升机安全保护装置

当荷载达到额定起重量的90%时，起重量限制器应发出警示信号；当荷载达到额定起重量的110%时，起重量限制器应切断上升主电路电源。当吊笼提升钢丝绳断绳时，防坠安全器应制停带有额定起重量的吊笼，且不应造成结构损坏。自升平台应采用渐进式防坠安全器。

安全停层装置应为刚性机构，吊笼停层时，安全停层装置应能可靠承担吊笼自重、额定荷载及运料人员等全部工作荷载。吊笼停层后底板与停层平台的垂直偏差不应大于50mm。

限位装置应符合下列规定。

(1) 上限位开关。当吊笼上升至限定位置时，触发限位开关，吊笼被制停，上部越程距离不应小于3m。

(2) 下限位开关。当吊笼下降至限定位置时，触发限位开关，吊笼被制停。

紧急断电开关应为非自动复位型，任何情况下均可切断主电路停止吊笼运行。紧急断电开关应设在便于司机操作的位置。

缓冲器应承受吊笼及对重下降时相应的冲击荷载。当司机对吊笼升降运行，停层平台观察视线不清时，必须设置通信装置，通信装置应同时具备语音和影像显示功能。

5.3.5 物料提升机安装与拆卸

安装、拆除物料提升机的单位应具备下列条件：安装、拆除单位应具有起重机械安拆资质及安全生产许可证；安装、拆除作业人员必须经专门培训，取得特种作业资格证。

物料提升机安装、拆除前，应根据工程实际情况编制专项安装、拆除方案，且应经安装、拆除单位技术负责人审批后实施。

专项安装、拆除方案应具有针对性、可操作性，并应包括下列内容。

(1) 工程概况。

(2) 编制依据。

(3) 安装位置及示意图。

(4) 专业安装、拆除技术人员的分工及职责。

(5) 辅助安装、拆除起重设备的型号、性能、参数及位置。

(6) 安装、拆除的工艺程序和安全技术措施。

(7) 主要安全装置的调试及试验程序。

安装作业前的准备应符合下列规定。

（1）物料提升机安装前，安装负责人应依据专项安装方案对安装作业人员进行安全技术交底。

（2）应确认物料提升机的结构、零部件和安全装置经出厂检验，并符合要求。

（3）应确认物料提升机的基础已验收，并符合要求。

（4）应确认辅助安装起重设备及工具经检验检测，并符合要求。

（5）应明确作业警戒区，并设专人监护。

基础的位置应保证视线良好，物料提升机任意部位与建筑物或其他施工设备间的安全距离不应小于0.6mm；与外电线路的安全距离应符合现行行业标准《施工现场临时用电安全技术规范》（JGJ 46）的规定。

卷扬机（曳引机）的安装应符合下列规定。

（1）卷扬机安装位置宜远离危险作业区，且视线良好，操作棚应符合规范规定。

（2）卷扬机卷筒的轴线应与导轨架底部导向轮的中线垂直，垂直度偏差不宜大于2°，其垂直距离不宜小于20倍卷筒宽度；当不能满足条件时，应设排绳器。

（3）卷扬机（曳引机）宜采用地脚螺栓与基础固定牢固，当采用地锚固定时，卷扬机前端应设置固定止挡。

导轨架的安装程序应按专项方案的要求执行。紧固件的紧固力矩应符合使用说明书的要求。安装精度应符合下列规定。

（1）导轨架的轴心线对水平基准面的垂直度偏差不应大于导轨架高度的0.15%。

（2）标准节安装时导轨结合面对接应平直，错位形成的阶差应符合下列规定。

① 吊笼导轨不应大于1.5mm。

② 对重导轨、防坠器导轨不应大于0.5mm。

（3）标准节截面内，两对角线长度偏差不应大于最大边长的0.3%。

钢丝绳宜设防护槽，槽内应设滚动托架，且应采用钢板网将槽口封盖。钢丝绳不得拖地或浸泡在水中。拆除作业前，应对物料提升机的导轨架、附墙架等部位进行检查，确认无误后方能进行拆除作业。拆除作业应先挂吊具、后拆除附墙架或缆风绳及地脚螺栓。拆除作业中，不得抛掷构件。拆除作业宜在白天进行，夜间作业应有良好的照明。

物料提升机安装完毕后应由工程负责人组织安装单位、使用单位、租赁单位和监理单位等对物料提升机安装质量进行验收，并应填写验收记录。物料提升机验收合格后，应在导轨架明显处悬挂验收合格标志牌。

5.3.6 物料提升机使用管理

使用单位应建立设备档案，档案内容应包括下列项目：安装检测及验收记录；大修及更换主要零部件记录；设备安全事故记录；累计运转记录。

物料提升机必须由取得特种作业操作证的人员操作。严禁攀爬物料提升机，物料提升机严禁载人，如图5.13～图5.15所示。物料应在吊笼内均匀分布，不应过度偏载。不得装载超出吊笼空间的超长物料，不得超载运行。在任何情况下，不得使用限位开关代替控制开关运行。物料提升机每班作业前司机应进行作业前检查，确认无误后方可作业。应检查确认下列内容。

图 5.13 提升机使用注意事项

图 5.14 吊篮内严禁乘人

图 5.15 严禁攀爬提升架

(1) 制动器可靠有效。

(2) 限位器灵敏完好。

(3) 停层装置动作可靠。

(4) 钢丝绳磨损在允许范围内。

(5) 吊笼及对重导向装置无异常。

(6) 滑轮、卷筒防钢丝绳脱槽装置可靠有效;

(7) 吊笼运行通道内无障碍物。

当发生防坠安全器制停吊笼的情况时，应查明制停原因，排除故障，并应检查吊笼、导轨架及钢丝绳，应确认无误并重新调整防坠安全器后运行。物料提升机夜间施工应有足够照明，照明用电应符合现行行业标准《施工现场临时用电安全技术规范》(JGJ 46)的规定。物料提升机在大雨、大雾、风速 13m/s 及以上大风等恶劣天气时，必须停止运行。作业结束后，应将吊笼返回最底层停放，控制开关应扳至零位，并应切断电源，锁好开关箱。

  案例分析

2011 年 10 月 17 日中午 11 时 20 分左右，位于某市的一大厦装修施工工地内发生事故，正在搭设的物料提升机突然从 13 层高空坠落，站在物料提升吊盘上的 3 名施工人员随之坠下，全部遇难。据一名施工人员讲，该大厦正在实施四、五层内装修工程，当时有 5 名施工人员在大厦 13 层搭设物料提升机，其中两人站在金属架上，另外 3 人则站在了物料提升吊盘上。中午 11 时 20 分左右，吊盘及一个标准节突然发生坠落，站在上面的 3 名施工人员还未做出反应，便从高空坠下，大伙儿见状立即拨打了 120，如图 5.16 所示。谈及事故原因，这位施工人员表示，有可能是物料提升机的抱闸制动发生故障造成的。

5.3.7 物料提升机检查评定应用训练

物料提升机检查评定应符合现行行业标准《龙门架及井架物料提升机安全技术规范》(JGJ 88)的规定。检查评定保证项目包括：安全装置、防护设施、附墙架与缆风绳、钢丝绳、安装与验收。一般项目包括：导轨架、动力与传动、通信装置、卷扬机操作棚、避雷装置。

图 5.16 物料提升机坠落现场

1. 保证项目的检查评定应符合下列规定

1）安全装置

（1）应安装起重量限制器、防坠安全器、并应灵敏可靠。

（2）安全停层装置应能承受全部工作荷载。

（3）上限位开关灵敏可靠，安全越程不小于 3m。

（4）安装高度超过 30m 的物料提升机应安装渐进式防坠安全器及自动停层装置、语音影像信号装置。

2）防护设施

（1）防护围栏、防护棚设置应符合规范要求。

（2）停层平台两侧应设置防护栏杆、挡脚板，平台脚手板应铺满、铺平。

（3）平台门、吊笼门应符合规范要求。

3）附墙架与缆风绳

（1）附墙架结构、材质、间距应符合规范要求。

（2）附墙架应与建筑物结构可靠连接。

（3）缆风绳设置的数量、位置、角度应符合规范要求，并应与地锚可靠连接。

（4）安装高度 30m 的物料提升机必须使用附墙架。

（5）地锚设置应符合规范要求。

4）钢丝绳

（1）钢丝绳磨损、断丝、变形、锈蚀量应在正常使用范围内。

（2）钢丝绳夹的设置应符合规范要求。

（3）吊笼处于最低位置时，卷筒上钢丝绳必须保证不少于 3 圈。

（4）钢丝绳应设置过路保护装置。

5）安装与验收

（1）安装单位资质应具有起重机械安装（拆卸）资质，特种作业人员应持证上岗。

（2）安装（拆卸）作业应制定安全专项方案。

（3）安装验收表填写应符合规范要求，并应由责任人签字确认。

2. 一般项目的检查评定应符合下列规定

1）导轨架

（1）基础的承载力、强度、几何尺寸、平整度应符合规范要求。

（2）导轨架垂直度偏差不应大于 0.15%，结合面阶差不应大于 1.5mm。

（3）井架停层平台通道处应进行结构加强。

2）动力与传动

（1）卷扬机应安装牢固；卷扬机卷筒与导轨底部导向轮的距离小于 20 倍卷筒宽度时，应设置排绳器。

（2）钢丝绳应在卷筒上排列整齐。

（3）滑轮与导轨架、吊笼应采用刚性连接，并应与钢丝绳相匹配。

（4）卷筒、滑轮应设置防止钢丝绳脱出的装置。

（5）曳引钢丝绳为两根以上时，应设置曳引力平衡装置。

3）通信装置

（1）通信装置设置应符合规范要求。

（2）通信装置应具有语音和影像显示功能。

4）卷扬机操作棚

卷扬机操作棚强度、操作空间应符合规范要求。

5）避雷装置

（1）物料提升机未在其他避雷装置保护范围内，应设置避雷装置。

（2）避雷装置设置应符合现行标准《施工现场临时用电安全技术规范》（JGJ 46）的有关要求。

物料提升机检查评分表见表 5-5。

表 5-5　物料提升机检查评分表

序号	检查项目		扣分标准	应得分数	扣减分数	实得分数
1	保证项目	安全装置	未安装起重量限制器、防坠安全器扣 15 分 起重量限制器、防坠安全器不灵敏扣 15 分 安全停层装置不符合规范要求，未达到定型化扣 10 分 未安装上限位开关的扣 15 分 上限位开关不灵敏、安全越程不符合规范要求的扣 10 分 物料提升机安装高度超过 30m，未安装渐进式防坠安全器、自动停层、语音及影像信号装置每项扣 5 分	15		
2		防护设施	未设置防护围栏或设置不符合规范要求扣 5 分 未设置进料口防护棚或设置不符合规范要求扣 5～10 分 停层平台两侧未设置防护栏杆、挡脚板每处扣 5 分，设置不符合规范要求每处扣 2 分 停层平台脚手板铺设不严、不牢每处扣 2 分 未安装平台门或平台门不起作用每处扣 5 分，平台门安装不符合规范要求，未达到定型化每处扣 2 分 吊笼门不符合规范要求扣 10 分	15		
3		附墙架与缆风绳	附墙架结构、材质、间距不符合规范要求扣 10 分 附墙架未与建筑结构连接或附墙架与脚手架连接扣 10 分 缆风绳设置数量、位置不符合规范扣 5 分 缆风绳未使用钢丝绳或未与地锚连接每处扣 10 分 钢丝绳直径小于 8mm 扣 4 分，角度不符合 45°～60° 要求每处扣 4 分 安装高度 30m 的物料提升机使用缆风绳扣 10 分 地锚设置不符合规范要求每处扣 5 分	10		

续表

序号	检查项目		扣分标准	应得分数	扣减分数	实得分数
4	保证项目	钢丝绳	钢丝绳磨损、变形、锈蚀达到报废标准扣10分 钢丝绳夹设置不符合规范要求每处扣5分 吊笼处于最低位置，卷筒上钢丝绳少于3圈扣10分 未设置钢丝绳过路保护或钢丝绳拖地扣5分	10		
5		安装与验收	安装单位未取得相应资质或特种作业人员未持证上岗扣10分 未制定安装(拆卸)安全专项方案扣10分，内容不符合规范要求扣5分 未履行验收程序或验收表未经责任人签字扣5分 验收表填写不符合规范要求每项扣2分	10		
		小计		60		
6	一般项目	导轨架	基础设置不符合规范扣10分 导轨架垂直度偏差大于0.15%扣5分 导轨结合面阶差大于1.5mm扣2分 井架停层平台通道处未进行结构加强的扣5分	10		
7		动力与传动	卷扬机、曳引机安装不牢固扣10分 卷筒与导轨架底部导向轮的距离小于20倍卷筒宽度，未设置排绳器扣5分 钢丝绳在卷筒上排列不整齐扣5分 滑轮与导轨架、吊笼未采用刚性连接扣10分 滑轮与钢丝绳不匹配扣10分 卷筒、滑轮未设置防止钢丝绳脱出的装置扣5分 曳引钢丝绳为两根及以上时，未设置曳引力平衡装置扣5分	10		
8		通信装置	未按规范要求设置通信装置扣5分 通信装置未设置语音和影像显示扣3分	5		
9		卷扬机操作棚	卷扬机未设置操作棚的扣10分 操作棚不符合规范要求的扣5~10分	10		
10		避雷装置	防雷保护范围以外未设置避雷装置的扣5分 避雷装置不符合规范要求的扣3分	5		
		小计		40		
	检查项目合计			100		

评分员：　　　　　　　　　　　　　　　　　　　　　　年　　月　　日

💡 **特别提示**

　　物料提升机发生事故的主要原因：一是自己生产自己使用，设计不合理；二是安全装置不能满足规范规定，流于形式；三是缆风绳与建筑物连接不符合要求，使用中架体晃动大，失稳；四是提升机安装后，不经验收，给使用带来隐患。因此，检查中将架体制作，限位保险装置，架体稳定，提升钢丝绳，楼层卸料平台，吊篮及安装验收都列为保证项目，作为检查重点。

本 章 小 结

本章主要介绍了塔式起重机的分类、性能参数、主要机构、安全装置、基本规定、基础工程的设计与施工、安装使用拆卸、吊索具的使用、安全评估和检查评定训练；施工升降机概述、构造、基本规定、安装使用拆卸、检查评定训练；物料提升机概述、构造、安装使用拆卸、检查评定训练。要求掌握塔机及施工升降机和物料提升机的结构和分类，安装和拆卸要点，安全保护装置，安全使用和维修保养，安全检查内容。会进行塔机及施工升降机和物料提升机的安全使用检查验收，根据《建筑施工安全检查标准》(JGJ 59)进行评分。

思考与拓展题

1. 了解施工现场常用的塔吊的型号。
2. 塔式起重机的性能参数有哪些？含义是什么？
3. 针对某现场的塔式起重机，说说它的主要机构名称。
4. 塔式起重机有哪些安全防护装置？
5. 塔吊作业前重点检查内容有哪些？
6. 什么是塔吊安全装置的"四限位、两保险"？
7. 塔式起重机的安装条件是什么？
8. 塔式起重机安全使用要点有哪些？
9. 塔式起重机拆卸注意事项是什么？
10. 塔式起重机如何进行检查评定？
11. 说说施工升降机的构造。
12. 施工升降机的安全基本规定是什么？
13. 施工升降机的安装、使用、拆卸的安全要点各有哪些？
14. 施工升降机的安全检查评定内容有哪些？
15. 物料提升机的种类有哪些？
16. 物料提升机的稳定装置有哪些？
17. 高架物料提升机安全防护装置应有哪些？
18. 井架提升机应具有哪几种安全防护装置？
19. 物料提升机安全使用注意事项是什么？
20. 物料提升机如何进行安全检查评定？

第 6 章

其他建筑机械安全技术

课程内容	知识要点	教学目标
建筑施工机械安全技术与预控	起重吊装的一般要求、起重吊装的检查评定；木工机械、钢筋机械、混凝土机械、桩工机械、其他机械等安全技术操作要点；施工机具的检查评定	掌握常用建筑机械的安全操作规程，熟悉起重吊装的相关安全要求；了解其他机械的安全要点；会进行起重吊装和施工机具的安全检查评定

▶▶章节导读

建筑机械伤害是建筑行业的"五大伤害"之一，它常常给建筑施工带来巨大的人员伤亡和财产损失。在建筑机械化程度很高的国家，由于机械设备的原因造成的伤害已占很大比例。随着市场经济的发展，建筑施工已向着大型化、高层化、现代化、快速化的方向迅速发展。建筑机械的大量采用，机械化程度的日益提高，使得伤害事故数量增大，尤其是重大事故在增多。建筑机械是为建筑施工服务的，建筑机械伤害事故是在建筑施工过程中产生的。

特别提示

由于建筑机械具有以下的使用特点，发生伤害的概率自然也就高得多。建筑机械如混凝土机械等长期露天工作，经受风吹雨打和日晒，恶劣的环境条件对机械的使用寿命、工作可靠性和安全性都有非常不利的影响；建筑机械的作业对象以砂、石、土、混凝土、砂浆及其他建筑材料为主，工作时受力复杂，载荷变化大，腐蚀大，磨损严重，如起重机钢丝绳容易磨损断裂，土方机械工作装置容易磨损破坏等；施工机械场地和操作人员的流动性都比较大，由此引起安装质量、维修质量、操作水平变化也比较大，直接影响使用的安全性。

6.1 一般规定

操作人员应体检合格，无妨碍作业的疾病和生理缺陷，并应经过专业培训考核合格取得建设行政主管部门颁发的操作证或公安部门颁发的机动车驾驶执照后，方可持证上岗。学员应在专人指导下进行工作。操作人员在作业过程中，应集中精力正确操作，注意机械工况，不得擅自离开工作岗位或将机械交给其他无证人员操作。严禁无关人员进入作业区或操作室内。操作人员应遵守机械有关保养规定，认真及时做好各级保养工作，经常保持机械的完好状态。

实行多班作业的机械，应执行交接班制度，认真填写交接班记录，接班人员经检查确认无误后，方可进行工作。

在工作中操作人员和配合作业人员必须按规定穿戴劳动保护用品，长发应束紧不得外露，高处作业时必须系安全带。

现场施工负责人应为机械作业提供道路、水电、机棚或停机场地等必备的条件，并消除对机械作业有妨碍或不安全的因素。夜间作业应设置充足的照明。

机械进入作业地点后，施工技术人员应向操作人员进行施工任务和安全技术措施交底。操作人员应熟悉作业环境和施工条件，听从指挥，遵守现场安全规则。

机械必须按照出厂使用说明书规定的技术性能、承载能力和使用条件，正确操作，合理使用，严禁超载作业或任意扩大使用范围。机械上的各种安全防护装置及监测、指示、仪表、报警等自动报警、信号装置应完好齐全，有缺损时应及时修复。安全防护装置不完整或已失效的机械不得使用。机械不得带病运转，运转中发现不正常时，应先停机检查，排除故障后方可使用。

凡违反《建筑机械使用安全技术规程》的作业命令，操作人员应说明理由，拒绝执行。由于发令人强制违章作业而造成事故的，应追究发令人的责任，直至追究刑事责任。

新机、经过大修或技术改造的机械，必须按出厂使用说明书的要求和现行国家标准《建筑机械技术试验规程》进行测试和试运转。

机械集中停放的场所，应有专人看管，并应设置消防器材及工具；大型内燃机械应配备灭火器；机房、操作室及机械四周不得堆放易燃、易爆物品。

变配电所、乙炔站、氧气站、空气压缩机房、发电机房、锅炉房等易于发生危险的场所，应在危险区域界限处，设置围栏和警告标志，非工作人员未经批准不得入内。

挖掘机、起重机、打桩机等重要作业区域，应设立警告标志及采取现场安全措施。在机械产生对人体有害的气体、液体、尘埃、渣滓、放射性射线、振动、噪声等场所，必须配置相应的安全保护设备和三废处理装置。在隧道、沉井基础施工中，应采取措施，使有害物限制在规定的限度内。

使用机械与安全生产发生矛盾时，必须首先服从安全要求。停用一个月以上或封存的机械，应认真做好停用或封存前的保养工作，并应采取预防风沙、雨淋、水泡、锈蚀等措施。

机械使用的润滑油（脂）应符合出厂使用说明书所规定的种类和牌号，并应按时、按季、按质更换。

当机械发生重大事故时，企业各级领导必须及时上报和组织抢救，保护现场，查明原因，分清责任，落实及完善安全措施，并按事故性质严肃处理。

6.2　手持电动工具

（1）使用刃具的机具，应保持刃磨锋利，完好无损，安装正确，牢固可靠。使用砂轮的机具应检查砂轮与接盘间的软垫并安装稳固，螺帽不得过紧。凡受潮、变形、裂纹、破碎、磕边缺口或接触过油、碱类的砂轮均不得使用，并不得将受潮的砂轮片自行烘干使用。

在潮湿地区或在金属构架、压力容器、管道等导电良好的场所作业时，必须使用双重绝缘或加强绝缘的电动工具。非金属壳体的电动机、电器，在存放和使用时不应受压受潮，并不得接触汽油等溶剂。

作业前的检查应符合下列要求：外壳、手柄不出现裂缝、破损；电缆软线及插头等完好无损；开关动作正常，保护接零连接正确、牢固、可靠；各部防护罩齐全牢固，电气保护装置可靠。

机具起动后，应空载运转，应检查并确认机具联动灵活无阻。

作业时，加力应平稳，不得用力过猛，严禁超载使用。作业中应注意音响及温升，发现异常应立即停机检查。在作业时间过长，机具温升超过60℃时，应停机，自然冷却后再行作业。作业中，不得用手触摸刃具、模具和砂轮，发现其有磨钝、破损情况时，应立即停机修整或更换，然后再继续进行作业。机具转动时，不得撒手不管。

（2）使用冲击电钻或电锤时，应符合下列要求。作业时应掌握电钻或电锤手柄；打孔时先将钻头抵在工作表面，然后开动，用力适度，避免晃动；转速若急剧下降，应减少用力，防止电机过载，严禁用木杠加压；钻孔时，应注意避开混凝土中的钢筋；电钻和电锤为40％断续工作制，不得长时间连续使用；作业孔径在25mm以上时，应有稳固的作业平台，周围应设护栏。

（3）使用瓷片切割机时应符合下列要求。作业时应防止杂物、泥尘混入电动机内，并应随时观察机壳温度；当机壳温度过高及产生炭刷火花时，应立即停机检查处理；切割过程中用力应均匀适当，推进刀片时不得用力过猛；当发生刀片卡死时，应立即停机，慢慢退出刀片，应再重新对正后方可再切割。

（4）使用角向磨光机时应符合下列要求。砂轮应选用增强纤维树脂型，其安全线速度不得小于80m/s；配用的电缆与插头应具有加强绝缘性能，并不得任意更换；磨削作业时，应使砂轮与工件面保持15°～30°的倾斜位置；切削作业时，砂轮不得倾斜，并不得横向摆动。

（5）使用电剪时应符合下列要求。作业前应先根据钢板厚度调节刀头间隙量，作业时不得用力过猛；当遇刀轴往复次数急剧下降时，应立即减少推力。

（6）使用射钉枪时应符合下列要求。严禁用手掌推压钉管和将枪口对准人；击发时，应将射钉枪垂直压紧在工作面上；当两次扣动扳机，钉弹均不击发时，应保持原射击位置数秒钟后，再退出射钉弹；在更换零件或断开射钉枪之前，射枪内均不得装有射钉弹。

（7）使用拉铆枪时应符合下列要求。被铆接物体上的铆钉孔应与铆钉滑配合，并过盈不得量太大；铆接时，当铆钉轴未拉断时，可重复扣动扳机，直到拉断为止；不得强行扭断或撬断；作业中，接铆头子或并帽若有松动，应立即拧紧。

6.3 起重吊装机械

6.3.1 基本要求

操作人员在作业前必须对工作现场环境、行驶道路、架空电线、建筑物以及构件重量和分布情况进行全面了解。现场施工负责人应为起重机作业提供足够的工作场地，清除或避开起重臂起落及回转半径内的障碍物。

各类起重机应装有音响清晰的喇叭、电铃或汽笛等信号装置。在起重臂、吊钩、平衡重等转动体上应标以鲜明的色彩标志。

起重吊装的指挥人员必须持证上岗。作业时应与操作人员密切配合，执行规定的指挥信号。操作人员应按照指挥人员的信号进行作业。当信号不清或错误时，操作人员可拒绝执行。操纵室远离地面的起重机，在正常指挥发生困难时，地面及作业层、高空的指挥人员均应采用对讲机等有效的通信联络进行指挥。

在露天有6级及以上大风或大雨、大雪、大雾等恶劣天气时，应停止起重吊装作业。雨雪过后作业前，应先试吊，确认制动器灵敏可靠后方可进行作业。

起重机的变幅指示器、力矩限制器、起重量限制器以及各种行程限位开关等安全保护装置，应完好齐全、灵敏可靠，不得随意调整或拆除。严禁利用限制器和限位装置代替操纵机构。操作人员进行起重机回转、变幅、行走和吊钩升降等动作前，应发出音响信号示意。起重机作业时，起重臂和重物下方严禁有人停留或通过。重物吊运时，严禁从人上方通过。

严禁用起重机载运人员。操作人员应按规定的起重性能作业，不得超载。在特殊情况下需超载使用时，必须经过验算，有保证安全的技术措施并写出专题报告，经企业技术负责人批准，有专人在现场监护下，方可作业。

严禁使用起重机进行斜拉、斜吊和起吊地下埋设或凝固在地面上的重物以及其他不明重量的物体，如图6.1所示。现场浇注的混凝土构件或模板，必须全部松动后，

图6.1 遵守"十不吊"规定

方可起吊。起吊重物应绑扎平稳、牢固，不得在重物上再堆放或悬挂零星物件。易散落物件应使用吊笼栅栏固定后方可起吊。标有绑扎位置的物件，应按标记绑扎后起吊。吊索与物件的夹角宜采用45°～60°且不得小于30°，吊索与物件棱角之间应加垫块。

起吊载荷达到起重机额定起重量的90%及以上时，应先将重物吊离地面200～500mm后，检查起重机的稳定性、制动器的可靠性、重物的平稳性、绑扎的牢固性，确认无误后方可继续起吊。

对易晃动的重物应拴拉绳，重物起升和下降速度应平稳、均匀，不得突然制动，左右回转应平稳。当回转未停稳前不得作反向动作。非重力下降式起重机，不得带载自由下降。

严禁起吊重物长时间悬挂在空中，作业中遇突发故障，应采取措施将重物降落到安全地方，并关闭发动机或切断电源后进行检修。在突然停电时，应立即把所有控制器拨到零位，断开电源总开关，并采取措施使重物降到地面。

起重机不得靠近架空输电线路作业，起重机的任何部位与架空输电导线的安全距离不得小于表6-1的规定。

表6-1 起重机与架空输电导线的安全距离

电压/kV 安全距离	<1	1～15	20～40	60～110	220
沿垂直方向/m	1.5	3.0	4.0	5.0	6.0
沿水平方向/m	1.0	1.5	2.0	4.0	6.0

起重机使用的钢丝绳，应有钢丝绳制造厂签发的产品技术性能和质量的证明文件。当无证明文件时，必须经过试验合格后方可使用起重机使用的钢丝绳，其结构形式、规格及强度应符合该型起重机使用说明书的要求。钢丝绳与卷筒应连接牢固，放出钢丝绳时，卷筒上应至少保留3圈。收放钢丝绳时应防止钢丝绳打环、扭结、弯折和乱绳。不得使用扭结、变形的钢丝绳。使用编结的钢丝绳，其编结部分的长度不得小于钢丝绳直径的20倍，并不应小于300mm，其编结部分应捆扎细钢丝。当采用绳卡固接时，与钢丝绳直径匹配的绳卡的规格、数量应符合表6-2的规定。

表6-2 与绳径匹配的绳卡数

钢丝绳直径/mm	10以下	10～20	21～26	28～36	36～40
最少绳卡数/个	3	4	5	6	7
绳卡间距/mm	80	140	160	220	240

最后一个绳卡距绳头的长度不得小于140mm。绳卡滑鞍（夹板）应在钢丝绳承载时受力的一侧，"U"型螺栓应在钢丝绳的尾端，不得正反交错。绳卡初次固定后，应待钢丝绳受力后再度紧固，并宜拧紧到使两绳直径高度压扁1/3。作业中应经常检查紧固情况。

起重伤害是指从事各种起重作业时发生的机械伤害事故，不包括上下驾驶室时发生的坠落伤害、起重设备引起的触电及检修时制动失灵造成的伤害。

6.3.2 履带式起重机

起重机应在平坦坚实的地面上作业、行走和停放。在正常作业时，坡度不得大于3°，并应与沟渠、基坑保持安全距离。起重机启动前重点检查项目应符合下列要求。

(1) 各安全防护装置及各指示仪表齐全完好。

(2) 钢丝绳及连接部位符合规定。

(3) 燃油、润滑油、液压油、冷却水等添加充足。

(4) 各连接件无松动。

起重机启动前应将主离合器分离，各操纵杆放在空挡位置。内燃机启动后，应检查各仪表指示值，待运转正常再接合主离合器，进行空载运转，顺序检查各工作机构及其制动器，确认正常后，方可作业。

作业时，起重臂的最大仰角不得超过出厂规定。当无资料可查时，不得超过78°。起重机变幅应缓慢平稳，严禁在起重臂未停稳前变换挡位。起重机载荷达到额定起重量的90%及以上时，严禁下降起重臂。在起吊载荷达到额定起重量的90%及以上时，升降动作应慢速进行，并严禁同时进行两种及以上动作。

起吊重物时应先稍离地面试吊，当确认重物已挂牢，起重机的稳定性和制动器的可靠性均良好，再继续起吊如图6.2所示。

在重物升起过程中，操作人员应把脚放在制动踏板上，密切注意起升重物，防止吊钩冒顶。当起重机停止运转而重物仍悬在空中时，即使制动踏板被固定，仍应将脚踩在制动踏板上。

图6.2 起重机起吊过程

采用双机抬吊作业时，应选用起重性能相似的起重机进行。抬吊时应统一指挥，动作应配合协调，载荷应分配合理。单机的起吊载荷不得超过允许载荷的80%。在吊装过程中，两台起重机的吊钩滑轮组应保持垂直状态。

当起重机如需带载行走时，载荷不得超过允许起重量的70%。行走道路应坚实平整，重物应在起重机正前方。重物离地面不得大于500mm，并应拴好拉绳，缓慢行驶。严禁长距离带载行驶。

起重机行走时，转弯不应过急。当转弯半径过小时，应分次转弯。当路面凹凸不平时，不得转弯。起重机上下坡道时应无载行走，上坡时应将起重臂仰角适当放小；下坡时应将起重臂仰角适当放大。严禁下坡空挡滑行。作业后，起重臂应转至顺风方向，并降至40°~60°之间，吊钩应提升到接近顶端的位置，应关停内燃机，将各操纵杆放在空挡位置，各制动器加保险固定，操纵室和机棚应关门加锁。

起重机转移工地，应采用平板拖车运送。特殊情况需自行转移时，应卸去配重，拆短起重臂，主动轮应在后面。机身、起重臂、吊钩等必须处于制动位置，并应加保险固定。每行驶 500～1000m 时，应对行走机构进行检查和润滑。

6.3.3　汽车、轮胎式起重机

起重机行驶和工作的场地应保持平坦坚实，并应与沟渠基坑保持安全距离。

起重机启动前，重点检查项目应符合下列要求。

（1）各安全保护装置和指示仪表齐全完好。

（2）钢丝绳及连接部位符合规定。

（3）燃油、润滑油、液压油及冷却水添加充足。

（4）各连接件无松动。

（5）轮胎气压符合规定。

起重机启动前，应将各操纵杆放在空挡位置，手制动器应锁死，并应按规定启动内燃机。启动后，应怠速运转，检查各仪表指示值，运转正常后接合液压泵，待压力达到规定值，油温超过 30℃ 时，方可开始作业。

作业前，应全部伸出支腿，并在撑脚板下垫方木，调整机体使回转支承面的倾斜度在无载荷时不大于 1/1000（水准泡居中）。支腿有定位销的必须插上。底盘为弹性悬挂的起重机，放支腿前应先收紧稳定器。作业中，严禁扳动支腿操纵阀。调整支腿必须在无载荷时进行，并将起重臂转至正前或正后方，方可再行调整。

应根据所吊重物的重量和提升高度，调整起重臂长度和仰角，并应估计吊索和重物本身的高度，留出适当空间。

起重臂伸缩时，应按规定程序进行，在伸臂的同时应相应下降吊钩。当限制器发出警报时，应立即停止伸臂。起重臂缩回时，仰角不宜太小。起重臂伸出后，出现臂杆前节的长度大于后节伸出长度时，必须进行调整，消除不正常情况后，方可作业。起重臂伸出后，或主副臂全部伸出后，变幅时不得小于各长度所规定的仰角。

汽车式起重机起吊作业时，汽车驾驶室内不得有人。重物不得超越驾驶室上方，且不得在车的前方起吊。采用自由（重力）下降时，载荷不得超过该工况下额定起重量的 20%，并应使重物有控制地下降，下降停止前应逐渐减速，不得使用紧急制动。

起吊重物达到额定起重量的 50% 及以上时，应使用低速挡。作业中发现起重机倾斜、支腿不稳等异常现象时，应立即使重物下降，落在安全的地方，下降中严禁制动。

重物在空中需要较长时间停留时，应将起升卷筒制动锁住，操作人员不得离开操纵室。

起吊重物达到额定起重量的 90% 以上时，严禁同时进行两种及以上的操作动作。

起重机带载回转时，操作应平稳，避免急剧回转或停止，换向应在停稳后进行。

当轮胎式起重机带载行走时，道路必须平坦坚实，载荷必须符合出厂规定，重物离地面不得超过 500mm，并应拴好拉绳，缓慢行驶。

作业后，应将起重臂全部缩回放在支架上，再收回支腿。吊钩应用专用钢丝绳挂牢；应将车架尾部两撑杆分别撑在尾部下方的支座内，并用螺母固定；应将阻止机身旋转的销式制动器插入销孔，并将取力器操纵手柄放在脱开位置，最后应锁住起重操纵室门。

行驶前，应检查并确认各支腿的收存无松动，轮胎气压应符合规定。行驶时水温应在80～90℃范围内，水温未达到时，不得高速行驶。行驶时应保持中速，不得紧急制动。倒车时应有人监护。行驶时，严禁人员在底盘走台上站立或蹲坐，并不得堆放物件。

案例分析

3月3日下午，大桥建设工地现场负责人程某某安排带班人员李某某、汽车式起重机操作员孙某某等人在桥梁合笼处进行吊装作业。16时许，孙某某在李某某的指挥下驾驶一台汽车式起重机将桥底的8片贝雷架起吊至一定位置停下，3名司索人员刘某某、何某某、颜某某在未穿戴救生衣、保险带等防护用品的情况下站在悬空（与水面距离约5米）的贝雷架上进行司索作业。停顿保持了约1min，汽车式起重机发生侧翻，贝雷架连同3人一起掉入水中。刘某某会游泳，浮出水面，被人救起，何某某、颜某某沉入水中。何某某在20min后被找到，急送当地人民医院抢救，因溺水时间过长，抢救无效死亡。当晚21时，颜某某的尸体被打捞上岸。

【事故原因】（1）直接原因：汽车式起重机起重力矩限制器（超载保护装置）失效，吊装时超载（根据鉴定报告，实际起重量为3492kg，是额定起重量2645 kg的1.32倍）。

（2）间接原因：①操作人员孙某某取得特种作业操作证即上岗作业，在明知汽车式起重机起重力矩限制器（超载保护装置）失效的前提下操作汽车式起重机，违反"作业前检查安全限位装置和指示仪表均应正常"的安全操作规程，违反"超负荷不吊"、"吊物上站人不吊"、"安全装置失灵不吊"等起重吊装作业安全技术交底规定；②分包劳务单位未取得安全生产许可证，不具备安全生产条件，未将汽车式起重机向特种设备检验检测机构报审检测检验，没有取得安全检验合格证，未配备安全管理人员，主要负责人、现场负责人不具备相应资质，招用无相应资质人员进行起重机操作、起重指挥、司索作业；③施工总包单位将桥梁建设有关工序分包给不具备安全生产条件的分包劳务单位，且管理不到位，在进行吊装作业时未安排专门人员进行现场安全管理，未教育和督促从业人员严格执行安全生产规章制度和安全操作规程；④监理单位对大桥建设工地存在的汽车式起重机未经特种设备检验检测机构检测合格使用；⑤项目业主未严格按照《建设工程施工合同》规定，督促项目经理认真履行安全管理职责；⑥分包劳务单位主要负责人蔡某某，未有效履行法定职责，未健全本单位的安全生产责任制，未督促、检查本单位的安全生产工作，没有及时消除生产安全隐患；⑦施工总包单位项目经理庄某某，未有效履行法定职责和《建设工程施工合同》要求，未健全本单位的安全生产责任制，督促、检查本单位的安全生产工作不到位，没有及时消除生产安全隐患；⑧施工总包单位项目经理部安全员未认真履行安全管理责任，发现从业人员违章作业制止不力；分包劳务单位施工现场负责人程某某，无相关资格证书，不具备相应的安全生产知识和管理能力；⑨起重司索和指挥人员没有经过培训取得起重指挥和司索作业资格证，且违反安全管理规定作业，未佩戴救生衣等防护用品。

6.3.4　起重吊装检查评定应用训练

起重吊装检查评定应符合现行国家标准《起重机械安全规程》（GB 6067）的规定。检查评定保证项目包括：施工方案、起重机械、钢丝绳与地锚、作业环境、作业人员。一般项目包括：高处作业、构件码放、信号指挥、警戒监护。

1. 保证项目的检查评定应符合下列规定

1）施工方案

（1）起重吊装作业应编制专项施工方案，并按规定进行审批。

（2）采用起重拔杆等非常规起重设备或起吊重量超过 100kN 时，应组织专家对方案进行论证。

2）起重机械

（1）起重机械应安装荷载限制器及行程限位装置。

（2）荷载限制器、行程限位装置应灵敏可靠。

（3）吊钩应设置防止钢丝绳脱钩的保险装置。

（4）起重拔杆应安装荷载限制器及行程限位，并应灵敏可靠。

（5）起重拔杆组装应符合设计要求。

（6）起重拔杆组装后应进行验收，并应由负责人签字确认。

3）钢丝绳与地锚

（1）钢丝绳磨损、断丝、变形、锈蚀应在正常使用范围内。

（2）钢丝绳索具的安全系数应符合设计要求。

（3）卷筒、滑轮磨损、裂纹应在正常使用的范围内。

（4）卷筒、滑轮应安装钢丝绳防脱装置。

（5）地锚设置应符合设计要求。

4）作业环境

（1）起重机作业处地面承载能力应符合规范要求。

（2）起重机与架空线路安全距离应符合规范要求。

5）作业人员

（1）起重吊装作业单位应具有相应资质，特种作业人员应持证上岗作业。

（2）作业前应按规定进行技术交底，并应有交底记录。

2. 一般项目的检查评定应符合下列规定

1）高处作业

（1）应按规定设置高处作业平台。

（2）高处作业平台设置应符合规范要求。

（3）爬梯的强度、构造应符合规范要求。

（4）应设置安全带悬挂点。

2）构件码放

（1）构件码放不应超过作业面承载能力。

（2）构件码放高度应在规定允许范围内，如图 6.3 所示。

（3）大型构件码放应有保证稳定的措施。

3）指挥信号

（1）应按规定设置信号指挥人员。

（2）信号传递应清晰、准确。

4）警戒监护

（1）应按规定设置作业警戒区。

（2）警戒区应设专人监护，如图 6.4 所示。

起重吊装检查评分表见表 6-3。

图 6.3 构件码放不能太高

图 6.4 警戒监护

表 6-3 起重吊装检查评分表

序号	检查项目		扣分标准	应得分数	扣减分数	实得分数
1		施工方案	未编制专项施工方案或专项施工方案未经审核扣10分 采用起重拔杆或起吊重量超过100kN及以上，专项方案未按规定组织专家论证扣10分	10		
2	起重机械	起重机	未安装荷载限制装置或不灵敏扣20分 未安装行程限位装置或不灵敏扣20分 吊钩未设置钢丝绳防脱钩装置或不符合规范要求扣8分	20		
		起重拔杆	未按规定安装荷载、行程限制装置每项扣10分 起重拔杆组装不符合设计要求扣10~20分 起重拔杆组装后未履行验收程序或验收表无责任人签字扣10分			
3	保证项目	钢丝绳与地锚	钢丝绳磨损、断丝、变形、锈蚀达到报废标准扣10分 钢丝绳索具安全系数小于规定值扣10分 卷筒、滑轮磨损、裂纹达到报废标准扣10分 卷筒、滑轮未安装钢丝绳防脱装置扣5分 地锚设置不符合设计要求扣8分	10		
4		作业环境	起重机作业处地面承载能力不符合规定或未采用有效措施扣10分 起重机与架空线路安全距离不符合规范要求扣10分	10		
5		作业人员	起重吊装作业单位未取得相应资质或特种作业人员未持证上岗扣10分 未按规定进行技术交底或技术交底未留有记录扣5分	10		
		小 计		60		

序号	检查项目		扣分标准	应得分数	扣减分数	实得分数
6	保证项目	高处作业	未按规定设置高处作业平台扣 10 分 高处作业平台设置不符合规范要求扣 10 分 未按规定设置爬梯或爬梯的强度、构造不符合规定扣 8 分 未按规定设置安全带悬挂点扣 10 分	10		
7		构件码放	构件码放超过作业面承载能力扣 10 分 构件堆放高度超过规定要求扣 4 分 大型构件码放未采取稳定措施扣 8 分	10		
8		信号指挥	未设置信号指挥人员扣 10 分 信号传递不清晰、不准确扣 10 分	10		
9		警戒监护	未按规定设置作业警戒区扣 10 分 警戒区未设专人监护扣 8 分	10		
		小计		40		
	检查项目合计			100		

评分员　　　　　　　　　　　　　　　　　　　　年　　月　　日

6.4 木工机械

建筑施工现场常用的木工机械为圆盘锯和平面刨。具有转速高、刀刃锋利、振动大、噪音大、制动比较慢等特点，其加工的木材又存在质地不均匀的情况，如硬节疤、斜纹或有木钉等，容易发生崩裂、回弹、强烈跳动等现象。如果防护不严、操作不当，就可能造成人身伤害。木工机械最不安全的地方是在刀具与木材的接触处，使用中多为手工送料，易发生伤手、断指事故，同时木屑、刨花极易引起火灾，因此安装后必须有验收手续，方可交付使用。

1. 平刨安装

刨口要设有安全防护罩，对刀口非工作部分进行遮盖；电平刨的使用，必须装设灵敏可靠的安全防护装置。目前，各地使用的防护装置不一，但不管何种形式，必须灵敏可靠，经试验认定，确实可以起到防护作用。

传动部位要设防护罩。传动部位必须安装防护罩，主要是防止操作人员不慎将衣、裤绞进去，发生意外伤害，要求"有轮必有罩，有轴必有套"，就是这个道理。

刀片和刀片螺丝的厚度、重量必须一致，刀架夹板必须平整贴紧，刀片紧固螺丝应嵌入刀片槽内，槽端离刀背不得小于 10mm，紧固刀片时螺栓不得过紧或过松。

设置"一机一闸一漏一箱"，装设漏电保护器，选用漏电动作电流不大于 30mA，动作时间不大于 0.1s，电机绝缘电阻值应大于 0.5MΩ。

工作场所必须整洁、干燥、无杂物、配备可靠消防器材。

不准使用倒顺开关或闸刀开关直接操作，安装接触器、操作按钮控制。

操作规程牌齐全，有维修、保养制度。维修保养差是指设备本身状况差，如漏油、污垢多、电线没有保护、乱拉乱接等，另外是指周围作业环境差，如木料乱堆乱放，刨花、木屑到处都是，不及时清理，没有消防灭火器材等，要有定期保养维修制度和责任制制度。

2. 电平刨（手压刨）的安全使用要点

（1）应明确规定，除专业木工外，其他工种人员不得操作。旋转机械戴手套是最危险的，因为旋转速度快，而手套的毛边、线头很容易与旋转的机械部位绞扭在一起，连同手一起绞进去，这样的血的教训很多，所示操作此类机具是严禁戴手套操作的。

（2）应检查刨刀的安装是否符合要求，包括刀片紧固程度，刨刀的角度，刀口出台面高度等。刀片的厚度、重量应均匀一致，刀架、夹板必须平整贴紧，紧固刀片的螺钉应嵌入槽内不少于 10mm。

（3）设备应装按钮开关，不得装扳把开关，防止误开机。闸箱距设备不大于 3m，便于发生故障时，迅速切断电源。

（4）使用前，应空转运行，转速正常无故障时，才可进行操作。刨料时，应双手持料；按料时应使用工具，不要用手直接按料，防止木料移动手按空发生事故。

（5）刨木料小面时，手按在木料的上半部，经过刨口时，用力要轻，防止木料歪倒时手按刨口，伤手。

（6）短于 20cm 的木料不得使用机械。长度超过 2m 的木料，应由两人配合操作。

（7）刨料前要仔细检查木料，有铁钉、灰浆等物要先清除，遇木节、逆茬时，要适当减慢推进速度，如图 6.5 所示。

（8）需调整刨口和检查维修时，必须拉闸切断电源，待完全停止转动后进行。

图 6.5　加工旧木料前必须将铁钉、灰垢清除干净

（9）台面上刨花，不要用手直接擦抹，周围刨花应及时清除。

（10）多功能联合木工机具在施工现场使用是不合适的，因为平刨和圆锯作业都较频繁，易发生误操作，而且在同时进行时，操作面又较小，会发生意外伤害，当使用一台机具时，另一台机具同时运转，因为全用一台电机同时启动同时停止，无法起到保护作用。

3. 圆盘锯安装

锯片上方必须安装防护罩，在锯片后面，离锯齿 10～15mm 处，必须安装弧形楔刀。锯片的安装应保持与轴同心，锯片前面设置挡网或棘爪等防护倒退装置；锯片必须平整，锯齿尖锐，不得连续缺齿 2 个，裂纹长度不得超过 20mm，末端应冲止裂孔；锯木料厚度，以锯片能露出木料 10～20mm 为限，夹持锯片的法兰盘的直径应为锯片直径的 1/4；安装皮带防护罩；设置专用开关箱，做到"一机一闸一漏一箱"，漏电保护器选用漏电电流不大于 30mA，动作时间 0.1s，按钮控制接触器操作，电机绝缘电阻值应大于 0.5MΩ；工作场所整洁、干燥、无杂物，配齐消防器材；操作规程牌齐全，有维修保养制度。

4. 圆盘锯的安全使用要点

（1）设备本身应设按钮开关控制，闸箱距设备距离不大于 3m，以便在发生故障时，

迅速切断电源。

（2）锯片必须平整坚固，锯齿尖锐，有适当锯路，锯片不能有连续断齿，不得使用有裂纹的锯片。

（3）安全防护装置要齐全有效：分料器的厚薄适度，位置合适，锯长料时不产生夹锯；锯盘护罩的位置应固定在锯盘上方，不得在使用中随意转动；台面应设防护挡板，防止破料时遇节疤和铁钉弹回伤人；传动部位必须设置防护罩。

（4）锯盘转动后，应待转速正常时，再进行锯木料。所锯木料的厚度，以不碰到固定锯盘的压板边缘为限。

（5）木料接近到尾端时，要由下手拉料，不要用上手直接推送，推送时使用短木板顶料，防止推空锯手。

（6）木料较长时，两人配合操作。操作中，下手必须待木料超过锯片 20cm 以外时，方可接料。接料后不要猛拉，应与送料配合。需要回料时，木料要完全离开锯片后再送回，操作时不能过早过快，防止木料碰锯片。

（7）截断木料和锯短料时，就用推棍，不准用手直接进料，进料速度不能过快。下手接料必须用刨钩。木料长度不足 50cm 的短料，禁止上锯。

（8）需要换锯盘和检查维修时，必须拉闸断电，待完全停止转动后，再进行工作。

（9）下料应堆放整齐，台面上以及工作范围内的木屑，应及时清除，不要用手直接擦抹台面。

6.5　钢筋机械

钢筋机械是用于加工钢筋和钢筋骨架等作业的机械。按作业方式可分为钢筋强化机械、钢筋加工机械、钢筋预应力机械、钢筋焊接机械。

1. 钢筋强化机械

钢筋强化机械包括钢筋冷拉机、钢筋冷拔机、钢筋轧扭机等。

钢筋冷拉机：它是对热轧钢筋在常温下进行强力拉伸的机械。冷拉是把钢筋拉伸到超过钢材本身的屈服点，然后放松，以使钢筋获得新的屈服点，提高钢筋强度（20%～25%）。通过冷拉不但可使钢筋被拉直、延伸，而且还可以起到除锈和检验钢材的作用。

钢筋冷拔机：它是在强拉力的作用下将钢筋在常温下通过一个比其直径小 0.5～1.0mm 的孔模，使钢筋在拉直力和压直力作用下被强行从孔模中拔过去，使钢筋直径缩小，而强度提高 40%～90%，塑性则相应降低，成为冷拔低碳钢丝。

钢筋轧扭机：它是由多台钢筋机械组成的冷轧扭生产线，能连续地将直径 6.5～10mm 的普通盘圆钢筋调直、压扁、扭转、定长、切断、落料等，完成钢筋轧扭全过程。

1）钢筋冷拉机安全使用要点

（1）开机前，应对设备各连接部位和安全装置以及冷拉夹具、钢丝绳等进行全面检查，确认符合要求时，方可操作。

（2）冷拉钢筋运行方向的端头应设防护装置，防止在钢筋拉断或夹具失灵时钢筋弹出伤人。

（3）冷拉钢筋时，操作人员应站在冷拉线的侧向，并设联络信号，使操作人员在统一指挥下进行作业。在作业过程中，严禁横向跨越钢丝绳或冷拉线。

（4）电气设备、液压元件必须完好，导线绝缘必须良好，接头处要连接牢固，电动机和启动器的外壳必须接地。

（5）冷拉作业区应设置警示标志和围栏。

2）钢筋冷拔机安全使用要点

（1）各卷筒底座下与地基的间隙应小于75mm，作为两次灌浆的填充层。底座下的垫铁每组不多于3块。在各底座初步校准就位后，将各组垫铁点焊联结，垫铁的平面面积应不小于100mm×100mm。电动机底座下与地基的间隙应不小于50mm，作为两次灌浆填充层。

（2）拔丝机运转过程中，严禁任何人在沿线材拉拔方向站立或停留。拔丝卷筒用链条挂料时，操作人员必须离开链条甩动的区域，出现断丝应立即停车，待车停稳后方可接料。不允许在机械运转中用手取拔丝筒周围的物品。

3）钢丝轧扭机安全使用要点

（1）在控制台上的操作人员必须注意力集中，发现钢筋乱盘或打结时，要立即停机，待处理完毕后，方可开机。

（2）运转过程中，任何人不得靠近旋转部件。机械周围不准乱堆异物，以防意外。

2. 钢筋加工机械

常用的钢筋加工机械为钢筋切断机、钢筋调直机、钢筋弯曲机、钢筋镦头机等。

钢筋切断机：它是把钢筋原材和已矫直的钢筋切断成所需长度的专用机械。

钢筋调直机：用于将成盘的钢筋和经冷拔的低碳钢丝调直。它具有一机多用功能，能在一次操作中完成钢筋调直、输送、切断，并兼有清除表面氧化皮和污迹的作用。

钢筋弯曲机：又称冷弯机。它是对经过调直、切断后的钢筋，加工成构件中所需要配置的形状，如端部弯钩、梁内弓筋、起弯钢筋等。

钢筋镦头机：预应力混凝土的钢筋，为便于拉伸，需要将其两端镦粗，镦头机就是实现钢筋镦头的设备。

1）钢筋切断机安全使用要点

（1）接送料工作台面和切刀下部保持水平，工作台的长度可根据加工材料长度确定。

（2）启动前，必须检查切刀应无裂纹，刀架螺栓紧固，防护罩牢靠，然后检查齿轮啮合间隙，调整切刀间隙。

（3）启动后先空运转，检查各转动部分及轴承运转正常，方可操作。

（4）机械未达到正常转速时不得切料，切断时必须使用切刀的中下部，握紧钢筋，对准刀口迅速送入。

（5）不得剪切直径及强度超过机械铭牌规定的钢筋和烧红的钢筋。一次切断多根钢筋时，总截面面积应在规定范围内。

（6）切断短料时，靠近刀片的手和刀片的距离应保持150mm以上，如手握端小于400mm时，应用套管或夹具将钢筋短头夹住或夹牢，如图6.6所示。

（7）运转中严禁用手直接消除附近的短

图6.6 切短料应用套管或夹具送料

头和杂物，钢筋摆动周围和刀口附近操作人员不得停留。

(8) 发现故障或维修保养必须停机，切断电源后方可进行。作业后用钢筋清除刀件的杂物，切断电源，锁好箱门。

2) 钢筋调直机安全使用要点

(1) 在调直块未固定、防护罩未盖好前不得送料。作业中严禁打开各部防护罩及调整间隙。

(2) 当钢筋送入后，手与曳轮必须保持一定的距离，不得接近。

(3) 送料前，应将不直的料头切除，导向筒前应装一根 1m 长的钢管，钢筋必须先穿过钢管再送入调直筒前端的导孔内。

3) 钢筋弯曲机的安全使用要点

(1) 芯轴、挡铁轴、转盘等应无裂纹和损伤，防护罩坚固可靠，经空运转确认正常后，方可作业。

(2) 作业时，钢筋需弯一端插入在转盘固定销的间隙内；另一端紧靠机身固定销，并用手压紧，检查机身固定销确实安放在挡住钢筋的一侧，方可开动。

(3) 作业中，严禁更换轴芯、销子和变换角度以及调速等作业，也不得进行清扫和加油。

(4) 严禁在弯曲钢筋的作业半径内和机身不设固定销的一侧站人。弯曲好的半成品应堆放整齐，弯钩不得朝上。

3. 钢筋预应力机械

钢筋预应力机械是在预应力混凝土结构中，用于对钢筋施加张拉力的专用设备，分为机械式、液压式和电热式 3 种。常用的是液压式拉伸机。

液压式拉伸机是由液压千斤顶、高压油泵及连接两者之间的高压油管组成。

1) 液压千斤顶安全使用要点

(1) 千斤顶不允许在任何情况下超载和超过行程范围时使用。

(2) 在使用千斤顶张拉过程中，应使顶压油缸全部回油，在顶压过程中，张拉油缸应予持荷，以保证恒定的张拉力，待顶压锚固完成时，张拉缸再回油。

2) 高压油泵安全使用要点

(1) 油泵不宜在超负荷下工作，安全阀应按额定油压调整，严禁任意调整。

(2) 高压油泵运转前，应将各油路调节阀松开，然后开动油泵，待空载运转正常后，再紧闭回油阀，逐渐旋拧进油阀杆，增大载荷，并注意压力表指针是否正常。

4. 钢筋焊接机械

焊接机械类型繁多，用于钢筋焊接的主要有对焊机、点焊机和手工弧焊机。

(1) 对焊机。对焊机有 UN、UN1、UN5、UN8 等系列，钢筋对焊常用的是 UN1 系列。这种对焊机专用于电阻焊接、闪光焊接低碳钢、有色金属等，按其额定功率不同，有 UN1−25、UN1−75、UN1−100 型杠杆加压式对焊机和 UN1−150 型气压自动加压式对焊机等。

(2) 点焊机。按照点焊机时间调节器的形式和加压机构的不同，可分为杠杆弹簧式、电动凸轮式和气、液压传动式 3 种类型。按照上、下电极臂的长度，可分为长臂式和短臂式两种形式。

弧焊机：弧焊机可分为交流弧焊机（又称焊接变压器）和直流弧焊机两大类，直流弧焊机又有旋转式直流焊机（又称焊接发电机）和弧焊整流器两种类型。

1）焊接场地检查的内容

在进行焊接施工前，必须对作业场地及周边的情况进行严格的安全检查，否则禁止焊接作业。对焊接场地安全检查的内容有以下几个。

（1）检查作业场地的设备、工具、材料等排列是否符合要求。

（2）检查焊接场地是否有畅通的通道。

（3）检查所有电缆线或其他管线是否按要求排列。

（4）检查是否有足够的焊接作业面和良好的通风条件。

（5）检查是否有良好的自然采光或局部照明。

（6）检查焊割场地周围 10m 范围内，各类易燃、易爆物品是否清除干净。

（7）检查焊接场地是否按要求采取了有效的安全防护措施。

（8）检查需焊接的焊件是否安全或按要求采取了安全措施。

针对焊接切割场地检查要做到：仔细观察环境，区别不同情况，认真加强防护。

2）焊接的安全基本要求

电焊、气焊工均为特种作业人员，应身体检查合格，并经专业安全技术学习、训练和考试合格，领取特殊工种操作证后，方能独立操作。

工作前检查焊接场地，氧气瓶与乙炔气瓶相距不小于 5m，距施焊点不小于 10m。并在 10m 以内禁止堆放其他易燃易爆物品（包括有易燃易爆气体产生的器皿管线），并备有消防器材，保证足够照明和良好通风。

工作时（包括打渣），所有工作人员必须穿戴好工作服，防护眼镜或面罩。不准赤身操作，仰面焊按应扣紧衣领、扎紧袖口、戴好防火帽、电焊作业时不得戴潮湿手套。

在对受压容器、密闭容器、各种油桶、管道、沾有可燃气体和溶液用的工件等进行操作时，必须事先进行检查，并经过冲除掉有毒、有害、易燃、易爆物质，解除容器及管道压力，消除容器密闭状态（敞开口或旋开盖），再进行工作。

在焊接、切割密闭空心工件时，必须留有出气孔。在容器内焊接，外面必须设人监护，并有良好通风措施，照明电压采用 12V 以下的安全电压。禁止在已做油漆或喷涂过塑料的容器内焊接。

电焊机接地、接零及电焊工作回线均不准搭在易燃、易爆的物品上，也不准接在管道和机床设备上。工作回线应绝缘良好，机壳接地必须符合安全规定。

在有易燃、易爆物品的车间、场所或管道附近动火焊接时，必须办理危险作业申请单。消防和安全等部门应到现场监督，采取严密安全措施后，方可进行操作。

高处作业应系好安全带，并采取防护设施，地面应有人员监护。严禁将工作回线缠在身上。

焊件必须放置平稳、牢固才能施焊，不准在吊车吊起或叉车铲起的工件上施焊，各种机械设备的焊接，必须停车进行，作业地点应有足够的活动空间。

操作者必须注意助手的安全，助手应懂得电（气）焊的全常识。

禁止使用未经批准的乙炔发生器进行气焊作业。

严格遵守电气焊的"十不烧"。

3）电焊机的使用

直流电焊机是用一台三相电动机带动一台结构特殊的直流发电机；硅整流式直流电焊机是利用硅整流元件将交流电变直流电；电焊机二次线空载电压为 50～80V，工作电压为 30V；焊接电流为 45～320A；焊机功率为 12～30W，电源电压 380V 和 220V。

交流电焊机是一个结构特殊的降压变压器；空载电压为 60～80V，工作电压为 30V；功率 20～30kW，二次线电流为 50～450A；电源电压 380V 和 220V。

电焊机在接入电网时必须清楚电压相符，多台电焊机同时使用应分别接在三相电网上，并尽量使三相负载平衡。

电焊机应空载合闸启动，直流发电机式电焊机应按规定的方向旋转，带有风机的要注意风机旋转方向的正确性。

电焊机需要并联使用时，应将一次并联接入同一相位电路；二次侧也需同相，相对二次侧空载电压不等的电焊机，需要调整相等后方可使用。

多台电焊机同时使用时，当需要拆除某台时，应先断电后在其一侧验电，确认无电后方可进行拆除工作。

电焊机二次侧把线、地线不仅要有良好的绝缘特性，并有柔性好的特点，而且导电能力要与焊接电流相匹配，宜使用 YHS 型橡胶皮护套铜芯多股软电缆，长度不大于 30m，操作时电缆不宜成盘状，否则将影响焊接电流。

所有电焊机的金属外壳，都必须采取保护接地或接零。接地、接零电阻值应不小于 4Ω。

焊接的金属设备、容器本身有接地、接零保护时，电焊机的二次绕组禁止设有接地或接零。

每台电焊机须设专用断路开关，并有与焊机相匹配的过流保护装置。一次线与电源点不宜用插销连接，其长度不得大于 5m，且须双层绝缘。

多台电焊机的接地、接零线不得串接接入接地体，每台焊机应设独立的接地、接零线，其接点应用螺丝压紧。

电焊机的一次、二次接线端应有防护罩，且一次接线端需用绝缘带包裹严密；二次接线端必须使用线卡子压接牢固。

图 6.7　焊工持证上岗，要戴好防护眼罩

电焊机二次侧把、地线需要接长使用时，应保证搭接面积，接点处用绝缘胶带包裹好，接点不宜超过两处；严禁使用管道、轨道及建筑物的金属结构或其他金属物体串接起来作为地线使用。

电焊机应放置在干燥和通风的地方（水冷式除外），露天使用时其下方应防潮且高于周围地面；上方应设防雨棚和防砸措施。焊工要持证上岗，并戴好防护眼罩，如图 6.7 所示。

> 💡 **特别提示**
>
> 机械伤害是指被机械设备或工具绞、碾、碰、割、戳等造成的人身伤害，不包括车辆、起重设备引起的伤害。

6.6 混凝土机械

1. 混凝土搅拌机的安全使用

(1) 新机使用前应按使用说明书的要求，对系统和部件进行检验及必要的试运转。

(2) 移动式搅拌机的停放位置必须选择平整坚实的场地，周围应有良好的排水措施。

(3) 搅拌机就位后，放下支腿将机架顶起，使轮胎离地。在作业时期较长的地区使用时，应用垫木将机器架起，卸下轮胎和牵引杆，并将机器调平。

(4) 料斗放到最低位置时，在料斗与地面之间应加一层缓冲垫木。

(5) 接线前检查电源电压，电压升降幅度不得超过搅拌机电气设备规定的 5%。

(6) 作业前应先进行空载试验，观察搅拌筒内叶片旋转方向是否与箭头所示方向一致。如方向相反，则应改变电机接线。反转出料的搅拌机，应按搅拌筒正反转运转数分钟，察看有无冲击抖动现象。如有异常噪声应停机检查。

(7) 搅拌筒或叶片运转正常后，进行料斗提升试验，观察离合器、制动器是否灵活可靠。

(8) 检查和校正供水系统的指示水量与实际水量是否一致，如误差超过 2%，应检查管路是否漏水。

(9) 每次加入的混合料，不得超过搅拌机额定值的 10%。为减少粘罐，加料的次序应为粗骨料—水泥—砂子，或砂子—水泥—粗骨料。

(10) 料斗提升时，严禁任何人在料斗下停留或通过。如必须在料斗下检修时，应将料斗提升后，挂好保险挂钩或采取有效措施固定，如图 6.8 所示。

(11) 作业中不得进行检修、调整和加油，并防止砂、石等物料落入机器的传动系统内。

(12) 搅拌过程不宜停机，如因故必须停机，再次启动前应卸除荷载，不得带载启动。

图 6.8 搅拌机安全操作

(13) 以内燃机为动力的搅拌机，在停机前先脱开离合器，停机后应合上离合器。

(14) 如遇冰冻天气，停机后应将供水系统的积水放尽。内燃机的冷却水也应放尽。

(15) 搅拌机在场内移动或远距离运输时，应将进料斗提升到上止点，挂好保险挂钩或采取有效措施固定。

(16) 固定式搅拌机安装时，主机与辅机都应用水平尺校正水平。有气动装置的，风源气压应稳定在 0.6MPa 左右。作业时不得打开检修孔、入孔，检修时必须先把空气开关关闭，并派专人监护。

(17) 混凝土搅拌机的操作工必须经过专业安全培训，考试合格，持证上岗，严禁非司机操作。

(18) 进料时，严禁将头伸入料斗与机架之间察看或摸探进料情况。作业中如发生故障不能继续运转时，应立即切断电源将筒内的料清除干净，然后进行维修。运转中不准用工具伸入

图6.9 挂上"有人工作严禁合闸"牌

搅拌筒内扒料；下班后将搅拌机内外刷洗干净，将料斗升起，挂牢双保险钩，拉闸断电，锁好电闸箱；运转中严禁维修保养。维修保养搅拌机，必须拉闸断电，锁好电闸箱，挂好"有人工作严禁合闸"牌，并派专人监护，如图6.9所示。

案例分析

5月20日，项目部施工员曾某某打电话给工人赵某某，告知生活区路面损坏，需要浇捣混凝土，口头约定工资1600元。5月21日上午，赵某某带冯某某等5人到工地，在曾某某口头交底下，8时开始搅拌混凝土，赵某某操作搅拌机，冯某某在后斗入料。料斗提升是依靠电动机带动轮盘上的钢丝做圆弧运动。10时许，搅拌第12包水泥时，料斗提升过程中，因连接料斗钢丝绳上的马鞍扣松懈，致使钢丝绳滑出，料斗在重力作用下坠落，砸中在料斗下搬运水泥的冯某某，头部被砸压在料斗下，赵某某当即想法抢救，在场的人用钢管撬和人力提拉料斗，由于配料过重未能提升起料斗，随后调用塔吊吊起料斗，将伤者抬出后立即送往当地中医院救治，经抢救无效死亡。

【事故原因】(1)直接原因：①料斗提升时由于配料过重，大轮钢丝绳上一只马鞍扣开始脱落，料斗向一边偏离，砸到正在搬运水泥的冯某某头部致使死亡，是该事故发生的直接原因；②冯某某违反劳动作业安全规定，擅自进入正在运行的料斗底下搬运水泥，也是这起事故发生的直接原因。

(2)间接原因：①发生事故的混凝土搅拌机是项目部一年前购进的，日常维护和检验都是由项目部机修工负责，钢丝上紧固用的马鞍扣缺失使搅拌机存在缺陷，是项目部对机械日常检查未落实所致，未能及时发现和排除设备存在的安全隐患，也是该事故发生的主要原因；②项目部管理人员随意雇用民工，未持证上岗，未进行有效的管理和安全教育，班前交底、工作交接制度未真正落实，是该事故发生的另一主要原因。

2. 混凝土振动器的安全使用

1) 插入式振动器安全使用要点

(1) 使用前应检查各部件是否完好，各连接处是否紧固，电动机绝缘是否良好，电源电压和频率是否符合铭牌规定。检查合格后，方可接通电源进行试运转。

(2) 作业时，要使振动棒自然沉入混凝土，不可用力猛往下推。一般应垂直插入，并插到下层尚未初凝层中50～100mm，以促使上下层相互结合。

(3) 振动棒各插点间距应均匀，一般间距不应超过振动棒抽出有效作用半径的1.5倍。

(4) 振动器操作人员应掌握安全用电知识，如图6.10和图6.11所示，作业时须穿绝缘鞋、戴绝缘手套。

(5) 工作停止移动振动器时，应立即停止电动机转动；搬动振动器时，应切断电源。

(6) 电缆不得有裸露导电之处和破损老化现象。电缆线必须敷设在干燥、明亮处；不得在电缆线上堆放其他物品，以及车辆碾压，更不能用电缆线吊挂振动器等。

2) 附着式振动器安全使用要点

(1) 在一个模板上同时使用多台附着式振动器时，各振动器的频率应保持一致，相对面的振动器应错开安装。

(2) 使用时，引出电缆线不得拉得过紧，以防断裂。作业时，必须随时注意电气设备的安全，熔断器和保护接零装置必须合格。

图 6.10　注意振动器电线破皮漏电　　图 6.11　请使用耐气候型橡皮护套铜芯电缆

3）振动台安全使用要点

（1）振动台是一种强力振动成型设备，应安装在牢固的基础上，地脚螺栓应有足够强支并拧紧。同时在基础中间必须留有地下坑道，以便调整和维修。

（2）使用前要进行检查和试运转，检查机件是否完好。

（3）齿轮因承受高速重负荷，故需要有良好的润滑和冷却。齿轮箱内油面应保持在规定的水平面上，工作时温升不得超过 70℃。

3. 混凝土泵及泵车的安全使用

（1）泵送设备放置应与基坑边缘保持一定距离。

（2）水平泵送的管道敷设线路应合理，管道与管道支撑必须紧固可靠，管道接头处应密封可靠。

（3）严禁将垂直管道直接装接在泵的输出口上，应在垂直架设的前端装接长度不少于10m 的水平管，水平管近泵处应装逆止阀。敷设向下倾斜的管道时，下端应装接一段水平管，其长度至少是倾斜高低差的 5 倍，否则应采用弯管等方法，增大阻力。如倾斜度较大，必要时，应在坡道上端装置排气活阀，以利排气。

（4）砂石粒径、水泥标号及配合比应满足泵机可泵性要求。泵送时，料斗内的物料应高于吸入口高度，防止吸入空气伤人。

（5）风力大于 6 级及以上时，泵车不得使用布料杆。天气炎热时应用湿麻袋、湿草包等遮盖管路。

（6）泵送设备的停车制动和锁紧制动应同时使用，轮胎应楔紧。冷却水供应正常，水箱应储满清水，料斗内应无杂物，各润滑点应润滑正常。

（7）泵送设备的各部螺栓应紧闭，管道接头应紧固密封，防护装置应齐全可靠。

（8）各部位操纵开关、调整手柄、手轮、控制杆、旋塞等均应在正确位置。液压系统应正常无泄漏。

（9）准备好清洗管、清洗用品、接球器及有关装置。作业前，必须先用按规定配制的水泥砂浆润滑管道。无关人员必须离开管道。

（10）支腿应全部伸出并支固，未支固前不得启动布料杆。布料杆升离支架后方可回转，布料杆伸出时应按顺序进行。严禁用布料杆起吊或拖拉物件。

（11）当布料杆处于全伸状态时，严禁移动车身。作业中需要移动时，应将上段布料杆折叠固定，移动速度不超过 10km/h。布料杆不得使用超过规定直径的配管，装接的软管应系防脱安全绳带。

（12）应随时监视各种仪表和指示灯，发现不正常应及时调整或处理。如出现输送管堵塞时应进行反泵，使混凝土返回料斗，必要时应拆管排除堵塞。

（13）泵送工作应连续作业，必须暂停时应隔 5～10min（冬季 3～5min）泵送一次。若停止较长时间再泵送时，应反泵一、二次，然后正泵送料。泵送时料斗内应保持一定量的混凝土，不得吸空。

（14）应保持水箱内储满清水，发现水质混浊并有较多砂粒时应及时检查处理。

（15）泵送系统受压力时不得开启任何输送管道和液压管道。液压系统的安全阀不得任意调整，蓄能器只能充入氮气。

（16）作业后，必须将料斗内和管道内的混凝土全都输出，然后对泵机、料斗、管道进行冲洗。用压缩空气冲洗管道时，管道出口端前方 10m 内不得站人，并应用金属网等收集冲出的泡沫橡胶及砂石粒。

（17）严禁用压缩空气冲洗布料杆配管。布料杆的折叠收缩应按顺序进行。

（18）将两侧活塞运转到清洗室，并涂上润滑油。

（19）各部位操纵开关、调整手柄、手轮、控制杆、旋塞等均应复位。液压系统卸荷。

4. 灰浆搅拌机安全使用

开机前检查各部件是否正常，防护装置是否齐全有效，确认无异常，方可试运转；严禁运转中把工具伸进搅拌筒内扒料；运转中严禁维修保养，发现异常必须先停机，拉闸断电，锁好电闸箱后再排除故障。作业后，应做好搅拌机内外的清洗、保养及场地的清洁工作，切断电源，锁好箱门。

6.7　气　　瓶

用于气焊和气割的氧气瓶属于压缩气瓶，乙炔瓶属于溶解气瓶，液化石油气属于液化气瓶，应根据各类气瓶的不同特点，采取相应的安全措施。施工现场经常使用的为氧气瓶和乙炔气瓶，各种气瓶应有明显标志区别：氧气瓶涂有天蓝色漆上有黑色"氧气"字样，乙炔气瓶涂有白色漆上有红色横写"乙炔"，竖写"不可近火"字样。气瓶有明显色标，在使用时便于区别，不致发生差误、事故。

1. 氧气瓶的安全使用

（1）气割与气焊用的压缩纯氧是强氧化剂，矿物油、油脂或细微分散的可燃物质严禁与纯氧接触；操作时严禁用沾有油脂的工具、手套接触瓶阀、减压器；一旦被油脂类污染，应及时用二氯化烷或四氯化碳去油擦净。

（2）环境温度不得超过 60°，严禁受日光曝晒，与明火的距离不小于 10m；与乙炔气瓶间距应保持 5m 以上；不得靠近热源和电器设备。

（3）应避免受到剧烈震动和冲击，严禁从高处滑下或在地面上滚动，同时禁止用起重设备的吊索直接拴挂气瓶。

（4）使用前应检查瓶阀、接管螺栓、减压器及胶管是否完好，发现瓶体、瓶阀有问题要及时报告，减压器与瓶阀连接的栓扣要拧紧，并不少于4~5扣，检查气密性时应用肥皂水，瓶阀开启时，不得朝向人体，且动作要缓慢。

（5）冬季遇有瓶阀冻结或结霜，严禁用力敲击和用明火烘烤，应用温水解冻化霜。

（6）气瓶内要始终保持正压，不得将气用尽，瓶内至少应留有0.3MPa以上的压力。

（7）氧气瓶严禁用于通风换气，严禁用于气动工具的动力气源，严禁用于吹扫容器、设备和各种管道。

（8）运输时，气瓶须装有瓶帽和防震圈，防止碰断瓶阀，同时易燃物品、油脂和带有油污的物品，不得与氧气瓶同车装运。

（9）氧气瓶储存处周围10m内，禁止堆放易燃易爆物品，动用明火，同一储存间严禁存放其他可燃气瓶和油脂类物品。

（10）氧气瓶应码放整齐，直立放置时，要有护栏和支架，以防倾倒，并在醒目位置悬挂"严禁烟火"、"注意安全"的标志牌。

2．乙炔气瓶的安全使用

（1）不得靠近热源和电器设备；夏季要防止曝晒；与明火的距离一般不小于10m。

（2）瓶阀冻结，严禁用火烘烤，必要时可用40°以下的温水解冻。

（3）严禁放置在通风不良及有放射性射线的场所，且不得放在橡胶等绝缘体上，使用时要固定，防止倾倒，严禁卧放。

（4）乙炔瓶必须装设专用的减压阀、回火防止器，要开启时，操作者应站在阀口的侧后方，动作要轻缓；使用压力不得超过0.15MPa。

（5）瓶内气体严禁用尽，必须留有不低于规定的剩余压力。

（6）乙炔瓶储存时，一般要保持直立位置，严禁与氧气瓶、力气瓶及易燃物品同间存放，储存间应有良好的通风、降温等措施，还要避免阳光直射，保证运输道路畅通，同时应有专人管理，并在醒目的地方设置"乙炔危险"、"严禁烟火"的标志。

6.8 翻 斗 车

机动翻斗车是一种方便灵活的水平运输机械，在建筑施工中常用于运输砂浆、混凝土熟料以及散装物料等。

机动翻斗车安全使用要点有以下几个。

（1）机动翻斗车属厂内运输车辆，必须按照《厂内机动车辆安全管理规定》："在用新增及改装的厂内机动车辆时，应由用车单位到所在地区劳动行政部门办理登记，建立车辆档案，经劳动行政部门对车辆运行安全技术检验合格，核发牌照后方可使用。"企业必须遵守《规定》中的要求，不能在没有进行任何检验合格的情况下，无照使用。翻斗车牌照由劳动部门统一核发。司机按有关培训考核，持证上岗。

（2）车上除司机外不得带人行驶。此种车辆一般只有驾驶员座位，如其他人乘车，无固定座位，且现场作业路面不好，行驶不安全。驾驶时以一挡起步为宜，严禁三挡起步。下坡时不得脱挡滑行。

（3）向坑槽或混凝土料斗内卸料，应保持安全距离，并设置轮胎的防护挡板，防止到槽边自动下溜或卸料时翻车。

（4）翻斗车卸料时先将车停稳，再抬起锁机构，手柄进行卸料，禁止在制动的同时进行翻斗卸料，避免造成惯性移位事故。

（5）严禁料斗内载人。

（6）内燃机运转或料斗内载荷时，严禁在车底下进行任何作业。

（7）用完后要及时冲洗，司机离车必须将内燃机熄灭，并挂挡拉紧手制动器。

6.9 潜 水 泵

潜水泵主要用于基坑、沟槽及孔桩等抽水，是施工现场应用比较广泛的一种抽水设备，因此潜水泵下水前一定要密封良好，绝缘测试电阻达到要求并应使用 YHS 型防水橡皮护套电缆，不可受力。

潜水泵安全操作要点有以下几个。

（1）潜水泵宜先装在坚固的篮管里再放入水中，亦可在水中将泵的四周设立坚固的防护围网。泵应直立于水中，水深不得小于 0.5m，不得在含泥沙的水中使用。

（2）潜水泵放入水中或提出水面时，应切断电源，严禁拉拽电缆或出水管。

（3）潜水泵应装设保护接零和漏电保护装置，工作时泵周围 30m 以内水面，不得有人、畜进入。

（4）启动前应认真检查，水管结扎要牢固，放气、放水、注油等螺塞均旋紧，叶轮和进水节无杂物，电缆绝缘良好。

（5）接通电源后，应先试运转，应检查并确认旋转方向正确，在水外运转时间不得超过 5min。

（6）应经常观察水位变化，叶轮中心至水面距离应在 0.5～3.0m 之间，泵体不得陷入污泥或露出水面。电缆不得与井壁、池壁相擦。

（7）新泵或新换密封圈，在使用 50h 后，应旋开放水封口塞，检查水、油的泄漏量。当泄漏量超过 5mL 时，应进行 0.2MPa 的气压试验，查出原因，予以排除，以后应每月检查一次；当泄漏量不超过 5mL 时，可继续使用。检查后应换上规定的润滑油。

（8）经过修理的油浸式潜水泵，应先经 0.2MPa 气压试验，检查各部无泄漏现象，然后将润滑油加入上、下壳体内。

（9）当气温降到 0℃ 以下时，在停止运转后，应从水中提出潜水泵擦干后存放室内。

（10）每周应测定一次电动机定子绕组的绝缘电阻，其值应无下降。

6.10 打桩机械

按照有关规定，打桩机应定期进行年检，并应取得上级主管部门核发的准用证。同时安装后要技术部门验收签发合格使用证。施工前应针对作业条件和桩机类型编写专项作业方案并经审核批准。

桩工机械安全要点有以下几个。

（1）打桩施工场地应按坡度不大于 3%，地耐力不小于 8.5N/cm² 的要求进行平实，地下不得有障碍物。在基坑和围堰内打桩，应配备足够的排水设备。

（2）桩机周围应有明显标志或围栏，严禁闲人进入。作业时，操作人员应在距桩锤中心 5m 以外监视。

（3）安装时，应将桩锤运到桩架正前方 2m 以内，严禁远距离斜吊。

（4）严禁吊桩、吊锤、回转和行走同时进行。桩机在吊有桩和锤的情况下，操作人员不得离开。

（5）作业中停机时间较长时，应将桩锤落下垫好。除蒸汽打桩机在短时间内可将锤担在机架上外，其他的桩机均不得悬吊桩锤进行检修。

（6）遇有大雨、雪、雾和 6 级以上强风等恶劣气候，应停止作业。当风速超过 7 级应将桩机顺风向停置，并增加缆风绳。

（7）雷电天气无避雷装置的桩机，应停止作业。

（8）作业后应将桩机停放在坚实平整的地面上，将桩锤落下，切断电源和电路开关，停机制动后方可离开。

（9）高压线下两侧 10m 以内不得安装打桩机。特殊情况必须采取安全技术措施，并经企业技术负责人批准同意，方可安装。

（10）起落机架时，应设专人指挥，拆装人员应互相配合，指挥旗语，哨音准确、清楚。严禁任何人在机架底下穿行或停留。

（11）打桩作业时，严禁在桩机垂直半径范围以内和桩锤或重物底下穿行停留。

6.11　土方、夯土机械

6.11.1　土方机械

土方机械是工程建设、农田水利和国防建设中常用的一类施工机械，一般包括推土机、铲运机、装载机、挖掘机等。在使用中如果操作不当，极易造成伤亡或财产损失等安全事故，因此，作为工程技术人员应当掌握常用土方机械的安全使用知识。土方施工的机械设备应有出厂合格证书。必须按照出厂使用说明书规定的技术性能、承载能力和使用条件等要求，正确操作，合理使用，严禁超载作业或任意扩大使用范围。新购、经过大修或技术改造的机械设备，应按有关规定要求进行测试和试运转。机械设备应定期进行维修保养，严禁带故障作业。机械设备进场前，应对现场和行进道路进行踏勘。不满足通行要求的地段应采取必要的措施。作业前应检查施工现场，查明危险源。机械作业不宜在有地下电缆或燃气管道等 2m 半径范围内进行。作业时操作人员不得擅自离开岗位或将机械设备交给其他无证人员操作，严禁疲劳和酒后作业。严禁无关人员进入作业区和操作室。机械设备连续作业时，应遵守交接班制度。配合机械设备作业的人员，应在机械设备的回转半径以外工作；当在回转半径内作业时，必须有专人协调指挥。遇到下列情况之一时应立即停止作业：填挖区土体不稳定、有坍塌可能；地面涌水冒浆，出现陷车或因下雨发生坡道打滑；发生大雨、雷电、浓雾、水位暴涨及山洪暴发等情况；施工标志及防护设施被损坏；工作面净空不足以保证安全作业；出现其他不能保证作业和运行安全的情况。机械设备运行时，严禁接触转动部位和进行检修。夜间工作时，现场必须有足够照明；机械设备照明装置应完好无损。机械设备在冬期使用，应遵守有关规定。冬、雨期施工时，应及时清除场地和道路上的冰雪、积水，并应采取有效的防滑措施。爆破工程每次爆破后，现场安全员应向设备操作人员讲明有无盲炮等危险情况。作业结束后，应将机械设备停到安全地带。操作人员非作业时间不得停留在机械设备内。

1. 推土机

推土机是以履带式或轮胎式拖拉机牵引车为主机，再配置悬式铲刀的自行式铲土运输机械。主要进行短距离推运土方、石渣等作业。推土机作业时，依靠机械的牵引力，完成土壤的切割和推运。配置其他工作装置可完成铲土、运土、填土、平整、压实以及松土、除根、清除石块杂物等作业，是土方工程中广泛使用的土方机械。

推土机工作时严禁有人站在履带或刀片的支架上。推土机上下坡应用低速挡行驶，上坡过程中不得换挡，下坡过程中不得脱挡滑行。下陡坡时，应将推铲放下接触地面。推土机在积水地带行驶或作业前，必须查明水深。推土机向沟槽回填土时应设专人指挥，严禁推铲越出边缘。两台以上推土机在同一区域作业时，两机前后距离不得小于 8m，平行时左右距离不得小于 1.5m。推土机在Ⅲ、Ⅳ级土或多石土壤地带作业时，应先进行爆破或用松土器翻松。在沼泽地带作业时，应使用有湿地专用履带板的推土机。不得用推土机推石灰、烟灰等粉尘物料和用作碾碎石块的工作。牵引其他机械设备时，应有专人负责指挥。钢丝绳的连接应牢固可靠。在坡道上或长距离牵引时，应采用牵引杆连接。填沟作业驶近边坡时，铲刀不得越出边缘。后退时，应先换挡，方可提升铲刀进行倒车。在深沟、基坑或陡坡地区作业时，应有专人指挥，其垂直边坡深度一般不超过 2m，否则应放出安全边坡。

2. 铲运机

铲运机也是一种挖土兼运土的机械设备，它可以在一个工作循环中独立完成挖土、装土、运输和卸土等工作，还兼有一定的压实和平地作用。铲运机运土距离较远，铲斗容量较大，是土方工程中应用最广泛的重要机种之一，主要用于大土方量的填挖和运输作业。

铲运机作业前应将行车道整修好，路面宽度宜大于机身宽度 2m。自行式铲运机沿沟边或填方边坡作业时，轮胎离路肩不得小于 0.7m，并应放低铲斗，低速缓行。两台以上铲运机在同一区域作业时，自行式铲运机前后距离不得小于 20m（铲土时不得小于 10m），拖式铲运机前后距离不得小于 10m〔铲土时不得小于 5m）；平行时左右距离均不得小于 2m。作业前应检查钢丝绳、轮胎气压、铲土斗及卸土板回位弹簧、拖杆方向接头、撑架和固定钢丝绳部分以及各部滑轮等；液压式铲运机铲斗与拖拉机连接的叉座与牵引连接块应锁定，液压管路连接应可靠，确认正常后，方可起动。开动前，应使铲斗离开地面，机械周围应无障碍物，确认安全后，方可开动。作业中严禁任何人上、下机械，传递物件，以及在铲斗内、拖把或机架上坐、立。行驶中，应遵守下坡让上坡、空载让重载、支线让干线的原则。铲运机上、下坡道时，应低速行驶，不得中途换挡，下坡时不得空挡滑行。行驶的横向坡度不得超过 6°。

3. 装载机

装载机是一种作业效率较高的铲装机械，可用来装载松散物料，同时还能用于清理、平整场地、短距离装运物料、牵引和配合运输车辆做装土使用。如更换相应的工作装置后，还可以完成推土、挖土、松土、起重等多种工作，且有较好的机动性，被广泛用于建筑、筑路、矿山、港口、水利及国防等各种建设中。

装载机作业时应使用低速挡。严禁铲斗载人。装载机不得在倾斜度超过规定的场地上工作。向汽车装料时，铲斗不得在汽车驾驶室上方越过。不得偏载、超载。在边坡、壕沟、凹坑卸料时，应有专人指挥，轮胎距沟、坑边缘的距离应大于 1.5m，并应放置挡木阻滑。机械起动必须先鸣笛，将铲斗提升离地面 50cm 左右。行驶中可用高速挡，但不得进行升降和翻转铲斗动作，作业时应使用低速挡，铲斗下方严禁有人，严禁用铲斗载人。装载机不得在倾斜的场地上作业，作业区内不得有障碍物及无关人员。装卸作业应在平整地面进行。

4. 挖掘机

挖掘机是以开挖土、石方为主的工程机械，广泛用于各类建设工程的土、石方施工中，如开挖基坑、沟槽和取土等。更换不同工作装置，可进行破碎、打桩、夯土、起重等多种作业。

挖掘前，驾驶员应发出信号，确认安全后方可启动设备。设备操作过程中应平稳，不宜紧急制动。当铲斗未离开工作面时，不得作回转、行走等动作。铲斗升降不得过猛，下降时不得碰撞车架或履带。装车作业应在运输车停稳后进行，铲斗不得撞击运输车任何部位；回转时严禁铲斗从运输车驾驶室顶上越过。拉铲或反铲作业时，挖掘机履带到工作面边缘的安全距离不应小于 1.0m。在崖边进行挖掘作业时，应采取安全防护措施。作业面不得留有伞沿状及松动的大块石。挖掘机行驶或作业中，不得用铲斗吊运物料，驾驶室外严禁站人。挖掘机作业结束后应停放在坚实、平坦、安全的地带，并将铲斗收回平放在地面上。

6.11.2　夯土机械

（1）夯土机械适于夯实灰土和黄土地基、地坪以及场地平整工作，不得夯实坚硬或软硬不一的地面，更不得夯打坚石或混有砖石碎块的杂土。

（2）夯土机械必须装设防溅型漏电保护器，其额定漏电动作电流不应大于 15mA，额定漏电动作时间应小于 0.1s，并做好接零保护。

（3）夯土机械的负荷线应采用耐气候型的四芯橡皮护套铜芯软电缆，电缆线长短应不大于 50m。

（4）操作夯土机械必须戴绝缘手套、穿绝缘鞋，应有专人调整电缆，严禁电缆缠绕、扭结和被夯土机械跨越，如图 6.12 所示。多台夯土机械并列工作时，其间距不得小于 5m，串联工作时，不得小于 10m。

（5）夯土机械的操作扶手必须有绝缘措施，在电动机的接线穿入手把的入口处，应套绝缘管。

图 6.12　操作夯土机械注意事项

（6）作业时电缆不可张拉过紧，应保证有 3～4m 的余量，递线人应戴绝缘手套，穿绝缘鞋，依照夯实路线随时调整。作业中需移线时，应停机将电缆线移至夯机后面。

（7）操作时，不得用力推拉或按压手柄，转弯时不得用力过猛。严禁急转弯。

（8）夯实填实土方时，应从边缘以内 10～15cm 开始夯实 2～3 遍后，再夯实边缘。

（9）在室内作业时，应防止夯板或偏心块打在墙壁上。

（10）作业后，切断电源，卷好电缆，如有破损应及时修理或更换。

6.12　水磨石机

(1) 操作人员必须穿胶靴，戴好绝缘手套。

(2) 电气线路，必须使用气候型的绝缘四芯软线，电气开关应使用按钮开关，并安装在磨石机的手柄上。

(3) 磨石机手柄，必须套绝缘管，线路采用接零保护，接点不得少于两处，并须安设漏电保护器(漏电动作电流不应大于 15mA，动作时间应小于 0.1s)。

(4) 工作中，发现零件脱落或不正常的声音时，必须立即切断电源，锁好开关箱，方可检修，严禁在运行中修理。

(5) 磨块必须夹紧，并应经常检查夹具，以免磨石飞出伤人。

(6) 电器线路、开关等，必须由电工安装和检修，其他人员不准随意拆接。

6.13　砂　轮　机

(1) 砂轮机应安装在僻静安全的地方，旋转方向禁止对着通道。启动前，应先检查机械各部螺丝、砂轮夹板、砂轮防护罩、砂轮表面有无裂纹破损等，确认完整良好再启动。

(2) 工作的托架必须安装牢固，托架面要平整，托架的位置与砂轮架的间隙不得大于 3mm，夹持砂轮的法兰盘直径不得小于砂轮直径的 1/3，夹合力适中，对有平衡块的法兰盘，应在装好砂轮后，先进行平衡测试，合格后方能使用。

(3) 砂轮要保持干燥，防止受潮而降低强度。

(4) 砂轮轴头坚固螺丝的转向，应与主轴旋转方向相反，以保持坚固。砂轮起动须达到正常转速后，方准进行磨件。

(5) 严禁两人同时使用一个砂轮打磨工件。

(6) 砂轮不圆、厚度不够或者砂轮露出夹板不足 25mm 时，均应更换新砂轮。

(7) 磨工件时，不准震动砂轮或打磨露出中易发生震动的工件。

(8) 砂轮只准磨钢、铁等黑色金属，不准磨软质有色金属或非金属。

(9) 砂轮禁装倒顺开关，中途停电时，应立即切断电源。

(10) 磨工件时，应使工件缓慢接近砂轮，不准用力过猛或冲击，更不准用身体顶着工件在砂轮下面或侧面磨件。

(11) 磨小工件时，不应直接用手持工件打磨，应选用合适的夹具夹稳工件进行操作。

(12) 安装砂轮片时，不准用铁锤进行敲击。如孔大于轴径，应加套筒不得有空隙，轴端须有两个以上的螺母紧固。根据旋转方向来用正、反旋转螺纹。

(13) 砂轮机转轴发生弯曲后，应立即停用，更新部件后方可继续使用。

6.14　空气压缩机

(1) 空压机的内燃机和电动机的使用应符合两机的操作规定。

（2）空压机作业前应保持清洁和干燥。贮气罐应放在通风良好处，距罐 15m 以内不得进行焊接和热加工作业。

（3）空压机的进排气管较长时，应加以固定，管路不得有急弯；对较长管路应设伸缩变形装置。

（4）贮气罐与输气管路每 3 年应作水压试验一次，试验压力应为额定压力的 150%。压力表和安全阀应每年至少校验一次。

（5）作业前重点检查应符合下列要求。

① 燃、润油料均添加充足。

② 各连接部位紧固，各运动机构及各部阀门开闭灵活。

③ 各防护装置齐全良好，贮气罐内无存水。

④ 电动空压机的电动机及启动器外壳接地良好，接地电阻不大于 4Ω。

（6）空压机应在无载状态下启动，启动后低速空运转，检视各仪表指示值符合要求，运转正常后，逐步进入载荷运转。

（7）输气胶管应保持畅通，不得扭曲。开启送气阀前，应看输气管道是否接好，并通知现场有关人员后方可送气。在出气口前方不得有人工作或站立。

（8）作业中贮气罐内压力不得超过铭牌额定压力，安全阀、轴承及各部件应无异响或过热现象。

（9）每工作 2h，应将液化分离器、中间冷却器、后冷却器内的油水排放一次。贮气罐内油水每班应排放 1~2 次。

（10）发现下列情况之一时应立即停机检查，找出原因并排出故障后，方可继续作业。

① 漏水、漏气、漏电或冷却水突然中断。

② 压力表、温度表、电流表指示值超过规定。

③ 排气压力突然升高，排气阀、安全阀失效。

④ 机械有异响或电动机电刷发生强烈火花。

（11）运输中，在缺水而使气缸过热停机时，应待气缸自然降温至 600℃ 以下时，方可加水。

（12）当电动空压机运转中突然停电时，应立即切断电源等来电后重新在无载荷状态下启动。

（13）停机后，应先卸去载荷，然后分离主离合器，再停止内燃机或电动机的运转。

（14）停机后，应关闭冷却水阀门，打开放气阀，放出各级冷却器和贮气罐内的油水和存气，方可离岗。

（15）在潮湿地区及隧道中施工时，对空压机外露摩擦面应定期加注润滑油。对电动机和电气设备应做好防潮保护工作。

6.15　施工机具检查评定应用训练

施工机具检查评定应符合现行行业《施工现场机械设备检查技术规程》（JGJ 160）和现行国家标准《建筑施工场界噪声限值》（GB 12523）的规定。检查评定项目包括：平刨、圆盘锯、手持电动工具、钢筋机械、电焊机、搅拌机、气瓶、翻斗车、潜水泵、振捣器具、桩工机械、泵送机械、装修机械、土石方机械。施工机具的检查评定应符合下列规定。

1. 平刨

(1) 安装后应验收合格后使用。

(2) 应有护手安全装置。

(3) 传动部位应有防护罩。

(4) 保护接零和漏电保护器应符合现行行业标准《施工现场临时用电安全技术规范》(JGJ 46)的要求。

(5) 应有安全防护棚。

(6) 无人操作时应切断电源。

(7) 严禁使用平刨和圆盘锯合用一台电机的多功能木工机具。

2. 圆盘锯

(1) 安装后应验收合格后使用。

(2) 应有锯盘护罩和分料器以及防护挡板安全装置；传动部位应有防护罩。

(3) 保护接零和漏电保护器应符合现行行业标准《施工现场临时用电安全技术规范》(JGJ 46)的要求。

(4) 应有安全防护棚。

(5) 无人操作时应切断电源。

3. 手持电动工具

(1) Ⅰ类手持电动工具的保护接零和漏电保护器应符合现行行业标准《施工现场临时用电安全技术规范》(JGJ 46)的要求。

(2) 使用Ⅰ类手持电动工具应穿戴绝缘用品。

(3) 使用手持电动工具不得随意接长电源线，不得更换插头。

4. 钢筋机械

(1) 安装后应验收合格后使用。

(2) 保护接零和漏电保护器应符合现行行业标准《施工现场临时用电安全技术规范》(JGJ 46)的要求。

(3) 钢筋加工区应有防护棚，钢筋对焊作业区还应有防止火花飞溅措施，冷拉作业区还应有防护栏。

(4) 传动部位应有防护罩，限位应灵敏可靠。

5. 电焊机

(1) 安装后应验收合格后使用。

(2) 保护接零和漏电保护器应符合现行行业标准《施工现场临时用电安全技术规范》(JGJ 46)的要求。

(3) 应有二次空载降压保护器或二次侧漏电保护器。

(4) 一、二次线长度应符合规范要求，一次线穿管保护应符合规范要求，二次线应采用防水橡皮护套铜芯软电缆。

(5) 电源应使用自动开关。

(6) 二次线接头不得超过 3 处，绝缘层不得老化。

(7) 电焊机应有防雨罩，接线柱应有防护罩。

6. 搅拌机

(1) 安装后应验收合格后使用。

(2) 保护接零和漏电保护器应符合现行行业标准《施工现场临时用电安全技术规范》(JGJ 46)的要求。

(3) 离合器和制动器及钢丝绳应符合规范要求。

(4) 操作手柄应安装保险装置。

(5) 应有安全防护棚。

(6) 上料斗应有安全挂钩。

(7) 传动部位应有防护罩。

(8) 限位应灵敏可靠。

(9) 作业平台应平稳。

7. 气瓶

(1) 严禁使用未安装减压器的氧气瓶。

(2) 各种气瓶应有标准色标。

(3) 气瓶间距不应小于 5m，距明火小于 10m 时应有隔离措施。

(4) 乙炔瓶使用或存放时严禁平放。

(5) 气瓶存放应符合规范要求。

(6) 气瓶应有防震圈和防护帽。

8. 翻斗车

(1) 翻斗车制动装置应灵敏。

(2) 司机应持证驾车。

(3) 不得行车载人或违章行车。

9. 潜水泵

(1) 保护接零和漏电保护器应符合现行行业标准《施工现场临时用电安全技术规范》(JGJ 46)的要求。

(2) 漏电动作电流必须小于 15mA、负荷线应采用专用防水橡皮电缆。

10. 振捣器具

(1) 应使用移动式配电箱。

(2) 电缆长度不得超过 30m。

(3) 操作人员应穿戴好绝缘防护用品。

11. 桩工机械

(1) 机械安装后应验收合格后使用。

(2) 桩工机械应有安全保护装置。

(3) 机械行走路线地耐力应符合说明书要求。

（4）施工作业应有方案。

（5）桩工机械作业严禁违反操作规程。

12．泵送机械

（1）机械安装后应验收合格后使用。

（2）保护接零和漏电保护器应符合现行行业标准《施工现场临时用电安全技术规范》（JGJ 46）的要求。

（3）固定式砼输送泵应有良好的设备基础。

（4）移动式砼输送泵车应安装在平坦坚实的地坪上。

（5）机械周围排水应通畅，无积灰。

（6）机械产生的噪声应符合规范要求。

（7）整机应清洁，无漏油、无漏水现象。

13．装修机械

（1）机械安装后应验收合格后使用。

（2）保护接零和漏电保护器应符合现行行业标准《施工现场临时用电安全技术规范》（JGJ 46）的要求。

（3）传动装置应齐全，工作应平稳。

（4）各零部件不得缺失、损坏。

（5）润滑装置应齐全良好。

（6）安全防护装置应齐全。

（7）限位应灵敏可靠。

（8）水磨石机磨石不得有裂纹、破损。

14．土石方机械

（1）机械主要工作性能应达到使用说明书中各项技术参数指标要求。

（2）技术资料应齐全。

（3）机械在靠近架空高压输电线路附近作业或停放时，与架空高压输电线路之间的距离应符合现行行业标准《施工现场临时用电安全技术规范》（JGJ 46）的规定。

（4）机械各总成件、零部件、附件及附属装置应齐全完整，安装应牢固。

（5）上下车扶手及踏板应完好，不应有开焊、腐蚀。

（6）传动装置啮合应良好，运转平稳，不应有异响。

（7）制动及安全装置应齐全可靠。

（8）机械各种电控元件、指示灯、警示灯及报警装置工作应有效。

（9）各类照明灯、仪表灯、喇叭等应齐全完好。

（10）整机内外应清洁、不得有油污、漏水、漏油、漏气、漏电。

（11）挖掘机、压路机作业及行走范围内地耐力应符合说明书要求。

（12）土石方施工作业应有方案。

（13）土石方机械作业严禁违反操作规程。

施工机具检查评分表见表 6-4。

表 6-4 施工机具检查评分表

序号	检查项目	扣 分 标 准	应得分数	扣减分数	实得分数
1	平刨	平刨安装后未进行验收合格手续扣 3 分 未设置护手安全装置扣 3 分 传动部位未设置防护罩扣 3 分 未做保护接零，未设置漏电保护器每处扣 3 分 未设置安全防护棚扣 3 分 无人操作时未切断电源扣 3 分 使用平刨和圆盘锯合用一台电机的多功能木工机具，平刨和圆盘锯两项扣 12 分	12		
2	圆盘锯	电锯安装后未留有验收合格手续扣 3 分 未设置锯盘护罩、分料器、防护挡板安全装置和传动部位未进行防护每缺一项扣 3 分 未做保护接零，未设置漏电保护器每处扣 3 分 未设置安全防护棚扣 3 分 无人操作时未切断电源扣 3 分	10		
3	手持电动工具	I类手持电动工具未采取保护接零或漏电保护器扣 8 分 使用 I 类手持电动工具不按规定穿戴绝缘用品扣 4 分 使用手持电动工具随意接长电源线或更换插头扣 4 分	8		
4	钢筋机械	机械安装后未留有验收合格手续扣 5 分 未做保护接零，未设置漏电保护器每处扣 5 分 钢筋加工区无防护棚，钢筋对焊作业区未采取防止火花飞溅措施，冷拉作业区未设置防护栏每处扣 5 分 传动部位未设置防护罩或限位失灵每处扣 3 分	10		
5	电焊机	电焊机安装后未留有验收合格手续扣 3 分 未做保护接零、未设置漏电保护器每处扣 3 分 未设置二次空载降压保护器或二次侧漏电保护器每处扣 3 分 一次线长度超过规定或不穿管保护扣 3 分 二次线长度超过规定或未采用防水橡皮护套铜芯软电缆扣 3 分 电源不使用自动开关扣 2 分 二次线接头超过 3 处或绝缘层老化每处扣 3 分 电焊机未设置防雨罩，接线柱未设置防护罩每处扣 3 分	8		
6	搅拌机	搅拌机安装后未留有验收合格手续扣 4 分 未做保护接零，未设置漏电保护器每处扣 4 分 离合器、制动器、钢丝绳达不到要求每项扣 2 分 操作手柄未设置保险装置扣 3 分 未设置安全防护棚和作业台不安全扣 4 分 上料斗未设置安全挂钩或挂钩不使用扣 3 分 传动部位未设置防护罩扣 4 分 限位不灵敏扣 4 分 作业平台不平稳扣 3 分	8		

续表

序号	检查项目	扣 分 标 准	应得分数	扣减分数	实得分数
7	气瓶	氧气瓶未安装减压器扣5分 各种气瓶未标明标准色标扣2分 气瓶间距小于5m，距明火小于10m又未采取隔离措施每处扣2分 乙炔瓶使用或存放时平放扣3分 气瓶存放不符合要求扣3分 气瓶未设置防震圈和防护帽每处扣2分	8		
8	翻斗车	翻斗车制动装置不灵敏扣5分 无证司机驾车扣5分 行车载人或违章行车扣5分	8		
9	潜水泵	未做保护接零，未设置漏电保护器每处扣3分 漏电动作电流大于15mA，负荷线未使用专用防水橡皮电缆每处扣3分	6		
10	振捣器具	未使用移动式配电箱扣4分 电缆长度超过30m扣4分 操作人员未穿戴好绝缘防护用品扣4分	8		
11	桩工机械	机械安装后未留有验收合格手续扣3分 桩工机械未设置安全保护装置扣3分 机械行走路线地耐力不符合说明书要求扣3分 施工作业未编制方案扣3分 桩工机械作业违反操作规程扣3分	6		
12	泵送机械	机械安装后未留有验收合格手续扣4分 未做保护接零，未设置漏电保护器每处扣4分 固定式砼输送泵未制作良好的设备基础扣4分 移动式砼输送泵车未安装在平坦坚实的地坪上扣4分 机械周围排水不通畅的扣3分，积灰扣2分 机械产生的噪声超过《建筑施工场界噪声限值》扣3分 整机不清洁、漏油、漏水每发现一处扣2分	8		
	检查项目合计		100		

本 章 小 结

本章主要介绍了起重吊装的一般要求，起重吊装的检查评定；木工机械、钢筋机械、混凝土机械、桩工机械、其他机械等安全技术操作要点；施工机具的检查评定等。要求掌握常用建筑机械的安全操作规程，熟悉起重吊装的相关安全要求；了解其他机械的安全要点；会进行起重吊装和施工机具的安全检查评定。

思考与拓展题

1. 建筑机械安全一般规定是什么？
2. 起重吊装机械的基本要求有哪些？

3. 起重吊装检查评定项目有哪些?

4. 建筑施工现场常用的木工机械有哪些?它们的安全使用要点有哪些?

5. 钢筋机械按作业方式可分为哪几类?它们的安全使用要点有哪些?

6. 混凝土机械的种类有哪些?它们的安全使用要点有哪些?

7. 氧气瓶的安全使用要点是什么?

8. 乙炔气瓶的安全使用要点是什么?

9. 潜水泵安全操作要点是什么?

10. 桩工机械安全要点是什么?

11. 水磨石机的安全使用要点有哪些?

12. 施工机具检查评定的项目有哪些?

13. 挖土机械有哪些?请说说它们的安全使用要点。

第 7 章

拆除工程安全技术

课程标准

课程内容	知识要点	教学目标
拆除工程安全管理与预控	拆除工程安全施工管理、应急处理、人工拆除、机械拆除、爆破拆除安全防护措施、拆除工程文明施工管理等方面的内容，拆除工程的安全注意事项	能作好拆除前的准备工作，会进行拆除工程的安全管理，安全检查和安全防护设施的落实，应急情况处理

▶▶章节导读

　　日新月异的城市大建设带来了城市大拆迁，而大拆迁又带来了大量的拆除工程。拆除工程就其施工难度、危险程度、作业条件等方面来看远甚于新建工程，更难于管理，更容易发生安全事故如图 7.1 所示。因此，安全管理工作在拆除工程中有着至关重要的地位。拆除工程过去主要以拆除砖木、砖混等简易结构为主，现在的拆除工程中，不仅有砖木、砖混结构，更多的是多层框架结构，从房屋拆除发展到烟囱、水塔、桥梁、码头等建筑物或构筑物的拆除。因而建（构）筑物的拆除施工近年来已形成一种行业。现在的拆除工程还有一个特点，许多拆除工地都位于人口密度大、房屋密集的市区，周围保留房屋多，周边及地下管线多，情况复杂。这些因素都大大增加了拆除工程难度及危险……同时由于拆除工程往往承包给没有资质的单位或个人，工程在施工过程中施工人员缺乏基本的安全防护设施和劳动保护用品，发生事故后也得不到应有的抚恤和赔偿，给受害者家属造成无法弥补的伤痛和经济损失，给政府和社会带来了不良影响和额外负担。

图 7.1　冒险拆除

知识链接

2011年10月11日，一台凿掘机正在一幢8层楼顶上凿掘。这幢位于某市东海大道尚未完工的半拉子大楼因故被拆除。承接拆迁的一家公司竟然将一台凿掘机吊上楼顶从上往下逐层开拆，隆隆的凿掘声方圆两三里地都清晰可闻，令周围市民既惊奇又担忧。

7.1 拆除工程一般规定

（1）项目经理必须对拆除工程的安全生产负全面领导责任。项目经理部应按有关规定设专职安全员，检查落实各项安全技术措施。

（2）施工单位应全面了解拆除工程的图纸和资料，进行现场勘察，编制施工组织设计或安全专项施工方案。

（3）拆除工程施工区域应设置硬质封闭围挡及醒目警示标志，围挡高度不应低于1.8m，非施工人员不得进入施工区。当临街的被拆除建筑与交通道路的安全跨度不能满足要求时，必须采取相应的安全隔离措施。

（4）拆除工程必须制定生产安全事故应急救援预案。

（5）施工单位应为从事拆除作业的人员办理意外伤害保险。

（6）拆除施工严禁立体交叉作业。

（7）作业人员使用手持机具时，严禁超负荷或带故障运转。

（8）楼层内的施工垃圾，应采用封闭的垃圾道或垃圾袋运下，不得向下抛掷。

（9）根据拆除工程施工现场作业环境，应制定相应的消防安全措施。施工现场应设置消防车通道，保证充足的消防水源，配备足够的灭火器材。

7.2 拆除工程的准备工作

建设单位应负责做好影响拆除工程安全施工的各种管线的切断、迁移工作。当外侧有架空线路或电缆线路时，应与有关部门取得联系，采取措施，确认安全后方可施工。拆除工程的建设单位与施工单位在签订施工合同时，应签订安全生产管理协议，明确建设单位与施工单位在拆除工程施工中所承担的安全生产管理责任。中华人民共和国国务院第393号令颁布的《建设工程安全生产管理条例》中规定，建设单位、监理单位应对拆除工程施工安全负检查督促责任；施工单位应对拆除工程的安全技术管理负直接责任。明确了建设单位、监理单位、施工单位在拆除工程中的安全生产管理责任。建设单位应将拆除工程发包给具有相应资质等级的施工单位。施工单位严禁将建筑拆除工程转包。建设单位应在拆除工程开工前15日，将下列资料报送建设工程所在地的县级以上地方人民政府建设行政主管部门备案。

（1）施工单位资质登记证明。

（2）拟拆除建筑物、构筑物及可能危及毗邻建筑的说明。

（3）拆除施工组织方案或安全专项施工方案。

（4）堆放、清除废弃物的措施。

建设单位应向施工单位提供下列资料。

（1）拆除工程的有关图纸和资料。

（2）拆除工程涉及区域的地上、地下建筑及设施分布情况资料。

施工单位必须全面了解拆除工程的图纸和资料，根据建筑拆除工程特点，进行实地勘察，并应编制有针对性、安全性及可行性的施工组织设计或方案以及各项安全技术措施。依据《建筑法》为从事拆除作业的人员办理意外伤害保险。依据《安全生产法》的有关规定，制定拆除工程生产安全事故应急救援预案，成立组织机构，配备抢险救援器材。

当拆除工程对周围相邻建筑安全可能产生危险时，必须采取相应保护措施，对建筑内的人员进行撤离安置。

在拆除作业前，施工单位应检查建筑内各类管线情况，确认全部切断后方可施工。

7.3 拆除工程安全施工管理

建筑拆除工程一般可分为人工拆除、机械拆除、爆破拆除 3 大类。根据被拆除建筑的高度、面积、结构形式，采用不同的拆除方法。因为人工拆除、机械拆除、爆破拆除的方法不同，其特点也各有不同，因此在安全施工管理上各有侧重点。

1. 人工拆除

人工拆除是指人工采用非动力性工具进行的作业。采用手动工具进行人工拆除的建筑一般为砖木结构，高度不超过 6m（二层），面积不大于 1000m²。

拆除施工程序应从上至下，按板、非承重墙、梁、承重墙、柱的顺序依次进行或依照先非承重结构后承重结构的原则进行拆除。分层拆除时，作业人员应在脚手架或稳固的结构上操作，被拆除的构件应有安全的放置场所。

人工拆除建筑墙体时，不得采用掏掘或推倒的方法。楼板上严禁多人聚集或集中堆放材料。拆除建筑的栏杆、楼梯、楼板等构件，应与建筑结构整体拆除进度相配合，不得先行拆除。建筑的承重梁、柱，应在其所承载的全部构件拆除后，再进行拆除。拆除施工应分段进行，不得垂直交叉作业。作业面的孔洞应封闭。

拆除梁或悬挑构件时，应采取有效的下落控制措施，方可切断两端的支撑。

拆除柱子时，应沿柱子底部剔凿出钢筋，使用手动倒链定向牵引，再采用气焊切割柱子三面钢筋，保留牵引方向正面的钢筋。

拆除原用于有毒有害、可燃气体的管道及容器时，必须查清其残留物的种类、化学性质及残留量，采取相应措施后，方可进行拆除施工。达到确保拆除施工人员安全的目的。拆除的垃圾严禁向下抛掷。

2. 机械拆除

机械拆除是指以机械为主、人工为辅相配合的拆除施工方法。机械拆除的建筑一般为砖混结构，高度不超过 20m（六层），面积不大于 5000m²。

当采用机械拆除建筑时，应从上至下，逐层分段进行；应先拆除非承重结构，再拆除承重结构。拆除框架结构建筑，必须按楼板、次梁、主梁、柱子的顺序进行施工。对只进行部分拆除的建筑，必须先将保留部分加固，再进行分离拆除。在施工过程中，必须由专门人员负责随时监测被拆除建筑的结构状态，并应做好记录。当发现有不稳定状态的趋势时，必须停止作业，采取有效措施，消除隐患。

拆除施工时，应按照施工组织设计选定的机械设备及吊装方案进行施工，严禁超载作业或任意扩大使用范围。供机械设备使用的场地必须保证足够的承载力。作业中机械不得同时回转、行走。

当进行高处拆除作业时，对较大尺寸的构件或沉重的材料(楼板、屋架、梁、柱、混凝土构件等)，必须使用起重机具及时吊下。拆卸下来的各种材料应及时清理，分类堆放在指定场所，严禁向下抛掷。

采用双机抬吊作业时，每台起重机载荷不得超过允许载荷的80%，且应对第一吊进行试吊作业，施工中必须保持两台起重机同步作业。

拆除吊装作业的起重机司机，必须严格执行操作规程。信号指挥人员必须按照现行国家标准《起重吊运指挥信号》(GB 5082)的规定作业。

拆除钢屋架时，必须采用绳索将其拴牢，待起重机吊稳后，方可进行气焊切割作业。吊运过程中，应采用辅助措施使被吊物处于稳定状态。

拆除桥梁时应先拆除桥面的附属设施及挂件、护栏等。

3. 爆破拆除

爆破拆除是利用炸药爆炸瞬间产生的巨大能量进行建筑拆除的施工方法。采用爆破拆除的建筑一般为混凝土结构，高度超过20m(六层)，面积大于5000m²。

爆破拆除工程应根据周围环境条件、拆除对象类别、爆破规模，按照现行国家标准《爆破安全规程》(GB 6722)，分为A、B、C 3级。不同级别的爆破拆除工程有相应的设计施工难度，爆破拆除工程设计必须按级别经当地有关部门审核，做出安全评估和审查批准后方可实施。

从事爆破拆除工程的施工单位，必须持有所在地有关部门核发的《爆炸物品使用许可证》，承担相应等级及以下级别的爆破拆除工程。爆破拆除设计人员应具有承担爆破拆除作业范围和相应级别的爆破工程技术人员作业证。从事爆破拆除施工的作业人员应持证上岗。

运输爆破器材时，必须向所在地有关部门申请领取《爆破物品运输证》。应按照规定路线运输，并应派专人押送。爆破器材临时保管地点，必须经当地有关部门批准。严禁同室保管与爆破器材无关的物品。

爆破拆除的预拆除施工应确保建筑安全和稳定。爆破拆除的预拆除是指爆破实施前有必要进行部分拆除的施工。预拆除施工可以减少钻孔和爆破装药量，清除下层障碍物(如非承重的墙体)，有利建筑塌落破碎解体。预拆除施工可采用机械和人工方法拆除非承重的墙体或不影响结构稳定的构件。

爆破拆除建筑施工时，应对爆破部位进行覆盖和遮挡防护，覆盖材料和遮挡设施应选用不易抛散和折断，并能防止碎块穿透的材料，固定方便、固牢可靠。

爆破作业是一项特种施工方法。爆破拆除工程的设计和施工，必须按照《爆破安全规程》(GB 6722—2004)的有关爆破实施操作的规定执行。

对烟囱，水塔类构筑物采用定向爆破拆除工程时，爆破拆除设计应控制建筑倒塌时的触地振动。必要时应在倒塌范围内铺设缓冲材料或开挖防振沟。

为保护临近建筑和设施的安全，爆破震动强度应符合现行国家标准《爆破安全规程》（GB 6722）的有关规定。建筑基础爆破拆除时，应限制一次同时使用的药量。

爆破拆除应采用电力起爆网路和非电导爆管起爆网路。电力起爆网路的电阻和起爆电源功率，应满足设计要求；非电导爆管起爆应采用复式交叉封闭网路。爆破拆除不得采用导爆索网路或导火索起爆方法。

装药前，应对爆破器材进行性能检测。试验爆破和起爆网路模拟试验应在安全场所进行。

爆破拆除工程的实施应在工程所在地有关部门领导下成立爆破指挥部，应按照施工组织设计确定的安全距离设置警戒。

4. 安全防护措施

拆除施工采用的脚手架、安全网，必须由专业人员搭设。由项目经理（工地负责人）组织技术、安全部门的有关人员验收合格后，方可投入使用。安全防护设施验收时，应按类别逐项查验，并应有验收记录。

拆除施工严禁立体交叉作业。水平作业时，各工位间应有一定的安全距离。作业人员必须配备相应的劳动保护用品（如安全帽、安全带、防护眼镜、防护手套、防护工作服等），并应正确使用。在爆破拆除作业施工现场周边，应按照现行国家标准《安全标志》（GB 2894）的规定，设置相关的安全标志，并设专人巡查。

拆除工程安全技术管理包括以下几个方面。

（1）拆除工程开工前，应根据工程特点、构造情况、工程量及有关资料编制安全施工组织设计或方案。爆破拆除和被拆除建筑面积大于1000m²的拆除工程，应编制安全施工组织设计；被拆除建筑面积小于等于1000m²的拆除工程，应编制安全技术方案。

（2）拆除工程的安全施工组织设计或方案，应由专业工程技术人员编制，经施工单位技术负责人、总监理工程师审核批准后实施。施工过程中，如需变更安全施工组织设计或方案，应经原审批人批准，方可实施。

（3）拆除工程项目负责人是拆除工程施工现场的安全生产第一责任人。项目经理部应设专职安全员，检查落实各项安全技术措施。

（4）进入施工现场的人员，必须配戴安全帽。凡在2m及以上高处作业无可靠防护设施时，必须正确使用安全带。在恶劣的气候条件［如大雨、大雪、浓雾、6级（含）以上大风等］影响施工安全时，严禁拆除作业。

（5）拆除工程施工现场的安全管理由施工单位负责。从业人员应办理相关手续，签订劳动合同，进行安全培训，考试合格后，方可上岗作业。拆除工程施工前，必须由工程技术人员对施工作业人员进行书面安全技术交底，并履行签字手续。特种作业人员必须持有效证件上岗作业。

（6）施工现场临时用电必须按照《施工现场临时用电安全技术规范》（JGJ 46）的有关规定执行。夜间施工必须有足够照明。电动机械和电动工具必须装设漏电保护器，其保护零线的电气连接应符合要求。对产生振动的设备，其保护零线的连接点不应少于两处。

（7）拆除工程施工过程中，当发生险情或异常情况时，应立即停止施工，查明原因，及时排除险情；发生生产安全事故时，要立即组织抢救、保护事故现场，并向有关部门报告。

（8）施工单位必须依据拆除工程安全施工组织设计或方案，划定危险区域。施工前应通报施工注意事项，拆除工程有可能影响公共安全和周围居民的正常生活的情况时，应在施工前发出告示，做好宣传工作，并采取可靠的安全防护措施。

5. 应急处理

在拆除工程作业中，施工单位发现不明物体时，必须停止施工，采取相应的应急措施，保护现场并应及时向有关部门报告。经过有关部门鉴定后，按照国家和政府有关法规妥善处理。拆除工程必须制定生产安全事故应急救援预案，成立组织机构，并应配备抢险救援器材，适当时候组织演练。当发生重大事故时，应立即启动应急预案排除险情，组织抢救。

案例分析

某市因道路拓宽工程需要，市城建开发处与该市某拆迁单位签订委托拆迁协议，将某建筑公司大院部分房屋及附属物拆除任务委托给某拆迁单位。同年9月18日，拆迁单位与建筑公司签订拆迁协议，同意由该建筑公司负责拆除。签订协议后，拆迁单位程某某、邱某某、陈某某等人为了单位创收，与建筑公司副经理杨某、经营科长蒋某口头协议，要将文化中心和实验室拆除另行安排。据此书面和口头协议，某建筑公司安排所属工贸公司，将协议范围内的拆除物于年底前拆除完毕，而对拆迁单位口头协议留下的文化中心和实验室未安排队伍拆除。当年10月，拆迁单位陈某某将文化中心和实验室拆除业务安排给了个体户陈某某。陈某某在拆除完实验室和文化中心屋顶后，将剩余的工程又转包给韩某某拆除。过了半年后，即在第二年8月13日上午，文化中心只剩下东墙未拆（高约4m，长约7m），其余的墙已全部拆倒。工人韩某某等3人在东山墙西侧约3m的地方清理红砖。约9时40分，东山墙突然向西倒塌，将正在清理红砖的3人砸倒，当场死亡。

【原因分析】

（1）技术方面。拆除人韩某某在未对拆除工程制定拆除方案的情况下对房屋进行拆除时，采取了错误的分段拆除方法，并没有采取任何安全防护措施，导致墙体失稳，突然倒塌。因此，缺少施工方案和安全技术措施是此次事故的技术原因。

（2）管理方面。①拆迁单位对内部人员失之管理，且工程发包后，对工程未采取监督措施；②某建筑公司作为合同中的承包人，执行合同不严，现场管理交接不清；③拆迁单位职工陈某某利用身份和工作便利，弄虚作假、徇私舞弊，违法将拆迁业务安排给无资质的个体户；④承包人个体户无拆除资质，利用非法手段承揽拆迁业务，又非法转包给另一个个体户韩某某，是此次事故的管理原因。

7.4 拆除工程文明施工管理

拆除工程施工现场清运渣土的车辆应在指定地点停放。车辆应封闭或采用苫布覆盖，出入现场时应有专人指挥。清运渣土的作业时间应遵守有关规定。拆除工程施工时，设专人向被拆除的部位洒水降尘，减少对周围环境的扬尘污染。

对地下的各类管线，施工单位应在地面上设置明显标志。对水、电、气的检查井、污水井应采取相应的保护措施。拆除工程施工时，应有防止扬尘和降低噪声的措施。拆除工程完工后，应及时将渣土清运出场。

施工单位必须落实防火安全责任制，建立义务消防组织，明确责任人，负责施工现场的日常防火安全管理工作。根据拆除工程施工现场作业环境，应制定相应的消防安全措施；并应保证充足的消防水源，现场消火栓控制范围不宜大于 50m。配备足够的灭火器材，每个设置点的灭火器数量 2~5 具为宜。

施工现场应建立健全用火管理制度。施工作业用火时，必须履行动火审批手续，经现场防火负责人审查批准，领取用火证后，方可在指定时间、地点作业。作业时应配备专人监护，作业后必须确认无火源危险后方可离开作业地点。

拆除建筑物时，当遇有易燃、可燃物（建筑材料燃烧分级，易燃物即 B₃ 级为易燃性建筑材料，可燃物即 B₂ 级为可燃性建筑材料）及保温材料时，严禁明火作业。施工现场应设置不小于 3.5m 宽的消防车道并保持畅通。

本 章 小 结

本章主要介绍了拆除工程概述、拆除工程的准备工作、拆除工程安全施工管理、应急处理、人工拆除、机械拆除、爆破拆除、安全防护措施、拆除工程文明施工管理等方面的内容。

思考与拓展题

1. 建筑拆除工程的施工方法有哪几种？
2. 建筑拆除工程必须由具备什么资质的单位施工？
3. 拆除工程的建设单位与施工单位安全管理责任是如何规定的？
4. 施工单位应对拆除工程的安全技术管理承担什么责任？
5. 拆除工程施工前，如何对施工作业人员进行书面交底？
6. 人工拆除安全技术要点是什么？
7. 机械拆除安全技术要点是什么？
8. 爆破拆除安全技术要点是什么？

第 8 章

施工现场临时用电安全技术

课程内容	知识要点	教学目标
安全用电管理能力	施工现场临时用电的原则、施工现场用电组织设计、供配电系统、基本保护系统、接地装置、配电装置、配电线路、用电设备、外电防护、现场照明、用电档案	掌握施工用电检查标准评定项目的相关内容。熟悉施工用电安全技术与管理，施工现场用电组织设计的编制

▶▶章节导读

电流对人体的伤害有3种：电击、电伤和电磁场伤害。电击是指电流通过人体，破坏人体心脏、肺及神经系统的正常功能。电伤是指电流的热效应、化学效用和机械效应对人体的伤害；主要是指电弧烧伤、熔化金属溅出烫伤等。电磁场生理伤害是指在高频磁场的作用下，人会出现头晕、乏力、记忆力减退、失眠、多梦等神经系统的症状。一般认为：电流通过人体的心脏、肺部和中枢神经系统的危险性比较大，特别是电流通过心脏时，危险性最大。因此从手到脚的电流途径最为危险。触电还容易因剧烈痉挛而摔倒，导致电流通过全身并造成摔伤、坠落等二次事故。磁危害的防护一般采用电磁屏蔽装置。高频电磁屏蔽装置可由铜、铝或钢制成。金属或金属网可有效地消除电磁场的能量，因此可以用屏蔽室、屏蔽服等方式来防护。屏蔽装置应有良好的接地装置，以提高屏蔽效果。防止触电最为常见的安全措施是绝缘、屏护和间距。

(1)绝缘是防止人体触及绝缘物把带电体封闭起来。瓷、玻璃、云母、橡胶、木材、胶木、塑料、布、纸和矿物油等都是常用的绝缘材料。应当注意：很多绝缘材料受潮后会丧失绝缘性能或在强电场作用下会遭到破坏，丧失绝缘性能。

（2）屏护即采用遮拦、护盖箱闸等把带电体同外界隔绝开来。电器开关的可动部分一般不能使用绝缘，而需要屏护。高压设备不论是否有绝缘，均应采取屏护。

（3）间距就是保证必要的安全距离。间距除用防止触及或过分接近带电体外，还能起到防止火灾、防止混线、方便操作的作用。在低压工作中，最小检修距离不应小于0.1m。

特别提示

能运用本章所学知识，进行施工现场安全用电管理，确保临时用电安全。施工用电检查评定应符合现行行业标准《施工现场临时用电安全技术规范》（JGJ 46）的规定。建筑施工现场临时用电工程3原则为：①采用三级配电系统；②采用TN—S接零保护系统；③采用二级漏电保护系统。

施工用电检查评定的保证项目包括外电防护、接地与接零保护系统、配电线路、配电箱与开关箱。一般项目包括配电室与配电装置、现场照明、用电档案。

8.1 外电防护

在建工程（含脚手架具）的外侧边缘与外电架空线的边缘之间必须保持安全操作距离。最小安全操作距离见表8-1。

表8-1 最小安全距离表

外电线路电压	1kV 以下	1～10kV	3～110kV	154～220kV	330～500kV
最小安全操作距离/m	4	6	8	10	15

注：上下脚手架斜道严禁搭设在有外电线路的一侧。

必须满足上述要求的安全距离，如外电线路与在建工程（含脚手架）、高大施工设备、场内机动车道的安全距离达不到要求时，应采取防护措施，如图8.1所示。外电防护的技术措施有：①绝缘；②屏护；③安全距离；④限制放电能量；⑤24V及以下安全特低电压。

图8.1 建筑工程与外电线路防护

上述5项措施具有普遍适用的意义。但是对于施工现场外电防护这种特殊的防护，基本上不存在安全特低电压和限制放电能量的问题。因此，其防护措施主要是绝缘、屏护、安全距离。架设安全防护设施是一种绝缘隔离防护措施，宜通过采用木、竹或其他绝缘材料增设屏障、遮拦、围栏、保护网等与外电线路实现强制性绝缘隔离，并须在隔离处悬挂醒目的警告标志牌。

没有达到上述要求的，或做了防护措施但不到位的，在施工前必须编制高压线防护方案，经审核、审批后方可施工。施工现场应挂设如"请勿靠近、高压危险"，"危险地段、请勿靠近"等明显警示标志牌，以引起施工人员注意，避免发生意外事故。

在建工程不得在外电架空线路正下方施工、搭设作业棚、建造生活设施或堆放构件、架具、材料及其他杂物等。高压线路是相对于地面高电位的带电体，其周围存在很强的电场，在这个强电场作用下，处于高压线附近的导体(包括人的身体)上的正、负电荷将重新分布，并且正负电荷分别集中地分布于导体(包括人的身体)表面上最靠近和最远离输电线路的两端，同时随着线路电压的交变，正负电荷的分布也随之交替变化叫做电感应。与导体在电场中的电感应相对应，电介质和绝缘体在电场中将被极化，极化的结果是在其表面出现束缚电荷，人体若接触其高电压下方的设施、构件、材料等易感应触电。

案例分析

某工程建筑面积约18400m²，地下2层，地上6层，为框架结构筏板式基础，基槽深约8.5m。在边坡西侧工地围墙外，离槽边约8m有一民用高压线路，高度约为6m。施工单位考虑到此高压线路距本工程的距离在安全距离之外，又处于土方施工阶段，因此没有搭设护线架子。土方施工开始以后按进度计划将要结束时，发生了一起铲车碰断电线的事故。事故发生在土方收尾阶段，因场地小马道不能做得过长，所以在当天进场一个臂长7m的铲运机。铲运机在向运土汽车上装土时碰断了高压线，造成当地居民大范围断电，也造成了一些施工电器的损坏，没有人员伤亡。

【问题】

(1)如果你是施工单位本项目经理部负责人，事故发生后，你该如何处理此事？

(2)这起事故的根本原因是什么？

【分析与答案】

(1)如果我是施工单位本项目经理部负责人，事故发生后，我认为可以采取以下措施进行补救。

① 保护现场，划分安全区域，保证过往行人的安全。

② 及时通知供电局进行抢修。

③ 向上级主管部门汇报。

④ 成立专门的善后小组，走访受损的居民和用户，进行赔偿，减少负面影响。

⑤ 对现场进行治理整顿，保证后期施工安全。

(2)这起事故的直接原因是施工方操作不当所造成。

8.2 接地与接零保护系统

根据《建筑施工安全检查标准》(JGJ 59—2011)施工用电保证项目的检查评定应符合下列规定。

(1)施工现场专用变压器配电系统应采用 TN—S 接零保护方式。

（2）施工现场配电系统不得同时采用两种保护方式。

（3）保护零线的设置和安装应符合规范。

（4）工作接地和重复接地的设置和接地极的安装、测试应符合规范。

（5）施工现场的防雷措施应符合规范。

1. 接地与接零保护

接地装置是构成施工现场用电基本保护系统的主要组成部分之一，是施工现场用电工程的基础性安全装置。在施工现场用电工程中，电力变压器二次侧（低电压）中性点要直接接地，PE线要做重复接地，高大建筑机械和高架金属设施要做防雷接地，产生静电的设备要做防静电接地。

1）接地与接地装置

所谓接地，是指设备与大地做电气连接或金属性连接。电气设备的接地，通常的方法是将金属导体埋入地中，并通过导体与设备做电气连接（金属性连接）。这种埋入地中直接与地接触的金属物体称为接地体，而连接设备与接地体的金属导体称为接地线，接地体与接地线的连接组合就称为接地装置。应当注意，金属燃气管道不能用作自然接地体或接地线，螺纹钢和铝板不能用作人工接地体。

2）接地的分类

接地按其作用可分为：工作接地和保护性接地及兼有工作和保护性的重复接地。

（1）保护性接地分为保护接地、防雷接地、防静电接地等。

（2）重复接地。

3）工作接地

将变压器中性点直接接地称为工作接地。限值应小于 4Ω。有了这种接地可以稳定系统电压，防止高压侧电源直接窜入低压侧，造成低压系统的电气设备被摧毁不能正常工作的情况发生。

4）重复接地

在上述保护接零设备漏电情况下，若零线发生断线，则断线后零线和所有保护接地设备金属外壳变成了与火线相连，它们对地电压为 220V，此时人若触及它们将十分危险，保护接零失去保护作用。为此，将电网中零线在中间和末端多处接地，此时碰壳处故障电流 I_d 将通过零线接地线和工作接地线与电源组成回路，降低设备外壳接地电压。

这种在保护零线上再作接地就叫重复接地，PE线的重复接地不应少于 3 处，应分别设置于配电系统的首端、中间、末端处，每处重复接地电阻值不应大于 10Ω。

重复接地可以起到保护零线断线后的补充保护作用，也可以降低漏电设备的对地电压，缩短故障持续时间。

重复接地必须与 PE 线相连接，严禁与 N 线相连接，否则，N 线中的电流将会分流，经大地和电源中性点工作接地处形成回路，使 PE 线对地电位升高而带电。

5）保护接零

如图 8.2 所示三相设备，其火线 L_1 同电机外壳碰壳时，电机外部带电，人与设备外壳接触就易发生触电危险。若将用电设备金属与零线 N 相连，发生碰壳漏电时，就形成火线 L_1 与零线短接，强大的短路电流将烧断熔断器，切断电源，防止触电事故发生。

这种将电气设备金属外壳与电网零线的连接称为保护接零。

图 8.2　TN 系统

(a)TN－C统；(b)TN－S系统；(c)TN－C－S系统

6) 保护零线(PE 线)与工作零线(N 线)

(1) 专用保护零线(PE 线)必须采用绿/黄双色线，不得用铝线金属裸线代替，绿/黄双色线不得作为 N 线和相线使用。

(2) PE 线与 N 线的连接关系。经过总漏电保护器 PE 线与 N 线分开，其后不得再作电气连接。

(3) PE 线与 N 线的应用区别。PE 线是保护零线，只用于连接电气设备外露可导电部分，在正常情况下无电流通过，且与大地保持等电位；N 线是工作零线，作为电源线用于连接单相设备或三相四线设备，在正常情况下会有电流通过，被视为带电部分，且对地呈现电压。因此，在实用中不得混用或代用。

在配电箱和开关箱内，工作零线和保护零线应该分设接线端子板，保护零线端子板应于箱体保持电气连接，工作零线端子板必须与箱体保证绝缘，否则就变成混接了。

特别提示

《现场临时用电安全技术规程》(JGJ 46—2005)有关接地与防雷的强制性条文如下。

5.1.1 在施工现场专用变压器的供电的 TN－S 接零保护系统中，电气设备的金属外壳必须与保护零线连接。保护零线应由工作接地线、配电室(总配电箱)电源侧零线或总漏电保护器电源侧零线处引出。

5.1.2 当施工现场与外电线路共用同一供电系统时，电气设备的接地、接零保护应与原系统保持一致。不得一部分设备做保护接零，另一部分设备做保护接地。

采用 TN 系统做保护接零时，工作零线(N 线)必须通过总漏电保护器，保护零线(PE)必须由电源进线零线重复接地处或漏电保护器电源侧零线处引出，形成局部 TN－S 接零保护系统。

5.1.10 PE 线上严禁装设开关或熔断器，严禁通过工作电流，且严禁断线。

5.3.2 TN 系统中的保护零线除必须在配电室或总配电箱处做重复接地外，还必须在配电系统的中间处和末端处做重复接地。

在 TN 系统中，保护零线每一处重复接地装置的接地电阻值不应大于 10Ω。在工作接地电阻值允许达到 10Ω 的电力保护系统中，所有重复接地的等效电阻值不应大于 10Ω。

5.4.7 做防雷接地机械上的电气设备，所连接的 PE 线必须同时做重复接地，同一台机械电气设备的重复接地和机械的防雷接地可共用同一接地体，但接地电阻应符合重复接地电阻值的要求。

2. TN 系统

我国施工现场临时用电系统一般为中性点直接接地的三相四线制低压电力系统，这个系统的接地、接零保护系统有两种形式即：TT 系统和 TN 系统，TN 系统又分为 TN－C 系统、TN－S 系统和 TN－C－S 系统。

TT 系统：第一个字母 T 表示工作接地，第二个字母 T 表示保护接地。

TN 系统：第一个字母 T 表示工作接地，第二个字母 N 表示保护接零。

TN－C：保护接零 PE 与工作零线 N 合一的系统。

TN－S：保护接零 PE 与工作零线 N 分开的系统。

TN－C－S：在同一电网内，一部分采用 TN－C，另一部分采用 TN－S。

1）TN－C 系统

TN 系统如图 8.2(a)所示。

图 8.2(a)中可以看出零线 PEN 在接入单相设备如照明灯时，它是灯具与的电源组成的电源回路的一部分，没有它灯具不能工作。根据此时它所起作用，我们称之为工作零线。而在它与三相设备金属外壳相连时，没有它设备能照常工作，只是设备发生漏电时，将起到保护作用，此时，我们称它为保护零线。

由此可见：TN－C 保护系统是工作零线与保护零线合一的系统(三相四线制)。

TN－C 形式是工作零线与保护零线合一的形式，它存在以下显著缺陷。

(1) 当三相负载不平衡时，零线带电。

(2) 零线断线时，单相设备的工作电流会导致电气设备外壳带电。

(3) 会给安装漏电保护器带来困难。

2）TN－S 系统

对照 TN－C 形式缺陷，连接电气设备金属外壳的保护接零线同工作零线分开而单独敷设，就可有效排除 TN－C 形式缺陷，提高安全保护的可靠性。如图 8.3 所示具有重复接地的 TN－S 系统，即保护零线与工作零线分离的系统，俗称三相五线制。按《施工现场临时用电安全技术规范》(JGJ 46—2005)要求，建筑施工临时用电必须采用 TN－S 系统。

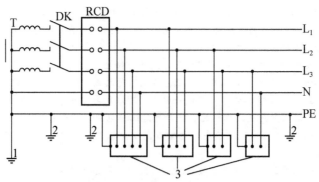

图 8.3 具有重复接地的 TN－S 系统

1—工作接地；2—PE 线重复接地；3—电气设备金属外壳(正常不带电的外露可导电部分)；L_1、L_2、L_3—相线；N—工作零线；PE—保护零线；DK—总电源隔离开关；RCD—总漏电保护器(兼有短路、过载、漏电保扩功能的漏电断路器)；T—变压器

3）TN－C－S 系统

有些施工现场没有自己的变电所，直接使用供电局提供的 TN－C 三相四线制供电系

统供电，此电源进入施工现场后，需另接保护零线 PE，使施工现场变为 TN－S 三相五线制供电系统。就整个系统而言，其一部分采用 TN－C 系统，而另一部分采用 TN－S 系统，此系统称为 TN－C－S 系统。

将外部 TN－C 系统变为施工现场 TN－C－S 系统的接线方法为：当三相四线电源进入工地总配电箱后，将零线 N 接地，接地电阻为 10Ω，然后，再从该零线上引出两条零线，即工作零线 N 和保护零线 PE，如图 8.2(c)所示。

8.3　配电线路

根据《建筑施工安全检查标准》(JGJ 59—2011)，施工用电保证项目的检查评定应符合下列规定。

(1) 线路及接头应保证机械强度和绝缘强度。

(2) 线路应设短路、过载保护，导线截面应满足线路负荷电流。

(3) 线路架设或埋设应符合规范。

8.3.1　配电线路

一般情况下，施工现场的配电线路包括室外线路和室内线路。其敷设方式：室外线路主要有绝缘导线或电缆架空敷设和绝缘电缆埋地敷设。架空线路由导线、绝缘子、横担及电杆等组成。安装在室内的导线，以及它们的支持物、固定配件，总称室内配线。

8.3.2　室外配线安全要求

1. 电线无老化、破皮

目前施工现场使用的大部分为 BV 和 BLV 型铜芯(铝芯)塑料绝缘导线，此种导线为单层绝缘，架设于室外，受风吹雨淋、日晒自然环境的影响，绝缘层很容易老化，绝缘能力降低导线发生裂纹变硬。在一般的情况下，架设室外的导线使用期为 1～2 年，有些劣质导线老化情况会更严重些，一般导线受外力，绝缘层破损，使用绝缘包带包扎好仍可使用，如导线已老化，绝缘损坏就不能使用了。

2. 电线不随意拖地、浸水

随意拖地的导线是很容易被重物或车辆压坏，破坏其绝缘，也容易浸水，造成线路短路故障，现场工人也易发生触电事故，导线应架设或穿管保护，因此现场不允许各类导线拖地敷设。

3. 电杆、横担

(1) 架空线路宜采用钢筋混凝土杆或木杆。钢筋混凝土杆不得有露筋、宽度大于 0.4mm 的裂纹或扭曲；木杆不得腐朽，其梢径应不小于 140mm。

电杆埋设深度宜为杆长的 1/10 加 0.6m，回填土应分层夯实。但在松软土质处应适当加大埋设深度或采用卡盘等加固。

(2) 横担材料可采用木质或铁质材料。木横担截面积应为 80mm×80mm，铁横担应选用角钢，低压直线杆角钢横担型号选择：导线截面积在 50mm² 以下选∠50×5，导线截面积大于 50mm² 选用∠63×5。

横担的长度：三线、四线横担长 1.5m，五线横担长 1.8m。

（3）绝缘子的选择原则为，直线杆采用针式绝缘子，耐张杆采用蝶式绝缘子。

4. 架空线路、挡距要求

规范明确规定：施工现场内的低压架空线路不得直接捆绑在电杆、树木、脚手架上，不得拖在地面上。架空线路必须采用绝缘铜线或绝缘铝线，必须架设在专用电杆上，同杆架设绝缘铜、铝线是允许的，但铜线架设必须放在杆的上方，因为铝线膨胀系数大于铜线，在同跨距长度下铝线弧垂较铜线大，将铜线架设在铝线上方，可保持铜铝的垂直距离。

1）导线的选择

架空导线截面积的选择不仅要通过负荷计算，使其满足导线中的负荷电流不大于其允许载流量，还必须考虑其机械强度。《规范》规定：为保证机械强度；铝线的截面积不得小于 $16mm^2$，铜线的截面积不得小于 $10mm^2$。

跨越铁路、公路、河流电力线路挡距内的铝线截面积不得小于 $35mm^2$，并不得有接头。

单相线路的零线截面与相线截面相同，三相四线制的工作零线和保护零线截面不小于相线截面的 50%。

在一个挡距内，每层架空线的接头数不得超过该层导线条数的 50%，且一根导线只允许有一个接头，线路在跨越铁路、公路、河流、电力线时，挡距内不得有接头。

2）架空线路相序排列应符合下列要求

在同一横担架设时，四线导线的相序排列是：面向负荷从左侧起为 L_1、N、L_2、L_3。

在同一横担架设时，五线导线的相序排列是：面向负荷从左侧起为 L_1、N、L_2、L_3、PE（五线导线的颜色依次分别为黄色、淡蓝色、绿色、红色、绿/黄双色），如图 8.4 所示。

架空电缆应沿墙或电杆敷设

负荷

图 8.4　架空线路排列

动力线与照明线在两个横担上分别架设时，上层横担面向负荷从左起为 L_1、L_2、L_3；下层横担面向负荷从左起为 L_1（L_2、L_3）、N、PE；在两个以上横担上架设时，最下层横担面向负荷，最右边的导线为零线（PE）。

架空线路的线间距不得小于 0.3m，靠近电杆两导线的间距不得小于 0.5m。

3）架空线路挡距及与临近设施的距离

架空线的挡距是指两电杆之间的距离。《规范》规定，架空线的挡距不得大于 35m，线间距（在同一横担上两线间的水平距离）不得小于 0.3m。

《规范》规定，架空线的最大弧垂处（即架空线上导线的最低点）与地面的最小垂直距离，施工现场、一般场所为 4m，机动车道为 6m，铁路轨道为 7.5m。

架空线导线的边线与建筑物凸出部分的最小水平距离为 1m。

架空线路摆动时至树梢的最小净空距离为 0.5m。

与其他线路和设施的距离可参见《规范》。

5. 使用五芯电缆

电缆中必须包含全部工作芯线和用作保护零线或保护线的芯线。需要三相四线制配电的电缆线路必须采用五芯电缆。

五芯电缆必须包含淡蓝、绿/黄两种颜色绝缘芯线。淡蓝色芯线必须用作 N 线；绿/黄双色芯线必须用作 PE 线，严禁混用。

三相五线制是 TN−S 系统，其中工作零线 N 与保护零线 PE 分开的系统，是引用国际电工委员会 LEC/TC 64 标准的定义和符号，我国在应用 TN−S 系统前应用 TT 系统（接地系统）和 TN−C 系统（接地接零合并使用），由于由五条线供电，在架空线路时完成五线制并不困难，但由电缆供电必须有相对应的三相相线和 N、PE 线截面相适应的五芯电缆，在引用 LEC/TC 64 标准前，我国动力电缆大截面五芯电缆未有生产，只有五芯及其五芯以下的控制电缆，目前市场上已有五芯动力电缆供应，因为 TN−S 是一个完整的供电系统，所以在用电缆供电时，必须使用五芯电缆。

施工现场的五线线路应采用五芯电缆，不容许在四芯电缆外侧加设一根 PE 线代替五芯电缆；施工现场的配电方式采用动力与照明分别设置时，三相设备线路可采用四芯电缆，单相设备和照明可采用三芯电缆。因为两者无论是绝缘程度、机械强度、抗腐蚀以及截流量都是不匹配的。四芯电缆外加一根线，作为 PE 线，其导线的绝缘层受外部环境影响易老化和损坏，使 PE 线断线，有的施工单位即使电缆外加一根线，无论供电电源多大，外加的 PE 主线都用 $1.5\sim2.5\text{mm}^2$ 的线，这是显然不符合要求的。

6. 线路架设或埋设要求

电缆线路应采用埋地或架空敷设，严禁沿地面明设，并应避免机械损伤和介质腐蚀。埋地电缆路径应设方位标志。

电缆干线应采用埋地或架空敷设，严禁沿地面明设，并应避免机械损伤和介质腐蚀。

电缆在室外直接埋地时必须采用铠装电缆，埋地深度不小于 0.7m，并应在电缆上下各均匀铺设不小于 50mm 的细沙，然后覆盖砖等硬质保护层。

橡皮电缆架空架设时，应沿墙壁或电杆设置，并用绝缘子固定，严禁使用金属裸线做绑线。固定点间距应保证电缆能承受自重所带来的荷重。橡皮电缆的最大弧垂距地不得小于 2.5m。

电缆穿越建筑物、构筑物、道路、易受机械损伤的场所及引出地面从 2m 的高度至地下 0.2m 处，必须加设防护套管，防护套管内径不应小于电缆外径的 1.5 倍。

电缆接头应牢固可靠，并应作绝缘包扎，保持绝缘强度，不得承受张力。埋地电缆的接头应设在地面的接线盒内，接线盒应能防水、防尘、防机械损伤并应远离易燃、易爆、易腐蚀场所。

在高层建筑的临时电缆配电必须采用电缆埋地引入，电缆垂直敷设的位置应充分利用在建工程的条件，如竖井、垂直孔洞等，并靠近电负荷中心，固定点每楼层不得少于一处。电缆水平敷设宜沿墙或门口固定，最大弧垂距地不得小于 2.0m。

不容许由室外地面电箱用橡皮电缆从地面直接引入各楼层使用。其原因：一是电缆直接受拉造成导线截面变细过热；二是距控制箱过远，故障不能及时处理；三是线路混乱，不好固定，容易引发事故。

    7. 导线按规定绑在绝缘子上或用金属裸线绑扎

    导线无论在室内或室外敷设固定，都必须绑在绝缘子上，导线在室内沿墙敷设或导线在室外架空敷设如不固定在绝缘子上，导线易受外力，线皮绝缘破损形成供电线路短路，另外，因为没有绝缘子固定点，导线固定不牢易，产生较大垂度，影响供电可靠性，根据不同场所和用途，导线可采用瓷（塑料）夹、瓷柱（鼓型绝缘子）、瓷瓶（针式绝缘子）等方式固定。瓷（塑料）夹布线适用于正常环境内场所和挑檐下的屋外场所；绝缘子布线适用于屋内场所。

8.3.3 室内配线安全要求

    （1）室内配线必须采用绝缘导线。采用瓷瓶、瓷（塑料）夹等敷设，距地高度不得小于 2.5m。

    （2）室内配线所用导线截面，应根据用电设备的负荷计算确定，但铝线截面不应小于 $2.5mm^2$，铜线截面不应小于 $1.5mm^2$。

    （3）钢索配线的架吊间距不宜大于 12m。采用瓷夹固定导线时，导线间距应不小于 35mm，瓷夹间距应不大于 800mm；采用瓷瓶固定导线时，导线间距应不小于 100mm，瓷瓶间距应不大于 1.5m；采用护套绝缘导线时，容许直接敷设于钢索上。

    （4）进户线过墙应穿管保护，距地面不得小于 2.5m，并应采取防雨措施。

    （5）潮湿场地或埋地非电缆配线，必须穿管敷设，管口应密封。采用金属管敷设时必须作保护接零。

    （6）配线的线路应减少弯曲而取直。

    （7）线路中应尽量减少接头，以减少故障点。

    （8）布线位置应便于检查。

> **特别提示**
>
> 《现场临时用电安全技术规程》（JGJ 46—2005）有关配电线路的强制性条文如下。
>
>   7.2.1 电缆中必须包含全部工作芯线和用作保护零线或保护线的芯线。需要三相四线制配电的电缆线路必须采用五芯电缆。
>
>   五芯电缆必须包含淡蓝、绿/黄两种颜色绝缘芯线。淡蓝色芯线必须用作 N 线；绿/黄双色芯线必须用作 PE 线，严禁混用。
>
>   7.2.3 电缆线路应采用埋地或架空敷设，严禁沿地面明设，并应避免机械损伤和介质腐蚀。埋地电缆路径应设方位标志。

8.4 配电箱与开关箱

    根据《建筑施工安全检查标准》（JGJ 59—2011），施工用电保证项目的检查评定应符合下列规定。

    （1）施工现场配电系统应按"三级配电，二级漏电保护"和"一机、一闸、一漏、一箱"设置。

（2）配电箱与开关箱结构设计、电器设置应符合规范。

（3）总配电箱与开关箱内应安装合格有效的漏电保护器。

（4）配电箱与开关箱内的电器应完好，电器和进、出线路安装规范。

（5）箱体应有系统接线图和分路标记，并有门、锁及防雨措施。

（6）配电箱与开关箱安装位置及周边环境应便于人员操作。

（7）分配箱、开关箱、用电设备间的距离应符合规范。

1. 配电箱与开关箱

在 TN－S 系统下，为了进一步提高施工现场供电的安全性、可靠性，《规范》规定了施工现场必须实行"三级配电两级防护"。

所谓"三级配电"，即在总配电箱下设分配电箱，分配电箱下设开关箱，开关箱以下就是用电设备，形成三级配电。这样配电层次清楚，既便于管理又便于查找故障。同时要求照明配电与动力配电最好分别设置，自成独立系统，不致因动力停电影响照明。所有配电箱、开关箱在使用过程中必须按照下述操作顺序。

送电操作顺序为：总配电箱—分配电箱—开关箱。

停电操作顺序为：开关箱—分配电箱—总配电箱。

"三级配电"的目的是：①有利于现场电气系统的维护和检修；②分级供电使线路布线合理系统化；③便于及时处理线路分段设备故障，不扩大停电范围。它的基本结构形式可用一个系统框图来描述，如图 8.5 所示。

图 8.5 三级配电系统结构型式示意图

所谓"两级保护"，主要指采用漏电保护措施，《规范》规定，除在末级开关箱内加防漏电保护器外，在上一级分配电箱或总配电箱中再加装一级漏电保护器，总体形成两级保护。"两级漏电保护"的目的是：①是 TN－S 系统用电设备漏电技术保证系统；②当第一级漏电保护器失灵，第二级可起到漏电后备保护作用；③可以减少施工现场因只有一级漏电保护，如漏电动作，扩大停电范围，保证不了安全供电。有的施工现场设置了三级漏电保护，这样其保护范围，按供电系统要求，更合理化。

三级配电系统应遵守 4 项规则，即分级分路规则，动、照分设规则，压缩配电间距规则，环境安全规则。

1) 分级分路

(1) 从一级总配电箱(配电柜)向二级分配电箱可以分路。即一个总配电箱(配电柜)可以分若干分路向若干分配电箱配电;每一分路也可以分若干分支支接若干分配电箱。

(2) 从二级分配电箱向三级开关箱配电同样也可以分路。即一个分配电箱也可以分若干分路向若干开关配电,而其每一分路也可以支接或者链接若干开关箱。

(3) 从三级开关箱向用电设备配电实行所谓"一机一闸"制,不存在分路问题。即每一开关箱只能连接控制一台与其相关的用电设备(含插座),包括一组不超过30A负荷的照明器,或每一台用电设备必须有其独立专用的开关箱。

按照分级分路规则的要求,在三级配电系统中,任何用电设备均不得越级配电,即其电源线不得直接连接于分配电箱或总配电箱;任何配电装置不得挂接其他临时用电设备。否则,三级配电系统的结构形式和分级分路规则将被破坏。

2) 动照分设

(1) 动力配电箱与照明配电箱宜分别设置;若动力与照明合置于同一配电箱内共箱配电,则动力与照明应分路配电。

(2) 动力开关箱与照明开关箱必须分箱设置,不存在共箱分路设置问题。

3) 压缩配电间距

压缩配电间距规则是指除总配电箱、配电室(配电柜)外,分配电箱与开关箱之间,开关箱与用电设备之间的空间距离应尽量缩短。按照《规范》规定,压缩配电间距规则可以用以下3个要点说明。

(1)分配电箱应设在用电设备或负荷相对集中的场所。

(2)分配电箱与开关箱的距离不得超过30m。

(3)开关箱与其供电的固定式用电设备的水平距离不宜超过3m。

4) 环境安全

环境安全规则是指配电系统对其设置和运行环境安全因素的要求。

2. 漏电保护器

在配电系统中,由于受到用电设备负荷电源和启动电流的限制,过流保护装置的动作额定电流不能太小,否则用电设备无法启动和运作。在作设备保护接零后,遇设备碰壳短路故障往往不能迅速切断电流(如熔断器烧断需一段时间),此时人体若接触故障设备外壳,则易发生触电危险;有时设备漏电电流较小,根本无法使熔断器烧断,但其漏电电流却对人体安全造成威胁。因此,在系统作了保护接零、重复接地后,还必须加装漏电保护器。高灵敏度的漏电保护器在只有很小漏电电流时就会在瞬间切断电源,确保设备用电安全。

开关箱是三级配电的末级,是直接控制用电设备的供电电源,操作也较频繁,因此,必须装设漏电保护器,作为系统的第一级漏电保护。

漏电保护器失灵从外观上检查只能按试验按钮,看自动开关是否跳闸,如不跳闸可能其限流电阻烧坏或者其他控制线路出现问题,这种情况必须及时更换漏电保护器。但动作时间是否符合规定要求,却无法确定,因此必须加强在使用中的定时检查,使用时可选择具有反时限型漏电保护器。

在一般情况下第一级(开关箱)漏电保护器的漏电动作电流应小于30mA,动作时间应小于0.1s,如工作场所比较潮湿或有腐蚀介质或属于人体易接触其外壳的手持电动工具,其漏电动作电流应小于 15mA，其动作时间小于 0.1s，而作为第二级（分配电箱）（如设置三级漏电保护）其值应大于 30mA，一般取值为上一级不小于下一级的 2 倍。主要考虑上下级漏电保护装置之间的线路存在正常的泄漏电流，则上级漏电保护装置的额度动作电流，必须大于下级漏电保护装置的额定漏电动作电流与正常线路泄漏电流之和，同时漏电保护的额定漏电不动作电流应为额定漏电动作电流的 1/2。当第二级漏电保护器的漏电动作电流选 50mA、75mA、100mA 的情况如下。

当选用 50mA 时，其额定漏电不动作电流为 25mA，即为第二级漏电保护器允许泄漏电流值，当达到此值时，第二级漏电保护器不应该动作，但当第一级漏电保护器达到漏电 30mA 动作时，此时，第二级漏电保护器为 25mA＋30mA＝55mA，也同时动作，显然这样的配合选择性是不佳的。

当选用 75mA 时，与上述情况相同，其第二级漏电保护器为 37.5mA＋30mA＝67.5mA 这样当第一级漏电保护器达到漏电 30mA，动作时，此时，第二级漏电保护器不动作，起到分段保护的作用，这样的选择是合理的。

当选用 100mA 时，动作选择性将会大幅度提高，而上级作为下级的后备保护时，灵敏度则会降低，如果线路过长，正常泄漏电电流过大时，也可按此值选择。

第二级漏电保护器的动作时间选 0.1s，和 0.2s 的情况。

当选择漏电动作时间为 0.1s 时，如第一级漏电动作电流大于 30～75mA 时，在 0.1s 内动作，而第二级漏电保护器同时动作。如选择 0.2s 时，可保证第一级正常漏电动作时，第二级不动作。一般应取漏电不动作时间为漏电动作时间的 1/2。

选择漏电保护器参数时，可按表 8-2 数值参考。

表 8-2　漏电保护器参数设置

保护级别	额定漏电动作电流 $I_{\Delta N}$/mA	额定漏电动作时间 $T_{\Delta N}$/s
第一级保护（开关箱）	30	0.1
第二级保护（分配电箱）	75	0.2
第三级保护（总配电箱）	200	0.4

一般情况是上级漏电保护器宜选择灵敏度较低或稍有延时的漏电保护器，合理匹配的目的是不扩大停电范围，同时使用配电系统都处于漏电保护范围之中。施工现场情况较复杂，如供电线路较长，导线新旧程度不一，其线路泄漏电流大小也会变化，在选择其漏电保护器的参数时也可作此调整。总的要求应该是两级漏电保护时其漏电电流与漏电动作时间乘积应小于 30mA。

从用电设备漏电保护讲，开关箱这级应为第一级漏电保护，分配电箱应为第二级漏电保护，总配电箱应为第三级漏电保护。

从供电系统漏电保护讲，总配电箱应为一级漏电保护，分配电箱为二级漏电保护，开关箱（用电设备）为三级漏电保护。

目前，在施工现场因动态变化因素较多，对三级漏电保护选择大多数为 30mA、50～75mA、100～150mA，动作时间为 0.1s，这么做可能导致如上的理论分析结果，而两级或三级同时动作，扩大了停电范围，但从保证人身安全角度来讲是允许的，我们在检查

图 8.6　电器设备漏电马上停用

时，要根据现场具体情况来分析其选择性是否合理，首要是保证人身安全。

根据《施工现场临时用电安全技术规范》（JGJ 46—2005）第 8.2.8 条："漏电保护器应装设在总配电箱、开关箱靠近负荷的一侧，且不得用于启动电气设备的操作。"在施工现场个别有将漏电保护器装在隔离开关电源侧，这样安装，当漏电保护器在故障状态或更换时，必须切断上一级供电电源，如图 8.6 所示，且在维修中也不方便，易造成误触电，在配电箱或开关箱切断电源后，漏电保护器仍处于带电状态，这是不允许的。

3. 隔离开关

根据《施工现场临时用电安全技术规范》（JGJ 46—2005）第 8.2.2 条："电器设置的原则要求总配电箱、分配电箱和开关箱中必须装设隔离开关和熔断器（或装自动开关），但在实际运行中，自动开关的断开点较近，长期运行触点可能烧毛或烧合，而切断不开，因此装设自动开关（带漏电保护器）的配电箱，其前必须装设隔离开关，使之能形成一个明显的断开点"。同时隔离开关刀片之间的消弧罩或绝缘隔离板要完好，避免切断时发生意外弧光短路。总隔离开关应装在箱内的左上方，电源进箱处。

根据《规范》第 8.1.3 条："每台用电设备应有各自专用的开关箱，必须实行一机一闸制，严禁用同一开关电器直接控制两台及两台以上用电设备（含插座）"和第 8.2.5 条："开关箱中必须装设漏电保护器，漏电保护器的装设应符合第 8.2.8 条规定"。这就是"一机一闸一漏一箱"的规定，如图 8.7 所示。其目的是：①供电安全可靠，便于现场用电管理；②避免可能发生的误操作；③便于用电设备的维护检修。

4. 配电箱与开关箱的其他规定

1）安装位置

根据《规范》第 8.1.5 条："配电箱、开关箱应装设在干燥、通风及常温场所，不得装设在有严重损伤作用的瓦斯、烟气、潮气及其他有害介质中，也不得装设在易受外来固体物撞击、强烈振动、液体浸溅及热源烘烤的场所。否则，应予清除或做防护处理"。第 8.1.6 条："配电箱、开关箱周围应有足够两人同时工作的空间和通道。不得堆放任何妨碍操作、维修的物品，如图 8.8 所示；不得有灌木和杂草。"其目的是：①配电箱和开关箱及其内的电器设备不受外界多种因素撞击和有害介质腐蚀，保证安全供电；②便于维护、检修和正常操作以及发生意外事故时，可以迅速达到开关箱处切断电源。

图 8.7　用电设备要一机一闸一漏一箱

图 8.8　配电箱开关箱围不准堆放任何物品

另外，总配电箱、分配电箱和开关箱相对安装位置也必须在布置电气供电中加以考虑，施工现场总配电箱的位置往往受场地的条件，作业环境影响和外电线路供电走向限制，总配电箱、分配电箱、开关箱之间的距离都应该满足"分配电箱与开关箱的距离不得超过30m，开关箱与其控制的固定用电设备的水平距离不宜超过3m"的规定。否则就会增加线路电能损耗，增大电压损失及不便操作。

2）闸具

施工现场使用的胶盖闸刀开关数量较多、方便、经济，但由于使用维护不当，胶盖缺失，破损较多，这对安全用电是很大的隐患，因为胶盖闸刀的胶盖除防止触电外，还可以防止电弧造成的相间短路，防止电弧及保险丝爆断时伤人，所以不能使用破损和无胶盖的闸刀开关，在使用和检查时应注意以下几点。

（1）胶盖闸刀开关断流能力有限，只能用来控制5.5kW以下的三相笼型电机的直接起动和分断。

（2）一般情况下，动力负荷电流应小于1/3闸刀开关额定电流，而照明负荷电流小于闸刀开关额定电流即可。

（3）熔丝的额定电流必须小于闸刀开关的额定电流。

（4）闸刀开关的额定电压必须与线路的电压相适应，380V动力线路应采用500V的闸刀开关，220V的照明线路采用250V的开关。

（5）严禁使用胶盖绝缘已老化、内表碳化、严重腐蚀、潮湿破损和裸露无盖的闸刀开关。

3）PE线专用接线端子板

根据《规范》第8.1.13条"配电箱、开关箱的金属箱体、金属电器安装板以及电器正常不带电的金属底座、外壳等必须通过PE线端子板与PE线做电气连接，金属箱门与金属箱体必须通过采用编织软铜线做电气连接"的规定，电箱内的工作零线和保护零线必须分别设置专用端子板，工作零线端子板必须与箱体绝缘。保护零线端子板可以直接固定在箱体上。

配电箱的保护零线连接得不牢，连接螺丝生锈，导线松动，箱内接线零乱，多股铜线大部分没有压接头或导线挂焊锡处理，这些问题在检查时应特别要注意，否则PE线可能连接不好，影响TN—S系统正常运行。

4）电箱名称、编号、责任人

（1）电箱无名称，可能引起现场操作人员误操作，从供电系统来讲总箱、分箱、开关箱分辨不出其配电箱作用、功能。

（2）电箱无编号，可能造成现场供电混乱，当检修处理故障、切断电箱时无编号和名称容易造成事故。

（3）电箱无责任人负责，容易造成放任自流，平时的检查、维护、保证安全供电就不能落实。

5）电箱进出线

《规范》第8.1.15和第8.1.16规定："配电箱、开关箱中导线的进线口和出线口应设在箱体的下底面，严禁设在上顶面、侧面、后面或箱门后。进出线应加护套分路成束，不得与箱体进出口直接接触。"

不要过来

**图 8.9　严禁直接将电线的金属丝
插入插座**

（1）进出线口开在箱体的下底面，其开孔处要有防护橡圈，不能直接与开孔处相接触，主要考虑开孔处的刀面割伤导线，如图 8.9 所示。

（2）进出线较多，可在箱体下底面，开成长条形孔，开孔四周要有防护橡圈防护。

（3）不得将同一供电回路三相（L_1、L_2、L_3），四线或五线，单独穿 3 个进线口，这是因为每相对配电箱铁板来讲，可造成涡流发热，使箱底板长期处于发热状态，应该将同一供电回路的三相穿一个孔内，如孔径小穿不进去，可开成长条形孔。

6）配电箱内多路配电标记

配电箱内一般供电回路不少于两个回路，如配电回路无标记，极易发生误操作，尤其是现场的操作人员记不住本供电开关，可能发生意外触电伤害事故。

7）电箱材质

《规范》第 8.1.7 条"配电箱、开关箱应采用冷轧钢板或阻燃绝缘材料制作，钢板厚度应为 1.2～2.0mm，其中开关箱箱体钢板厚度不得小于 1.2mm，配电箱箱体网板厚度不得小于 1.5mm，箱体表面应做防腐处理"的规定，其理由有以下几个。

（1）箱体铁板材质过薄，在现场作业环境较为复杂的情况下，容易受外界物体撞击后变形，影响箱内电器设备的安全供电。

（2）由于材质过薄，设置在建筑物外架四周的配电箱易受到上部施工掉落物件、建筑垃圾等打击，可使线路和箱内设备受损，造成短路故障。

（3）目前部分施工企业没有设置合格的配电箱，这里有几种情况：一是施工单位从外购买就是薄铁板的配电箱；二是原有薄配电箱数量较多，一次全部更换费用较大。因此，在一次更换有困难的情况下，应逐步加以更换，对配电箱要加以防护，尤其是靠近外架的配电箱，其防护措施一定要做好。

8）电箱门锁及防雨

（1）配电箱无门则变成开启式，这对于复杂的施工现场是绝对不允许的，任何人都可以操作开关，施工用的材料易触碰，造成触电事故的可能性较大。

（2）无锁也同样存在上述情况，但也存在一旦发生紧急应停电情况，切断电源就无法进行，而必须找到电工来开锁，延误时间可能造成更大的人员伤害和机械损坏，较理想的办法是用双层门，里层为电工掌握锁住，外层为操作人员进行控制，将开关把手露在外层间。

（3）无防雨措施主要是怕雨水浸入电箱内造成电气线路短路发生事故。

9）电器装置

闸具熔断器参数与设备容量匹配、安装符合《施工现场临时用电安全技术规范》（JGJ 46—2005）及强制性条文要求，如图 8.10 所示。其他金属丝不能代替熔丝，电气设备的熔丝是经过计算后与其用电设备额定电流值相匹配选择的，当设备或线路发生短路接地故障时，其熔丝断，起到保护作用，如果随意使用金属丝，当设备发生短路故障时，其金属丝就不会熔断，严重的情况，导线烧掉其金属丝也没有熔断，这种情况是非常危险的，轻则烧毁用电设备，重则可引起电线起火，酿成重大火灾，严禁使用金属丝代替熔丝是不能忽视的。

图 8.10 电器装置

特别提示

《现场临时用电安全技术规程》(JGJ 46—2005)有关配电箱及开关箱的强制性条文如下：

8.1.3 每台用电设备必须有各自专用的开关箱，严禁使用同一个开关箱直接控制两台及两台以上用电设备(含插座)。

8.1.11 配电箱的电器安装板上必须分设 N 线端子板和 PE 线端子板。N 线端子板必须与金属电气安装板绝缘；PE 线端子板必须与金属电器安装板做电气连接。进出线中的 N 线必须通过 N 线端子板连接；PE 线必须通过 PE 线端子板连接。

8.2.10 开关箱中漏电保护器的额定漏电动作电流不应大于 30mA，额定漏电动作时间不应大于 0.1s。使用于潮湿或有腐蚀介质场所的漏电保护器应采用防溅型产品，其额定漏电动作电流不应大于 15mA，额定漏电动作时间不应大于 0.1s。

8.2.11 总配电箱中漏电保护器的额定漏电动作电流应大于 30mA，额定漏电动作时间应大于 0.1s，但其额定漏电动作电流与额定漏电动作时间的乘积不应大于 30mA·s。

8.2.15 配电箱、开关箱的电源进线端严禁采用插头和插座做活动连接。

8.3.4 对配电箱、开关箱进行定期维修、检查时，必须将其前一级相应的电源隔离开关分闸断电，并悬挂"禁止合闸、有人工作"的停电标志牌，严禁带电作业。

8.5 现场照明

根据《建筑施工安全检查标准》(JGJ 59—2011)施工用电一般项目的检查评定应符合下列规定。

(1) 照明用电应与动力用电分设。

(2) 特殊场所和手持照明灯应采用安全电压供电。

(3) 照明变压器应采用双绕组安全隔离变压器。

（4）照明专用回路应安装漏电保护器。

（5）灯具金属外壳必须接保护零线。

（6）灯具与地面、易燃物之间应达到规定的安全距离。

（7）照明线路和安全电压线路的安装应符合规范。

1. 照明动力用电按规定分路设置

照明与动力分设回路，主要是考虑互不影响供电，如果照明回路与动力回路混装，势必在动力回路检修、事故停电时，影响照明回路供电，同时从分配箱或开关箱三相供电系统引出单相照明线路，也会造成局部线路三相不平衡，影响动力设备正常运行，照明用电回路，正常的接法是在总箱处分路，考虑三相供电每相负荷平衡，单独架线供电。

2. 灯具金属外壳做接零保护

灯具金属外壳接零，主要保证安全，电工在换灯具灯泡时，可能触及其灯具外壳及其固定金属支架，如一旦漏电，在触及外壳时就会触电，设置保护零线，在灯具漏电时就可避免危险，但还必须设置漏电保护器保护。

3. 照明专用回路设漏电保护

在施工现场的用电设备中，照明装置与人的接触最为经常和普遍，同时往往对照明线路和照明装置的安装，乱接乱装，马虎从事，不按规定施工，施工现场的照明装置触电事故经常发生，造成触电伤害，非专业电工人员亦随意接线装灯，尤其在办公室、食堂、宿舍等场合，人员集中的地方，更有可能发生意外触电伤害，因此照明专用回路，必须装设漏电保护器，作为单独保护系统。

4. 室内线路及灯具安装高度

室内线路一般指宿舍、食堂、办公室及现场建筑物内的工作照明及其线路，一般情况是人员较多，出入频繁，如果安装高度低于2.5m（人伸手可能触及的高度），就会因线路破损等原因触电。在施工现场的宿舍照明线路有的用塑料管穿线保护，这样虽然可以避免直接接触导线，但由于高度过低，人员集中的宿舍等处仍是有触碰、折损的可能性，因此一定要保证其高度要求，如图8.11所示，如果其高度低于2.5m就必须使用安全电压供电，国家标准《安全电压》（GB 3805）中规定，安全电压额定值的等级为42V、36V、24V、12V、6V，如图8.12所示。另外还规定"当电气设备采用了超过24V的安全电压时，必须采取防直接接触带电体的保护措施"。

图8.11　室内电线注意事项

图8.12　5级安全电压

5. 照明供电电线

照明供电不能采用电线如图 8.13 所示。照明用电线为 RVS 铜芯绞形聚氯乙烯软线（俗称花线），它的截面一般都较小，其规格为 $0.12 \sim 2.5 \text{mm}^2$，照明一般使用 $0.75 \sim 1 \text{mm}^2$ 的导线，一受力就容易扎断，用在施工现场是不合格的，同时室外环境条件差，其绝缘层易老化，产生短路。

6. 手持照明灯、危险场所或潮湿作业使用 36V 以下的安全电压

图 8.13　行灯照明电压 36V

这些场所的作业必须使用 36V 以下的安全电压，主要是这些场所触电的危险性大，当在潮湿场所作业时，人员保护措施不全，可能导致人体电阻降低到 500Ω 时，在 220V 电压下，其触电电流 $I=220\text{V}/0.5\text{k}\Omega=440\text{mA}$，这时即使动作时间 $t=0.1\text{s}$。其乘积 $I \cdot t=44\text{mA} \cdot \text{s}$，其危险性仍是很大的（安装漏电保护器保护），如果作业场所人体电阻不受影响一般为 1000Ω 左右，当用 220V 电压，一旦漏电触电，流过人体的电流达 220mA。在上述场所使用 36V 以下的安全电压，危险就会大大降低，一旦发生漏电可以切断电源，保证在漏电保护器失灵状态下，也不至于危及生命安全。

7. 使用 36V 安全电压照明线路

照明线路虽然使用了 36V 安全电压，但不能乱接乱拉，线径必须保证其截面（因电压低电流大），降压变压器其容量亦必须满足所用负荷需要，其接头处必须认真做绝缘或用端子分接，因为 36V 安全电压也是相对的，不能因使用安全电压而忽视其必要的保护措施，现将工频电流对人体作用的分析情况列于表 8-3。

表 8-3　工频电流对人体作用的分析资料表

电流范围	电流/mA	通电时间	人的生理反应
0	$0 \sim 0.5$	连续通电	没有感觉
A_1	$0.5 \sim 5$	连续通电	开始有感觉，手指手腕处有痛感，无痉挛，可以摆脱带电体
A_2	$5 \sim 30$	数分钟以内	痉挛，不能摆脱带电体，呼吸困难，血压升高，是可以忍受的极限
A_3	$30 \sim 50$	数秒到数分	心脏跳动不规则，昏迷，血压升高，强烈痉挛，时间过长即引起心室颤动
B_1	$50 \sim 100$	低于心脏搏动周期	受强烈冲击，但未发生心室颤动
		超过心脏搏动周期	昏迷，心室颤动，接触部位留有电流通过的痕迹
B_2	超过数百	低于心脏搏动周期	在心脏搏动特定的相位触电时，发生心脏颤动、昏迷，接触部位留有电流通过的痕迹
		高于心脏搏动周期	心脏停止跳动，昏迷，可能致命的电灼伤

注：0 是指没有感觉的范围。

A_1、A_2、A_3 指一般不引起心室颤动，不致产生严重后果的范围。

B_1、B_2 是指容易产生严重后果的范围。

8. 危险场所、通道口、宿舍等按要求设置照明

危险场所和人员较集中的通道口、宿舍、食堂等场所，必须设置照明，以免人员行走或在昏暗场所作业时，发生意外伤害。

在一般场所宜选用额定电压为 220V 照明器。

（1）特殊场所对照明器的电压要求如下。

① 隧道、人防工程、有调温、导电、灰尘或灯具离地面高度低于 2.5m 的场所照明，电源电压不大于 36V。

② 在潮湿和易触及带电体场所的照明电源电压，不得大于 24V。

③ 在特别潮湿的场所、导电良好的地面、锅炉或金属容器内工作的照明电源电压，不得大于 12V。

（2）临时宿舍、食堂、办公室等场所的照明开关，插座的要求如下。

① 搬把开关距地面高度一般为 1.2～1.4m，拉线开关一般为 2～3m，距门框为 150～200mm。

② 开关位置应与灯位相适应，同一室内，开关方向应一致。

③ 多尘、潮湿、易燃、易爆场所，开关应分别采用密闭型和防爆型的或安装在其他处所控制。

④ 不同电压的插座，应有明显的区别，使其不能混用。

⑤ 凡为携带式或移动式电器用的插座，单相应用三眼插座，三相应用四眼插座，工作零线和保护零线不能混接。

⑥ 明装插座距地面应不低于 1.8m，暗装和工业用插座不低于 30cm。

（3）室内外灯具安装的要求如下。

① 室外路灯，距地面不得低于 3m，每个灯具都应单独装设熔断器保护，主要考虑个别路灯短路时，导致施工现场全部路灯熄灭。

② 施工现场经常使用碘钨灯及钠铊铟等金属卤化物灯具，其表面温度较高，易对周围易燃物点燃引起火灾，因此其高度宜安装在 5m 上，灯具应装置在隔热架或金属架上，不得固定在木、竹等支持架上，灯线应固定在接线柱上，不得靠近灯具表面。

③ 室内安装的荧光灯管应用吊链或管座固定，镇流器不得安装在易燃的结构件上以免发生火灾。

④ 灯具的相线必须经开关控制，不得相线直接引入灯具，否则，只要照明线路不停电，即使照明灯具不亮，灯头也是带电的，易发生意外触电事故。

⑤ 如用螺口灯头，其中心触头必须与相线连接，其螺口部分必须与工作零线连接，否则，在更换或擦拭照明灯具时，易意外地触及螺口部分而发生触电。

⑥ 灯具内的接线必须牢固，灯具外的接线必须做好可靠绝缘包扎，以免漏电触及伤人。

⑦ 灯泡功率在 100W 及其以下时，可选用胶质灯头，100W 以上及防潮灯具应选用瓷质灯头。

特别提示

《现场临时用电安全技术规程》(JGJ 46—2005)有关照明的强制性条文如下。

10.2.2 下列特殊场所应使用安全特低电压照明器。

(1) 隧道、人防工程、高温、有导电灰尘、比较潮湿或灯具离地面高度低于2.5m等场所的照明，电源电压不应大于36V。

(2) 潮湿和易触及带电体场所的照明，电源电压不得大于24V。

(3) 特别潮湿场所、导电良好的地面、锅炉或金属容器内的照明，电源电压不得大于12V。

10.2.5 照明变压器必须使用双绕组型安全隔离变压器，严禁使用自耦变压器。

10.3.11 对夜间影响飞机或车辆通行的在建工程及机械设备，必须设置醒目的红色信号灯，其电源应设在施工现场总电源开关的前侧，并应设置外电线路停止供电时的应急自备电源。

8.6 配电室与配电装置

根据《建筑施工安全检查标准》(JGJ 59—2011)施工用电一般项目的检查评定应符合下列规定。

(1) 配电室建筑耐火等级不低于3级并配备合格的消防器材。

(2) 配电室、配电装置的布设应符合规范。

(3) 配电装置中的仪表、电器元件设置应符合规范。

(4) 备用发电机组必须与外电线路进行连锁。

(5) 配电室应设置警示标志、工地供电平面图和系统图。

1. 配电室(或发电机房)房屋建筑

配电室的建筑基本要求是室内设备搬运、装设、操作和维修方便，以及运行安全可靠。配电室的位置设置如下。

(1) 靠近电源。

(2) 靠近负荷中心。

(3) 进、出线方便。

(4) 周边道路畅通。

(5) 周围环境灰尘少、潮气少、振动少、无腐蚀介质、无易燃易爆物、无积水。

(6) 避开污染源的下风侧和易积水场所的正下方。

2. 配电室内地面

配电室内的地面应光平，上面应铺设不小于20mm厚的绝缘橡皮板或用50mm×50mm木方上铺干燥的木板，主要考虑操作人员的安全，当设备漏电时，操作者可避免触电事故。

3. 室内配电装置

配电室的布置主要是指配电室内配电柜的空间排列。

(1) 配电柜正面的操作通道宽度，单列布置或双列背对背布置时不小于1.5m；双列面对面布置时不小于2m。

（2）配电柜后面的维护通道宽度，单列布置或双列面对面布置时不小于 0.8m；双列背对背布置时不小于 1.5m；个别地点有建筑物结构突出的空地，则此点通道宽度可减少 0.2m。

（3）配电柜侧面的维护通道宽度不小于 1m。

（4）配电室内设值班室或检修室时，该室边缘距配电柜的水平距离大于 1m，并采取屏障隔离。

（5）配电室内的螺母线与地面通道的垂直距离不小于 2.5m，小于 2.5m 时应采用遮拦隔离，遮拦下面的通道高度不小于 1.9m。

（6）配电室围栏上端与其正上方带电部分的净距不小于 75mm。

（7）配电装置上端（含配电柜顶部与配电母线排）距天棚不小于 0.5m。

（8）配电室经常保持整洁，无杂物。

4. 发电机组装置布设

自备发电机组作为一个接续供电系统，其位置选择应与配电室的位置选择基本相同的原则。

（1）应该设置在靠近负荷中心的地方，并与变电所、配电室的位置相邻。

（2）安全合理，便于与已设临时用电工程联络。

（3）发电机组一般应设置在室内，以免风、砂、雨、雪以及强烈阳光对其侵害。

（4）发电机组及其控制配电系统可以分开设置，也可以合并设置，但都必须保证电气安全距离和防火要求。

（5）发电机组的排烟管道必须伸出室外，室内和周围地区严禁存放贮油桶等易燃易爆物品。

（6）变配电室是重要场所也是危险场所，除其变配电室建筑上的要求必须达到外，其室外或周围必须标明警示标志以引起有关人员注意，不能随意靠近或进入变配电室内，以确保施工工地供电的安全，同时应配备消防措施如沙箱，121 灭火器等绝缘灭火器材等。

5. 发电机室严禁存放贮油桶

根据《规范》第 6.2.2 条："发电机组的排烟管道必须伸出室外，发电机组及其控制配电室内严禁存放贮油桶。"主要是考虑当发电机运行时由于滑环与整流子上的电刷接触不良可能发生火花，同时由于油类易挥发则导致发生火灾。另外贮油桶在室内占据一定空间对于机组的检修、维护也是不方便的。

6. 发电机组电源之间或与外电源之间控制并列运行

自备发电机是施工现场在外电停电情况下，为保证施工现场用电不间断，而设置的自备供电系统。一般情况下，利用安装在低压配电盘上的双投开关（上，下）控制，正常由外电供电，停电由自备发电机供电，然后由配电盘上的供电母线送到用电设备。这样就可以达到控制外电与发电机电源之间并列运行。但在实际检查中往往使用四极双投开关（L_1、L_2、L_3）控制，而 PE 线则直接接到外电的 PE 线上，这样做是不合要求的，由于五极双投开关产品没有在安装使用时应用一组三极双投开关（L_1、L_2、L_3）和一组双极双投（N，PE）来同时操作控制。严禁使用单投开关单独控制外电和发电机电源供电。

7. 发电机组设置独立接地系统

为了保障自备发电机组电源的供电系统运行安全、可靠，并且充分利用已设临时供电线路，自备发电机系统也必须采用具有专用保护零线的、中性点直接接地的三相四线制供配电系统。但该系统运行必须与外电线路电源部分在电气上完全隔离，即所谓独立设置。但在实际检查中工作零线和专用保护零线的双投开关没有断开，与外电的 N 线、PE 线仍连通着(或用四极双投开关，但 PE 线仍连通)，这是很危险的，因为施工现场用电设备中的不平衡电流经过工作零线流入变压器低压侧，向高压侧反馈，这对于在变压器高压侧检修的人员来说是非常危险的。PE 线不断开有漏电电流通过时，同样会经变压器低压侧反馈到高压侧带电危险。

🐝 特别提示

《现场临时用电安全技术规程》(JGJ 46—2005)有关配电室及自备电源的强制性条文如下。

6.1.6 配电柜应装设电源隔离开关及短路、过载、漏电保护电器。电源隔离开关分断时应明显可见分断点。

6.1.8 配电柜或配电线路停电维修时，应挂接地线，并应悬挂"禁止合闸、有人工作"停电标志牌。停送电必须由专人负责。

6.2.3 发电机组电源必须与外电线路电源联锁，严禁并列运行。

6.2.7 发电机组并列运行时，必须装设同期装置，并在机组同步运行后再向负载供电。

8.7 用电档案

根据《建筑施工安全检查标准》(JGJ 59—2011)，施工用电一般项目的检查评定应符合下列规定。

(1) 施工现场应制定有针对性的专项用电组织设计。

(2) 专项用电组织设计应履行审批程序，实施后应由相关部门组织验收。

(3) 用电各项记录应按规定填写，记录应真实有效。

(4) 用电档案资料应齐全，并设专人管理。

1. 用电施工组织设计

按照《施工现场临时用电安全技术规范》JGJ 46—2005 的规定："临时用电设备在 5 台及 5 台以上或设备容量在 50kW 及 50kW 以上者，应编制临时用电施工组织设计。"编制临时用电施工组织设计是施工现场临时用电管理应遵循的第一项技术性原则。

临时用电施工组织设计的内容如下。

(1) 现场勘探。

(2) 确定电源进线、变电所或配电室、配电装置、用电设备的位置及线路走向。要确定依据现场勘测资料提供的技术条件综合确定。

(3) 负荷计算。是电力负荷的简称，是指电气设备(例如变压器、发电机、配电装置、配电线路、用电设备等)中的电流和功率。负荷在配电系统设计中是选择电器、导线、电缆以及供电变压器和发电机的重要依据。

（4）选择变压器。施工现场电力变压器的选择主要是指为施工现场用电提供电力的10/0.4V级电力变压器的形式和容量的选择。

（5）设计配电系统。配电系统主要由配电线路、配电装置和接地装置3部分组成。其中配电装置是整个配电系统的枢纽，经过配电线路、接地装置的连接，形成一个分层次的配电网络，这就是配电系统。设计配电系统的主要内容有以下几个。

① 设计配电线路，选择导线或电缆。

② 设计配电装置，选择电器。

③ 设计接地装置。

④ 绘制临时用电工程图纸，主要包括用电工程平面图、配电装置布置图、配电系统接线图、接地装置设计图。

（6）设计防雷装置。施工现场的防雷主要是防直击雷，对于施工现场专设的临时变压器还要考虑防感应雷的问题。

施工现场的防雷装置设计的主要内容是选择和确定防雷装置设置的位置、防雷装置的形式、防雷接地的方式和防雷接地电阻值。按照《规范》规定，所有防雷冲击接地电阻值均不得大于 30Ω。

（7）确定防护措施。施工现场在电气领域里的防护主要是指施工现场外电线路和电气设备对易燃易爆物、腐蚀介质、机械损伤、电磁感应、静电等危险环境因素的防护。

（8）制定安全用电措施和电气防火措施。安全用电措施和电气防火措施是指为了正确使用现场用电工程，并保证其安全运行，防止各种触电事故和电气火灾事故而制定的技术性和管理性规定。

对于用电设备在 5 台以下和设备总容量在 50kW 以下的小型施工现场，按照《规范》的规定，可以不系统编制用电组织设计，但仍应制定安全用电措施和电气防火措施，并且要履行与用电组织设计相同的"编制、审核、批准"程序。在编制完临时用电施工组织设计之后，必须由编制人、审核人和审批人签字，审批单位签章，完善技术把关和管理程序。

特别提示

《现场临时用电安全技术规程》(JGJ 46—2005)有关临时用电管理的强制性条文如下。

3.1.4 临时用电组织设计及变更时，必须履行"编制、审核、批准"程序，由电气工程技术人员组织编制，经相关部门审核及具有法人资格企业的技术负责人批准后实施。变更用电组织设计时应补充有关图纸资料。

3.1.5 临时用电工程必须经编制、审核、批准部门和使用单位共同验收，合格后方可投入使用。

3.3.4 临时用电工程定期检查应按分部、分项工程进行，对安全隐患必须及时处理，并应履行复查验收手续。

---

2. 施工现场电力负荷计算

建筑工程施工现场向供电局提出用电申请时，需提供用电量的大小，即负荷容量。它是确定变压器容量的一个最重要的参数。

施工现场用电量由两大部分组成：第一部分是建筑施工现场的动力设备用电；第二部分是照明设备用电。用电量就是这两部分的负荷总和。负荷的大小不但是选择变压器容量的依据，而且是供配电线路导线截面、控制及保护电器选择的依据。负荷计算正确与否，直接影响到变压器、导线截面和保护电器的选择，关系到供电系统能否经济合理，可靠安全地运行。

较常用的负荷计算方法有：需要系数法和二项式法，施工现场还常常采用估算法。在这里仅介绍估算法。

估算法：根据施工现场用电设备的组成状况及用电量的大小等，进行电力负荷的估算。一般采用下列经验公式。

$$S\sum = K_{\Sigma 1}\frac{\sum P_1}{\eta \cos\phi_1} + K_{\Sigma 2}S_2 + K_{\Sigma 3}\frac{\sum P_3}{\cos\phi_3}$$

式中：$S\sum$——施工现场电力总负荷，$kV \cdot A$；

P_1、$\sum P_1$——分别为动力设备上电动机的额定功率及所有的动力设备上电动机的额定功率之和，kW；

S_2、$\sum S_2$——分别为电焊机的额定功率及所有电焊机的额定功率之和，$kV \cdot A$；

$\sum P_3$——所有照明电器的总功率，kW；

$\cos\phi_1$、$\cos\phi_3$——分别为电动机及照明负载的平均功率因素，其中 $\cos\phi_1$ 与同时使用的电动机的数量有关，$\cos\phi_3$ 与照明光源的种类有关。在白炽灯占绝大多数时，可取 1.0，具体见表 8-4。

η——电动机的平均效率，一般为 0.75~0.93；

$K_{\Sigma 1}K_{\Sigma 2}K_{\Sigma 3}$——同时系数，考虑到各用电设备不同时运行的可能性和不满载运行的可能性所设的系数。

表 8-4 施工现场用电设备的同时系数及功率因素参考值

用电设备名称	数量	同时系数 K_Σ	功率因素 $\cos\phi$
电动机	10 台以下	0.7	0.68
	11~30 台	0.6	0.65
	30 台以上	0.5	0.60
电焊机	10 台以下	0.6	交、直流电焊机分别 0.45、0.89
	10 台以上	0.5	交、直流电焊机分别 0.40、0.87
照明电器		0.7~1.0	1.0

在使用上面公式进行建筑工程施工现场负荷计算时，还可参考表 8-5 施工现场照明用电量估算参考值。在施工现场，往往是在动力负荷的基础上再加 10% 作为照明负荷。

序号	用电名称	容量/(W/m²)	序号	用电名称	容量/(W/m²)
1	混凝土及灰浆搅拌站	5	10	混凝土浇灌工程	1.0
2	钢筋加工	8～10	11	砖石工程	1.2
3	木材加工	5～7	12	打桩工程	0.6
4	木材模板加工	3	13	安装和铆焊工程	3.0
5	仓库及棚仓库	2	14	主要干道	2000W/km
6	工地宿舍	3	15	非主要干道	1000W/km
7	变配电所	10	16	夜间运输、夜间不运输	1.0、0.5
8	人工挖土工程	0.8	17	金属结构和机电修配等	12
9	机械挖土工程	1.0	18	警卫照明	1000W/km

【例 8.1】 某建筑工程施工现场动力设备用电情况如下：TQ60/80 塔式起重机一台，总功率为 55.5kW，JJM－3 型卷扬机两台（7.5kW×2），HW－20 型夯土机叁台（1.5kW×3），钢筋调直、弯曲、切断机各一台（5.5＋3＋5.5）kW，MJ－106 木工圆锯一台（5.5kW），BX3－500－2 交流电焊机一台（38.6kV·A），AX5－500 直流电焊机一台（26kW），试求该施工现场的总用电负荷。

解：（1）首先根据各施工机械用电设备的型号，求出各施工机械设备的总功率。

$$\sum P_1 = P_{11} + P_{12} + P_{13} + P_{14} + P_{15} + P_{16}$$
$$= 55.5 + 7.5 \times 2 + 1.5 \times 3 + 5.5 + 3 + 5.5 + 5.5$$
$$= 94.5(\text{kW})$$

合计 16 台电动机，取平均效率为 0.85 计算，查表 8－4，得同时系数 $K_{\Sigma 1} = 0.6$，功率因素 $\cos\phi_1 = 0.65$，因此：

$$S_1 = K_{\Sigma 1} \frac{\sum P_1}{\eta \cos\phi_1} = 0.6 \times \frac{94.5}{0.85 \times 0.65} = 102.62(\text{kV·A})$$

（2）电焊设备的总容量。

查表 8－4，电焊设备的同时系数 $K_{\Sigma 2} = 0.6$，$\cos\phi_2 = 0.89$，所以电焊设备的总容量为：

$$K_{\Sigma 2} S_2 = 0.6 \times \left(\frac{38.6}{0.45} + \frac{26}{0.89}\right) = 68.99(\text{kV·A})$$

（3）照明设备和电热设备的总功率。

由于题中没有给出照明设备和电热设备的有关资料，所以按前两项总负荷的 10% 进行计算。

$$S_3 = (102.62 + 68.99) \times 10\% = 17.16(\text{kV·A})$$

（4）施工现场的总用电负荷 $S\sum$ 为：

$$S_\Sigma = 102.62 + 68.99 + 17.16 = 188.8(\text{kV·A})$$

3. 地极阻值摇测记录

在施工用电线路中接地电阻值的要求如下。

（1）变压器和发电机的工作接地电阻值不大于 4Ω；单台变压器容量不超过 100kV·A 或使用同一接地装置并联运行且总容量不超过 100kV·A 的变压器或发电机的工作接地电阻值不大于 10Ω。

（2）保护接零每一重复接地装置的接地电阻值不大于 10Ω。

（3）施工现场所有防雷装置的冲击接地电阻值不大于 30Ω。

对于施工工地各接地点每年要测试一次，宜在每年干燥季节进行测量，测量前要把被测的接地体从电网上脱开。

在测量接地电阻值时应使用地摇表，不能使用万能表和绝缘摇表来测定。

4. 电工巡视维修记录

（1）电工必须经过国家现行标准考核合格后，持证上岗工作；其他用电人员必须通过相关安全教育培训和技术交底，考核合格后方可上岗工作。

（2）安装、巡检、维修或拆除临时用电设备和线路，必须由电工完成，并应有监护，如图 8.14 所示。电工等级应同工程的难易程度和技术复杂性相适应。

（3）各类用电人员应掌握安全用电基本知识和所用设备的性能，并应符合下列规定。

① 使用电气设备前必须按规定穿戴和配备好相应的劳动防护用品，并应检查电气装置和保护设施，如图 8.15 所示，严禁设备带"缺陷"运转。

图 8.14　电工巡视维修

图 8.15　使用电气设备注意事项

② 保管和维护所有设备，发现问题及时报告解决。

③ 暂时停用设备的开关箱，必须分断电源隔离开关，并应关门上锁。

④ 移动电气设备时，必须经电工切断电源并做妥善处理后进行。

电工要每天进行巡视检查，并做好记录，其目的是及时发现施工现场用电设备、供电线路的问题和存在的隐患，便于及时更换和维修，做好记录和填写真实使之在制订和更换电器设备计划时有针对性，不致影响正常安全供电。另外对于施工用电供电系统要定期进行检查，一般情况施工现场由项目部每月检查一次，公司每季度检查一次并复查接地电阻值。

5. 档案内容齐全，专人管理

施工现场临时用电必须建立安全技术档案，并应包括下列内容。

(1) 用电组织设计的全部资料。

(2) 修改用电组织设计的资料。

(3) 用电技术交底资料。

(4) 用电工程检查验收表。

(5) 电气设备的试验、检验凭单和调试记录。

(6) 接地电阻、绝缘电阻和漏电保护器漏电动作参数测定记录表。

(7) 定期检(复)查表。

(8) 电工安装、巡检、维修、拆除工作记录。

安全技术档案应由主管该现场的电气技术人员负责建立与管理。其中"电工安装、巡检、维修、拆除工作记录"可指定电工代管，每周由项目经理审核认可，并应在临时用电工程拆除后统一归档。

临时用电工程应定期检查。定期检查时，应复查接地电阻值和绝缘电阻值。应按分部、分项工程进行，对安全隐患必须及时处理，并应履行复查验收手续。

安全技术档案应由主管现场的电气技术人员负责建立与管理。这些技术档案是检验在整个施工现场临时用电过程中，实现科学管理、安全供电、分析事故、线路检修的依据。

特别提示

从事电气工作的人员为特种作业人员，必须经过专门的安全技术培训和考核，经考试合格取得建设主管部门发的特种作业操作证后，才能独立作业。工地所用电气线路和设备，必须有特种作业人员操作证的专职电工(即负责该工地用电的电工)，负责该工地的电气线路和设备的安装、维修、送电、拆迁等全部工作，电工作业人员要遵守电工作业安全操作规程，坚持维护检修制度。凡从事带电作业的劳动者，必须穿绝缘鞋、戴绝缘手套，防止发生触电事故。严禁电工一人单独操作。

8.8　手持电动工具安全用电常识

1. 手持式电动工具分类

手持式电动工具可以分为以下 3 类，如图 8.16 所示。

I 类工具：工具在防止触电的保护方面不仅依靠基本绝缘，而且它还包含一个附加的安全预防措施。

II 类工具：工具在防止触电的保护方面不仅依靠基本绝缘，而且它还提供双重绝缘或加强绝缘的附加安全预防措施和设有保护接地或依赖安全条件的措施。

III 类工具：工具在防止触电的保护方面依靠由安全特低电压供电和工具内部不会产生比安全特低电压高的电压。

2. 操作手持式电动工具注意事项

工具使用前，应经专职电工检验接线是否正确，如图 8.17～图 8.19 所示，防止零线与相线错接造成事故。

图 8.16　手持式电动工具

图 8.17　电工检验接线

图 8.18　电线不乱拉、乱接

图 8.19　电动工具使用前经专职电工检验

长期搁置不用或受潮的工具在使用前，应由电工测量绝缘阻值是否符合要求。工具自带的软电缆不得接长，当电源与作业场所距离较远时，应采用移动电闸箱解决。工具原有的插头不得随意拆除或更换。当原有插头损坏后，严禁不用插头而直接将电线的金属丝插入插座。发现工具外壳、手柄破裂，应停止使用，进行更换。非专职人员不得擅自拆卸和修理工具。手持式工具的旋转部件应有防护装置。作业人员应按规定穿戴绝缘防护用品（绝缘鞋、绝缘手套等）。电源处必须装有漏电保护器。严禁超载使用，注意音响和温升，发现异常应立即停机检查。

3. 手持电动工具安全操作规程

（1）一般场所选用 II 类手持式电动机具并安装额定触电动作电流不大于 15mA，额定动作时间小于 0.1s 的漏电保护器。若采用 I 类手持式电动工具，还必须作接零保护。操作人员必须戴绝缘手套、穿绝缘靴或站在绝缘垫上。

（2）在潮湿场所或金属构架上操作时，必须选用 II 类手持式电动工具，并装设防溅的漏电保护器。严禁使用 I 类手持式电动工具。

（3）狭窄场所（锅炉、金属容器、地沟、管道内等）宜选用带隔离变压器的 III 类手持式电动工具；若选用 II 类手持式电动工具，必须装设防溅的漏电保护器。把隔离变压器或漏电保护器装设在狭窄场所外面，工作时要有人监护。

（4）手持式电动工具的负荷线必须采用耐气候型的橡皮护套铜芯电缆，并不得有接头。禁止使用塑料花线。

（5）受潮、变形、裂纹、破碎、磕边缺口或接触过油类、碱类的砂轮不得使用。受潮的砂轮片，不得自行烘干使用。砂轮与接盘软垫应安装稳妥，螺帽不得过紧。

（6）作业前必须检查以下几项。

① 外壳、手柄应无裂缝、破损。

② 保护接零连接应正确、牢固可靠、电缆软线及插头等完好无损、开关动作应正常，并注意开关的操作方法。

③ 电气保护装置良好、可靠、机械防护装置齐全。

（7）启动后空运转并检查工具运转应灵活无阻。

（8）手持砂轮机，角向磨光机，必须装有机玻璃罩，操作时加力要平衡，不得用力过猛。

（9）严禁超负荷使用，随时注意声音、升温，发现异常应立即停机检查，作业时间过长，温度升高，应停机待自然冷却后再进行作业。

（10）作业中不得用手触摸刃具、模具、砂轮，发现有磨钝、破损情况时应立即停机修理更换后再行作业，如图 8.20 所示。

图 8.20　手持电功工具注意事项

（11）机具运转时不得撒手。

（12）使用电钻注意事项。

① 钻头应顶在工件上打钻，不得空打和顶死。

② 钻孔时应避开混凝土中的钢筋。

③ 必须垂直顶在工件上，不得在钻孔中晃动。

④ 使用直径在 25mm 以上的冲击电钻，作业场地周围应设护栏。在地面以上操作应有稳固的平台。

（13）使用角向磨光机注意砂轮的安全线速度为 80m/min，作磨削时应使轮与工作面保持 15°～30°的倾斜位置。作切割时砂轮不得倾斜。

特别提示

《现场临时用电安全技术规程》（JGJ 46—2005）有关电动建筑机械和手持式电动工具的强制性条文如下。

9.7.3　对混凝土搅拌机、钢筋加工机械、木工机械、盾构机械等设备进行清理、检查、维修时，必须首先将其开关箱分闸断电，呈现可见电源分断点，并关门上锁。

8.9　临时用电案例分析

 导入案例

某年9月3日下午4时许，位于某县某镇某街北段的某大厦建设工地发生一起死亡一人的触电事故，直接经济损失121.8万元。该大厦建设工程建筑面积为24760m²，工程总造价2895万元。当天下午才到工地的钢筋工陈某（无电焊工特种作业操作证书，未经过建设安装工程公司的新工人三级安全生产培训教育），被指派到大厦建设工地地下室底层电梯井坑第51号桩进行钢筋笼接桩工作。当时陈某浑身是汗，未穿戴绝缘鞋和绝缘手套、面罩等防护用品。一开始电焊，在桩坑上方扶住钢筋的工人就觉得被电麻了一下，项目经理叫他去拿手套，并要求陈某停止作业。陈说："没关系"，又用焊钳点了一下，人就靠在桩坑边上的钢筋上。项目经理发现情况不对，马上叫人关掉电闸，并把陈从坑里救起送往医院。经抢救无效，陈某于当晚死亡。

事故原因分析：

1. 直接原因

（1）焊接设备存在缺陷。经现场勘验检查发现，距焊钳3~4m处，电焊机的软导线有两处明显的绝缘破损，其中一处绝缘胶布已脱落，导线铜线外露，极易和焊接的钢筋接触，引发触电事故。

（2）陈某某未按规定穿戴劳动防护用品，在浑身是汗的情况下进入不良的作业环境冒险作业，从而导致触电，是事故发生的直接原因。

2. 间接原因

（1）现场管理混乱，是导致事故发生的重要原因。

① 大厦工地地下室打桩完成后，接桩施工未编制专项方案。

② 陈某某未参加建筑安装工程公司的安全生产培训教育，没有取得电焊工特种作业操作证书，进行电焊作业。

③ 进入施工现场的设备没有报验。

④ 现场管理人员对员工违章冒险作业制止不力。

⑤ 监理部人员擅离现场，未按要求进行旁站监管，未能及时发现和制止安全事故隐患。

（2）责任制不健全，安全生产制度落实不严，也是事故发生的重要原因。

① 建筑安装工程公司对新来员工没有进行相关的培训教育，未能经常督促、检查本单位的安全生产工作，及时消除生产安全事故隐患。

② 大厦项目部制度落实不严，管理混乱。

以上案例说明施工现场触电事故的原因是多方面的，以下我们从多起建筑工地触电事故发生的尽可能原因，从人、机、料、法、环5方面（简称4M1E）来分析，如图8.21所示。经过分析，我们可以抓住重点采取措施以减少触电事故的发生。

项目	可能发生事故的因素	采取对策及执行的措施	执行部门或人
人	总包与分包之间安全失控	由建设方、监理牵头协调，督促双方加强安全管理	建设单位
	安全员检查不严责任不细	加强教育，提高责任心，提高安全业务水平	项目经理
	思想麻痹	开会教育，谈心教育，提高安全意识	安全员
	照顾亲朋当电工，无证上岗	学习、培训、考核，持证上岗	安全员
	新工人上岗未经三级教育	补上三级安全教育	安全员
	电工交底不清	重新交底	技术负责人
	电工操作时不穿戴所发的劳动保护用品	加强劳保用品的使用管理，违章严肃处理	安全员
环境	突遇大风，暴雨天气	暂停施工。如遇大不能停工，必须加强各方面的安全检查和安全工作	安全员
	与户外高压线距离太近，又未设置保护网	增设保护网	电工
	工作场所有大量蒸气，粉尘，或有爆炸危险的气体或粉尘产生	学习施工技术规程，在作业区悬挂警告标志	安全员
	冬季施用电热法，求认用电热拉的施工场地	分别使用密闭式电气设备和防爆型电气设备，并使用低于50V的安全电压	电工
材料	电气设备、电气材料不符合规范要求，假冒伪劣，以次充好	一律更新，所有电气设备、电气材料必须符合规范要求	材料员
	电线磨损破皮、老化、绝缘不好	更新新线（勤检查）	安全员
	照明线用花线或塑料胶质线	更换规范规定的种类、型号	电工
机具设备	电气设备和装置的金属部分绝缘性损坏	勤检查，保护经常性维修	电工
	机电设备开关无开关防护箱、防潮设施	教育界设防雨，防潮设施	电工
	绝缘、检查工具无人保管，不定期检查、校验、失灵	绝缘、检验界专人保管，检验、检验界专人保管	电工
安全技术措施	工地电线架设不当、拖地、与金属物接触、高度不够	学会安全技术操作规程	电工
	电箱刀间处不加"严禁合同"安全标牌，随意合同	加设"严禁合同"安全标牌	电工
	电箱不装门、锁，电箱门出线混乱，随意加大保险丝（或用铜丝）一闸控制多机	电箱门设领、整理好线路	电工
	电箱安装位置不当，无防雨装置，接电电线，用电具（电炉），电线上挂衣物	按规定配置保险丝	电工
	随意拉接电线，接地电线低于3m，室内灯距地低于2.4m	改为一闸一机	电工
	室外灯具电压超36V，潮湿处、金属容器内行灯电压低于12V	改设电箱位置，清理箱内杂物	电工
	行灯电压超36V，金属容器内行灯电压超12V	不能随意拉设，随意拉设、用电炉、电线上挂衣物属违章，要严肃处理	安全员
	临时用电未详细列入施工组织设计	学习安全技术操作规程	电工
	低压干线电杆上无绝缘子，无绝缘子	改用安全电压	电工
	焊机一次电源线长大于5m，二次线去接触开关	提高技术负责人重新充编施工组织设计，送上级审批	技术负责人
	使用震捣器电源线长大于30m，湿手去接触开关	学习安全技术操作规程，重新整改架设	电工
	潜水电泵，水磨石机无防漏电措施定接地接零	学习安全技术操作规程，调整整机电线	安全员
	电动机械设备不按规定定接地接零	增设自我保护电缆，进入电器	电工
	手持电动工具无漏电保护器	重新设漏，改用防水橡皮护套电缆	电工
	工地上高低压设备及线路不按电气安装技术规范和施工组织	增设防漏，按规定接地接零	电工
	设计架设线路	增设漏电保护开关	电工
	触电事故后不及时切断电源，去碰被触电人	重新按施工组织设计架设线路，安装高低压设备	电工
		教育界界自我强化能力	电工
		学习安全知识	全体职工

图8-21 避免和消除发生触电事故表

8.10 施工用电检查应用训练

(1) 要想做好安全工作尤其是安全员必须掌握《施工现场临时用电安全技术规范》(JGJ 46—2005)和《建筑施工安全检查标准》(JGJ 59—2011)，按表8-6的要求进行管理。请结合施工现场对下表进行检查评分。

表8-6　施工用电检查评分表

序号	检查项目		扣分标准	应得分数	扣减分数	实得分数
1	保证项目	外电防护	外电线路与在建工程(含脚手架)、高大施工设备、场内机动车道之间小于安全距离且未采取防护措施扣10分 防护设施和绝缘隔离措施不符合规范扣5～10分 在外电架空线路正下方施工、建造临时设施或堆放材料物品扣10分	10		
2		接地与接零保护系统	施工现场专用变压器配电系统未采用TN-S接零保护方式扣20分 配电系统未采用同一保护方式扣10～20分 保护零线引出位置不符合规范扣10～20分 保护零线装设开关、熔断器或与工作零线混接扣10～20分 保护零线材质、规格及颜色标记不符合规范每处扣3分 电气设备未接保护零线每处扣3分 工作接地与重复接地的设置和安装不符合规范扣10～20分 工作接地电阻大于4Ω，重复接地电阻大于10Ω扣10～20分 施工现场防雷措施不符合规范扣5～10分	20		
3		配电线路	线路老化破损，接头处理不当扣10分 线路未设短路、过载保护扣5～10分 线路截面不能满足负荷电流每处扣2分 线路架设或埋设不符合规范扣5～10分 电缆沿地面明敷扣10分 使用四芯电缆外加一根线替代五芯电缆扣10分 电杆、横担、支架不符合要求每处扣2分	10		
4		配电箱与开关箱	配电系统未按"三级配电二级漏电保护"设置扣10～20分 用电设备违反"一机一闸一漏一箱"每处扣5分 配电箱与开关箱结构设计、电器设置不符合规范扣10～20分 总配电箱与开关箱未安装漏电保护器每处扣5分 漏电保护器参数不匹配或失灵每处扣3分 配电箱与开关箱内闸具损坏每处扣3分 配电箱与开关箱进线和出线混乱每处扣3分 配电箱与开关箱内未绘制系统接线图和分路标记每处扣3分	20		

序号	检查项目		扣分标准	应得分数	扣减分数	实得分数
4	保证项目	配电箱与开关箱	配电箱与开关箱未设门锁,未采取防雨措施每处扣3分 配电箱与开关箱安装位置不当,周围杂物多等不便操作每处扣3分 分配电箱与开关箱的距离、开关箱与用电设备的距离不符合规范每处扣3分	20		
		小计		60		
5		配电室与配电装置	配电室建筑耐火等级低于3级扣15分 配电室未配备合格的消防器材扣3~5分 配电室、配电装置布设不符合规范扣5~10分 配电装置中的仪表、电器元件设置不符合规范或损坏、失效扣5~10分 备用发电机组未与外电线路进行联锁扣15分 配电室未采取防雨雪和小动物侵入的措施扣10分 配电室未设警示标志、工地供电平面图和系统图扣3~5分	15		
6	一般项目	现场照明	照明用电与动力用电混用每处扣3分 特殊场所未使用36V及以下安全电压扣15分 手持照明灯未使用36V以下电源供电扣10分 照明变压器未使用双绕组安全隔离变压器扣15分 照明专用回路未安装漏电保护器每处扣3分 灯具金属外壳未接保护零线每处扣3分 灯具与地面、易燃物之间小于安全距离每处扣3分 照明线路接线混乱和安全电压线路接头处未使用绝缘布包扎扣10分	15		
7		用电档案	未制定专项用电施工组织设计或设计缺乏针对性扣5~10分 专项用电施工组织设计未履行审批程序,实施后未组织验收扣5~10分 接地电阻、绝缘电阻和漏电保护器检测记录未填写或填写不真实扣3分 安全技术交底、设备设施验收记录未填写或填写不真实扣3分 定期巡视检查、隐患整改记录未填写或填写不真实扣3分 档案资料不齐全、未设专人管理扣5分	10		
		小计		40		
检查项目合计				100		

注:① 每项最多扣减分数不大于该项应得分数。

② 保证项目有一项不得分或保证项目小计得分不足40分,检查评分表记零分。

③ 该表换算到汇总表后得分=(10×该表检查项目实得分数合计)/100

(2)施工用电安全技术要求和验收。请根据施工现场实际填写下表。验收前应先验证专项施工方案和电工上岗证,符合要求后,再验收。电工维修记录表8-7可由电工填写,并按月归档。施工现场其他机械设备的接地电阻测试记录表8-8和表8-9可一并填写。

表 8-7　施工用电安全技术要求验收表

施工单位：　　　　　　　　　工程名称：　　　　　　　　　验收部位：

序号	验收项目	技术要求	验收结果
1	外电防护	在建工程(含脚手架具)的外侧边缘与外电线路的边线小于安全操作距离时必须编制外电防护方案，可采取增设屏障、遮拦、围拦或防护网，悬挂醒目的标志牌等防护措施，防护屏障应用绝缘材料搭设，距离过近防护措施无法实施时，应迁移外电线路	
2	接地与接零保护系统	采用 TN-S 系统，重复接地不得少于 3 处，每一处接地电阻不大于 10Ω，接地材料应采用角钢、圆钢，接地线也可与建筑基础接地相连接；保护零线应使用绿/黄双色线，保护零线与工作零线不得混接，同一施工现场电气设备不得一部分作保护接零，一部分作保护接地	
3	配电箱、开关箱	施工现场配电系统实行三级配电二级漏电保护，配电箱内应在电源侧装设明显断开点的隔离开关，漏电保护器装设应符合分级保护的原则，配电箱应采用定型化产品，多路配电应明显标志。严禁使用倒顺开关	
4	现场照明	施工现场照明用电应设置照明配电箱，照明电线采用三芯像套电缆线；灯具的金属外壳及金属支架须接保护零线，灯具安装高度应符合要求，室内线路及灯具低于 2.4m 的及潮湿场所，手持照明灯必须使用 36V 及以下安全电压电源供电	
5	配电线路	架空线路必须设在专用电杆上(砼杆、木杆)并装设横旦绝缘子，采用绝缘导线；架设高度、线间距离、导线截面、挡距、相序排列、色标应符合要求。电缆线应采用埋地或架空敷设，严禁沿地面明设、随意拖拉或绑架在脚手架上，电缆线穿越建筑物、道路和易受机械损伤的场所必须采用保护措施，严禁使用四芯电缆外加 1 根电线代表五芯电缆以及老化、破皮电缆	
6	电器装置	设备容量大于 5.5kW 的动力电路必须采用自动开关及降压起动装置，不得采用手动开关控制；各种开关电器、熔断丝的额定值应与其用电设备的额定值相适应，严禁其他金属丝代表熔丝，电器装置应使用合格产品	
7	变配电装置	配电室内应有足够的操作、维修空间。配电屏(盘)应装设计量仪表、电压表、指示灯，短路、过负荷装置和漏电保护器；系统标志应明显，禁令标志牌齐全，并设置沙箱及绝缘灭火器材	
验收结论意见		验收人员　　项目经理： 技术负责人： 施工员： 安全员： 电工： 　　　　　　验收日期：	

表 8-8 接地电阻测试记录表

序号	接地装置名称、用途及安装情况	实测值	允许值	结论
测试结果		测试仪型号		
测试人		日　期		

表 8-9 电气设备试、检验凭单和调试记录表

序号	名称	检验、调试记录	允许值	结论

检验人员：　　　　　　　　　　　　　日期：

本 章 小 结

本章主要介绍了施工现场临时用电的原则、施工现场用电组织设计、供配电系统、基本保护系统、接地装置、配电装置、配电线路、用电设备、外电防护、现场照明、用电档案，要求掌握施工用电检查标准评定项目的相关内容。熟悉施工用电安全技术与管理，施工现场用电组织设计的编制。本章分为 10 小节，根据建筑施工安全检查标准的内容进行详细阐述，并有案例分析，应用训练等内容。

思考与拓展题

1. 请你谈谈施工用电检查评定的保证项目和一般项目包括哪些方面？

2. 如外电线路与在建工程(含脚手架)、高大施工设备、场内机动车道的安全距离达不到要求时，应采取哪些防护措施？

3. 根据《建筑施工安全检查标准》(JGJ 59—2011)施工用电中保证项目接地与接零保护系统有哪些规定？

4. 保护零线(PE 线)与工作零线(N 线)有什么区别？

5. 什么是 TN-S 系统？

6. 请你说说室内和室外配线安全要求。

7. 请说出"三级配电二级漏电保护"和"一机一闸一漏一箱"的具体含义。

8. 请留意施工现场采用的五芯电缆线中 5 根线的颜色。

9. 试想一下假如漏电保护器失灵，会造成什么后果？

10. 配电箱、开关箱中导线的进线口和出线口应设在箱体的哪一面？

11. 根据《建筑施工安全检查标准》(JGJ 59—2011)，施工用电一般项目现场照明的检查评定有哪些规定？

12. 特殊场所对照明器的电压有什么要求？

13. 配电室的位置是如何规定的？

14. 临时用电施工组织设计的内容有哪些？

15. 施工现场临时用电必须建立安全技术档案，请问有哪些安全技术档案？

16. 手持式电动工具分为哪 3 类？有何区别？

第 9 章

文明施工与环境保护

课程内容	知识要点	教学目标
文明施工、环境保护、消防安全技术与管理	（1）文明施工与环境保护的概念、意义，文明施工的组织与管理，文明施工的基本要求。 （2）文明施工检查评定内容包括：现场围挡、封闭管理、施工场地、现场材料、现场住宿、现场防火、治安综合治理、施工现场标牌、生活设施、保健急救、社区服务。 （3）施工现场环境污染的防治。 （4）职业健康的基本知识等	掌握施工现场文明施工检查标准、施工现场环境污染防治；熟悉文明施工管理和环境保护管理、熟悉施工现场消防安全技术与管理；了解职业健康基本知识

▶▶章节导读

　　文明施工是建筑业的"窗口"，是与城市文明建设息息相关的，是一种体现在建筑工地的企业文化，是施工现场的科学管理，各种因素优化配置的艺术，体现出企业与社会文明相互和谐的精神风貌。文明施工和施工安全是相辅相成的，是一个统一体，加强现场文明施工，可控制物的不安全状态和人的不安全行为。文明施工搞得好坏，是施工管理素质高低和管理水平高低的体现。只有搞好文明施工，才能充分发挥企业施工管理水平和企业职工的群体意识，创造良好的施工环境，确立企业的社会信誉，才能使建筑企业在日新月异的社会主义市场经济改革浪潮中不断发展，不断创新。

特别提示

　　建筑施工现场文明施工管理是为保障作业人员的身体健康和生命安全，改善作业人员的工作环境与生活条件，保护生态环境，防治施工过程对环境造成污染和各类疾病发生的一项重要管理内容，也是构建和谐社会，贯彻以人为本的重要措施。文明施工是现代化施工的一个重要标志，是建筑施工企业的一项基础性管理工作。施工现场文明施工的管理范围既包括施工作业区的管理，也包括办公区和生活区的管理。由于各地对施工现场文明施工的要求不尽一致，项目经理部在进行文明施工管理时还应按照当地的要求进行，并与当地的社区文化、民族特点及风土人情等有机结合起来，创造文明施工管理带来的良好社会信誉。

9.1　文明施工与环境保护概述

　1. 文明施工与环境保护的概念

　（1）文明施工是保持施工现场良好的作业环境、卫生环境和工作秩序。

文明施工主要包括以下几个方面的工作。

① 规范施工现场的场容，保持作业环境的整洁卫生。

② 科学组织施工，使生产有序进行。

③ 减少施工对周围居民和环境的影响。

④ 保证职工的安全和身体健康。

　（2）环境保护是按照法律法规、各级主管部门和企业的要求，保护和改善作业现场的环境，控制现场的各种粉尘、废水、废气、固体废弃物、噪声、振动等对环境的污染和危害。环境保护也是文明施工的重要内容之一。

　2. 文明施工的意义

　（1）文明施工能促进企业综合管理水平的提高。保持良好的作业环境和秩序，对促进安全生产、加快施工进度、保证工程质量、降低工程成本、提高经济和社会效益有较大作用。文明施工涉及人、财、物各个方面，贯穿于施工全过程之中，体现了企业在工程项目施工现场的综合管理水平。

　（2）文明施工是适应现代化施工的客观要求。现代化施工更需要采用先进的技术、工艺、材料、设备和科学的施工方案，需要严密组织、严格要求、标准化管理和较好的职工素质等。文明施工能适应现代化施工的要求，是实现优质、高效、低耗、安全、清洁、卫生的有效手段。

　（3）文明施工代表企业的形象。良好的施工环境与施工秩序，可以得到社会的支持和信赖，提高企业的知名度和市场竞争力。

　（4）文明施工有利于员工的身心健康，有利于培养和提高施工队伍的整体素质。文明施工可以提高职工队伍的文化、技术和思想素质，培养尊重科学、遵守纪律、团结协作的大生产意识，促进企业精神文明建设。从而还可以促进施工队伍整体素质的提高。

　3. 现场环境保护的意义

　（1）保护和改善施工环境是保证人们身体健康和社会文明的需要。采取专项措施防止粉尘、噪声和水源污染，保护好作业现场及其周围的环境，是保证职工和相关人员身体健康，体现社会总体文明的一项利国利民的重要工作。

（2）保护和改善施工现场环境是消除对外干扰，保证施工顺利进行的需要。随着人们的法制观念和自我保护意识的增强，尤其在城市中，施工扰民问题反映突出，应及时采取防治措施，减少对环境的污染和对市民的干扰，也是施工生产顺利进行的基本条件。

（3）保护和改善施工环境是现代化大生产的客观要求。现代化施工广泛应用新设备、新技术、新的生产工艺，对环境质量要求很高，如果粉尘振动超标就可能损坏设备，影响功能发挥，使设备难以发挥作用。

（4）节约能源、保护人类生存环境、保证社会和企业可持续发展的需要。人类社会即将面临环境污染和能源危机的挑战，为了保护子孙后代赖以生存的环境条件，每个公民和企业都有责任和义务来保护环境，良好的环境和生存条件，也是企业发展的基础和动力。

9.2 文明施工的组织与管理

1. 文明工地管理目标

创建文明工地是建筑施工企业提高企业形象，深入贯彻以人为本，构建和谐社会的重要举措，确定文明工地管理目标又是实现文明工地的先决条件。确定文明工地管理目标时，应考虑的因素：工程项目自身的危险源与不利环境因素识别、评价和防范措施；适用法规、标准、规范和其他要求的选择和确定；可供选择的技术和组织方案；生产经营管理上的要求；社会相关方（社区、居民、毗邻单位等）的意见和要求。

工程项目部创建文明工地，管理目标一般应该包括以下内容。

1）安全管理目标

（1）伤、亡事故控制目标。

（2）火灾、设备、管线以及传染病传播、食物中毒等重大事故控制目标。

（3）标准化管理目标。

2）环境管理目标

（1）文明工地管理目标。

（2）重大环境污染事件控制目标。

（3）扬尘污染物控制目标。

（4）废水排放控制目标。

（5）噪声控制目标。

（6）固体废弃物处置目标。

（7）社会相关方投诉的处理情况。

2. 组织和制度管理

建立创建文明工地的组织机构。工程项目经理部要建立以项目经理为第一责任人的文明工地责任体系，建立健全文明工地管理组织机构。

工程项目部文明工地领导小组，由项目经理、项目副经理、项目技术负责人以及安全、技术、施工等主要部门（岗位）负责人组成。分包单位应服从总包单位的文明施工管理组织的统一管理，并接受监督检查。各项施工现场管理制度应有文明施工的规定。包括个人岗位责任制、经济责任制、安全检查制度、持证上岗制度、奖惩制度、竞赛制度和各项专业管理制度等。加强和落实现场文明检查、考核及奖惩管理，以促进施工文明管理工作提高。检查范围和内容应全面周到，包括生产区、生活区、场容场貌、环境文明及制度落实等内容。检查发现的问题应采取整改措施。

文明工地工作小组主要包括：①综合管理工作小组；②安全管理工作小组；③质量管理工作小组；④环境保护工作小组；⑤卫生防疫工作小组；⑥季节性灾害防范工作小组等。

各地还可以根据当地气候、环境、工程特点等因素建立相关工作小组。

3．文明工地的规划措施及实施要求

1）规划措施

文明施工规划措施应与施工规划设计同时按规定进行审批。主要规划措施包括：①施工现场平面划分与布置；②环境保护方案；③现场防安全事故措施；④卫生防疫措施；⑤现场保安措施；⑥现场防火措施；⑦交通组织方案；⑧综合管理措施；⑨社区服务；⑩应急救援预案等。

2）实施要求

工程项目部在开工后，应严格按照文明施工方案(措施)组织施工，并对施工现场管理实施控制。工程项目部应将有关文明施工的规划，向社会作出张榜公示公布，并告知开、竣工日期，投诉和监督电话，自觉接受社会各界的监督。工程项目部要强化全体员工的教育，提高全员安全生产和文明施工的素质。可利用横幅、标语、黑板报等形式，加强有关文明施工的法律、法规、规程、标准的宣传工作，使得文明施工深入人心。工程项目部在对施工人员进行安全技术交底时，必须将文明施工的有关要求同时进行交底，并在施工作业时督促其遵守相关规定，高标准、严要求地做好文明工地创建工作。

3）加强创建过程的控制与检查

对创建文明工地的规划措施的执行情况，工程项目部要严格执行日常巡查和定期检查制度，检查工作要从工程开工做起，直至竣工交验为止。检查应依据国家、行业《建筑施工安全检查标准》(JGJ 59)、地方和企业等有关规定，对施工现场的安全防护措施、环境保护措施、文明施工责任制以及各项管理制度等落实情况进行重点检查。在检查中发现的一般安全隐患和违反文明施工的现象，要按"三定"(定人，定期限，定措施)原则予以整改；对各类重大安全隐患和严重违反文明施工的现象，项目部必须认真地进行原因分析，制定纠正和预防措施，并对实施情况进行跟踪检查。

4）文明工地的评选

施工企业内部的文明工地评选，应参照有关文明工地检查评分标准以及本企业有关文明工地评选规定进行。参加省、市级文明工地的评选，应按照本行政区域内建设行政主管部门的有关规定，实行预申报与推荐相结合、定期评查与不定期抽查相结合的方式进行评选。申报文明工地的工程，应提交的书面资料包括：上级关于文明施工的标准、规定、法律法规等资料；施工组织设计(方案)中对文明施工的管理规定，各阶段施工现场文明施工的措施；文明施工自检资料；文明施工教育、培训、考核计划的资料；文明施工活动各项记录资料等。

4. 加强文明施工的宣传和教育

(1) 在坚持岗位练兵基础上，要采取派出去、请进来、短期培训、上技术课、登黑板报、广播、看录像、看电视等方法狠抓教育工作。

(2) 要特别注意对临时工的岗前教育。

(3) 专业管理人员应熟悉掌握文明施工的规定。

9.3 现场文明施工的基本要求

(1) 施工现场必须设置明显的标牌，标明工程项目名称、建设单位、设计单位、施工单位、项目经理和施工现场总代表人的姓名、开、竣工日期、施工许可证批准文号等。施工单位负责施工现场标牌的保护工作。

(2) 施工现场的管理人员在施工现场应当佩戴证明其身份证。

(3) 应当按照施工总平面布置图设置各项临时设施。现场堆放的大宗材料、成品、半成品和机具设备不得侵占场内道路及安全防护等设施。

(4) 施工现场的用电线路、用电设施的安装和使用必须符合安装规范和安全操作规程，并按照施工组织设计进行架设，严禁任意拉线接电。施工现场必须设有保证施工安全要求的夜间照明，危险潮湿场所的照明以及手持照明灯具，必须采用符合安全要求的电压。

(5) 施工机械应当按照施工总平面布置图规定的位置和线路设置，不得任意侵占场内道路。施工机械进场须经过安全检查，经检查合格的方能使用。施工机械操作人员必须建立机组责任制，并依照有关规定持证上岗，禁止无证人员操作。

(6) 应保证施工现场道路畅通，排水系统处于良好的使用状态；保持场容场貌的整洁，随时清理建筑垃圾。在车辆、行人通行的地方施工，应当设置施工标志，并对沟井坎穴进行覆盖。

(7) 施工现场的各种安全设施和劳动保护器具，必须定期进行检查和维护，及时消除隐患，保证其安全有效。

(8) 施工现场应当设置各类必要的职工生活设施，并符合卫生、通风、照明等要求。职工的膳食、饮水供应等应当符合卫生要求。

(9) 应当做好施工现场安全保卫工作，采取必要的防盗措施，在现场周边设立围护设施。

(10) 应当严格依照《中华人民共和国消防条例》的规定，在施工现场建立和执行防火管理制度，设置符合消防要求的消防设施，并保持完好的备用状态。在容易发生火灾的地区施工，或者储存、使用易燃易爆器材时，应当采取特殊的消防安全措施。

(11) 施工现场发生工程建设重大事故的处理，依照《生产安全事故报告和调查处理条例》执行。

9.4 文明施工检查

文明施工检查评定应符合现行行业标准《建筑施工现场环境与卫生标准》（JGJ 146）

的规定。检查评定保证项目包括：现场围挡、封闭管理、施工场地、现场材料、现场住宿、现场防火。一般项目包括：治安综合治理、施工现场标牌、生活设施、保健急救、社区服务。

1. 现场围挡

根据《建筑施工安全检查标准》规定，现场围挡应满足下列要求。

(1) 市区主要路段的工地周围应设置高度不得小于 2.5m 的封闭围挡。

(2) 一般路段的工地周围必须设置高度不得小于 1.8m 的封闭围挡。

(3) 围挡材料应坚固、稳定、整洁、美观。

(4) 围挡应沿工地四周连续设置。

根据《中华人民共和国建筑法》第 39 条："建筑施工企业应当在施工现场采取维护安全、防范危险、预防火灾等措施；有条件的应当对施工现场实行封闭管理。施工现场对毗邻的建筑物、构筑物和特殊作业环境可能造成损害的建筑施工企业应当采取安全防护措施。"第 40 条："建设单位应当向建筑施工企业提供与施工现场相关的地下管线资料，建筑施工企业应当采取措施加以保护。"根据《建设工程安全生产管理条例》第 30 条："在城市市区内的建设工程，施工单位应当对施工现场实行封闭围挡。"按以上规定要求，应做到：施工现场要按照国土部门审批的征地红线，沿其周边设置连续密闭的围墙；在市区主要路段的周围设置高于 2.5m 的围挡，一般路段的工地周围设置高于 1.8m 的围挡；围挡材料要坚固，砌筑稳定、清洁、美观；围墙使用材料应用砌筑材料(红砖、灰砖、砌块等)，不得使用铁皮瓦、石棉瓦、彩条布、竹笆、安全网等易变形材料。红灰砖砌围墙如基础较好可用 3/4 砖，每隔 4～5m 设一加强垛，每隔 20m 留一伸缩缝。基础不好和人员来往甚多的临街围墙必须用 1 砖(24cm 宽)，每隔 6～8m 设一加强垛，每隔 25m 留一伸缩缝。同时墙内防止堆积废土、废料挤压墙根。在业主院内施工，现场和人行道及建筑物可用钢管安全网、竹片板、铁丝网、木板围隔。其原则是要保证围墙、围挡稳固、牢靠、不易倒塌、变形；砌筑的围墙应讲究造型，做简易装饰、抹灰刷白，色彩与周围环境要协调，墙上可书写工程概况或广告、标语，并要图案美、字体工整，保证墙体清洁、美观；现场出入口应设置大门，大门的门框和墙柱必须牢固，大门要庄重美观，门扇密封，有门牌标志、企业标志，门柱和门顶可书写代表本企业的长远目标和信誉的标语，有门卫和进出场制度；对建筑物周围的市政管网，线路要采取保护措施，对地下的要立桩，标志警示，防止误损。

2. 封闭管理

(1) 施工现场出入口应设置大门；施工现场进出口应设置固定的大门，且要求牢固、美观，门头按规定设置企业名称或标志(施工现场的门斗、大门，各企业须统一标准，施工企业可根据各自的特色，标明集团、企业的规范简称)。

(2) 大门口应有门卫室。

(3) 应有门卫和门卫制度；来访人员应进行登记，禁止外来人员随意出入，所有进出材料或机具要有相应的手续。

(4) 进入施工现场应佩戴工作卡。

(5) 施工现场出入口应标有企业名称或标志，并应设置车辆冲洗设施。

3. 施工场地

(1) 现场的主要道路及材料加工区必须进行硬化处理。

(2) 现场道路应畅通，路面应平整坚实。

(3) 现场作业、运输、存放材料等采取的防尘措施应齐全、合理。

(4) 排水设施应齐全、排水通畅，且现场无积水。

(5) 应有防止泥浆、污水、废水外流或堵塞下水道和排水河道的措施。

(6) 应设置吸烟处，禁止随意吸烟。

(7) 温暖季节应有绿化布置。

4. 现场材料

(1) 建筑材料、构件、料具应按总平面布局进行码放。

(2) 材料布局应合理、堆放整齐，并标明名称、规格等。

(3) 建筑物内施工垃圾的清运，必须采用相应器具或管道运输，严禁随意凌空抛掷。

(4) 应做到工完场地清。

(5) 易燃易爆物品必须采取防火、防曝晒等措施，并进行分类存放。

5. 现场住宿

(1) 在建工程、伙房、库房内，严禁住人。

(2) 施工作业区、材料存放区与办公区、生活区应划分清晰，并采取相应的隔离措施。

(3) 宿舍必须设置可开启式窗户。

(4) 宿舍内必须设置床铺、且不得超过两层，严禁使用通铺，室内通道宽度不得小于0.9m，每间居住人员不得超过16人。

(5) 宿舍内应有保暖和防煤气中毒措施。

(6) 宿舍内应有消暑和防蚊蝇措施。

(7) 生活用品摆放整齐，环境卫生应良好。

根据《建设工程安全生产管理条例》第29条规定："施工单位应当将施工现场的办公区、生活区与作业区分开设置，并保持安全距离；办公区、生活区的选址应当符合安全性要求。职工的膳食、饮水、休息场所等应当符合卫生标准。施工单位不得在尚未竣工的建筑物内设置员工集体宿舍。施工现场临时搭建的建筑物应当符合安全使用要求。施工现场使用的装配式活动房屋应当具有产品合格证。"

6. 现场防火

我国消防工作的方针是"以防为主、防消结合"，"以防为主"就是要把预防火灾的工作放在首要的地位，要开展防火安全教育，提高人民群众对火灾的警惕性；健全防火组织，严密防火制度，进行防火检查，消除火灾隐患，贯彻建筑防火措施等。只有抓好消防防火，才能把可能引起火灾的因素消灭在起火之前，减少火灾事故的发生。"防消结合"就是在积极做好防火工作的同时，在思想上、组织上、物质上和技术上做好灭火战斗的准备。一旦发生火灾，就能迅速地赶赴现场，及时有效地将火灾扑灭。"防"和"消"是相辅相承的两个方面，是缺一不可的，因此，这两个方面的工作都要做好。

特 别 提 示

根据《中华人民共和国消防条例》规定"具有火灾危险的场所禁止动用明火；确需动用明火时，必须事先向主管部门办理审批手续，并采取严密的消防措施，切实保证安全"。《建设工程施工现场管理制度》第29条："在施工现场建立和执行防火管理制度，设置符合消防要求的消防设施，并保持完好的备用状态。"《建设工程安全生产管理条例》第31条"施工单位应当在施工现场建立消防安全责任制度，确定消防安全责任人，制定用火、用电、使用易燃易爆材料等各项消防安全管理制度和操作规程，设置消防通道、消防水源，配备消防设施和灭火器材，并在施工现场入口处设置明显标志。"

起火必须具备3个条件。

（1）存在能燃烧的物质。无论固体、液体、气体，凡能与空气中的氧或其他氧化剂起剧烈反应的物质，一般都称为可燃物质。如：木材、纸张、汽油、酒精等。

（2）要有助燃物。凡能帮助和支持燃烧的物质都叫助燃物。如：空气、氧气等。

（3）有能使可燃物燃烧的着火源。如：明火焰、火星和电火花等。

只有上述3个条件同时具备，并相互作用就能起火。

1）动火区域划分

根据建筑工程选址位置、施工周围环境、施工现场平面布置、施工工艺、施工部位的不同，其动火区域分为一、二、三级。

（1）一级动火区域也称为禁火区域，凡属下列情况的均属此类：

① 在生产或者储存易燃易爆物品场区，进行新建、扩建、改建工程的施工现场。

② 建筑工程周围存在生产或储存易燃易爆品的场所，在防火安全距离范围内的施工部位。

③ 施工现场内储存易燃易爆危险物品的仓库、库区。

④ 施工现场木工作业处和半成品加工区。

⑤ 在比较密封的室内、容器内、地下室等场所，进行配制或者调和易燃易爆液体和涂刷油漆作业。

（2）二级动火区域。

① 在禁火区域周围动火作业区。

② 登高焊接或者气割作业区。

③ 砖木结构临时食堂炉灶处。

（3）三级动火区域。

① 无易燃易爆危险物品处的动火作业。

② 施工现场燃煤茶炉处。

③ 冬季燃煤取暖的办公室、宿舍等生活设施。

在一、二级动火区域施工，施工单位必须认真遵守消防法律法规，严格按照相关规定，建立防火安全规章制度。在生产或者储存易燃易爆品的场区施工，施工单位应当与相关单位建立动火信息通报制度，自觉遵守相关单位消防管理制度，共同防范火灾。做到动火作业先申请，后作业，不批准，不动火。

在施工现场禁火区域内施工，应当教育施工人员严格遵守消防安全管理规定，动火作业前必须申请办理动火证，动火证必须注明动火地点、动火时间、动火人、现场监护人、批准人和防火措施。动火证是消防安全的一项重要制度，动火证的管理由安全生产管理部门负责，施工现场动火证的审批由工程项目部负责人审批。动火作业没经过审批的，一律不得实施动火作业。

2）易燃易爆物品仓库的设置

（1）对易引起火灾的仓库，应将库房内、外按 500m² 的区域分段设立防火墙，把建筑平面划分为若干个防火单元，以便考虑失火后能阻止火势的扩散。仓库应设在水源充足、消防车能驶到的地方，同时，根据季节风向的变化，应设在下风方向。

（2）储量大的易燃仓库，应将生活区、生活辅助区和堆场分开布置，仓库应设两个以上的大门，大门应向外开启。固体易燃物品应与易燃易爆的液体分间存放，不得在一个仓库内混合储存不同性质的物品。

（3）几种常用易燃材料的存储。

① 石灰。生石灰能与水发生化学反应，并产生大量热，足以引燃燃点较低的材料，如：木材、稻草、席子等。因此，存储石灰的房间不宜用可燃材料搭设，最好用砖石砌筑。石灰表面不得存放易燃材料，并且要有良好的通风条件。

② 亚硝酸钠。亚硝酸钠作为混凝土的早强剂、防冻剂，广泛使用在建筑工程的冬期施工中。

亚硝酸钠这种化学材料与硫、磷及有机物混合时，经摩擦、撞击有引起燃烧或爆炸的危险，因此在存储使用时，要特别注意严禁与硫、磷、木炭等易燃物混放、混运。要与有机物及还原剂分库存放，库房要干燥通风。装运氧化剂的车辆，如有散漏，应清理干净。搬运时要轻拿轻放，要远离高温与明火，要设置灭火剂，灭火剂使用雾状水和沙子。

③ 几种防腐蚀材料的储存。环氧树脂、呋喃、酚醛树脂、乙二胺等都是建筑工程常用的树脂类防腐材料，都是易燃液体材料。它们都具有燃点和闪点低、易挥发的共同性。它们遇火种、高温、氧化剂都有引起燃烧爆炸的危险。与氨水、盐酸、氟化氢、硝酸、硫酸等反应强烈，有爆炸的危险。因此，在储存、使用、运输时，都要注意远离火种，严禁吸烟，温度不能过高，防止阳光直射。应与氧化剂、酸类分库存放，库内要保持阴凉通风。搬运时要轻拿轻放，防止包装破坏外流。

④ 油漆稀释剂临时存放。建筑工程施工使用的稀释剂，都是挥发性强、闪点低的一级易燃易爆化学体材料，诸如汽油、松香水等易燃材料。

油漆工在休息室内不得存放油漆和稀释剂，油漆和稀释剂必须设库存放，容器必须加盖。刷油漆时刷子残留的稀释剂不能放在休息室内，也不能明露放在库内，应当及时妥善地处理掉。

⑤ 电石。电石本身不会燃烧，但遇水或受潮会迅速分解出乙炔气体。在装箱搬运、开箱使用时要严格遵守以下要求：严禁雨天运输电石，途中遇雨或必须在雨中运输应采取可靠的防雨措施。搬运电石时，发现桶盖密封不严，要在室外开盖放气后，再将盖盖严搬运。要轻搬轻放，严禁用滑板或在地上滚动、碰撞或敲打电石桶。电石桶不要放在潮湿的地方，库房必须是耐火建筑，有良好的通风条件，库房周围 10m 内严禁明火。库内不准设气、水管道，以防室内潮湿。库内照明设备应用防爆灯，开关采用封闭式并安装在库房外。严禁用铁工具开启电石桶，应用铜制工具开启，开启时人站在侧面。空电石桶未经处理，不许接触明火。小颗粒精粉末电石要随时处理，集中倒在指定坑内，而且要远离明

火，坑上不准加盖，上面不许有架空线路。电石不要与易燃易爆物质混合存放在一个库内。禁止穿带钉子的鞋进入库内，以防摩擦产生火花。

（4）注意事项。

① 易燃仓库堆料场与其他建筑物、铁路、道路、高压线的防火间距，应按《建筑设计防火规》的有关规定执行。

② 易燃仓库堆料场物品应当分类、分堆、分组和分垛存放，每个堆垛面积为：木材（板材）不得大于 $300m^2$；稻草不得大于 $150m^2$；锯末不得大于 $200m^2$；堆垛与堆垛之间应留 3.5m 宽的消防通道。

③ 易燃露天仓库的四周内，应有不小于 6m 的平坦空地作为消防通道，通道上禁止堆放障碍物。

④ 有明火的生产辅助区和生活用房与易燃堆垛之间，至少应保持 30m 的防火间距。有飞火的烟囱应布置在仓库的下风地带。

⑤ 储存的稻草、锯末、煤炭等物品的堆垛，应保持良好通风，注意堆垛内的温湿度变化。发现温度超过38°，或水分过低时，应及时采取措施，防止其自燃起火。

⑥ 在建的建筑物内不得存放易燃易爆物品，尤其是不得将木工加工区设在建筑物内。

⑦ 仓库保管员应当熟悉储存物品的分类、性质、保管业务知识和防火安全制度，掌握消防器材的操作使用和维护保养方法，做好本岗位的防火工作。

3）易燃仓库的用电管理

（1）仓库或堆料内一般应使用地下电缆，如果有困难需设置架空电力线路，架空电力线与露天易燃物堆垛的最小水平距离，不应小于电线杆高度的 1.5 倍。库房内设的配电线路，需穿金属管或用非燃硬塑料管保护。

（2）仓库或堆料场所严禁使用碘钨灯和超过 60W 以上的白炽灯等高温照明灯具。当使用日光灯等低温照明灯具时，应当对镇流器采取隔热、散热等防火保护措施。照明灯具与易燃堆垛间至少保持 1m 的距离。安装的开关箱、接线盒，应距离堆垛外边缘不小于 1.5m，不准乱拉临时电气线路。储存大量易燃物品的仓库场地应设置独立的避雷装置。

（3）库房内不准设置移动式照明灯具。照明灯具下方不准堆放物品，其垂点下方与储存物品水平距离不得小于 0.5m。

（4）库房内不准使用电炉、电烙铁、电熨斗等电热器具和电视机、电冰箱等家用电器。

（5）库区的每个库房应当在库房外单独安装开关箱，保管人员离库时，必须拉闸断电。禁止使用不合格的电器保险装置。

4）电器火灾的防止

电器、照明设备、手持电动工具以及通常采用单相电源供电的小型电器，有时会引起火灾，其原因通常是电气设备选用不当或线路年久失修，绝缘老化造成短路，或用电量增加、线路超负荷运行，维修不善导致接头松动，电器积尘、受潮、热源接近电器，电器接近易燃物和通风散热失效等。其防护措施主要是合理选用电气装置。例如，在干燥少尘的环境中，可采用开启式和封闭式；在潮湿和多尘的环境中，应采用封闭式；在易燃易爆的危险环境中，必须采用防爆式。防止电气火灾，还要注意线路电器负荷不能过高，注意电器设备安装位置距易燃可燃物不能太近，注意电气设备进行是否异常，注意防潮等。

5）高层建筑施工现场防火要求

各种防火器材的布置要合理，并保证性能良好，安全有效。20层（含20层）以上高级宾馆、饭店、办公楼等高层建筑施工，应设置灭火专用的高压水泵，每个楼层要安装消火栓，配置消防水龙带，并保证消防用水和水压。高压水泵、消防水管应专用，并设专人管理、使用维修、保养，保证消防设施随时正常运转。高层建筑施工应按楼层面积，每100m²设两个灭火器，灭火器应布局合理，使用方便。

高层建筑施工防火注意事项有以几个。

（1）已建成的建筑物楼梯不得封堵。施工脚手架内的作业层应畅通，并搭设不少于两处与主体建筑内相衔接的通道口。建筑施工脚手架外挂的密目式安全网，必须符合阻燃标准要求，严禁使用不阻燃的安全网。

（2）30m以上的高层建筑施工，应当设置加压水泵和消防水源管道，管道的立管直径不得小于50mm，每层应设出水管口，并配备一定长度的消防水管。

（3）高层建筑施工临时用电线路应使用绝缘良好的橡胶电缆，严禁将线路绑在脚手架上。施工用电机具和照明灯具的电气连接处应当绝缘良好，保证用电安全。

（4）高层焊接作业，要根据作业高度、风力、风力传递的次数，确定出火灾危险区域并将区域内的易燃易爆物品移到安全地方，无法移动的要采取切实的防护措施。高层焊接作业应当办理动火证，动火区应当配备灭火器，并设专人监护，发现险情，立即停止作业，采取措施，及时扑灭火源。

（5）大雾天气和6级风时应当停止焊接作业。

（6）高层建筑应设立防火警示标志。楼层内不得堆放易燃可燃物品。在易燃处施工的人员不得吸烟和随便焚烧废弃物。

6）施工现场灭火器的配备

（1）一般临时设施区，每100m²配备两个10L灭火器，大型临时设施总面积超过1200m²的，应备有专供消防用的太平桶、积水桶（池）、黄沙池等器材设施。

（2）木工间、油漆间、机具间等每25m²应配置一个合适的灭火器；油库、危险品仓库应配备足够数量、种类的灭火器。

（3）仓库或堆料场内，应根据灭火对象的特性，分组布置酸碱、泡沫、清水、二氧化碳等灭火器。每组灭火器不少于4个，每组灭火器之间的距离不大于30m。

 案例分析

某装饰装修公司施工现场，为了降低临时设施费，把现场材料仓库兼作值班室，值班人员在库房内用煤炉做饭，不小心将燃烧后的煤球扔在一边垃圾中，夜里有风，煤球中的余火引燃了垃圾中的易燃物引起大火，仓库及材料全部烧光。这是一起施工现场防火没有按照要求做好而引发的事故，幸好未造成人员伤亡。分析其事故发生的原因主要有：①值班室不得设在库房内；②库房内不能有火源；③值班人员无证上岗；④值班人员防火安全意识差，责任心不强。

7. 治安综合治理

（1）活区应给作业人员设置学习和娱乐的场所。

（2）须建立治安保卫制度，责任分解落实到人。

（3）安防范措施必须到位，防止发生失盗事件。

8. 施工现场标牌

根据《建筑施工安全检查标准》的规定，施工现场标牌应满足下列要求。

（1）大门口处应设置"五牌一图"。

（2）标牌应规范、整齐，统一。

（3）现场应有安全标语。

（4）应有宣传栏、读报栏、黑板报。

施工现场入口处的醒目位置，应当公示"五牌一图"（工程概况牌、管理人员名单及监督电话牌、消防保卫牌、安全生产牌、文明施工牌、施工现场总平面布置图），标牌书写字迹要工整规范，内容要简明实用。标志牌规格：宽 1.2m，高 0.9m，标牌底边距地高为 1.2m。《建筑施工安全检查标准》对"五牌"的具体内容未作具体规定，各企业可结合本地区、本工程的特点进行设置，也可以增加应急程序牌、卫生须知牌、卫生包干图、管理程序图、施工的安民告示牌等内容。在施工现场的明显处，应有必要的安全内容的标语，标语尽可能地考虑人性化的内容。施工现场应设置"两栏一报"（即宣传栏、读报栏和黑板报），应及时反映工地内外相关动态情况。按文明施工的要求，宣传教育用字须规范，不使用繁体字和不规范的词句。

"五牌一图"应符合标准要求。其尺寸规格为：长 1.83m，宽 0.915m。色彩字体：蓝底白字，仿宋体。

（1）工程概况牌见表 9-1。

表 9-1　工程概况牌

工程名称			
建设单位		施工单位	
设计单位		质监单位	
监理单位		安监单位	
结构层数		建筑总高度	
建筑面积		工程总造价	
开工日期		竣工日期	
施工许可证批准文号		联系电话	

（2）安全纪律牌，包含内容如下。

① 进入现场必须戴好安全帽，系好帽带，并正确使用个人劳动防护用品。

② 凡 2m 以上的悬空，高处作业无安全防护设施的必须系好安全带，扣好保险钩。

③ 高处作业时不准往下或向上乱抛材料和工具等物件。

④ 各种电动机械设备，必须有漏电保护装置和可靠的保护接零，方能开动使用。

⑤ 工人未经三级安全教育不得上岗，无证不能操作，非操作人员严禁进入危险区域。

⑥ 井字架吊篮，料斗不准乘人。

⑦ 酒后不准上班操作。

⑧ 未经有关人员批准，不准任意拆除安全设施和安全装置。

⑨ 穿拖鞋、高跟鞋、赤脚或赤膊者，不准进入施工现场。

⑩ 穿硬底鞋不准进行登高作业。

(3) 组织网络牌，如图 9.1 所示。

图 9.1 组织网络牌

(4) 防火须知牌，包含内容如下。

① 不准在宿舍内和施工现场明火燃烧杂物和废物，现场熬制沥青时应有防火措施，并指定专人负责。

② 不准在宿舍、仓库、办公室内开小灶；不准使用电饭煲、电水壶、电炉、电热杯等，如需使用应由行政办公室统一地点，但严禁使用电炉。

③ 不准在宿舍、办公室内乱抛烟头、火柴棒；不准躺在床上吸烟，吸烟者应备烟缸，烟头和火柴必须丢进烟缸。

④ 不准在宿舍、办公室内乱接电源，非专职电工不准私接。

⑤ 宿舍内照明不准使用 60W 以上灯泡，灯泡离地高低不低于 2.5m，离开蚊帐等物品不少于 50cm。

⑥ 不准将易燃、易爆物品带进宿舍。

⑦ 食堂、浴室、炉灶的烧火人员不得擅自离开岗位，清理炉灶余灰，不准随便乱倒。

⑧ 不准将火种带进仓库和施工危险区域，木工间及木制品堆放场地。

⑨ 不准在宿舍区、施工现场和公安部门规定的禁区内燃放鞭炮和烟火。

⑩ 电焊、气焊人员应严格执行操作规程，执行动火证制度，不准在易燃易爆物附近电气焊。

(5) 文明施工管理牌，包含内容如下。

① 严格施工现场平面布置图管理和实施，必须做到有序定置。

② 施工现场设置工程标牌，即"五牌一图"，并做到尺寸规格、色彩字体标准化。

③ 施工现场封闭管理，要设置连续密闭的围墙(挡、栏)，并做到标准、稳固、整齐、美观。

④ 施工现场临时建筑物，构筑物设施应符合标准要求，严禁使用竹棚、石棉瓦、油

毡搭建。施工作业区与生活区应采取隔离措施。

⑤ 施工现场设置卫生间，便槽贴面砖，墙刷白，并有水源冲洗，每日有专人负责打扫，高层作业设便桶。

⑥ 食堂必须申领卫生许可证，厨工需持有健康证上岗，生熟食应分开，设有防蝇间或防蝇罩，食堂炉台贴瓷面砖，现场设茶水桶，工地设有保健药箱。

⑦ 现场设置足够的垃圾池和垃圾桶，定期搞好环境卫生，建立区域卫生负责制。

⑧ 现场场地及道路硬地化，要排水畅通，不得有污泥，扬尘。

⑨ 在城市建成区内禁止中午和夜间产生噪音的建筑施工作业。

⑩ 建立施工现场文明施工管理组织机构，成立领导小组，健全安全保卫制度，落实治安，防火，计生管理责任人。

(6) 施工现场平面布置图，包含的内容如下。

① 单位工程施工平面图应表示的内容包含以下方面。

a. 拟建的永久性工程应布置在平面的中心位置，以及已建的永久性房屋、构筑物、地下管线、地下设施。

b. 施工用机械设备固定位置，例如塔吊、混凝土搅拌设备、井字架、卷扬机等位置。

c. 塔吊轨道、运行路线及其回转半径。

d. 施工用运输道路、临时供水、排水管线、消防设施。

e. 临时供电线及变配电设施(干线、变压器、配电箱等)的位置。

f. 施工用生产性、生活性临时设施，如各种加工棚、操作棚、材料仓库、材料(砂、石、钢筋、水泥、白灰、模板、木撑、架管等)工地办公室、工人宿舍、厨房饭堂、洗浴室、厕所等。

② 单位工程施工平面图确定后，必须按总平面图所定位置搭设临时设施。

③ 临设周边排水要畅通，场地不得有积水。

④ 废浆、淤泥、食堂污水等必须经处理(渣子过滤)才可排放市政管网。

⑤ 材料堆放要成堆成方，并按品种、名称、规格等标牌堆积。

a. 各种材料、成品、半成品、机械设备的堆放位置应与施工平面图相符。

b. 现场的砂、砾石、碎石分类，砌围墙隔断堆放。其他管材、竹料、树干、架板、模板、石料、红砖、散材等分类码好成堆。

c. 水泥库内挂有产品标志牌，内容包括名称、品种、规格、数量、产地、使用性能、出厂日期、材料合格证号，水泥并按不同种类和强度等级分别堆放整齐。堆放高度应不超过 15 包。有防潮、防雨水处理措施。水泥袋子及时打捆归库，不可散乱到处丢弃。

d. 钢材按规格分别搁放整齐，并挂设产品标志牌(内容同上)。

e. 现场材料、具库应设货架，分类摆好，设置标签。库内整洁，走道畅通。

f. 施工机械(如搅拌机、卷扬机、电焊机、钢筋机械)应设操作棚，挂操作规程牌，稳固清洁，每天用后要清洗干净，做好日常保养。

⑥ 建筑垃圾堆放整齐，标出名称、品种。

操作面及楼层的落地灰、砖渣废料，必须做到随落随清，物尽其用。严禁楼层超载乱堆物料，建筑物外四周(包括脚手架下面)要工完料清，集中堆放清运。各楼层、操作层的建筑垃圾必须用废旧塑料袋装好清运，严禁从高处向下抛散建筑垃圾，严禁将有毒、有害废弃物作土方回填。

⑦ 易燃易爆物品应分类存放，不得混放。

9. 生活设施

(1) 食堂应设置在远离厕所、垃圾站、有毒有害场所等污染源的地方。

(2) 食堂必须有卫生许可证，炊事人员必须持身体健康证上岗。

(3) 食堂使用的燃气罐应单独设置存放间，存放间应通风良好并严禁存放其他物品。

(4) 食堂的卫生环境应良好，且配备必要的排风、冷藏、隔油池、防鼠等设施。

(5) 厕所的数量或布局应满足现场人员需求。

(6) 厕所必须符合卫生要求。

(7) 必须保证现场人员卫生饮水。

(8) 应有淋浴室，且能满足现场人员需求。

(9) 应有卫生责任制度，生活垃圾应装入密闭式容器内，并及时清理。

10. 保健急救

(1) 现场必须制定相应的应急预案，且有实际操作性。

(2) 应有经培训的急救人员及急救器材。

(3) 应开展卫生防病宣传教育工作，并提供必备的防护用品。

(4) 应有保健医药箱及药品。如消炎粉、消炎药品、胃药、止痛片、红药水、紫药水、纱布、药棉、白药、仁丹、鼻通、感冒药片、十滴水、伤口贴、酒精等。

配备简易担架、止血带、绷带，并培训急救人员，基本懂得应急止血法、人工呼吸法、伤口处理、骨折防护、包扎方法以及一般用药常识。

11. 社区服务

(1) 夜间施工前，必须经批准后，方可进行施工。

(2) 施工现场严禁焚烧各类废弃物。

(3) 施工现场应有防粉尘、防噪声、防光污染措施。

(4) 应建立施工不扰民措施。

文明施工检查评定表见表9-2。

表9-2 文明施工检查评定表

序号	检查项目		扣分标准	应得分数	扣减分数	实得分数
1	保证项目	现场围挡	在市区主要路段的工地周围未设置高于 2.5m 的封闭围挡扣 10 分 一般路段的工地周围未设置高于 1.8m 的封闭围挡扣 10 分 围挡材料不坚固、不稳定、不整洁、不美观扣 5～7 分 围挡没有沿工地四周连续设置扣 3～5 分	10		

序号	检查项目		扣分标准	应得分数	扣减分数	实得分数
2	保证项目	封闭管理	施工现场出入口未设置大门扣3分 未设置门卫室扣2分 未设门卫或未建立门卫制度扣3分 进入施工现场不佩戴工作卡扣3分 施工现场出入口未标有企业名称或标志，且未设置车辆冲洗设施扣3分	10		
3		施工场地	现场主要道路未进行硬化处理扣5分 现场道路不畅通、路面不平整坚实扣5分 现场作业、运输、存放材料等采取的防尘措施不齐全、不合理扣5分 排水设施不齐全或排水不通畅、有积水扣4分 未采取防止泥浆、污水、废水外流或堵塞下水道和排水河道措施扣3分 未设置吸烟处、随意吸烟扣2分 温暖季节未进行绿化布置扣3分	10		
4		现场材料	建筑材料、构件、料具不按总平面布局码放扣4分 材料布局不合理、堆放不整齐、未标明名称、规格扣2分 建筑物内施工垃圾的清运，未采用合理器具或随意凌空抛掷扣5分 未做到工完场地清扣3分 易燃易爆物品未采取防护措施或未进行分类存放扣4分	10		
5		现场住宿	在建工程、伙房、库房兼作住宿扣8分 施工作业区、材料存放区与办公区、生活区不能明显划分扣6分 宿舍未设置可开启式窗户扣4分 未设置床铺、床铺超过两层、使用通铺、未设置通道或人员超编扣6分 宿舍未采取保暖和防煤气中毒措施扣5分 宿舍未采取消暑和防蚊蝇措施扣5分 生活用品摆放混乱、环境不卫生扣3分	10		
6		现场防火	未制定消防措施、制度或未配备灭火器材扣10分 现场临时设施的材质和选址不符合环保、消防要求扣8分 易燃材料随意码放、灭火器材布局、配置不合理或灭火器材失效扣5分 未设置消防水源(高层建筑)或不能满足消防要求扣8分 未办理动火审批手续或无动火监护人员扣5分	10		
		小计		60		

续表

序号	检查项目	扣分标准	应得分数	扣减分数	实得分数
7	治安综合治理	生活区未给作业人员设置学习和娱乐场所扣4分 未建立治安保卫制度，责任未分解到人扣3~5分 治安防范措施不利，常发生失盗事件扣3~5分	8		
8	施工现场标牌	大门口处设置的"五牌一图"内容不全，缺一项扣2分 标牌不规范、不整齐扣3分 未张挂安全标语扣5分 未设置宣传栏、读报栏、黑板报扣4分	8		
9	一般项目 / 生活设施	食堂与厕所、垃圾站、有毒有害场所距离较近扣6分 食堂未办理卫生许可证或未办理炊事人员健康证扣5分 食堂使用的燃气罐未单独设置存放间或存放间通风条件不好扣4分 食堂的卫生环境差、未配备排风、冷藏、隔油池、防鼠等设施扣4分 厕所的数量或布局不满足现场人员需求扣6分 厕所不符合卫生要求扣4分 不能保证现场人员卫生饮水扣8分 未设置淋浴室或淋浴室不能满足现场人员需求扣4分 未建立卫生责任制度，生活垃圾未装容器或未及时清理扣3~5分	8		
10	保健急救	现场未制定相应的应急预案，或预案实际操作性差扣6分 未设置经培训的急救人员或未设置急救器材扣4分 未开展卫生防病宣传教育或未提供必备防护用品扣4分 未设置保健医药箱扣5分	8		
11	社区服务	夜间未经许可施工扣8分 施工现场焚烧各类废弃物扣8分 未采取防粉尘、防噪音、防光污染措施扣5分 未建立施工不扰民措施扣5分	8		
	小计		40		
检查项目合计			100		

9.5 施工现场环境保护

为加强建设工程施工现场管理，保障建设工程施工顺利进行，施工单位应当遵守国家有关环境保护的法律规定，采取措施控制施工现场的各种粉尘、废气、废水、固体废弃物以及噪声、振动对环境的污染和危害。

★ 特别提示

根据《中华人民共和国环境保护法》第 24 条："生产环境污染和其他公害的单位,必须把环境保护工作纳入计划,建立环境保护责任制度;采取有效措施,防止在生产建设或者其他活动中产生的废气、废水、废渣、粉尘、恶臭气体、放射性物质以及噪音、振动、电磁波辐射对环境的污染和危害。"《中华人民共和国大气污染防治法》第 26 条:"向大气排放恶臭气体的排污单位,必须采取措施防止周围居民区受到污染。"第 27 条:"向大气排放粉尘的排污单位,必须采取除尘措施。"《中华人民共和国建筑法》第 41 条:"建筑施工企业应当遵守有关环境保护和安全生产的法律、法规的规定,采取控制和处理施工现场的各种粉尘、废气、废水、固体废物,以及噪声、振动对环境的污染和危险的措施。"《建设工程安全生产管理条例》第 30 条:"施工单位应当遵守有关环境保护法律、法规的规定,在施工现场采取措施,防止或者减少粉尘、废气、废水、固体废物、噪声、振动和施工照明对人和环境的危害和污染。"

9.5.1 大气污染的防治

1. 产生大气污染的施工环节

1) 引起扬尘污染的施工环节有

(1) 土方施工及土方堆放过程中的扬尘。

(2) 搅拌桩、灌注桩施工过程中的水泥扬尘。

(3) 建筑材料(砂、石、水泥等)堆场的扬尘。

(4) 混凝土、砂浆拌制过程中的扬尘。

(5) 脚手架和模板安装、清理和拆除过程中的扬尘。

(6) 木工机械作业的扬尘。

(7) 钢筋加工、除锈过程中的扬尘。

(8) 运输车辆造成的扬尘。

(9) 砖、砌块、石等切割加工作业的扬尘。

(10) 道路清扫的扬尘。

(11) 建筑材料装卸过程中的扬尘。

(12) 建筑和生活垃圾清扫的扬尘等。

2) 引起空气污染的施工环节

(1) 某些防水涂料施工过程中的污染。

(2) 有毒化工原料使用过程中的污染。

(3) 油漆涂料施工过程中的污染。

(4) 施工现场的机械设备、车辆的尾气排放的污染。

(5) 工地擅自焚烧废弃物对空气的污染等。

2. 防止大气污染的主要措施

(1) 施工现场的渣土要及时清出现场。

(2) 施工现场作业场所内建筑垃圾的清理,必须采用相应容器、管道运输或其他有效措施,严禁凌空抛掷。

(3) 施工现场的主要道路必须进行硬化处理,并指定专人定期洒水清扫,形成制度,严格控制道路扬尘。

(4) 土方应集中堆放，裸露的场地和集中堆放的土方应采取覆盖、固化或绿化等措施。

(5) 渣土和施工垃圾运输时，应采用密闭式运输车辆或采取有效的覆盖措施，施工现场出入口处应采取保证车辆清洁的措施。

(6) 施工现场应使用密目式安全网对施工现场进行封闭，防止施工过程扬尘。

(7) 对于细粒散状材料(如水泥、粉煤灰等)应遮盖、密闭，防止和减少尘土飞扬。

(8) 对进出现场的车辆应采取必要的措施，消除扬尘、抛洒和夹带现象。

(9) 许多城市已不允许现场搅拌混凝土。在允许搅拌混凝土或砂浆的现场，应将搅拌站封闭严密，并在进料仓上方安装除尘装置，采取可靠措施控制现场粉尘污染。

(10) 拆除既有建筑物时，应采用隔离、洒水等措施防止扬尘，并应在规定期限内将废弃物清理完毕。

(11) 施工现场应根据风力和大气湿度的具体情况，确定合适的作业时间及内容。

(12) 施工现场应设置密闭式垃圾站，施工垃圾、生活垃圾应分类存放，并及时清运。

(13) 施工现场的机械设备、车辆的尾气排放应符合国家环保排放标准要求。

(14) 城区、旅游景点、疗养区、重点文物保护地及人口密集区的施工现场应使用清洁的能源。

(15) 施工时遇有有毒化工原料，除施工人员做好安全防护外，应按相关要求做好环境保护。

(16) 除设有符合要求的装置外，严禁在施工现场焚烧各类废弃物以及其他会产生有毒、有害烟尘和恶臭的物质。

9.5.2 噪声污染的防治

1. 引起噪声污染的施工环节

(1) 施工现场人员大声的喧哗。

(2) 各种施工机具的运行和使用。

(3) 安装及拆卸脚手架、钢筋、模板等。

(4) 爆破作业。

(5) 运输车辆的往返及装卸。

2. 防止噪声污染的措施

施工现场噪声的控制技术可从声源、传播途径、接收者防护等方面考虑。

1) 声源控制

从声源上降低噪声，这是防止噪声污染的根本措施。具体要求有以下几个。

(1) 尽量采用低噪声设备和工艺替代高噪声设备和工艺，如低噪声振动器、电动空压机、电锯等。

(2) 在声源处安装消声器消声，如在通风机、鼓风机、压缩机以及各类排气装置等进出风管的适当位置安装消声器。

2) 传播途径控制

在传播途径上控制噪声的方法主要有以下几个。

（1）吸声。利用吸声材料或吸声结构形成的共振结构吸收声能，降低噪声。

（2）隔声。应用隔声结构，阻止噪声向空间传播，将接收者与噪声声源分隔。隔声结构包括隔声室、隔声罩、隔声屏障、隔声墙等。

（3）消声。利用消声器阻止传播，如对空气压缩机、内燃机等。

（4）减振降噪。对来自振动引起的噪声，通过降低机械振动减少噪声，如将阻尼材料涂在制动源上，或改变振动源与其他刚性结构的连接方式等。

3）接收者防护

让处于噪声环境下的人员使用耳塞、耳罩等防护用品，减少相关人员在噪声环境中的暴露时间，以减轻噪声对人体的危害。

4）严格控制人为噪声

进入施工现场不得高声叫喊、无故打砸模板、乱吹口哨，限制高音喇叭的使用，最大限度地减少噪声扰民。

5）控制强噪声作业时间

凡在人口稠密区进行强噪声作业时，必须严格控制作用时间，一般在 22 时至次日 6 时期间停止强噪声作业。确系特殊情况必须昼夜施工时，建设单位和施工单位应于 15 日前，到环境保护和建设行政主管等部门提出申请，经批准后方可进行夜间施工，并会同居民小区居委会或村委会，公告附近居民，并做好周围群众的安抚工作。

3. 施工现场噪声的限值

根据国家标准《建筑施工场界噪声限值》的要求，对不同施工作业规定的噪声限值见表 9-3。在工程施工中，要特别注意不得超过国家标准的限值，尤其是夜间禁止打桩作业。

表 9-3　建筑施工场界噪声限值 [dB(A)]

施 工 阶 段	主要噪声源	噪声限值	
		昼间	夜间
土石方	推土机、挖土机、装载机等	75	55
打桩	各种打桩机	85	禁止施工
结构	混凝土搅拌机、振动棒、电锯等	70	55
装修	吊车、升降机	65	55

由于该噪声限值是指与敏感区相对应的建筑施工场地边界线处的限值，所以实际需要控制的是噪声在边界处的声值。噪声的具体测量方法参见《建筑施工场界噪声测量方法》（GB 12524）。施工单位应对施工现场的噪声值进行监控和记录。

 案例分析

某市一大型住宅项目位于四环路以内，一期工程建筑面积 $300000m^2$，框架剪力墙结构箱形基础。施工现场设置混凝土集中搅拌站。由于工期紧迫，混凝土需要量大，施工单位实行"三班倒"连续进行混凝土的搅拌生产。附近居民对此意见极大，纷纷到有关管理单位反映此事，有关部门也做出了罚款等相应的处理决定。

【问题】①什么是噪声？②噪声污染会产生哪些危害？③施工现场可以采取哪些措施控制噪声的影响？

9.5.3　水污染的防治

1. 引起水污染的施工环节

（1）桩基础施工、基坑护壁施工过程的泥浆。

（2）混凝土（砂浆）搅拌机械、模板、工具的清洗产生的泥浆污水。

（3）现场制作水磨石施工的泥浆。

（4）油料、化学溶剂泄漏。

（5）生活污水。

（6）将有毒废弃物掩埋于土中等。

2. 防止水污染的主要措施

（1）回填土应过筛处理，严禁将有害物质掩埋于土中。

（2）施工现场应设置排水沟和沉淀池，现场废水严禁直接排入市政污水管网和河流。

（3）现场存放的油料、化学溶剂等应设有专门的库房，地面应进行防渗漏处理。使用时，还应采取防止油料和化学溶剂跑、冒、滴、漏的措施。

（4）卫生间的地面、化粪池等应进行抗渗处理。

（5）食堂、盥洗室、淋浴间的下水管线应设置隔离网，并应与市政污水管线连接，保证排水通畅。

（6）食堂应设置隔油池，并应及时清理。

 案例分析

某高校学生宿舍楼建筑面积 15260.6m²，框架剪力墙结构箱形基础。地下防水和卫生间、厨房防水采用聚氨酯涂膜防水。聚氨酯底胶的配制采用甲料∶乙料∶二甲苯＝1∶1.5∶2 的比例配合搅拌均匀后进行涂布施工。地下防水施工完毕，操作工人甲见稀释剂二甲苯虽有剩余但并不多，觉得没有必要再退回给仓库保管员，于是就随手将剩余不多的二甲苯倒在了基坑坡顶上。

【问题】操作工人甲的这种行为正确吗？为什么？

9.5.4　固体废弃物污染的防治

固体废弃物是指生产、建设、日常生活和其他活动中产生的固态、半固态废弃物质。固体废弃物是一个极其复杂的废物体系。按其化学组成可分为有机废弃物和无机废弃物；按其对环境和人类的危害程度可分为一般废弃物和危险废弃物。固体废弃物对环境的危害是全方位的，主要会侵占土地、污染土壤、污染水体、污染大气、影响环境卫生等。

1. 建筑施工现场常见的固体废弃物

（1）建筑渣土。包括砖瓦、碎石、混凝土碎块、废钢铁、废屑、废弃装饰材料等。

（2）废弃材料。包括废弃的水泥、石灰等。

（3）生活垃圾。包括炊厨废物、丢弃食品、废纸、废弃生活用品等。

（4）设备、材料等的废弃包装材料等。

2. 固体废弃物的处置

固体废弃物处理的基本原则是采取资源化、减量化和无害化处理，对固体废弃物产生的全过程进行控制。固体废弃物的主要处理方法如下。

（1）回收利用。回收利用是对固体废弃物进行资源化、减量化的重要手段之一。对建筑渣土可视具体情况加以利用；废钢铁可按需要做金属原材料；对废电池等废弃物应分散回收，集中处理。

（2）减量化处理。减量化处理是对已经产生的固体废弃物进行分选、破碎、压实浓缩、脱水等减少其最终处置量，降低处理成本，减少对环境的污染。在减量化处理的过程中，也包括和其他处理技术相关的工艺方法，如焚烧、解热、堆肥等。

（3）焚烧技术。焚烧用于不适合再利用且不宜直接予以填埋处置的固体废弃物，尤其是对受到病菌、病毒污染的物品，可以用焚烧进行无害化处理。焚烧处理应使用符合环境要求的处理装置，注意避免对大气的二次污染。

（4）稳定和固化技术。是指利用水泥、沥青等胶结材料，将松散的固体废弃物包裹起来，减小废弃物的毒性和可迁移性，使得污染减少的技术。

（5）填埋。填埋是固体废弃物处理的最终补救措施，经过无害化、减量化处理的固体废弃物残渣集中到填埋场进行处置。填埋场应利用天然或人工屏障，尽量使需处理的废物与周围的生态环境隔离，并注意废物的稳定性和长期安全性。

 案例分析

某商厦建筑面积7780m²，钢筋混凝土框架结构，地上6层，地下2层，由市建筑设计院设计，江汉区建筑工程公司施工。在清运建筑垃圾时，施工单位心存侥幸心理，认为晚上清运垃圾，沿途人员活动较白天少，不会对周围居民产生多大影响，便没有采取覆盖措施，结果造成渣土一路有少量遗撒现象发生。经市民举报受到有关部门罚款处理。后经整改，采用密闭车辆运输建筑垃圾，未再发生此类投诉事件。

【问题】①施工工地上常见的固体废物有哪些？主要处理方法是什么？②什么是文明施工？文明施工主要包括哪几方面的工作？③文明施工在对现场周围环境和居民服务方面有何要求？

9.5.5　照明污染的防治

夜间施工应当严格按照建设行政主管部门和有关部门的规定，对施工照明器具的种类、灯光亮度加以严格控制，特别是在城市市区、居民居住区内，必须采取有效的措施，减少施工照明对附近城市居民的危害。

9.6　职业健康基本知识

1. 毒物进入人体的3个途径

（1）消化道。这种途径极少见，大多是不遵守卫生制度引起的，如工人在有毒的地方进食或用污染了毒物的手取食，或者由于误食所致。

（2）呼吸道。是生产性毒物进入人体的主要途径，因为整个呼吸道都能吸收毒物，尤其肺泡的吸收能力最大，而肺泡壁表面被含碳酸的液体所湿润，并有丰富的微血管，因此对毒物的吸收极其迅速。在锅炉里面吸烟不仅存在火灾隐患，还会大量吸食粉尘，一定要避免。

（3）皮肤。经皮肤吸收毒物有 3 种，即通过表皮屏障，通过皮囊，极少通过汗腺进入人体。

2. 影响毒物危害程度的因素

（1）毒物本身毒性的大小。

（2）毒物的含量和浓度。

（3）与毒物的接触时间。

（4）作业环境条件与劳动强度。

（5）个体的年龄、性别和体质差异。

3. 预防职业病的一般要求

（1）凡是接触及从事粉尘、有毒有害工种作业的人员，必须经过体检合格，并建立健康档案，定期进行体检复查和职业病普查。

（2）从事粉尘、有毒作业，要严格按照安全交底要求的安全措施进行施工。

（3）按照安全技术交底的要求正确使用个体安全防护用品和用具。

（4）下班后不在可能污染的环境中用餐、饮水和吸烟。

（5）下班后用温水、肥皂洗手、漱口或洗澡。

（6）换下的工作服应放在固定位置，不要和非工作服混放。

4. 有毒有害物品搬运的要求

（1）尽量使用装卸、搬运的机械以及适当的搬运工具，如夹具、钩具等。

（2）作业前要仔细检查防护用品、用具穿戴使用是否合理、妥当。作业后及时清洗消毒。

（3）搬运时不要肩扛、背负、双手抱揽，应该做到轻拿、轻放。

（4）两种性能互相抵触的物品，不得同地装卸、同车运输，如氧气瓶和乙炔瓶。

（5）对忌热、忌潮、忌颠倒的物品，要采取隔热、防潮和防止倾倒措施。

5. 有毒物品的储存

（1）要分类、分堆储存，并挂出标签，标示名称、危险性和预防措施。

（2）剧毒物品必须放在专用库内存放，专人保管。

（3）严禁与无机氧化物同库存放。

（4）不得与硫酸、硝酸等强酸同库存放。

（5）苯类与醇类物质不能同处存放。

6. 有毒有害物品的使用

（1）凡是使用和接触有毒有害物品的人员，必须使用能对皮肤、眼睛、呼吸道、消化道起到防护作用的个体防护用品，尽可能避免没必要的接触这些物品。

（2）现场使用的有毒有害物品，要储存在安全可靠的容器内，防止泄露。

（3）溢出的化学物品要及时装进容器内，溢出场所要立即清除干净以防止进一步污染。

（4）在容器内、室内和其他没有适当通风的场所，从事有毒有害物质作业时，施工人员要使用呼吸器具或者加强通风。

7. 粉尘作业者应该多吃的食物

如果人在含有粉尘浓度高的场所作业，吸入肺部的粉尘含量就多，当尘粒达到一定数量时，就会引起肺部组织发生纤维化病变，使肺部组织逐渐硬化，失去正常的呼吸功能，称为尘肺病。从事粉尘作业的人员，可多吃猪血。

8. 噪声作业者应该多吃的食物

噪声不仅损害人的听觉系统，造成职业性耳聋，爆炸性耳聋，严重者可使鼓膜出血，而且造成神经系统及神经功能紊乱、胃肠功能紊乱等。从事噪声作业的人员应该要多补充维生素类营养，尤其是维生素 B 类。

9. 苯作业者应该多吃的食物

接触油漆、香料制造、橡胶、染料及鞋类等行业的工作人员常常接触苯及其化合物，因此这些作业人员应该要多吃些高蛋白、高糖、低脂肪及富含维生素 C、维生素 B 的食物（如鸡、鱼、乳类、动物肝脏、糖类、豆制品、西红柿、橘子等）。

 案例分析

某年 7 月 14 日，某市广场工程项目建筑面积 81174m²，框架结构，主楼高 19 层。工程项目部将防水处理工程分包给个体涂料经营户（无施工资质）承包。所用的非焦油聚氨酯防水涂料系该省某防水工程有限公司（企业具有相应的生产、施工资质）的产品，据事发后取样检测分析，该涂料含苯 359g/kg、甲苯 82g/kg、二甲苯 25g/kg，属危险化学品。7 月 2 日进场防水涂料，7 月 4 日做样板并陆续施工。7 月 14 日，民工戴某等 5 人进行该工地地下室外墙防水涂料涂刷作业，其中 1 人在地面上拌、送料，其余 4 人下到基坑作业。至下午 3 时许，在基坑下约 8m 深处作业的民工突然晕倒跌落坑底（当时基坑底部有深约 0.7m 的积水），在地面上作业的民工发现后立即喊叫救人。在基坑下约 4m 处作业的另外 3 人见状急忙去抢救，结果也相继晕倒并跌落坑底积水中。周围人员听到呼救声，迅速赶来救人，在抢救过程中，营救人员中也出现胸闷、头晕、意识模糊等症状。先后有 14 人被送往医院救治，其中两人在现场经医生确认死亡，两人经医院抢救无效死亡，10 人因接触作业环境而引起身体过敏性反应住院观察治疗。经事发后作业场所空气中有毒物质的测定，含苯 57mg/m³。经鉴定，4 人的死亡是由于苯、甲苯等中毒，引起中枢神经系统、心肌抑制，导致呼吸循环功能衰竭所致。

【事故原因】

1. 直接原因

（1）涂刷作业使用的非焦油聚氯酯防水涂料中含有严重超标的苯系物质。

（2）施工现场为槽形基坑，作业空间狭小，在气温高（事发当时气温高在 37.6℃）、通风不良、连续作业的情况下，作业现场空气中有毒物质浓度大量超标。

（3）作业人员没有相应的上岗资格，缺乏安全防范和自我保护意识，不懂安全操作规程，不具备职业防毒知识和事故应急能力，在具有危险、危害的作业环境中盲目作业。

2. 间接原因

（1）防水工程承包人员严重违反建设工程有关法律、法规和技术规范、标准，自称是具有施工资质的单位代理人承揽工程业务。在组织施工过程中，采用苯系物质严重超标的防水涂料，没有施工技术资料，没有安全生产管理制度和安全技术操作规程，没有安全生产责任制。操作场所没有安全、防毒设施和必要的个体防护装备，所有操作人员没有经过规范的安全教育培训。现场管理混乱，施工作业无序这是该起事故的主要原因。

（2）施工单位项目部违反国家有关工程建设的法律法规规定，将防水工程发包给不具有相应资质的个体经营者施工，且在未取得防水涂料检验结果、未经监理单位签字的情况下允许防水工程施工队伍进场施工，对防水工程的施工过程没有进行严格的安全生产监督和管理。是该起事故的重要原因。

（3）防水涂料生产单位对产品质量管理不严，产品中的苯系特质含量严重超标，且产品包装标志不符合有关规定要求，没有安全技术说明书。是该起事故的重要原因。

（4）监理单位对防水涂料工程项目监理工作缺位，该工地地下室外墙防水涂料涂刷作业违规施工已达十多天，未予及时检查、制止，也是事故原因之一。

（5）施工单位对该工程项目部存在的不符合规范要求的发包合同协议、现场管理无序、事故隐患严重等问题，监督查处不力，也是事故原因之一。

本 章 小 结

本章主要介绍了文明施工与环境保护的概念、意义，文明施工的组织与管理。文明施工的基本要求；文明施工检查评定内容包括，现场围挡、封闭管理、施工场地、现场材料、现场住宿、现场防火、治安综合治理、施工现场标牌、生活设施、保健急救、社区服务；施工现场环境污染的防治；职业健康的基本知识等。要求掌握施工现场文明施工检查标准、施工现场环境污染防治；熟悉文明施工管理和环境保护管理、熟悉施工现场消防安全技术与管理；了解职业健康基本知识。

思考与拓展题

1. 什么是文明施工？
2. 谈谈你对保护环境的认识。
3. 搞好文明施工，意义何在？
4. 施工现场对环境保护有何影响？
5. 现场文明施工有哪些基本要求？
6. 根据《建筑施工安全检查标准》规定，文明施工检查评定项目包括哪些？
7. 根据《建筑施工安全检查标准》规定，现场围挡应满足哪些要求？
8. 根据《建筑施工安全检查标准》规定，封闭管理应满足哪些要求？
9. 根据《建筑施工安全检查标准》规定，现场住宿应满足哪些要求？
10. 起火必须具备哪 3 个条件？
11. 我国消防工作的方针是什么？
12. 请你说说施工现场哪些区域属于禁火区域。
13. 请你谈谈高层建筑施工防火注意事项。
14. 大门口处应设置"五牌一图"，这"五牌一图"指什么？结合你实习的施工现场，除了"五牌一图"，还有哪些图牌？
15. 请你想想施工现场大气污染如何防治？
16. 防止噪声污染的措施有哪些？
17. 如何防止施工现场水污染？
18. 固体废弃物处理的基本原则是什么？
19. 固体废弃物的主要处理方法有哪些？
20. 如何预防职业病的发生？

第 10 章

季节性施工安全技术

课程标准

课程内容	知识要点	教学目标
季节性施工安全控制能力	雷电常识与雷电防护；雨期、夏季、冬期施工安全技术	了解雷电知识，做好雷雨天气的安全防护工作；熟悉夏季防暑降温的安全措施；熟悉冬期施工的安全技术措施

▶▶章节导读

建筑工程施工具有周期长并受各种自然因素影响较大的特点，加之我国幅员辽阔，有严寒地区、寒冷地区、夏热冬冷地区、夏热冬暖地区和温和地区等不同的气候特点。因此，应充分考虑在各种不同自然因素和季节的作用下，采取相应的技术和管理措施，才能保证建筑施工的安全目标的实现。

一般来讲，季节性施工主要指雨期施工、夏季施工和冬期施工。雨期施工，应当采取措施防雨、防雷击，组织好排水，同时，注意做好防止触电和坑槽坍塌，沿河流域的工地应做好防洪排涝准备，傍山的施工现场还要做好防滑坡、防塌方措施，另外，脚手架、塔吊等应做好防强风措施。冬期施工，由于气温低，易结露结冰，天气干燥，作业人员操作不灵活，作业场所应采取措施防滑、防冻，生活办公场所应采取措施防火和防煤气中毒。夏季施工防台抗汛，高温中暑。此外，春秋季节天气干燥，风大，应注意做好放火、防风措施；秋季还要注意饮食卫生，防止腹泻等流行性疾病。

10.1 雷电常识与雷电防护

1. 雷电常识

1）雷电的产生与雷电的放电

我国古代最早的雷击记录是《周易》记述的公元前 1068 年一次球形雷袭击周武王的住房。古代的人们由于缺乏科学知识，不能正确解释雷电现象，就把雷电与鬼神联系起来，创造了雷神电母等神话故事。在封建迷信时期，人们将农历 6 月 24 日定为雷神的生日。第一个破除迷信的人是东汉哲学家王充（公元 27—公元 97 年），他第一次提出了"雷是火"的论断。1749 年美国科学家富兰克林等经过科学实验，为我们揭开了雷电的神秘面纱，雷电与我们日常所用的电有相同的性质。人类的起源和雷电是密不可分的，如果地球上没有雷电，人类将会灭绝。雷电为远古人类提供了最早的火种，如图 10.1 所示，推动了文明的进程，但同时又具有巨大的破坏性，是最严重的自然灾害之一。地球上每秒钟有 100 次闪电，95％是云对云的放电（也就是说 95％的雷击只会产生电磁脉冲损害），如图 10.2 所示。

图 10.1 闪电

图 10.2 云层

人们通常把发生闪电的云称为雷雨云，一般讲的雷雨云就是指积雨云。云的形成过程是空气中的水汽经由各种原因达到饱和或过饱和状态而发生凝结的过程。使空气中水汽达到饱合的主要方式是空气降温冷却和增加水汽含量。积雨云是一种在强烈垂直对流过程中形成的云。近地面的大气的温度由于热传导和热辐射而升高，气体温度升高膨胀，密度减小，压强也随着降低，积雨云就要上升；上方的空气层密度相对较大，积雨云就要下沉。热气流在上升过程中膨胀降压，同时与高空低温空气进行热交换，于是上升气团中的水汽凝结而出现雾滴，就形成了云。在强对流过程中，云中的雾滴进一步降温，变成过冷水滴、冰晶或雪花，并随高度逐渐增多。由于过冷水大量冻结而释放潜热，使云顶突然向上发展，达到对流层顶附近后向水平方向铺展，形成云砧，是积雨云的显著特征。雷电形成于大气运动过程中，其成因为大气运动中的剧烈摩擦生电以及云块切割磁力线。闪电的形状最常见的是枝状，此外还有球状、片状、带状。闪电的形式有云天闪电、云间闪电、云地闪电。云间闪电时云间的摩擦就形成了雷声。在气象学中，常用雷暴日数、年平均雷暴日数、年平均地面落雷密度来表征某个地方雷电活动的频繁程度和强度。此外，也使用年雷闪频数来评价雷电活动，它是指 $1000km^2$ 范围内一年共发生雷闪击的次数。大量观测统计资料表明，一个地区的雷闪频数与雷暴日数成线性关系。通常，建筑行业的防雷，更多地注重雷暴日的多少；航空、航海、气象、通信等行业越来越关心年雷闪频数的多少。我国一般按年平均雷暴日数将雷电活动区分为少雷区（＜15 天）、中雷区（15～40 天）、多雷区（41～90 天）、强雷区（＞90 天）。我国的雷电活动，夏季最活跃，冬季最少。全球分布是赤道附近最活跃，随纬度升高而减少，极地最少。积雨云形成过程中，在大气电场以及温差起电效应、破碎起电效应的同时作用下，正负电荷分别在云的不同部位积聚。当电荷积聚到一定程度，就会在云与云之间或云与地之间发生放电，也就是人们平常所说的"闪电"。

2）雷电危害

雷电形式可分成直击雷、感应雷和雷电波侵入 3 种。

（1）直击雷破坏。当雷电直接击在建筑物上，强大的雷电流使建（构）筑物水分受热汽化膨胀，从而产生很大的机械力，导致建筑物燃烧或爆炸。另外，当雷电击中接闪器，电流沿引下线向大地泻放时，这时对地电位升高，有可能向临近的物体跳击，称为雷电"反击"，从而造成火灾或人身伤亡。

（2）感应雷破坏。感应雷破坏也称为二次破坏。它分为静电感应雷和电磁感应雷两种。由于雷电流变化梯度很大，会产生强大的交变磁场，使得周围的金属构件产生感应电流，这种电流可能向周围物体放电，如附近有可燃物就会引发火灾和爆炸，而感应到导线上就会对设备产生强烈的破坏性。静电感应雷：带有大量负电荷的雷云所产生的电场将会在金属导线上感应出被电场束缚的正电荷，当雷云对地放电或云间放电时，云层中的负电荷在一瞬间消失了，那么在线路上感应出的这些被束缚的正电荷也就在一瞬间失去了束缚，在电势能的作用下，这些正电荷将沿着线路产生大电流冲击。电磁感应雷：雷击发生在供电线路附近，或击在避雷针上会产生强大的交变电磁场，此交变电磁场的能量将感应于线路并最终作用到设备上。

（3）雷电波侵入的破坏。当雷电接近架空管线时，高压冲击波会沿架空管线侵入室内，造成高电流引入，这样可能引起设备损坏或人身伤亡事故。如果附近有可燃物，容易酿成火灾。雷电危害按雷电出现的物理效应可分成电性质破坏、热性质破坏和机械性质破坏。电性质破坏：雷电放电产生高达数十万伏的冲击电压，对电气设备、仪表设备、通信设备等的绝缘造成破坏，导致设备损坏，引发火灾、爆炸事故和人员伤亡，产生的接触电压和跨步电压使人触电。热性质破坏：当上百千安的强大电流通过导体时，在极短时间内转换成大量热量，可熔化导线、管线、构架金属物质，引发火灾。机械性质破坏：由于雷电的热效应，使木材、水泥等材料中间缝隙的水分、空气及其他物质剧烈膨胀，产生强大的机械压力，使被击中物体严重破坏甚至造成爆炸。

3）雷灾特点

当人类社会进入电子信息时代后，雷灾出现的特点与以往有极大的不同。

（1）受灾面大大扩大。从电力、建筑这两个传统领域扩展到几乎所有行业，特别是与高新技术关系最密切的领域，如航天航空、国防、邮电通信、计算机、电子工业、石油化工、金融证券等。

（2）从二维空间入侵变为三维空间入侵。从闪电直击和过电压波沿线传输变为空间闪电的脉冲电磁场，从三维空间入侵到任何角落，无孔不入地造成灾害，因而防雷工程已从防直击雷、感应雷进入防雷电电磁脉冲（LEMP）。前面是指雷电的受灾行业面扩大了，这儿指雷电灾害的空间范围扩大了。

（3）雷灾的经济损失和危害程度大大增加了。它袭击的对象本身的直接经济损失有时并不太大，而由此产生的间接经济损失和影响就难以估计。

产生上述特点的根本原因，也就是关键性的特点是雷灾的主要对象已集中在微电子器件设备上。雷电的本身并没有变，而是科学技术的发展，使得人类社会的生产生活状况变了。微电子技术的应用渗透到各种生产和生活领域，微电子器件极端灵敏这一特点很容易受到无孔不入的 LEMP 的作用，造成微电子设备的失控或者损坏。

2. 雷电的防护措施

雷电危害的防护一般采用避雷针、避雷器、避雷网、避雷线等装置将雷电直接导入大地。避雷针主要用来保护露天变配电设备、建筑物和构筑物；避雷线主要用来保护电力线路；避雷网和避雷带主要用来保护建筑物；避雷器主要用来保护电力设备。

10.2 季节性施工安全技术概述

10.2.1 雨期施工

1. 雨期施工的准备工作

由于雨期施工持续时间较长，而且大雨、大风等恶劣天气具有突然性，因此应认真编制好雨期施工的安全技术措施，做好雨期施工的各项准备工作。根据雨期施工的特点，将不宜在雨期施工的工程提早或延缓安排，对必须在雨期施工的工程制定有效的措施。施工现场的大型临时设施，在雨期前应整修完毕，应保证不漏、不塌、不倒，周围不积水，严防水冲入设施内。选址要合理，应避开滑坡、泥石流、山洪、坍塌等灾害地段。雨期前应清除沟边多余的弃土，减轻坡顶压力。

2. 做好施工现场的排水

（1）根据施工总平面图，利用自然地形确定排水方向，按规定坡度挖好排水沟，确保施工工地排水畅通。应严格按防汛要求，设置连续、通畅的排水设施和其他应急设施，防止泥浆、污水、废水外流或堵塞下水道和排水河沟。

（2）若施工现场临近高地，应在高地的边缘（现场的上侧）挖好截水沟，防止洪水。

（3）雨期前应做好傍山的施工现场边缘的危石处理，防止滑坡、塌方威胁工地。

（4）雨期应有专人负责，及时疏导排水系统，确保施工现场排水畅通。

3. 运输道路

(1) 临时道路应起拱 5%，两侧做宽 300mm、深 200mm 的排水沟。

(2) 对路基易受冲刷部分，应铺石块、焦渣、砾石等渗水防滑材料，或者设涵管排泄，保证路基的稳固。

(3) 雨期应指定专人负责维修路面，对路面不平或积水处应及时修好。

(4) 施工现场内主要道路应当硬化。

4. 雨期施工注意事项

(1) 晴天抓紧室外作业，雨天安排室内工作。注意天气预报，做好防汛准备。遇到大雨、大雾、雷击和 6 级以上大风等恶劣天气，应当停止进行露天高处起重吊装、打桩、脚手架的搭设和拆除等作业。

(2) 雨期施工中遇到气候突变，突下暴雨、水位暴涨、山洪暴发或因下雨发生坡道打滑等情况时应当停止土石方机械作业施工。

(3) 大风、大雨后，要组织有关人员检查脚手架是否牢固，如有倾斜、下沉、松扣、崩扣和安全网脱落、开绳等现象，要及时进行处理。应当检查临时设施地基和主体结构情况，发现问题及时处理。雨后应及时对坑槽沟边坡和固壁支撑结构进行全面检查，深基坑应当派专人进行认真测量，观察边坡情况，如果发现边坡有裂缝、疏松、支撑结构折断、走动等危险征兆，应当立即采取措施。应当检查起重机械设备的基础、塔身的垂直度、缆风绳和附着结构以及安全保险装置并先试吊，确认无异常后方可作业。

5. 雨期施工的用电与防雷

1) 雨期施工的用电

(1) 各种露天使用的电气设备应选择在较高的干燥处放置。

(2) 机电设备(配电盘、闸箱、电焊机、水泵等)应有可靠的防雨措施，电焊机应加防护雨罩。

(3) 雨期前应检查照明和动力线有无混线、漏电，电杆有无腐蚀，埋设是否可靠等，防止触电事故发生。

(4) 雨期还要检查现场电气设备的接零、接地保护措施是否牢靠，漏电保护装置是否灵敏，电线绝缘接头是否良好。

2) 雨期施工的防雷

(1) 防雷装置的设置范围。施工现场高出建筑物的塔吊、外用电梯、井字架、龙门架以及较高金属脚手架等高架设施，如果在相邻建筑物、构筑物的防雷装置保护范围以外，则应当按照规定设防雷装置，并时常进行检查。

(2) 防雷装置的构成及操作要求。施工现场的防雷装置一般由避雷针、接地线和接地体 3 部分组成。避雷针，装在高出建筑物的塔吊、人货电梯、钢脚手架等顶端。

10.2.2 夏季施工

炎热地区，夏季施工应有防暑降温措施，防止中暑。

防暑降温应采取的综合性措施有以下几种。

(1) 组织措施。合理安排作息时间，实行工间休息制度，早晚干活，延长中午休息时间等。

（2）技术措施。改进施工工艺，减少与热源接触的机会，并尽可能的疏散、隔离热源。

（3）通风降温措施。可采用自然通风、机械通风和遮盖，挡强阳光措施等。宿舍应保持通风、干燥。

（4）卫生保健措施。供给施工人员含盐饮水，来补充高温作业人员因大量出汗而流失的水分和盐分。生活办公设施要有专人管理，要求定期清扫、消毒，保持室内整齐清洁卫生。有防蚊蝇措施。还要及时发放必需的防暑降温品。

 案例分析

某一集酒店、办公、公寓、餐饮、娱乐、购物为一体的5A智能化综合建筑群位于城市繁华闹市区，总占地面积12790m²，建筑面积153000m²，工程结构为全现浇框架，剪力墙结构，局部为钢结构，由地下室、酒店、写字楼、公寓和裙房5部分组成。该项目土方施工阶段正值夏季。该市夏季经常有4级以上的大风，偶尔还有沙尘暴发生。为此承包商采取了积极的措施，如洒水降尘、覆盖坡面等，尽量减少对附近居民的不良影响。但是由于该项目规模庞大，土方施工期较长，仍不可避免的会出现扬尘现象，招致附近居民怨声不断。

【问题】如果你是现场管理人员，你将如何协调此事？

10.2.3 冬期施工

在我国北方及寒冷地区的冬期施工中，由于长时间的持续低温、大的温差、强风、降雪和冰冻，施工条件较其他季节艰难的多，加上在严寒环境中作业人员穿戴较多，手脚皆不灵活，对工程进度、工程质量和施工安全产生严重的不良影响，必须采取附加或特殊的措施组织施工，才能保证工程建设顺利进行。

根据当地多年气象资料统计，当室外日平均气温连续5天稳定低于5℃即进入冬期施工；当室外日平均气温连续5天高于5℃时解除冬期施工。

冬期施工与冬季施工是两个不同的概念，不要混淆。例如：在我国海拉尔、黑河等高纬度地区，每年有长达200多天需要采取冬期施工措施组织施工；而在我国南方许多低纬度地常年不存在冬期施工问题。

1. 编制冬期施工组织设计

冬期施工组织设计，一般在入冬前编审完毕。冬期施工组织设计，应包括下列几项内容。

（1）确定冬期施工的方法、工程进度计划、劳动力供应计划、材料供应计划、技术措施计划、能源供应计划等。

（2）冬期施工的总平面布置图（包括临建、交通、力能管线布置等）。

（3）防冻、防滑、防火等冬期施工安全措施。

（4）冬期施工制定各项安全技术经济指标和节能措施。

2. 组织好冬期施工安全教育和安全培训

（1）应根据冬期施工的特点，重新调整好机构设置和人员配备，并制定好岗位责任制，加强安全生产管理。

（2）主要应加强保温、测温、冬期施工技术检验机构、热源管理等机构，并充实相应的人员。

（3）安排气象预报人员，了解近期、中长期天气，防止寒流突袭。

（4）对测温人员、保温人员、能源工（锅炉和电热运行人员）、管理人员组织专门的技术业务培训，学习相关知识，明确岗位责任，经考核合格方可上岗。

3. 物资准备

物资准备的内容如下：外加剂、保温材料；测量温表计及工器具、劳保用品；现场管理和技术管理的表格、记录本；燃料及防冻油料；电热物资等。

4. 施工现场的准备

（1）场地要在土方冻结前平整完工，道路应畅通，并有防止路面结冰的具体措施。

（2）提前组织有关机具、外加剂、保温材料等实物进场。

（3）生产上水系统应采取防冻措施，并设专人管理，生产排水系统应畅通。

（4）搭设加热用的锅炉房、搅拌站，敷设管道，对锅炉房进行试压，对各种加热材料、设备进行检查，确保安全可靠；蒸汽管道应保温良好，保证管路系统不被冻坏。

（5）按照规划落实职工宿舍、办公室等临时设备的取暖措施。

5. 冬期施工的安全措施

（1）机械挖掘时应当采取措施注意行进和移动过程的防滑，在坡道和冰雪路面应当缓慢行驶，上坡时不得换挡，下坡时不地空挡滑行，冰雪路面行驶不得急刹车。发动机应当搞好防冻，防止水箱冻裂。在边坡附近使用、移动机械应注意边坡可承受的荷载，防止边坡坍塌。

（2）脚手架、马道要有防滑措施，及时清理积雪，外脚手架要经常检查加固。

（3）现场使用的锅炉、火炕等用焦炭时，应有通风条件，防止煤气中毒。

（4）防止亚硝酸钠中毒。亚硝酸钠是冬期施工常用的阻锈剂，人体摄入 10mg 亚硝酸钠，即可导致死亡。由于外观、味道、溶解性等许多特征与食盐极为相似，很容易误作为食盐食用，导致中毒事故。要采取措施，加强使用管理，以防误食。

（5）大雪、轨道电缆结冰和 6 级以上大风等恶劣天气，应当停止垂直运输作业，并将吊笼降到底层（或地面），切断电源。

（6）风雪过后作业，应当检查安全保险装置并先试吊，确认无异常方可作业。

（7）井字架、龙门架、塔机等缆风绳地锚应当埋置在冻土层以下，防止春季冻土融化，地锚锚入作用降低，地锚拔出，造成架堤倒塌事故。

6. 冬期施工的防火要求

冬期施工现场使用明火较多，管理不善容易发生火灾，必须加强用火管理。施工现场临时用火，要建立用火证制度，由工地负责人审批。用火证当日有效，用后收回。用火操作地点要有专人看管。看火人的主要职责有以下几个。

（1）注意清除火源附近的易燃、易爆物。

（2）不易清除时，可用水浇湿或用阻燃物覆盖。

（3）检查高层建筑物脚手架上的用火，焊接作业要有石棉防护，或用火盆接住火花。

（4）检查消防器材的配备和工作状态情况，落实保温防冻措施。

（5）检查木工棚、库房、喷漆车间、油漆配料车间等场所，不得用火炉取暖，周围15m内不得有明火作业。

（6）施工作业完毕后，对用火地点详细检查，确保无死灰复燃，方可撤离岗位。

7. 冬期消防器材的保温防冻

（1）室外消火栓。冬期施工工地，应尽量安装底下消火栓，在入冬前应进行一次试水，加少量润滑油，消火栓用草帘、锯末等覆盖，做好保温工作，以防冻结。冬天下雪时，应及时扫除消火栓上的积雪，以免雪化后将消火栓井盖冻住。高层临时消防水管应进行保温或将水放空，消防水泵内应考虑采暖措施，以免冻结。

（2）消防水池。入冬前，应做好消防水池保温工作，随时进行检查，发现冻结时应进行破冻处理。一般方法是在水池上盖上木板，木板上再盖上不小于 40～50cm 厚的稻草、锯末等。

（3）轻便消防器材。入冬前应将泡沫灭火器、清水灭火器等放入有采暖的地方，并套上保温套。

本 章 小 结

本章主要介绍了雷电常识与雷电防护；雨期、夏季、冬期施工安全技术等内容。要求了解雷电知识，做好雷雨天气的安全防护工作；熟悉夏季防暑降温的安全措施；熟悉冬期施工的安全技术措施。

思考与拓展题

1. 请问雷电是如何产生的？
2. 施工现场雷电防护的措施有哪些？
3. 雨期施工有哪些注意事项？
4. 结合你所实习的工地，请谈一下该工地夏季防暑降温的措施有哪些？
5. 冬期施工有哪些安全隐患？如何处理？

第11章

安全事故管理

课 程 内 容	知 识 要 点	教 学 目 标
施工安全事故应急救援	事故的概念，事故的分类，安全事故报告，安全事故处理，事故应急救援等	（1）掌握施工现场安全事故概念、分类、报告、安全事故救援处理知识包括触电急救措施 （2）熟悉安全事故管理、应急救援预案。了解工伤认定和事故统计等内容

▶▶章节导读

安全的对立面是事故。事故在这个世界上面目狰狞，大行其道，泛滥猖獗。厂矿企业、建筑工地、交通运输、机场码头、商场学校、家庭住宅等所有生产、生活场所，总能见到事故的魔影；矿难、空难、海难等灾难性的事件总是打碎世界的祥和宁静；建筑伤亡、交通肇事、环境污染、食品卫生、药品安全等长期困扰社会，总让世人一筹莫展。事故的背后是哭声，是血泪，是家庭的破碎，是企业的泥潭，是社会无法承受之重。事故的发生一天也没有停止过。据测算，全世界每年因事故死亡人数达 200 多万人，平均每 7 秒死 1 人，每分钟死 8 人，每小时死 500 多人，每天死 6000 多人。人们害怕疾病，害怕战争，但事故同样让我们心惊胆战，让我们失去健康，失去生命，失去财富，失去物质基础。事故是除战争、瘟疫以外的人类大敌。安全事故如同高悬头顶的达摩克利斯之剑，随时都有可能落下。不幸的是，我们每个人都会注意到它，但却无法预测它会不会落到自己的头上。在从猿到人的劳动中，事故陪伴着人类的童年。原始社会时，人类栖息山林，以狩猎为生，身陷虎口之类事故不断。生产劳动总是与伤亡相伴，人们在安全生产面前是那么的弱小、无力。我国在进入事故高发期后，政府、媒体、社会各界都在关注安全，各方力量共同交汇成一场安全运动。这场有别于唤醒安全意识、突出安全技术的安全运动，被企业界称作是"新安全运动"。"新安全运动"旨在倡导新的安全观：安全是企业经营管理中第一位的大事，安全生产管理部门是企业的第一部门；安全是人力资源、投资管理、运营流程等一切经营管理行为的否决标准；所有事故都可以通过管理预防；事故预防可以产生效益，安全是最大的财富，人的伤害是最大的损失；管理人员对于事故预防有直接责任，所有员工必须对自己的安全行为负责。

特别提示

"安全问题没有国界，它是全人类关注的焦点"。安全问题是人类社会和企业经营管理首先要考虑的问题，更排在我国党和政府工作的重要位置。胡锦涛总书记在 2006 年 3 月 27 日中共中央政治局第 30 次集体学习时指出："人的生命是最宝贵的，我国是社会主义国家，我们的发展不能以牺牲精神文明为代价，不能以牺牲生态环境为代价，更不能以牺牲人的生命为代价。""三个不能"铿锵有力，掷地有声。国务院总理温家宝于 2006 年 1 月 23 日在全国安全生产工作会议上强调，"我们的政府是人民的政府，我们所做的一切都要对人民负责。安全生产责任重于泰山。必须充分认识搞好安全生产的极端重要性，把这项工作摆在更加突出的位置。"

11.1 事故的概念

事故——是一种违背意志、失去控制，不希望有的意外事件。事故是指个人或集体在为了实现某一意图而采取行动的过程中，突然发生了与人的意志相反的情况，迫使这种行动暂时或永久停止下来的事件。

事故隐患——未被事先识别或未采取必要的风险控制措施，可能直接或间接导致事故的根源。作业场所、设备及设施的不安全状态，人的不安全行为和管理上的缺陷，是引发安全事故的直接原因。

1. 事故的特征

（1）危险性。任何事故都会一定程度上给个人、集体和社会带来身体、经济和社会效益方面的损失和危害，威胁企业的生存和影响社会的安定。

（2）意外性。从主观愿望来说，人们都不愿意发生事故，而事故往往发生在人们意想不到的地点和时刻。

（3）紧急性。不少事故从发生到结束的速度很快，允许组织和个人作出反应的时间很短，这就要求人们平时要研究、了解预防对策和紧急对策，届时作出正确的决策，尽量降低事故的损失。

2. 事故发展 4 阶段

（1）事故的孕育阶段。由事故基础原因所致，如社会历史原因、技术教育原因、设备在设计和制造过程中存在缺陷，使其先天潜伏着危险性，潜在危险不一定成为事故，它需要诱发因素。根据事故特点，这一阶段是消灭事故的最好时机，可以将事故消灭在萌芽状态之中。

（2）事故的成长阶段。由于人的不安全行为或物的不安全状态，再加上管理的失误或缺陷，促使事故隐患的增长，系统危险性增大，是事故发生的前提条件，这一阶段事故危险性已有征兆，一旦被激发因素作用，将会发生事故。

（3）事故的爆发阶段：这一阶段必然会对人或物造成伤害或损失，事故发生已不可挽回，具有意外性和紧急性的特点，事故损失跟偶然因素有关。

（4）事故的持续阶段：事故造成后果仍然存在的阶段，持续时间越长，所造成的危害就越大，要消除后果，需要花费较大的力量。

3．事故构成要素分析

（1）人要素。人在生产过程忽视和违反安全规程、误操作等不安全行为。

（2）物要素。设备、仪器、工具、原料、燃料等生产资料不安全状态。

（3）环境要素。自然环境、生产环境和社会环境对人的精神、情绪和生理状况的影响，从而导致人的不安全行为和物的不安全状态。

（4）管理要素。由于管理上的缺陷或失误，可导致技术设计缺陷、对操作者不良教育、劳动组织不合理、缺乏现场的合理指挥、没有严格有效执行安全标准和规范等。

4．事故 1∶29∶300 法则

美国安全工程师海因里希调查和分析了 550000 多起工业事故，发现其中：死亡和重伤事故 1666 起，轻伤事故 48334 起，无伤害事故 500000 起，即构成 1∶29∶300 的事故发生频率与伤害严重度的重要法则。也就是说，在同一个人身上发生了 330 起同种事故，只有 1 起造成严重伤害，29 起造成轻微伤害，300 起无造成伤害。此法则表明了事故发生频率与伤害严重度之间的普遍规律，即严重伤害的情况是很少的，而轻微伤害及无伤害的情况是大量的，人在受到伤害以前，曾发生过多次同样危险但并不发生事故，事故仅是偶然事件，它有多次隐患为前提，事故发生后伤害的严重度有随机性，一旦发生事故，控制事故的结果和严重度是十分困难的。对于不同事故而言，其无伤害、轻伤、重伤比率并不相同。为了防止事故，必须防止的不安全行为和物的不安全状态，并且必须对所有事故（包括未遂）予以收集和研究，采取相应安全措施进行防范。

11.2 事故的分类

1．按照事故造成的人员伤亡或者直接经济损失分类

根据《生产安全事故报告和调查处理条例》规定，按照事故造成的人员伤亡或者直接经济损失将安全事故分为 4 个等级。

（1）特别重大事故，是指造成 30 人以上死亡，或者 100 人以上重伤（包括急性工业中毒，下同），或者 1 亿元以上直接经济损失的事故。

（2）重大事故，是指造成 10 人以上 30 人以下死亡，或者 50 人以上 100 人以下重伤，或者 5000 万元以上 1 亿元以下直接经济损失的事故。

（3）较大事故，是指造成 3 人以上 10 人以下死亡，或者 10 人以上 50 人以下重伤，或者 1000 万元以上 5000 万元以下直接经济损失的事故。

（4）一般事故，是指造成 3 人以下死亡，或者 10 人以下重伤，或者 1000 万元以下直接经济损失的事故。

上述所称的"以上"包括本数，所称的"以下"不包括本数。

2．按照事故发生的原因分类

按照我国《企业伤亡事故分类》（GB 6441—1986）的标准规定，职业伤害事故分为 20 类，其中与建筑业有关的有以下 12 类。

（1）物体打击。指落物、滚石、锤击、碎裂、崩块、砸伤等造成的人身伤害，不包括因爆炸而引起的物体打击。

（2）车辆伤害。指被车辆挤、压、撞和车辆倾覆等造成的人身伤害。

（3）机械伤害。指被机械设备或工具绞、碾、碰、割、戳等造成的人身伤害，不包括车辆、起重设备引起的伤害。

（4）起重伤害。指从事各种起重作业时发生的机械伤害事故，不包括上下驾驶室时发生的坠落伤害，起重设备引起的触电及检修时制动失灵造成的伤害。

（5）触电。由于电流经过人体导致的生理伤害，包括雷击伤害。

（6）灼烫。指火焰引起的烧伤、高温物体引起的烫伤、强酸或强碱引起的灼伤、放射线引起的皮肤损伤，不包括电烧伤及火灾事故引起的烧伤。

（7）火灾。在火灾时造成的人体烧伤、窒息、中毒等。

（8）高处坠落。由于危险势能差引起的伤害，包括从架子、屋架上坠落以及平地坠入坑内等

（9）坍塌。指建筑物、堆置物倒塌以及土石塌方等引起的事故伤害。

（10）火药爆炸。指在火药的生产、运输、储藏过程中发生的爆炸事故。

（11）中毒和窒息。指煤气、油气、沥青、化学、一氧化碳中毒等。

（12）其他伤害。包括扭伤、跌伤、冻伤、野兽咬伤等。

在建筑施工中发生的安全事故的类型很多，常见建筑施工安全事故类型见表11-1。

表11-1　常见建筑施工安全事故类型

序次	类型	部分常见形式
1	物体打击	空中落物、崩块和滚动物体的砸伤
2		触及固定或运动中的硬物、反弹物的碰伤、撞伤
3		器具、硬物的击伤
4		碎屑、破片的飞溅伤害
5	高处坠落	从脚手架或垂直运输设施坠落
6		从洞口、楼梯口、电梯口、天井口和坑口坠落
7		从楼面、屋顶、高台边缘坠落
8		从施工安装中的工程结构上坠落
9		从机械设备上坠落
10		其他因滑跌、踩空、拖带、碰撞、翘翻、失衡等引起的坠落
11	机械伤害	机械转动部分的绞入、碾压和拖带伤害
12		机械工作部分的钻、刨、削、锯、击、撞、挤、砸、轧等的伤害
13		滑入、误入机械容器和运转部分的伤害
14		机械部件的飞出伤害
15		机械失稳和倾翻事故的伤害
16		其他因机械安全保护设施欠缺、失灵和违章操作所引起的伤害

序次	类型	部分常见形式
17	起重伤害	起重机械设备的折臂、断绳、失稳、倾翻事故的伤害
18		吊物失衡、脱钩、倾翻、变形和折断事故的伤害
19		操作失控、违章操作和载人事故的伤害
20		加固、翻身、支承、临时固定等措施不当事故的伤害
21		其他起重作业中出现的砸、碰、撞、挤、压、拖作用伤害
22	触电	起重机械臂杆或其他导电物体搭碰高压线事故伤害
23		带电电线(缆)断头、破口的触电伤害
24		挖掘作业损坏埋地电缆的触电伤害
25		电动设备漏电伤害
26		雷击伤害
27		拖带电线机具电线绞断、破皮伤害
28		电闸箱、控制箱漏电和误触伤害
29		强力自然因素致断电线伤害
30	坍塌	沟壁、坑壁、边坡、洞室等的土石方坍塌
31		因基础掏空、沉降、滑移或地基不牢等引起其上墙体和建(构)筑物的坍塌
32		施工中的建(构)筑物的坍塌
33		施工临时设施的坍塌
34		堆置物的坍塌
35		脚手架、井架、支撑架的倾倒和坍塌
36		强力自然因素引起的坍塌
37		支承物不牢引起其上物体的坍塌
38	火灾	电器和电线着火引起的火灾
39		违章用火和乱扔烟头引起的火灾
40		电、气焊作业时引燃易燃物
41		爆炸引起的火灾
42		雷击引起的火灾
43		自然和其他因素引起的火灾
44	爆炸	工程爆破措施不当引起的爆破伤害
45		雷管、火药和其他易燃爆炸物资保管不当引起的爆炸事故
46		施工中电火花和其他明火引燃易燃物
47		瞎炮处理中的伤害事故
48		在生产中的工厂施工中出现的爆炸事故
49		高压作业中的爆炸事故
50		乙炔罐回火爆炸伤害

序次	类型	部分常见形式
51		一氧化碳中毒、窒息
52		亚硝酸钠中毒
53	中毒和窒息	沥青中毒
54		空气不流通场所施工中毒窒息
55		炎夏和高温场所作业中暑
56		其他化学品中毒
57		钉子扎脚和其他扎伤、刺伤
58		拉伤、扭伤、跌伤、碰伤
59		烫伤、灼伤、冻伤、干裂伤害
60		溺水和涉水作业伤害
61	其他伤害	高压(水、气)作业伤害
62		从事身体机能不适宜作业的伤害
63		在恶劣环境下从事不适宜作业的伤害
64		疲劳作业和其他自持力变弱情况下进行作业的伤害
65		其他意外事故伤害

从最近几年的事故统计来看，排在前 3 位的建筑工程施工现场职工伤亡事故类型有：高处坠落、坍塌事故和物体打击，值得引起高度重视。

 案例分析

某建筑物为 5A 智能型写字楼，总建筑面积 71678m²，框筒结构箱形基础，基坑深约 13m。5 名建筑工人在做地下防水时，由于通风不良，导致作业面苯和汽油浓度急剧增高而发生中毒。较重的出现意识模糊、呼吸困难，呈现出明显的躁动不安，经紧急抢救后，逐渐恢复健康。

【问题】本次事故是由于中毒引起的安全事故，那么《企业职工伤亡事故分类》中所划分的其中建筑业有关 12 类事故是哪些？

11.3　安全事故报告

《生产安全事故报告和调查处理条例》已于 2007 年 3 月 28 日国务院第 172 次常务会议通过并予公布，自 2007 年 6 月 1 日起施行。该条例是为了规范生产安全事故的报告和调查处理，落实生产安全事故责任追究制度，防止和减少生产安全事故的发生而制定的。该条例中明确了生产安全事故报告的对象、内容和要求。

事故报告应当及时、准确、完整，任何单位和个人对事故不得迟报、漏报、谎报或者瞒报。

事故发生后，事故现场有关人员应当立即向本单位负责人报告；单位负责人接到报告后，应当于 1h 内向事故发生地县级以上人民政府安全生产监督管理部门和负有安全生产监督管理职责的有关部门报告。情况紧急时，事故现场有关人员可以直接向事故发生地县级以上人民政府安全生产监督管理部门和负有安全生产监督管理职责的有关部门报告。安全生产监督管理部门和负有安全生产监督管理职责的有关部门接到事故报告后，应当依照下列规定上报事故情况，并通知公安机关、劳动保障行政部门、工会和人民检察院。

（1）特别重大事故、重大事故逐级上报至国务院安全生产监督管理部门和负有安全生产监督管理职责的有关部门。

（2）较大事故逐级上报至省、自治区、直辖市人民政府安全生产监督管理部门和负有安全生产监督管理职责的有关部门。

（3）一般事故上报至社区的市级人民政府安全生产监督管理部门和负有安全生产监督管理职责的有关部门。

安全生产监督管理部门和负有安全生产监督管理职责的有关部门依照前款规定上报事故情况，应当同时报告本级人民政府。国务院安全生产监督管理部门和负有安全生产监督管理职责的有关部门以及省级人民政府接到发生特别重大事故、重大事故的报告后，应当立即报告国务院。必要时，安全生产监督管理部门和负有安全生产监督管理职责的有关部门可以越级上报事故情况。

安全生产监督管理部门和负有安全生产监督管理职责的有关部门逐级上报事故情况，每级上报的时间不得超过 2h。

报告事故应当包括下列内容。

（1）事故的时间、地点和工程项目有关单位名称。

（2）事故的简要经过。

（3）事故已经造成或者可能造成的伤亡人数（包括下落不明的人数）和初步估计的直接经济损失。

（4）事故的初步原因。

（5）事故发生后采取的措施及事故控制情况。

（6）事故报告单位或报告人员。

事故报告后出现新情况的，应当及时补报。自事故发生之日起 30 日内，事故造成的伤亡人数发生变化的，应当及时补报。道路交通事故、火灾事故自发生之日起 7 日内，事故造成的伤亡人数发生变化的，应当及时补报。

建筑施工企业应建立生产安全事故档案，事故档案应包括以下内容。

（1）企业职工伤亡事故月报表。

（2）企业职工伤亡事故年统计表。

（3）生产安全事故快报表。

（4）事故调查情况报告、对事故责任者的处理决定、伤残鉴定、政府的事故处理批复资料及相关影像资料。

（5）其他有关的资料。

特别提示

根据《建筑施工企业安全生产管理规范》(GB 50656—2011)的规定，14.0.1建筑施工企业生产安全事故管理应包括记录、统计、报告、调查、处理、分析改进等工作内容。14.0.2生产安全事故发生后，建筑施工企业应按照有关规定及时、如实上报，实行施工总承包的，应由总承包企业负责上报。

11.4 安全事故处理

事故调查处理应当坚持实事求是、尊重科学的原则，及时、准确地查清事故经过、事故原因和事故损失，查明事故性质，认定事故责任，总结事故教训，提出整改措施，并对事故责任者依法追究责任。县级以上人民政府应当严格履行职责，及时、准确地完成事故调查处理工作。事故发生地有关地方人民政府应当支持、配合上级人民政府或者有关部门的事故调查处理工作，并提供必要的便利条件。参加事故调查处理的部门和单位应当互相配合，提高事故调查处理工作的效率。工会依法参加事故调查处理，有权向有关部门提出处理意见。任何单位和个人不得阻挠和干涉对事故的报告和依法调查处理。对事故报告和调查处理中的违法行为，任何单位和个人有权向安全生产监督管理部门、监察机关或者其他有关部门举报，接到举报的部门应当依法及时处理。

1. 安全事故处理的原则

"四不放过"原则：指在调查处理工伤事故时，必须坚持事故原因分析不清不放过，安全防范措施未落实不放过，责任人和相关人员未受到教育不放过，责任人未追究责任不放过。要求事故发生后，必须查明原因，分清责任，教育群众，采取对策，处理责任人，防止同类事故的再次发生。

2. 安全事故处理程序

(1) 报告安全事故。

(2) 迅速抢救伤员并保护好事故现场。

(3) 组织调查组。

(4) 现场勘察。

(5) 分析事故原因，明确责任者。

(6) 制定预防措施。

(7) 提出处理意见，写出调查报告。

(8) 事故的审定和结案。

(9) 事故登记记录。

 案例分析

某商厦建筑面积18800m²，钢筋混凝土框架结构，地上5层，地下2层，由市建筑设计院设计，江东区建筑工程公司施工。2011年4月8日开工。在主体结构施工到地上2层时，柱混凝土施工完毕，为使楼梯能跟上主体施工进度，施工单位在地下室楼梯未施工的情况下直接支模施工第一层楼梯混凝土。支模方法是：在±0.000m处的地下室楼梯间侧壁混凝土墙板上放置4块预应力混凝土空心楼板，在楼梯上面进行一楼楼梯支模。另外在地下室楼梯间采取分层支模的方法对上述4块预制楼板进行支撑。-1层的支撑柱直接顶在预制楼板下面。7月30日中午开始浇筑一层楼梯混凝土，当混凝土浇筑即将完工时，楼梯整体突然坍塌，致使7名现场施工人员坠落并被砸入地下室楼梯间内。造成4人死亡，3人轻伤，直接经济损失110.5万元的安全事故。经事后调查发现，第一层楼梯混凝土浇筑的技术交底和安全交底均为施工单位为逃避责任而后补。

【问题】(1)本工程这起安全事故可定为哪种等级的重大事故？依据是什么？

(2)伤亡事故处理的程序是什么？

1)事故调查

特别重大事故由国务院或者国务院授权有关部门组织事故调查组进行调查。重大事故、较大事故、一般事故分别由事故发生地省级人民政府、社区的市级人民政府、县级人民政府负责调查。省级人民政府、社区的市级人民政府、县级人民政府可以直接组织事故调查组进行调查，也可以授权或者委托有关部门组织事故调查组进行调查。未造成人员伤亡的一般事故，县级人民政府也可以委托事故发生单位组织事故调查组进行调查。上级人民政府认为必要时，可以调查由下级人民政府负责调查的事故。自事故发生之日起30日内(道路交通事故、火灾事故自发生之日起7日内)，因事故伤亡人数变化导致事故等级发生变化，依照《生产安全事故报告和调查处理条例》规定应当由上级人民政府负责调查的，上级人民政府可以另行组织事故调查组进行调查。特别重大事故以下等级事故，事故发生地与事故发生单位不在同一个县级以上行政区域的，由事故发生地人民政府负责调查，事故发生单位所在地人民政府应当派人参加。

事故调查组的组成应当遵循精简、效能的原则。根据事故的具体情况，事故调查组由有关人民政府、安全生产监督管理部门、负有安全生产监督管理职责的有关部门、监察机关、公安机关以及工会派人组成，并应当邀请人民检察院派人参加。事故调查组可以聘请有关专家参与调查。事故调查组成员应当具有事故调查所需要的知识和专长，并与所调查的事故没有直接利害关系。事故调查组组长由负责事故调查的人民政府指定。事故调查组组长主持事故调查组的工作。事故调查组履行下列职责。

(1)查明事故发生的经过、原因、人员伤亡情况及直接经济损失。

(2)认定事故的性质和事故责任。

(3)提出对事故责任者的处理建议。

(4)总结事故教训，提出防范和整改措施。

(5)提交事故调查报告。

事故调查组有权向有关单位和个人了解与事故有关的情况，并要求其提供相关文件、资料，有关单位和个人不得拒绝。事故发生单位的负责人和有关人员在事故调查期间不得擅离职守，并应当随时接受事故调查组的询问，如实提供有关情况。事故调查中需要进行技术鉴定的，事故调查组应当委托具有国家规定资质的单位进行技术鉴定。必要时，事故调查组可以直接组织专家进行技术鉴定。技术鉴定所需时间不计入事故调查期限。

事故调查组应当自事故发生之日起60日内提交事故调查报告。特殊情况下，经负责事故调查的人民政府批准，提交事故调查报告的期限可以适当延长，但延长的期限最长不超过60日。事故调查报告应当包括下列内容。

(1)事故发生单位概况。

（2）事故发生经过和事故救援情况。

（3）事故造成的人员伤亡和直接经济损失。

（4）事故发生的原因和事故性质。

（5）事故责任的认定以及对事故责任者的处理建议。

（6）事故防范和整改措施。

2）事故处理规定

事故调查组提出的事故处理意见和防范措施建议，由发生事故的企业及其主管部门负责处理。

因忽视安全生产、违章指挥、违章作业、玩忽职守或者发现事故隐患、危害情况而不采取有效措施以致造成伤亡事故的，由企业主管部门或者企业按照国家有关规定，对企业负责人和直接责任人员给予行政处分，构成犯罪的，由司法机关依法追究刑事责任。

在伤亡事故发生后隐瞒不报、谎报、故意迟延不报、故意破坏事故现场，或者以不正当理由，拒绝接受调查以及拒绝提供有关情况和资料的，由有关部门按照国家有关规定，对有关单位负责人和直接责任人员给予行政处分，构成犯罪的，由司法机关依法追究刑事责任。

伤亡事故处理工作应当在 90 日内结案，特殊情况不得超 180 日。伤亡事故处理结案后，应当公开宣布处理结果。

3）工伤是指职工因工作或在工作时间、工作地点发生意外事故而造成的伤害。工伤社会保险是指工厂员工因工负伤、急性中毒、致残、死亡时，其本人及其供养直系亲属从国家和社会获得一定的物质帮助（经济补偿）的一种社会保险制度。

（1）职工有下列情形之一的，应当认定为工伤。

① 在工作时间和工作场所内，因工作原因受到事故伤害的。

② 工作时间前后在工作场所内，从事与工作有关的预备性或者收尾性工作受到事故伤害的。

③ 在工作时间和工作场所内，因履行工作职责受到暴力等意外伤害的。

④ 患职业病的。

⑤ 因工外出期间，由于工作原因受到伤害或者发生事故下落不明的。

⑥ 在上下班途中，受到非本人主要责任的交通事故或者城市轨道交通、客运轮渡、火车事故伤害的。

⑦ 法律、行政法规规定应当认定为工伤的其他情形。

（2）职工有下列情形之一的，视同工伤。

① 在工作时间和工作岗位，突发疾病死亡或者在 48h 之内经抢救无效死亡的。

② 在抢险救灾等维护国家利益、公共利益活动中受到伤害的。

③ 职工原在军队服役，因战、因公负伤致残，已取得革命伤残军人证，到用人单位后旧伤复发的。

职工有前款第①项、第②项情形的，按照本条例的有关规定享受工伤保险待遇；职工有前款第③项情形的，按照本条例的有关规定享受除一次性伤残补助金以外的工伤保险待遇。

特别提示

初步认定事件的性质十分重要，一旦认定确系因工伤亡事故，事故单位就应根据国家和本地区的有关规定进行调查处理。如2011年××公司一宿舍楼，施工人员最后按甲方要求清洗地面和暖气管线上的污物时，一民工在清理完3楼时，返回4层推开窗户跳楼而亡。经检察部门清理遗物时发现一本日记，上面清楚地写着："我对不起父母和生病的爱人，上帝在向我招手……"。公安部门经过反复验证，确认为"自杀刑事案件"。因此认定事件的性质十分重要，如已查清因工伤亡事故的原因，还要分析每条原因应由谁负责。按常规可分为：直接责任、主要责任、重要责任、领导责任。并根据具体内容将责任落实到人头上。

直接责任者，指在事故发生中有因果关系的人。如安装电器线路，电工把零线与火线接反，造成他人触电身亡，则电工便是直接责任者。

主要责任者，是在事故发生中属于主要地位和起主要作用的人。如某工地一工人违章从外脚手架爬下时，立体封闭的安全网系绳脱扣，将其摔下致伤，因此绑扎此处安全网的架子工便自然成了主要责任者。

领导责任者，是指忽视安全生产，管理混乱，规章制度不健全，违章指挥，冒险蛮干，对工人不认真进行安全教育，不认真消除事故隐患；出现事故以后仍不采取有力措施，致使同类事故重复发生的单位领导。如某工地领导只重视进度，强行让工人加班加点，工人随意拆除防护设施而视而不见，造成事故，工地的主要领导和主管安全生产的领导均为领导责任者。

（3）有下列情形之一的，不得认定为工伤或者视同工伤。

① 故意犯罪的。

② 醉酒或者吸毒的。

③ 自残或者自杀的。

4）安全事故统计规定

企业职工伤亡事故统计实行地区考核为主的制度。各级隶属关系的企业和企业主管单位要按当地安全生产行政主管部门规定的时间报送报表。

安全生产行政主管部门对各部门的企业职工伤亡事故情况实行分级考核。企业报送主管部门的数字要与报送当地安全生产行政主管部门的数字一致，各级主管部门应如实向同级安全生产行政主管部门报送。

省级安全生产行政主管部门和国务院各有关部门及计划单列的企业集团的职工伤亡事故统计月报表、年报表应按时报到国家安全生产行政主管部门。

11.5 事故应急救援

1. 事故应急救援的基本任务

事故应急救援的总目标是通过有效的应急救援行动，尽可能地降低事故的后果，包括人员伤亡、财产损失和环境破坏等。事故应急救援的基本任务包括下述几个方面。

（1）立即组织营救受害人员，组织撤离或者采取其他措施保护危害区域内的其他人员。

（2）迅速控制事态，并对事故造成的危害进行检测、监测，测定事故的危害区域、危害性质及危害程度。及时控制住造成事故的危险源是应急救援工作的重要任务。

（3）消除危害后果，做好现场恢复。

（4）查清事故原因，评估危害程度。

2．事故应急救援的特点

应急工作涉及技术事故、自然灾害（引发）、城市生命线、重大工程、公共活动场所、公共交通、公共卫生和人为突发事件等多个公共安全领域，构成一个复杂巨系统，具有不确定性、突发性、复杂性和后果、影响易猝变、激化、放大的特点。

3．事故应急救援管理过程

尽管重大事故的发生具有突发性和偶然性，但重大事故的应急管理不只限于事故发生后的应急救援行动。应急管理是对重大事故的全过程管理，贯穿于事故发生前、中、后的各个过程，充分体现了"预防为主，常备不懈"的应急思想。应急管理是一个动态的过程，包括预防、准备、响应和恢复4个阶段。尽管在实际情况中这些阶段往往是交叉的，但每一阶段都有自己明确的目标，而且每一阶段又是构筑在前一阶段的基础之上，因而预防、准备、响应和恢复的相互关联，构成了重大事故应急管理的循环过程，如图11.1所示。

图 11.1　重大事故应急管理的循环过程

1）预防

在应急管理中预防有两层含义，一是事故的预防工作，即通过安全管理和安全技术等手段，尽可能地防止事故的发生，实现本质安全；二是在假定事故必然发生的前提下，通过预先采取的预防措施，达到降低或减缓事故的影响或后果的严重程度，如加大建筑物的安全距离、工厂选址的安全规划、减少危险物品的存量、设置防护墙以及开展公众教育等。从长远看，低成本、高效率的预防措施是减少事故损失的关键。

2）准备

应急准备是应急管理过程中一个极其关键的过程。它是针对可能发生的事故，为迅速有效地开展应急行动而预先所做的各种准备，包括应急体系的建立、有关部门和人员职责的落实、预案的编制、应急队伍的建设、应急设备（施）与物资的准备和维护、预案的演练、与外部应急力量的衔接等，其目标是保持重大事故应急救援所需的应急能力。

3）响应

应急响应是在事故发生后立即采取的应急与救援行动，包括事故的报警与通报、人员的紧急疏散、急救与医疗、消防和工程抢险措施、信息收集与应急决策和外部求援等。其目标是尽可能地抢救受害人员，保护可能受威胁的人群，尽可能控制并消除事故。

4）恢复

恢复工作应在事故发生后立即进行。首先应使事故影响区域恢复到相对安全的基本状态，然后逐步恢复到正常状态。要求立即进行的恢复工作包括事故损失评估、原因调查、清理废墟等。在短期恢复工作中，应注意避免出现新的紧急情况。长期恢复包括厂区重建和受影响区域的重新规划和发展。在长期恢复工作中，应汲取事故和应急救援的经验教训，开展进一步的预防工作和减灾行动。

4. 建筑施工企业应急救援管理

建筑施工企业的应急救援管理应包括建立组织机构，预案编制、审批、演练、评价、完善和应急救援响应工作程序及记录等内容。

建筑施工企业应建立应急救援组织机构，明确领导小组，设立专家库，组建救援队伍，并进行日常管理。

建筑施工企业应建立应急物资保障体系，明确应急设备和器材储存、配备的场所、数量，并定期对应急设备和器材进行检查、维护、保养。

建筑施工企业应根据施工管理和环境特征，组织各管理层制定应急救援预案，内容应包括：①紧急情况、事故类型及特征分析；②应急救援组织机构与人员职责分工；③应急救援设备和器材的调用程序；④与企业内部相关职能部门和外部政府、消防、救险、医疗等相关单位与部门的信息报告、联系方法；⑤抢险急救的组织、现场保护、人员撤离及疏散等活动的具体安排。

建筑施工企业各管理层应针对应急救援预案，开展下列工作：①对全体从业人员进行针对性的培训和交底；②定期组织组织专项应急演练；③接到相关报告后，及时启动预案。

建筑施工企业应根据应急救援预案演练、实战的结果，对事故应急预案的适宜性和可操作性组织评价，必要时进行修改和完善。

5. 事故应急预案

事故应急救援是指在发生事故时，采取有效地消除、减少事故危害和防止事故扩大，最大限度降低事故损失的措施。事故应急预案在应急系统中起着关键作用，它明确了在突发事故发生之前、发生过程中以及刚刚结束之后，谁负责做什么、何时做，以及相应的策略和资源准备等。它是针对可能发生的重大事故及其影响和后果的严重程度，为应急准备和应急响应的各个方面所预先做出的详细安排，是开展及时、有序和有效事故应急救援工作的行动指南。

1）事故应急预案在应急救援中的重要作用

（1）应急预案明确了应急救援的范围和体系，使应急准备和应急管理不再是无据可依、无章可循，尤其是培训和演习工作的开展。

（2）制订应急预案有利于做出及时的应急响应，降低事故的危害程度。

（3）事故应急预案成为各类突发重大事故的应急基础。通过编制基本应急预案，可保证应急预案足够灵活，对那些事先无法预料到的突发事件或事故，也可以起到基本的应急指导作用，成为开展应急救援的"底线"。在此基础上，可以针对特定危害编制专项应急预案，有针对性地制定应急措施，进行专项应急准备和演习。

（4）当发生超过应急能力的重大事故时，便于与上级应急部门的协调。

（5）有利于提高风险防范意识。

事故应急救援预案（又称应急预案、应急方案）是根据预测危险源，并分析危险源可能发生事故的类别、危害程度等内容，而事先制定具有针对性的应急救援措施，一旦事故发生时，能够采取及时、有效、有序的应急救援行动。它是安全管理体系的重要组成部分，也是建筑工程安全管理的重要文件。

事故应急救援预案有 3 个方面的含义：一是预防事故，通过危险辨识、事故后果分析，采用技术和管理手段降低事故发生的可能性，且使可能发生的事故控制在局部，防止事故蔓延；二是应急处理，当事故(或故障)一旦发生，有应急处理的程序和方法，能快速反应处理故障或将事故消除在萌芽状态；三是抢险救援，采用预定的现场抢险和抢救的方式，控制或减少事故造成的损失。

建筑施工企业建立应急救援预案是我国构建安全生产的"六个支撑体系"之一(其余 5 个分别是：法律法规、信息、技术保障、宣传教育、培训)，具有强制性，它是减少因事故造成的人员伤亡和财产损失的重要措施，也是由建筑工程事故(突发事件)的突发性和复杂性所决定的必要安全管理制度。

按照《安全生产法》和《安全生产违法行为处罚办法》的规定，生产经营单位的主要负责人未组织制定并实施本单位生产安全事故应急救援预案的，责令限期改正，逾期未改正的，责令生产经营单位停产停业整顿；未按照规定如实向从业人员告知作业场所和工作岗位存在的危险因素、防范措施以及事故应急措施的，责令限期改正，逾期未改正的，责令停产停业整顿，可以并处 2 万元以下的罚款；危险物品的生产、经营、储存单位以及矿山企业、建筑施工单位未建立应急救援组织的，未配备必要的应急救援器材、设备，并未进行经常性维护、保养，保证正常运转的，责令改正，可以并处 1 万元以下的罚款。

特别提示

有一道推理题，叫"荷花塘之谜"：如果池塘中有一朵荷花，每天的面积扩大 1 倍，30 天后就会占满整个池塘。那么，第 28 天的时候，荷塘里会有多大面积的荷花？解这道推理题，需要一点数学知识。"荷花塘之谜"的"第 28 天的荷塘"现象说明了因果之间的一种时滞关系——原因和结果之间的时间延迟。如果不加以制止，从 1 到 2、从 2 到 4 的倍增，就有如只要池塘里有 1 朵荷花，就意味着一定会有荷花占满荷塘的一天。其实，第 28 天的 1/4 面积荷花，是前 28 天累积的结果。安全生产问题就是长期积累的结果。

2) 应急预案的分级

除生产经营单位应当制定应急救援预案外，《安全生产法》规定县级以上地方各级人民政府应当组织有关部门制定本行政区域内特大生产安全事故应急救援预案，建立应急救援体系。根据应急救援预案的权力机构不同，应急救援预案分为 5 个级别。

(1) Ⅰ级(企业级)。事故的有害影响仅局限于某个生产经营单位的厂界内，并且可被现场的操作者遏制和控制在该区域内。这类事故可能需要投入整个单位的力量来控制，但预期其影响不会扩大到社区(公共区)。

(2) Ⅱ级(县、市级)。事故的影响可能扩大到公共区，但可被该县(市、区)的力量，加上所涉及的生产经营单位的力量所控制。

(3) Ⅲ级(市、地级)。事故影响范围大，后果严重，或是发生在两个县或县级市管辖区边界上的事故，应急救援需动用地区力量。

(4) Ⅳ级(省级)。对可能发生的特大火灾、爆炸、毒物泄漏等事故，特大矿山事故以及属省级特大事故隐患、重大危险源的设施或场所，应建立省级事故应急预案。它可能是一种规模较大的灾难事故，或是一种需要用事故发生地的城市或地区所没有的特殊技术和设备进行处理的特殊事故。这类意外事故需用全省范围内的力量来控制。

(5) Ⅴ级(国家级)。事故后果超过省、直辖市、自治区边界，以及列为国家级事故隐患、重大危险源的设施或场所，应制定国家级应急预案。

3）应急救援预案的编制

（1）应急救援预案编制的宗旨有以下两个。

①采取有效的预防措施，把事故控制在局部，消除蔓延条件，防止突发性、重大或连锁事故的发生；

②能在事故发生后迅速有效地控制和处理事故，尽力减轻事故对人、财产和环境造成的影响。

（2）应急救援预案编制的原则

① 目的性原则。制定的应急救援预案必须明确编制的目的，并具有针对性，不能局限于形式。

② 科学性原则。制定应急救援预案应当在全面调查研究的基础上，进行科学的分析和论证，制定出统一、完整、严密、迅速的应急救援方案，使预案具有科学性。

③ 实用性原则。制定的应急救援预案必须讲究实效。应急救援预案应符合企业、施工现场和环境的实际情况，具有实用性和可行性。

④ 权威性原则。救援工作是一项紧急状态下的应急性工作，所制定的应急救援预案应明确救援工作的管理体系，明确救援行动的组织指挥权限和各级救援组织的职责和任务等一系列的行政性管理规定。应急预案一旦启动，各相关部门和人员必须服从指挥，协调配合，迅速投入应急救援之中。

⑤ 从重、从大的原则。制定的事故应急救援预案要从本单位可能发生的最高级别或重大的事故考虑，不能避重就轻、避大就小。

⑥ 分级的原则。事故应急救援预案必须分级制定，分级管理和实施。

（3）应急救援预案的编制内容，以下仅以建筑施工企业为例，事故应急救援预案编写应包括以下主要内容。

① 编制目的及原则。

② 危险性分析（包括工程项目概况和危险源情况等内容）。

③ 应急救援组织机构与职责（包括应急救援领导小组与职责和应急救援下设机构及职责等内容）。

④ 预防与预警（预防应包括土方坍塌、高处坠落、触电、机械伤害、物体打击、火灾、爆炸等事故的预防措施，预警应包括事故发生后的信息报告程序等内容）。

⑤ 应急响应（包括坍塌事故应急处置、大型脚手架及高处坠落事故应急处置、触电事故应急处置、电焊伤害事故应急处置、车辆火灾事故应急处置、重大交通事故应急处置、火灾和爆炸事故应急处置、机械伤害事故应急处置等内容）。

⑥ 应急物资及装备（包括应急救援所需的物资、资金和技术等）。

⑦ 预案管理（包括培训及演练等）。

⑧ 预案修订与完善。

⑨ 相关附件。

（4）应急救援预案编制的程序。

① 编制组织。根据《安全生产法》第17条规定："生产经营单位的主要负责人具有组织制定并实施本单位的生产事故应急救援预案的职责"。具体到建筑施工项目上，项目

经理应是应急救援预案编制的责任人，项目技术负责人、施工员、安全员、质检员等技术管理人员应当参与编制工作。

② 编制程序。

a. 成立应急救援预案编制小组并进行分工，拟订编制方案，明确职责。

b. 根据需要收集相关资料，包括施工区域的气象、地理、水文、环境、人口、危险源分布情况、社会公用设施和应急救援力量现状等资料。

c. 进行危险辨识与风险评价。

d. 对应急资源进行评估（包括软件、硬件）。

e. 确定指挥机构和人员及其职责。

f. 编制应急救援预案。

g. 对应急救援预案进行评估。

h. 修订完善，形成应急救援预案的文件体系。

i. 按规定将预案上报有关部门和相关单位审核批准。

j. 对应急救援预案进行修订和维护。

4）应急救援预案的演练与事故急救

（1）演练的目的。演练是应急救援预案管理的重要组成部分，演练的主要目的有以下几个。

① 测试应急预案和启动程序的完整程度，在事故发生前暴露预案的缺陷，并加以完善。

② 测试紧急装置、设备、机具等资源供应和使用情况，识别出缺乏的资源（包括人力、材料、设备、机具和技术等）。

③ 明确每个人在救援中的岗位和职责，增强应急救援人员的信心和熟练程度。

④ 提高整体应急反应能力，以及现场内外应急部门的协同配合能力。

⑤ 提高公众应急意识，在企业应急管理的能力方面获得全员职工的认可和信心。

⑥ 提高各相关部门、机构和人员之间的协调能力，努力协调企业应急救援预案与政府、社区和其他外部机构应急救援预案之间的合作。

⑦ 通过演练，使全体员工熟练掌握事故预防和急救的业务技能，保障安全生产的顺利进行。

（2）演练的要求与形式。工程项目部按照假设的事故情景，每季度至少组织一次现场实际演练，并将演练方案及经过记录在案。

演练的形式有单项演练、组合演练以及综合演练等。

① 单项演练：单项演练是为了熟练掌握某项应急操作或完成某种特定任务所需的应急救援技能而进行的演练。这种单项演练或演习是在完成对基本知识的学习之后才进行的。如：报告的程序、坠落急救、火灾扑救等。

② 组合演练：组合演练是一种检查内部应急救援组织之间及其与外部应急救援组织之间的相互协调性而进行的应急救援演练。如：事故急救与疏散、报警与公众撤离等。

③ 综合演练或称全面演练：综合演练是应急救援预案内规定的所有相关单位或其中绝大多数单位参加的，为全面检查其执行预案状况而进行的演练。其目的是验证各应急救援组织的应急救援反应和急救能力，检查相互之间协调的能力，以及检验各类组织能否充

分利用现有的人力、物力等资源减小事故带来的损失，确保公众的安全与健康。这种演习可以综合展示和检验各级、各部门应急救援预案的执行情况。

以上任何一种演练结束后，都应认真总结，肯定成绩，表彰先进，鼓舞士气。同时，对演练过程中发现应急预案的不足和缺陷，要及时按程序给予修订和完善。

（3）演练的具体内容。演练的基本内容包括：要求应急人员了解和掌握如何识别危险、如何采取必要的应急措施、如何启动紧急警报系统、如何安全疏散人群等基本操作，尤其是对坍塌、高处坠落、物体打击、触电、机械伤害和火灾等应急演练，更要加强有关操作的训练，强调危险事故的不同应急方法和注意事项等内容。

常规的基本演练及应急救援内容和要求如下。

① 报警的演练。

a. 使应急人员了解并掌握如何利用身边的工具最快、最有效地报警，比如使用移动电话（手机）、固定电话或其他方式（哨音、警报器、钟声）报警。

b. 使全体人员熟悉发布紧急情况通告的方法，如使用警笛、警钟、汽笛、电话或广播等。

② 疏散的演练。为避免事故中不必要的人员伤亡，要求作业人员掌握在事故发生后紧急疏散的常识和方法。同时，应培训足够的应急人员在事故现场安全、有序地疏散被困人员或周围群众。

③ 坍塌事故应急救援演练与急救。

a. 坍塌事故发生后，应迅速安排专人及时切断有关电闸，并立即组织抢险人员尽快到达事故现场。根据具体情况，采取人工和机械相结合的方法，对坍塌现场进行处理。抢救中如遇到坍塌的巨型物体或人工搬运有困难时，可调集大型的机械进行急救。在接近被埋人员时，必须停止机械作业，全部改用人工扒物，以防止误伤被埋人员。现场抢救中，还要安排专人对边坡、各类支护设施进行监护和观测，防止事故扩大，同时对现场进行声像资料的收集。

b. 事故现场周围应设警戒线，并及时将事故情况上报有关部门和人员。

c. 坚持统一指挥、密切协同的原则。坍塌事故发生后，参战组织和人员较多，现场情况复杂，各种组织和人员需在现场总指挥部的统一指挥下，积极配合、密切协同，共同完成救援任务。

d. 坚持以快制快、行动果断的原则。鉴于坍塌事故有突发性，在短时间内不易处理，处置行动必须做到接警调度快、到达快、准备快、疏散救人快，达到以快制快的目的。

e. 强调科学施救、稳妥可靠的原则。解决坍塌事故要讲科学，避免急躁行动引发连续坍塌事故的发生。

f. 坚持救人第一的原则。当现场遇有人员受到威胁时，首要任务是抢救人员。

g. 伤员抢救时应立即与附近急救中心和医院联系，请求出动急救车辆并做好急救准备，确保伤员得到及时有效地医治。

h. 保护物证的原则。事故现场救助行动中，应安排人员同时做好事故调查取证工作，以利于事故后期的调查和处理，防止证据遗失。

i. 坚持自我保护原则。在救助行动中，抢救机械设备和救助人员应严格执行安全操作规程，配齐安全设施和防护工具，加强自我保护，确保抢救行动过程中的人身和财产安全。

特别提示

凡事预则立，不预则废。某市正在建设地铁一号线工程，并出台了一份工程突发事故及灾害应急预案，同时下发给所有的相关单位，在预案中，对万一发生突发事故后，该如何应对作出了详尽的解释，尤其预案后面列出了一份详细的联系人名单、单位和电话，包括各类专家以及抢险设备、物资的直接负责人。

④ 高处坠落的应急救援演练与急救。

a. 救援人员首先根据伤者受伤部位立即组织抢救，并迅速使伤者快速脱离危险环境，及时送往医院救治，同时妥善保护现场，察看事故现场周围有无其他危险源存在。

b. 在抢救伤员的同时迅速向上级报告事故现场情况。

c. 抢救受伤人员时几种情况的处理：如确认人员已死亡，立即保护现场；如发生人员昏迷、伤及内脏、骨折及大量失血，应首先立即联系120急救车或距现场最近的医院，并说明伤情，以取得最佳抢救效果，还可根据伤情送往专科医院，若外伤大出血，在急救车未到前，应迅速在现场采取有效的止血措施，若发生骨折，应注意搬运时的保护，对昏迷、可能伤及脊椎、内脏或伤情不详的伤员一律用担架或平板运送，禁止用搂、抱、背等方式运送伤员；一般性伤情应及时送往医院检查，注意防止破伤风。

⑤ 触电事故应急救援的演练与急救

a. 当发现有人触电，不要惊慌，首先要尽快切断电源。注意：救护人千万不要用手直接去拉触电的人，防止发生救护人触电事故。脱离电源的方法，应根据现场具体条件，果断采取适当的方法和措施，一般有以下几种方法和措施：如果开关或按钮距离触电地点很近，应迅速拉开开关，切断电源，如果够不着插座开关，就关上总开关，切勿关错一些电器用具的开关，因为该开关可能正处于漏电保护状态，并应准备充足照明，以便进行抢救；如果开关距离触电地点很远，可用绝缘手钳或用干燥木柄的斧、刀、铁锹等把电线切断。注意：应切断电源侧（即来电侧）的电线，且切断的电线不可触及人体。

b. 若无法关上开关，可站在绝缘物上，如一叠厚报纸、塑料布、木板之类，或用扫帚或木椅等非导电体将伤者剥离电源，或用绳子、裤子或任何干布条绕过伤者腋下或腿部，把伤者拖离电源。如果触电人的衣服是干燥的，而且不是紧缠在身上时，救护人员可站在干燥的木板上，或用干衣服、干围巾等把自己一只手作严格绝缘包裹，然后用这一只手拉触电人的衣服，把他拉离带电体。注意：千万不要用两只手、不要触及触电人的皮肤、不可拉他的脚，且只适应低压触电，绝不能用于高压触电的抢救。也不要用潮湿的工具或金属器具把伤者拨开，更不要使用潮湿的物件拖动伤者。

c. 触电伤员如意识丧失，应在10s内，用看、听、试的方法判断伤员呼吸情况。看：看伤员的胸部、腹部有无起伏动作。听：耳贴近伤员的口，听有无呼气声音。试：试测口鼻有无呼气的气流。再用两手指轻试一侧喉结旁凹陷处的颈动脉有无搏动。若看、听、试的结果，既无呼吸又无动脉搏动，可判定呼吸心跳已停止，应立即用心肺复苏法进行抢救。

d. 触电伤员如神志清醒，应使其就地躺开，严密监视，暂时不要站立或走动。触电者如神志不清，应就地仰面躺开，确保气道通畅，并用5s的时间间隔呼叫伤员或轻拍其肩部，以判断伤员是否意识丧失。禁止摆动伤员头部呼叫伤员。坚持就地正确抢救，并尽快联系医院进行抢救。

e. 如果人在较高处触电，必须采取保护措施防止切断电源后触电人从高处摔下。把伤员抬到附近平坦的地方，立即对伤员进行急救。

f. 现场抢救触电者的原则：迅速、就地、准确、坚持。迅速——争分夺秒使触电者脱离电源；就地——必须在现场附近就地抢救，病人有意识后再就近送医院抢救。从触电时算起，1min 内就开始施救，救生率在 90% 左右；6min 以内及时抢救，救生率在 50% 左右；12min 后再开始抢救，此刻救活的希望已甚微。施救时人工呼吸法的动作必须准确，只要有百万分之一的希望就要尽百分之百的努力去抢救。

⑥ 塔式起重机出现事故征兆时的演练与救援，应急指挥接到各种机械伤害事故时，应立即召集应急小组成员，分析现场事故情况，明确救援步骤、所需设备、设施及人员，按照应急预案进行策划、分工，实施救援。需要救援车辆时，应急指挥人员应安排专人接车，引领救援车辆迅速施救。具体要求如下。

a. 塔吊基础下沉、倾斜，应立即停止作业，并将回转机构锁住，限制其转动，并根据现场情况设置地锚，尽可能控制塔吊的继续倾斜。

b. 塔吊平衡臂、起重臂折臂，此时塔吊不能做任何动作。按照抢险方案，根据情况采用焊接等手段，将塔吊结构加固，或用连接方法将塔吊结构与其他物体连接，防止塔吊倾翻或在拆除过程中发生意外；用 2～3 台适量吨位的起重机，一台锁住起重臂，一台锁住平衡臂。其中一台在拆卸起重臂时起平衡力矩作用，防止因力的突然变化而造成倾翻；按抢险方案规定的顺序，将起重臂或平衡臂连接件中变形的连接件取下，用气割割开，用起重机将臂杆取下；按正常的拆塔程序将塔吊拆除，遇变形结构用气割割开。

c. 塔吊倾翻，采取焊接、连接方法，在不破坏失稳受力情况下增加平衡力矩，控制险情发展；选用适量吨位起重机按照抢险方案将塔吊拆除，变形部件用气割割开或调整。

d. 锚固系统险情，将塔式平衡臂对应到建筑物，转臂过程要平稳并锁住；将塔吊锚固系统加固；如需更换锚固系统部件，先将塔机降至规定高度后，再行更换部件。

e. 塔身结构变形、断裂、开焊，将塔式平衡臂对应到变形部位，转臂过程要平稳并锁住；根据情况采用焊接等手段，将塔吊结构变形或断裂、开焊部位加固；落塔更换损坏结构。

⑦ 小型设备的应急救援演练与急救。

a. 发生各种机械伤害时，应先切断电源，再根据伤害部位和伤害性质进行处理。

b. 迅速确定事故发生的准确位置、可能波及的范围、设备损坏的程度、人员伤亡等情况，以根据不同情况进行有效地处置。

c. 根据现场人员被伤害的程度，一边通知急救医院，一边对轻伤人员进行现场救护。

d. 对重伤者且不明伤害部位和伤害程度的，不要盲目进行抢救，以免引起更严重的伤害。

e. 划出事故特定区域，非救援人员、未经允许不得进入特定区域。迅速核实机械设备上作业人数，如有人员被压在倒塌的设备下面，要立即采取可靠措施加固四周，然后拆除或切割压住伤者的杆件，将伤员移出。

f. 抢救受伤人员时几种情况的处理：如确认人员已死亡，立即保护现场；如发生人员昏迷、伤及内脏、骨折及大量失血，应立即联系120急救车或距现场最近的医院，并说明伤情，为取得最佳抢救效果，还可根据伤情联系专科医院，外伤大出血，急救车未到前，现场及时采取止血措施，骨折，注意搬动时的保护，对昏迷、可能伤及脊椎、内脏或伤情不详的伤员一律用担架或平板运送，不得一人抬肩、一人抬腿；一般性外伤，视伤情送往医院，防止破伤风，轻微内伤，送医院检查；制定救援措施时一定要考虑所采取措施的安全性和风险，经评价确认安全无误后再实施救援，避免因采取措施不当而引发新的伤害或损失。

⑧ 火灾应急演练与急救。

a. 火灾事故发生后，发现人应立即报警。一旦启动本预案，相关责任人要以处置重大紧急情况为压倒一切的首要任务，绝不能以任何理由推诿拖延。各部门之间、各单位之间必须服从指挥、协调配和，共同做好灭火工作。因工作不到位或玩忽职守造成严重后果的，要追求有关人员的责任。

b. 项目部在接到报警后，应立即组织自救队伍，按事先制定的应急方案立即进行自救；若事态情况严重，难以控制和处理，应立即在自救的同时向专业队伍求救，并密切配合救援队伍。

c. 疏通事发现场道路，并疏散人群至安全地带，保证救援工作顺利进行。

d. 在急救过程中，遇有威胁人身安全的情况时，应首先确保人身安全，迅速组织人员脱离危险区域或场所后，再采取急救措施。

e. 切断电源、可燃气体（液体）的输送，防止事态扩大。

f. 安全总监为紧急事务联络员，负责紧急事务的联络工作。

g. 紧急事故处理结束后，安全总监应填写记录，并召集相关人员研究防止事故再次发生的对策。

在火灾事故的应急演练和急救时还应注意以下要求。

a. 做好对施工人员的防火安全教育，帮助施工人员学习防火、灭火、避难、危险品转移等各种安全疏散知识和应对方法，提高施工人员对火灾、爆炸事故发生时的心理承受能力和应变能力。一旦发生突发事件，施工人员不仅可以沉稳自救，还可以冷静地配合外界消防队伍做好灭火工作，把火灾事故损失降低到最低。

b. 火灾事件发生时，在安全地带的施工人员应尽早做到早期警告，可通过手机、对讲机等方式向楼上施工人员传递火灾发生信息和位置。

c. 高层建筑在发生火灾时，不能使用室内电梯和外用电梯逃生；因为室内电梯井会产生"烟囱效应"，外用电梯会发生电源短路情况；最好通过室内楼梯或室外脚手架马道逃生；如果下行楼梯受阻，施工人员可以在某楼层或楼顶部耐心等待救援，打开窗户或划破安全网保持通风，同时用湿布捂住口鼻，挥舞彩色安全帽表明所处位置，切忌逃生时在马道上拥挤。

d. 灾难发生时，由于人的生理反应和心理反应决定受灾人员的行为具有明显的向光性和盲从性。向光性是指在黑暗中，尤其是辨不清方向，走投无路时，只要有一丝光亮，人们就会迫不及待的向光亮处走去；盲从性是指事件突变，生命受到威胁时，人们由于过分紧张、恐慌，而失去正确的理解和判断能力，只要有人一声招呼，就会导致不少人跟随、拥挤逃生，这会影响疏散甚至造成人员伤亡。

e. 恐慌行为是一种过分和不明智的逃离行为，它极易导致各种伤害性情感行动。如：绝望、歇斯底里等，这种行为若导致"竞争性"拥挤，再进入火场，穿越烟气空间及跳楼等行动，时常带来灾难性后果。

f. 受灾人已经撤离或将要撤离火场时，由于某些特殊原因会驱使他们再度进入火场，这也属于一种危险行为，在实际火灾案例中，由于再进火场而导致灾难性后果的占有相当大的比例。

g. 要求现场参与扑灭火灾的人员，能够正确地选择合理的灭火器材，并能够正确的使用。

⑨ 人工呼吸法的演练与急救。人工呼吸法是采取人工的方法来代替肺部呼吸的活动，及时有效地使气体有节律地进入和排出肺脏，供给体内足够氧气并充分排出二氧化碳，促使呼吸中枢尽早恢复功能，恢复人体自动呼吸的急救方法。各种人工呼吸方法中，以口对口呼吸法效果最好，如图 11.2 所示。

清理口腔防阻塞 　　　　　使头后仰

口对口吹气 　　　　　嘴鼻放气

图 11.2　人口呼吸法

具体做法是，将伤员平卧，解开衣领，围巾和紧身衣服，放松裤带，在伤员的肩背下方可垫上软物，使伤员的头部充分后仰，呼吸道尽量畅通，用手指清除口腔中的异物，如假牙、分泌物、血块和呕吐物等。注意环境要安静，冬季要保温。

抢救者在伤员的一侧，以近其头部的手紧捏伤员的鼻子（避免漏气），并将手掌外缘压住额部，另一只手托在伤员颈部，将颈部上抬，使其头部尽量上仰，鼻孔呈朝天状，嘴巴张开准备接受吹气。

抢救者先吸一口气，然后嘴紧贴伤员的嘴大口吹气，同时观察其胸部是否膨胀隆起，以确定吹气是否有效和吹气是否适度。

吹气停止后，抢救者头稍侧转，并立即放松捏鼻子的手，让气体从伤员的鼻孔排除。此时应注意胸部复原情况，倾听呼气声，观察有无呼吸道梗阻。

如此反复而有节律地人工呼吸，不可中断，每分钟应为 12～16 次。进行人工呼吸时要注意口对口的压力要掌握好，开始时可略大些，频率也可稍快些，经过 10～20 次人工吹气后逐渐减小压力，只要维持胸部轻度升起即可。如遇到伤员嘴巴解不开的情况，可改用口对鼻孔吹气的办法，吹气时压力要稍大些，时间稍长些，效果相仿。采用人工呼吸法，只有当伤员出现自动呼吸时，方可停止，但要密切观察，以防出现再次停止呼吸。

⑩ 体外心脏按压法的演练和急救，体外心脏按压法是指通过人工方法有节律地对心脏按压，来代替心脏的自然收缩，从而达到维持血液循环的目的，进而恢复心脏的自然节律，挽救伤员生命的一种急救方法，如图 11.3 所示。

俯卧压背法—呼气
摇臂压胸法—吸气
心脏按压法
摇臂压胸法—吸气
俯卧压背法—呼气

图 11.3　心脏按压法

具体做法是，使伤员就近仰卧于硬板上或地上，注意保暖，解开伤员衣领，使其头部后仰侧俯。抢救者站在伤员左侧或跪跨在病人的腰部两侧。

抢救者以一手掌根部置于伤员胸骨下 1/3 处，即中指对准其颈部凹陷的下缘，另一只手掌交叉重叠于该手背上，肘关节伸直。依靠体重、臂和肩部肌肉的力量，垂直用力，向脊柱方向冲击性地用力施压胸骨下段，使胸骨下段与其相连的肋骨下陷 3～4cm，间接压迫心脏，使心脏内血液搏出。

挤压后突然放松(要注意掌根不能离开胸壁)，依靠胸廓的弹性，使胸骨复位，心脏舒张，大静脉的血液回流到心脏。

在进行体外心脏按压法时，定位要准确，用力要垂直适当，有节奏地反复进行；防止因用力过猛而造成继发性组织器官的损伤或肋骨骨折。挤压频率一般控制在每分钟 60～80 次，有时为了提高效果，可增加挤压频率，达到每分钟 100 次左右。抢救时必须同时兼顾心跳和呼吸。抢救工作一般需要很长时间，在没送到医院之前，抢救工作不能停止。

人工呼吸法和体外心脏按压法的适用范围很广，除适用于触电伤害的急救外，对遭雷击、急性中毒、烧伤、心搏骤停等因素所引起的抑制或呼吸停止的伤员都可采用，有时两种方法可交替进行。

⑪创伤救护的演练和急救，创伤分为开放性创伤和闭合性创伤。开放性创伤是指皮肤或黏膜的破损，常见的有：摔伤、擦伤、碰伤、切割伤、刺伤、烧伤等；闭合性创伤是指人体内部组织或器官的损伤，而没有皮肤粘膜的破损，常见的有：骨折、内脏挤压伤等。

a. 开放性创伤的处理，对于开放性创伤应首先对伤口进行清理、消毒。用生理盐水或酒精棉球，对伤口进行清洗消毒，将伤口和周围皮肤上沾染的泥沙、污物等清理干净，并用干净的纱布将水分及渗血吸干，再用碘酒等药物进行初步消毒。在没有消毒条件的情况下，可用清洁水冲洗伤口，最好用流动的自来水冲洗，然后用干净的布或敷料吸干伤口。

对于出血不止的开放性伤口，首先应考虑的是有效地止血，这对伤员的生命安危影响极大。在现场处理时，应根据出血类型和部位不同采用不同的止血方法。具体的方法有：直接压迫法——将手掌通过洁净的敷料直接压在开放性伤口的整个区域；抬高肢体法——对于手、臂、腿等处严重出血的开放性伤口，都应尽可能地抬高至心脏水平线以上，达到止血的目的；压迫供血动脉法——手臂和腿部伤口的严重出血，如果应用直接压迫和抬高肢体仍不能止血，就需要采用压迫点止血技术，即将受伤部位近离动脉处的血管用绷带或扎带扎牢，阻止血液供应而达到止血目的；包扎法——使用绷带、毛巾、布块等材料，最好再辅以止血药物，包扎止血。

对于烧伤的急救，应先去除烧伤源，将伤员尽快转移到空气流通的地方，用较干净的衣服把伤面包裹起来，防止再次污染；在现场，除了化学烧伤可用大量流动清水冲洗外，对创面一般不做处理，尽量不要弄破水泡，保护表皮，然后及时送医院救治。

b. 闭合性创伤的处理，较轻的闭合性创伤，如局部挫伤、皮下出血，可在受伤部位进行冷敷，以防止组织继续肿胀，减少皮下出血。

如发现人员从高处坠落或摔伤等意外事故时，要仔细检查其头部、颈部、胸部、腹部、四肢、背部和脊椎等部位，看看是否有肿胀、青紫、局部压疼、骨摩擦声等其他内部损伤，假如出现上述情况，不能对患者随意搬动，需按照正确的搬运方法进行搬运，否则，可能造成患者神经、血管损伤并加重病情。现场常用的搬运方法有：担架搬运法——用担架搬运时，要使伤员头部向后，以便后面抬担架的人随时观察其变化；单人徒手搬运法——轻伤者可挟着走，重伤者可让其伏在急救者背上，双手绕颈交叉下垂，急救者用双手自伤员大腿下抱住伤员大腿行走搬运。

如怀疑有内伤，应尽早使伤员得到医疗处理；运送伤员时要采取卧位，小心搬运，注意保持呼吸道通畅，注意防止休克。运送过程中如突然出现呼吸、心搏骤停时，应立即进行人工呼吸和体外心脏按压法等急救措施。

5）事故应急救援预案的实施

事故发生后，应迅速辨别事故的类别、性质、危害程度，适时启动相应的应急救援预案，按照预案进行应急救援。实施时不能轻易变更预案，如有预案未考虑到的方面，应冷静分析、果断处置。对应急救援预案的实施具体要求如下。

（1）立即组织营救受害人员。抢救受害人员是应急救援的首要任务，在应急救援行动中，快速、有序、有效地实施现场急救与安全转送伤员，是降低事故伤亡率、减少事故损失的关键。

（2）指导群众防护，组织群众撤离。由于一般安全事故都发生突然，特别是重大事故扩散迅速、涉及范围广、危害大，因此，应及时指导和组织群众采取各种措施进行自身防护，并迅速撤离出危险区或可能受到危害的区域。在撤离过程中，应积极组织群众开展自救和互救工作。

（3）迅速控制危险源。及时控制造成事故的危险源是应急救援工作的重要任务，只有及时控制住危险源，防止事故的继续蔓延，才能及时有效地进行救援，减小各种损失。同时应对事故造成的危害进行监测和评估，确定事故的危害区域、危害性质、损失程度及影响程度。

（4）做好现场隔离和清理，消除危害后果。针对事故对人体、动植物、水源、空气、土壤等造成的现实危害和可能的危害，迅速采取封闭、隔离、消毒等措施。对事故外溢的有毒、有害物质和可能对人和环境继续造成危害的物质，应及时组织人员予以清除，防止对人和环境继续造成危害。

（5）按规定及时向有关部门进行事故报告。施工发生后，应按照有关规定，及时、如实地向有关人员和部门进行事故报告，否则应承担相应的责任。

（6）保存有关记录及物证，以利于后期事故调查。在应急救援时，应当尽全力保护好事故现场，并及时、准确地收集好相关物证，为事故调查准备相关资料。

（7）查清事故原因，评估危害程度。事故发生后应及时调查事故的发生原因和事故性质，评估出事故最终的危害范围和危险程度，查明人员伤亡情况，做好事故调查。

本 章 小 结

本章主要介绍了事故的概念，事故的分类，安全事故的原因分析，安全事故的一般控制措施，安全事故报告，安全事故处理，事故应急救援等。着重对事故的原因进行了详细的列表分析，强调了控制人的不安全行为的重要性，对发生事故如何进行报告以及事故发生后的处理程序、责任追究等作了阐述。就如何编制事故应急救援预案以及应急措施等方面也作了阐述。

思考与拓展题

1. 事故有哪些特征？

2. 事故发展一般经历哪些阶段？事故构成要素有哪些？

3. 根据《生产安全事故报告和调查处理条例》的规定，根据生产安全事故造成的人员伤亡或者直接经济损失，事故等级是如何规定的？

4. 事故发生后，事故如何报告？

5. 报告事故应当包括哪些内容？

6. 安全事故处理的"四不放过"原则是什么？

7. 简述安全事故处理程序。

8. 职工在什么情形下，应当认定为工伤事故？

9. 应急救援有哪些特点？

10. 事故应急预案在应急救援中的作用是什么？

11. 施工单位向下挖基坑的时候将地下的通信缆线挖断了，主要原因在于建设单位提供的图纸中没有标出这里有缆线。请分析相关单位所应承担的责任。

第12章

建设工程安全生产法律法规

课程标准

课 程 内 容	知 识 要 点	教 学 目 标
安全生产管理与预控能力	安全生产有关法律法规、规范及标准	熟悉与本岗位相关的法规、标准和管理规定

▶▶章节导读

　　事故的发生一天也没有停止过。人们害怕疾病，害怕战争，但事故同样让我们心惊胆战，让我们失去健康，失去生命，失去财富，失去物质基础。事故是除战争、瘟疫以外的人类大敌。全国一年的事故损失，相当于1500千万个职工一年的辛勤劳动化为乌有，相当于近亿农民一年颗粒无收。据国家安全生产监督管理总局的有关统计数据显示，全国人民代表大会及常务委员会立法中与安全生产有关的法律有10多部，国务院制定的各种条例达50多部。此外，还有国务院经常下发的加强安全生产的通知和各部委制定的很多规章等。这些法律法规加起来可以装订一寸厚的书三大本。然而就是这三大本，还管不住安全生产事故的发生，这一切源于我们缺的是对法律的敬畏之心。

特别提示

　　不知大家有否留意，一部《刑法》条款中竟然会有22处出现"事故"一词，量刑标准一条比一条重：拘役，罚金，判刑3年以下，7年以下，10年以上，直到无期徒刑。《安全生产法》规定"追究刑事责任"的就有11条。"追究刑事责任"这几个字可不是轻易用的，"追究刑事责任"就是按照《中华人民共和国刑法》处理。无论在哪个国家，用上了刑律大典就是最严厉的处罚。1999年綦江虹桥垮塌案，13名被告被判刑；2008年杭州地铁站施工11.15基坑坍塌重大事故案，8名被告被判刑；2010年上海11.15火灾特大事故，26名被告被判刑……大事故的直接责任人无一例外，全部受到了刑事制裁。我们不可能穷尽列举，事故直接责任人被判刑的实在太多太多，要把他们的罪行和名单全都列出来，恐怕是一部大书。每年因为安全事故被判刑的就有上千人。这也是事故面前付出的沉重的代价！我们不需要带血的GDP，我们的违法成本太低了吗？为此，我们必须要学法、守法。

12.1　安全生产法律法规体系

　　我国的安全生产法律法规体系主要有安全生产法律、安全生产行政法规、安全生产地方性法规规章、安全生产标准等。改革开放以来，我国安全生产法制建设有了很大进展，先后制定并颁布了《劳动法》、《建筑法》、《消防法》、《安全生产法》、《职业病防治法》等法律法规。国家有关部门根据安全生产的法律法规先后制定了相关规章、安全技术标准、安全技术规范及规程等。各省、自治区、直辖市也根据有关法律的授权和本地区实际工作需要，相继制定了一些地方性的安全生产法规规章。这些法律、法规、规章构成了我国安全生产法律法规体系的重要内容，对提高安全生产管理水平，减少伤亡事故，促进安全生产起到了重要作用。特别是《安全生产法》的公布实施，是我国安全生产领域影响深远的一件大事，填补了我国安全生产立法的空白，是安全生产法规体系建设的里程碑，它标志着我国安全生产工作进入了一个新阶段。

　　我国政府历来都很重视安全生产工作，2004年1月9日颁布的《国务院关于进一步加强安全生产工作的决定》明确指出：搞好安全生产，保障人民群众的生命和财产安全，体现了最广大人民群众的根本利益，反映了先进生产力的发展要求和先进文化的发展方向，是全面建设小康社会、统筹经济社会全面发展的重要内容，是实施可持续发展战略的组成部分，是政府履行社会管理和市场监管职能的基本任务，是企业生存发展的基本要求。

　　在"安全第一、预防为主、综合治理"的总体方针指导下，我国的安全生产法律法规体系的建立得到了长足的发展。目前我国的安全法规遵循"三级立法"的原则，即在国家法规、政策的统一指导下，充分发挥地方立法的积极性，形成全国人民代表大会、国务院及其部门、地方立法部门的"三级立法"体系。我国的安全生产法规体系已初步完善，至少覆盖如下8个方面的法律法规：综合性安全生产法律、法规和规章，矿山安全法规子体系，危险物品安全法规子体系，建筑业安全法规子体系，交通运输安全法规子体系，公众聚集场所及消防安全法规子体系，其他安全生产法规子体系和我国已批准的国际劳工安全卫生公约，从而初步建立健全安全生产法律法规体系。

　　安全生产法律法规体系是一个包含多种法律形式和法律层次的综合性系统，从法律规范的形式和特点来讲，既包括作为整个安全生产法律法规基础的宪法，也包括行政法规、技术性法规、程序性法规等。按地位及效力同等原则，安全生产法律法规体系分为以下 7 个类别。

1. 宪法

《中华人民共和国宪法》是由我国最高权力机关——全国人民代表大会制定的法律，是安全生产法律体系中的最高层次，"加强劳动保护，改善劳动条件"是《宪法》对安全生产方面最高法律效力的规定。

2. 安全生产方面的法律

1）基础法

我国有关安全生产的基础法律包括《安全生产法》和与其平行的专门法律和相关法律。《安全生产法》是安全生产领域的综合性基本法，它是我国第一部全面规范安全生产的专门法律，是我国安全生产法律体系的主体法，是各类生产经营单位及其从业人员实现安全生产所必须遵循的行为准则，是各级人民政府及其有关部门进行监督管理和行政执法的法律依据，是制裁各种安全生产违法犯罪的有力武器。

2）专门法律

安全生产专门法律是指规范某一专业领域安全生产法律制度的法律。我国在专业领域的安全生产法律有《中华人民共和国矿山安全法》、《中华人民共和国海上交通安全法》、《中华人民共和国消防法》、《中华人民共和国道路交通安全法》等。

3）相关法律

与安全生产相关的法律是指安全生产基础法律和专门法律以外的其他法律中涵盖安全生产内容的法律，如《中华人民共和国劳动法》、《中华人民共和国建筑法》、《中华人民共和国煤炭法》、《中华人民共和国铁路法》、《中华人民共和国民用航空法》、《中华人民共和国工会法》、《中华人民共和国全民所有制企业法》、《中华人民共和国乡镇企业法》、《中华人民共和国矿产资源法》等。还有一些与安全生产监督执法工作有关的法律，如《中华人民共和国刑法》、《中华人民共和国刑事诉讼法》、《中华人民共和国行政处罚法》、《中华人民共和国行政复议法》《中华人民共和国国家赔偿法》和《中华人民共和国标准化法》等。《中华人民共和国建筑法》是我国第一部规范建筑活动的部门法律，它的颁布施行强化了建筑工程质量和安全的法律保障，该法总计 85 条，通篇贯穿了质量安全问题，具有很强的针对性，对影响建筑工程质量和安全的各方面因素作出了较为全面的规范。

3. 安全生产行政法规

安全生产行政法规是指由国务院组织制定并批准公布的，为实施安全生产法律或规范安全生产监督管理制度，而制定并颁布的一系列具体规定，是实施安全生产监督、管理和监察工作的重要依据。我国已经颁布了多部安全生产的行政法规，如《安全生产许可证条例》、《建设工程安全生产管理条例》等。

《安全生产许可证条例》和《建设工程安全生产管理条例》是目前调整建设工程安全生产行为的两个主要行政法规。涉及建设工程安全生产的其他主要行政法规有：《生产安全事故报告和调查处理条例》（国务院令第 493 号）、《特种设备安全监察条例》（国务院令第 373 号）、《国务院关于特大安全事故行政责任追究的规定》（国务院令 302 号）、《国务院关于进一步加强企业安全生产工作的通知》（国发〔2010〕23 号）等。

2004 年 1 月 13 日国务院第 397 号令公布了《安全生产许可证条例》，并自公布之日起施行，这对建筑企业来说是一件大事。《安全生产许可证条例》对于严格规范安全生产条件，进一步加强安全生产监督管理，防止和减少生产安全事故，发挥了保障作用。

2004年2月1日开始正式实施的《建设工程安全生产管理条例》是我国真正意义上第一部针对建设工程安全生产的法规，使建设工程安全生产做到了有法可依，建设工程各方责任主体也有了明确的指导和规范。

4. 地方性安全生产法规

地方性安全生产法规是指由省、自治区、直辖市以及省、自治区人民政府所在地的市和经国务院批准的较大的市的人民代表大会及其常委会，在其法定权限内制定的安全方面的法律规范性文件。如目前我国有27个省、自治区和直辖市人民代表大会制定了《劳动保护条例》和《劳动安全卫生条例》等。

如《浙江省安全生产条例》是浙江省第一部全面规范安全生产的综合性地方性法规，该法突出以人为本，贯彻"安全第一、预防为主、综合治理"方针，进一步明确了各级人民政府、各有关部门、特别是基层的安全生产监督职责，较完整地构建了浙江省安全生产工作体系。

5. 安全生产行政规章

安全生产行政规章是指由国家行政机关制定的在安全生产方面的法律规范性文件，包括部门规章和地方政府规章。

部门规章是由国务院相关部委制定的安全生产的法律规范性文件。从行业角度可划分为：建筑业、交通运输业、化学工业、石油工业、机械工业、建材工业、电子工业、冶金工业、航空航天业、船舶工业、轻纺工业、煤炭工业、地质勘探业等。

部门安全生产规章和地方性政府安全生产规章作为安全生产法律法规的重要补充，在我国安全生产监督管理工作中起着十分重要的作用。如建设部2004年2月3日发布的《房屋建筑和市政基础设施工程分包管理办法》、2004年7月5日发布的《建筑施工企业安全生产许可证管理规定》等。部门规章的效力低于法律和行政法规。

地方政府规章是由省、自治区、直辖市以及省、自治区人民政府所在地的市和国务院批准的较大的市的人民政府所制定的安全生产的法律规范性文件。地方政府规章的效力低于法律、行政法规，也低于同级或上级地方性法规。如《浙江省落实生产经营单位安全生产主体责任暂行规定》（浙安委［2009］12号）等。

6. 安全生产标准

安全生产标准是安全生产法律体系中的一个重要组成部分，也是安全生产管理的基础和监督执法工作的技术依据。安全生产标准大致分为设计规范类，安全生产设备、工具类，安全健康类，防护用品类等4类标准。与建设工程安全生产有关的主要标准规范有：《建筑施工安全检查标准》（JGJ 59）、《施工企业安全生产评价标准》（JGJ/T 77）、《施工现场临时用电安全技术规范》（JGJ 46）、《建筑施工高处作业安全技术规范》（JGJ 80）、《龙门架及井架物料提升机安全技术规范》（JGJ 88）、《建筑施工门式钢管脚手架安全技术规范》（JGJ 128）、《建筑施工扣件式钢管脚手架安全技术规范》（JGJ 130）、《建筑机械使用安全技术规程》（JGJ 33）、《建筑施工扣件式钢管模板支架技术规程》（DB 33/1035）等。

特别提示

按标准发生作用的范围和审批标准级别来分，则分为国家标准、行业标准、地方标准、企业标准4级。按标准的约束性来分，分为强制性标准和推荐性标准两类。强制性标准是保障人体健康、人身、财产安全的国家标准或行业标准和法律及行政法规规定强制执行的标准，其他标准则是推荐性标准。国家标准、行业标准和地方标准的性质分为两类：一类是强制性标准，其代号为"GB"（"国标"汉语拼音的第一个字母），另一类是推荐性国家标准，其代号为"GB/T"（"T"为"推"的汉语拼音的第一个字母）。对于强制性标准，国家要求"必须执行"；对于推荐性标准，"国家鼓励企业自愿采用"。企业标准是要求最严和最高的标准。

7. 已批准的国际劳动安全公约

国际公约是指我国作为国际法主体同外国缔结的双边、多边协议和其他具有条约、协定性质的文件。国际劳工组织自1919年创立以来，一共通过了185个国际公约和为数较多的建议书，这些公约和建议书统称为国际劳工标准，其中70%的国际劳工标准涉及职业健康安全问题。我国政府为国际性安全生产工作已签订了国际性公约，当我国安全生产法规与国际公约不同时，应优先采用国际公约的规定（除保留条件的条款外）。目前我国政府已批准的国际公约有23个，其中4个是与职业健康安全相关的。

12.2　国家安全生产相关法律

《安全生产法》和《建筑法》是规范建设工程领域安全生产行为的两个基础法律；在其他法律中也有许多涉及建设工程安全生产的行为，这些法律主要是《刑法》、《劳动法》、《消防法》、《环境保护法》等；此外，在调整建设行政主管部门与建设工程各方当事人的关系时，还必须遵守《行政处罚法》、《行政复议法》、《行政诉讼法》中的有关规定。

1.《安全生产法》的主要内容

《中华人民共和国安全生产法》（以下简称《安全生产法》）于2002年6月29日由第九届全国人民代表大会常务委员会第28次会议通过，2002年6月29日中华人民共和国主席令第70号公布，自2002年11月1日起施行。

（1）《安全生产法》中明确规定生产经营单位必须做好安全生产的保证工作，既要在安全生产条件上、技术上符合生产经营的要求，也要在组织管理上建立健全安全生产责任并进行有效落实。

（2）《安全生产法》明确规定从业人员为保证安全生产所应尽的义务及从业人员进行安全生产所享有的权利。国家《安全生产法》规定从业人员的基本权利主要有以下几点。

① 知情权，即有了解作业场所和工作岗位存在的危险因素、防范措施及事故应急措施的权利。

② 建议权，即有对本单位的安全生产工作提出建议的权利。

③ 批评、检举、控告权，即有权对本单位的安全生产管理工作存在的问题提出建议、批评、检举、控告，生产单位不得因此作出对从业人员不利的处分。

④ 拒绝权，即有权拒绝违章指挥和强令冒险作业，并不得因此受到对自己不利的处分。

⑤ 紧急避险权，从业人员发现直接危及人身安全的紧急情况时，有权停止作业或者在采取紧急措施后撤离作业场所，并不得因此受到对自己不利的处分。

⑥ 赔偿权，依法向本单位提出要求赔偿的权利。

⑦ 教育权，获得安全生产教育和培训的权利。

⑧ 劳保权，获得国家标准或者行业标准劳动防护用品的权利。

国家《安全生产法》规定从业人员的基本义务有以下几点。

① 自律遵规的义务，即从业人员在作业过程中，必须遵守本单位的安全生产规章制度和操作规程，服从管理，正确佩戴和使用劳动防护用品，不得违章作业。

② 自觉学习安全生产知识的义务，要求从业人员掌握本职工作所需的安全生产知识，提高安全生产技能，增强事故预防和应急处理能力。

③ 危险报告义务，发现事故隐患或者其他不安全因素时，应当及时向本单位安全生产管理人员或主要负责人报告。

(3)《安全生产法》明确规定了生产经营单位负责人的安全生产责任。

(4)《安全生产法》中明确了对违法单位和个人的法律责任追究制度。

(5)《安全生产法》明确了要建立事故应急救援制度，制定应急救援预案，形成应急救援预案体系。

2.《建筑法》的主要内容

《中华人民共和国建筑法》（以下简称《建筑法》）于1997年11月1日第八届全国人民代表大会常务委员会第28次会议通过，1997年11月1日中华人民共和国主席令第91号发布，自1998年3月1日起施行。

《建筑法》主要规定了建筑许可、建筑工程发包承包、建筑工程监理、建筑安全生产管理、建筑工程质量管理及相应法律责任等方面的内容。

(1)《建筑法》确立了安全生产责任制度。这一制度是"安全第一、预防为主、综合治理"方针的具体体现，是建筑安全生产管理的基本制度。

(2)《建筑法》确立了群防群治制度。群防群治制度是职工群众进行预防和治理安全的一种制度。这一制度也是"安全第一、预防为主"的具体体现，它要求建筑企业职工在施工中遵守有关生产的法律、法规的规定和建筑行业安全规章、规程，不得违章作业，同时对于危及生命安全和身体健康的行为有权提出批评、检举和控告。

(3)《建筑法》确立了安全生产教育培训制度。

(4)《建筑法》确立了安全生产检查制度。通过检查可以发现问题，查出隐患，从而采取有效措施，堵塞漏洞，把事故消除在发生之前，做到防患于未然，是"预防为主"的具体体现。

(5)《建筑法》确立了伤亡事故处理报告制度。

(6)《建筑法》确立了安全责任追究制度，规定建设单位、设计单位、施工单位、监理单位，由于没有履行职责造成人员伤亡和事故损失的，视情节给予相应处理；情节严重的，责令停业整顿，降低资质等级或吊销资质证书；构成犯罪的，依法追究刑事责任。

3.《劳动法》中与建设工程安全生产相关的主要内容

《中华人民共和国劳动法》（以下简称《劳动法》）于1994年7月5日中华人民共和国第八届全国人民代表大会常务委员会第8次会议通过，1994年7月5日中华人民共和国主席令第 28 号发布，自 1995 年 1 月 1 日起施行。《劳动法》与建设工程安全生产密切相关的规定主要包括以下内容。

(1) 劳动安全卫生设施必须符合国家规定的标准。

(2) 新建、改建、扩建工程的劳动安全卫生设施必须与主体工程同时设计、同时施工、同时投入生产和使用。

(3) 用人单位必须为劳动者提供符合国家规定的劳动安全卫生条件和必要的劳动防护用品，对从事有职业危害作业的劳动者应当定期进行健康检查。

(4) 从事特种作业的劳动者必须经过专门培训并取得特种作业资格。

(5) 劳动者在劳动过程中必须严格遵守安全操作规程。

(6) 劳动者对用人单位管理人员违章指挥、强令冒险作业，有权拒绝执行。

(7) 对危害生命安全和身体健康的行为，劳动者有权提出批评、检举和控告。

(8) 国家建立伤亡事故和职业病统计报告和处理制度。

4. 《消防法》中与建设工程安全生产相关的主要内容

《中华人民共和国消防法》(以下简称《消防法》)于 1998 年 4 月 29 日第九届全国人民代表大会常务委员会第二次会议通过，自 1998 年 9 月 1 日起实施。《消防法》中与建设工程安全生产相关的主要内容有以下几个方面。

(1) 按照国家工程建筑消防技术标准需要进行消防设计的建筑工程，设计单位应当按照国家工程建筑消防技术标准进行设计，建设单位应当将建筑工程的消防设计图纸及有关资料报送公安消防机构审核；未经审核或者经审核不合格的，建设行政主管部门不得发给施工许可证，建设单位不得施工。经公安消防机构审核的建筑工程消防设计需要变更的，应当报经原审核的公安消防机构核准，未经核准的，任何单位、个人不得变更。按照国家工程建筑消防技术标准进行消防设计的建筑工程竣工时，必须经公安消防机构进行消防验收；未经验收或者经验收不合格的，不得投入使用。

(2) 建筑构件和建筑材料的防火性能必须符合国家标准或者行业标准。公共场所室内装修、装饰根据国家工程建筑消防技术标准的规定，应当使用不燃、难燃材料的，必须选用依照产品质量法的规定确定的检验机构检验合格的材料。

(3) 进入生产、储存易燃易爆危险物品的场所，必须执行国家有关消防安全的规定。禁止携带火种进入生产、储存易燃易爆危险物品的场所。

(4) 禁止在具有火灾、爆炸危险的场所使用明火；因特殊情况需要使用明火作业的，应当按照规定事先办理审批手续。作业人员应当遵守消防安全规定，并采取相应的消防安全措施。进行电焊等具有火灾危险的作业的人员和自动消防系统的操作人员，必须持证上岗，并严格遵守消防安全操作规程。

(5) 任何单位、个人不得损坏或者擅自挪用、拆除、停用消防设施、器材，不得埋压、圈占消火栓，不得占用防火间距，不得堵塞消防通道。

(6) 违反本法的规定，有下列行为之一的，责令限期改正；逾期不改正的，责令停止施工、停止使用或者停产停业，可以并处罚款。

① 建筑工程的消防设计未经公安消防机构审核或者经审核不合格，擅自施工的。

② 依法应当进行消防设计的建筑工程竣工时未经消防验收或者经验收不合格，擅自使用的。

（7）违反本法的规定，擅自降低消防技术标准施工，使用防火性能不符合国家标准或者行业标准的建筑构件和建筑材料或者不合格的装修、装饰材料施工的，责令限期改正；逾期不改正的，责令停止施工，可以并处罚款。

5.《中华人民共和国环境保护法》中与建设工程安全生产相关的主要内容

《中华人民共和国环境保护法》于 1989 年 12 月 26 日第七届全国人民代表大会常务委员会第 11 次会议通过并公布施行。《中华人民共和国环境保护法》中与建设工程安全生产相关的主要内容有以下几条。

（1）建设项目中防治污染的设施，必须与主体工程同时设计、同时施工、同时投产使用。防治污染的设施必须经原审批环境影响报告书的环境保护行政主管部门验收合格后，该建设项目方可投入生产或者使用。

（2）防治污染的设施不得擅自拆除或者闲置，确有必要拆除或者闲置的，必须征得所在地的环境保护行政主管部门同意。

（3）排放污染物的企业、事业单位，必须依照国务院环境保护行政主管部门的规定申报登记。

（4）排放污染物超过国家或者地方规定的污染物排放标准的企业、事业单位，依照国家规定缴纳超标准排污费，并负责治理。征收的超标准排污费必须用于污染的防治，不得挪作他用。

6.《刑法》中与建设工程安全生产相关的主要内容

《中华人民共和国刑法》（以下简称《刑法》）于 1979 年 7 月 1 日第五届全国人民代表大会第 2 次会议通过，1997 年 3 月 14 日第八届全国人民代表大会第 5 次会议修订。《刑法》中有关建设工程安全生产的规定主要包括以下几项。

（1）工厂、矿山、林场、建筑企业或者其他企业、事业单位的职工，由于不服管理、违反规章制度，或者强令工人违章冒险作业，因而发生重大伤亡事故或者造成其他严重后果的，处 3 年以下有期徒刑或者拘役；情节特别恶劣的，处 3 年以上 7 年以下有期徒刑。

（2）工厂、矿山、林场、建筑企业或者其他企业、事业单位的劳动安全设施不符合国家规定，经有关部门或者单位职工提出后，对事故隐患仍不采取措施，因而发生重大伤亡事故或者造成其他严重后果的，对直接责任人员，处 3 年以下有期徒刑或者拘役；情节特别恶劣的，处 3 年以上 7 年以下有期徒刑。

（3）违反爆炸性、易燃性、放射性、毒害性、腐蚀性物品的管理规定，在生产、储存、运输、使用中发生重大事故，造成严重后果的，处 3 年以下有期徒刑或者拘役；后果特别严重的，处 3 年以上 7 年以下有期徒刑。

（4）建设单位、设计单位、施工单位、工程监理单位违反国家规定，降低工程质量标准，造成重大安全事故的，对直接责任人员，处 5 年以下有期徒刑或者拘役，并处罚金；后果特别严重的，处 5 年以上 10 年以下有期徒刑，并处罚金。

12.3　国务院有关建设工程安全生产的行政法规

《建设工程安全生产管理条例》和《安全生产许可证条例》是目前调整建设工程安全生产行为的两个主要行政法规。

1. 《建设工程安全生产管理条例》的主要内容

《建设工程安全生产管理条例》（以下简称《安全条例》）于 2003 年 11 月 12 日国务院第 28 次常务会议通过，自 2004 年 2 月 1 日起施行。

该条例的颁布，是我国工程建设领域安全生产工作发展历史上具有里程碑意义的一件大事，也是工程建设领域贯彻落实《建筑法》和《安全生产法》的具体表现，标志着我国建设工程安全生产管理进入法制化、规范化发展的新时期。该条例详细地规定了建设单位、勘察、设计、工程监理、其他有关单位的安全责任和施工单位的安全责任，以及政府部门对建设工程安全生产实施监督管理的责任等。

《安全条例》对政府部门、有关企业及相关人员的建设工程安全生产和管理行为进行了全面规范，确立了十多项主要制度。其中，涉及政府部门的安全生产监管制度有 8 项：依法批准开工报告的建设工程和拆除工程备案制度，建筑施工企业安全生产许可制度，"三类人员"考核任职制度，特种作业人员持证上岗制度，施工起重机械使用登记制度，政府安全监督检查制度，危及施工安全工艺、设备、材料淘汰制度，生产安全事故报告制度。

《安全条例》还进一步明确了施工企业的 7 项安全生产制度，即安全生产责任制度、安全生产教育培训制度、专项施工方案专家论证审查制度、施工起重机械使用登记制度、施工现场消防安全责任制度、意外伤害保险制度和生产安全事故应急救援制度。

《安全条例》明确了施工单位相关法律责任。

（1）施工起重机械和整体提升脚手架、模板等自升式架设设施安装、拆卸单位有下列行为之一的，责令限期改正，处 5 万元以上 10 万元以下的罚款；情节严重的，责令停业整顿，降低资质等级，直至吊销资质证书；造成损失的，依法承担赔偿责任。

① 未编制拆装方案、制定安全施工措施的。

② 未由专业技术人员现场监督的。

③ 未出具自检合格证明或者出具虚假证明的。

④ 未向施工单位进行安全使用说明，办理移交手续的。

施工起重机械和整体提升脚手架、模板等自升式架设设施的安装、拆卸单位有前款规定的第 1、3 项行为，经有关部门或者单位职工提出后，对事故隐患仍不采取措施，因而发生重大伤亡事故或者造成其他严重后果，构成犯罪的，对直接责任人员，依照刑法有关规定追究刑事责任。

（2）施工单位有下列行为之一的，责令限期改正；逾期未改正的，责令停业整顿，依照《中华人民共和国安全生产法》的有关规定处以罚款；造成重大安全事故，构成犯罪的，对直接责任人员，依照刑法有关规定追究刑事责任。

① 未设立安全生产管理机构、配备专职安全生产管理人员或者分部分项工程施工时无专职安全生产管理人员现场监督的。

② 施工单位的主要负责人、项目负责人、专职安全生产管理人员、作业人员或者特种作业人员，未经安全教育培训或者经考核不合格即从事相关工作的。

③ 未在施工现场的危险部位设置明显的安全警示标志，或者未按照国家有关规定在施工现场设置消防通道、消防水源、配备消防设施和灭火器材的。

④ 未向作业人员提供安全防护用具和安全防护服装的。

⑤ 未按照规定在施工起重机械和整体提升脚手架、模板等自升式架设设施验收合格后登记的。

⑥ 使用国家明令淘汰、禁止使用的危及施工安全的工艺、设备、材料的。

（3）施工单位挪用列入建设工程概算的安全生产作业环境及安全施工措施所需费用的，责令限期改正，处挪用费用 20％ 以上 50％ 以下的罚款；造成损失的，依法承担赔偿责任。

（4）施工单位有下列行为之一的，责令限期改正；逾期未改正的，责令停业整顿，并处 5 万元以上 10 万元以下的罚款；造成重大安全事故，构成犯罪的，对直接责任人员，依照刑法有关规定追究刑事责任。

① 施工前未对有关安全施工的技术要求作出详细说明的。

② 未根据不同施工阶段和周围环境及季节、气候的变化，在施工现场采取相应的安全施工措施，或者在城市市区内的建设工程的施工现场未实行封闭围挡的。

③ 在尚未竣工的建筑物内设置员工集体宿舍的。

④ 施工现场临时搭建的建筑物不符合安全使用要求的。

⑤ 未对因建设工程施工可能造成损害的毗邻建筑物、构筑物和地下管线等采取专项防护措施的。

施工单位有前款规定第 4、5 项行为，造成损失的，依法承担赔偿责任。

（5）施工单位有下列行为之一的，责令限期改正；逾期未改正的，责令停业整顿，并处 10 万元以上 30 万元以下的罚款；情节严重的，降低资质等级，直至吊销资质证书；造成重大安全事故，构成犯罪的，对直接责任人员，依照刑法有关规定追究刑事责任；造成损失的，依法承担赔偿责任。

① 安全防护用具、机械设备、施工机具及配件在进入施工现场前未经查验或者查验不合格即投入使用的。

② 使用未经验收或者验收不合格的施工起重机械和整体提升脚手架、模板等自升式架设设施的。

③ 委托不具有相应资质的单位承担施工现场安装、拆卸施工起重机械和整体提升脚手架、模板等自升式架设设施的。

（4）在施工组织设计中未编制安全技术措施、施工现场临时用电方案或者专项施工方案的。

（5）施工单位取得资质证书后，降低安全生产条件的，责令限期改正；经整改仍未达到与其资质等级相适应的安全生产条件的，责令停业整顿，降低其资质等级直至吊销资质证书。

 案例分析

某施工现场发生了生产安全事故，工人郑某从拟建工程的 3 楼向下抛钳子，导致地面的工人黄州受重伤。经过调查，发现施工单位存在下列问题：①郑某从未经过安全教育培训；②该施工单位只设置了安全生产管理机构，而没有配备专职安全生产管理人员；③现场的工人没有一个戴了安全帽。

【问题】请根据《建设工程安全生产管理条例》，分析上述情况所存在的安全管理问题。

2.《安全生产许可证条例》的主要内容

《安全生产许可证条例》于 2004 年 1 月 7 日经国务院第 34 次常务会议通过,自 2004 年 1 月 13 日起施行。其主要内容如下。

(1) 国家对矿山企业、建筑施工企业和危险化学品、烟花爆竹、民用爆破器材生产企业(以下统称企业)实行安全生产许可制度。企业未取得安全生产许可证的,不得从事生产活动。

(2) 企业取得安全生产许可证,应当具备下列安全生产条件。

① 建立健全安全生产责任制,制定完备的安全生产规章制度和操作规程。

② 安全投入符合安全生产要求。

③ 设置安全生产管理机构,配备专职安全生产管理人员。

④ 主要负责人和安全生产管理人员经考核合格。

⑤ 特种作业人员经有关业务主管部门考核合格,取得特种作业操作资格证书。

⑥ 从业人员经安全生产教育和培训合格。

⑦ 依法参加工伤保险,为从业人员缴纳保险费。

⑧ 厂房、作业场所和安全设施、设备、工艺符合有关安全生产法律、法规、标准和规程的要求。

⑨ 有职业危害防治措施,并为从业人员配备符合国家标准或者行业标准的劳动防护用品。

⑩ 依法进行安全评价。

⑪ 有重大危险源检测、评估、监控措施和应急预案。

⑫ 有生产安全事故应急救援预案、应急救援组织或者应急救援人员、配备必要的应急救援器材、设备。

⑬ 法律、法规规定的其他条件。

(3) 企业进行生产前,应当依照条例的规定向安全生产许可证颁发管理机关申请领取安全生产许可证,并提供条例第 6 条规定的相关文件、资料。安全生产许可证颁发管理机关应当自收到申请之日起 45 日内审查完毕,经审查符合本条例规定的安全生产条件的,颁发安全生产许可证;不符合本条例规定的安全生产条件的,不予颁发安全生产许可证,书面通知企业并说明理由。

(4) 安全生产许可证的有效期为 3 年。安全生产许可证有效期满,需要延期的,企业应当于期满前 3 个月向原安全生产许可证颁发管理机关办理延期手续。企业在安全生产许可证有效期内,严格遵守有关安全生产的法律法规,未发生死亡事故的,安全生产许可证有效期届满时,经原安全生产许可证颁发管理机关同意,不再审查,安全生产许可证有效期延期 3 年。

3.《建筑施工企业安全生产许可证动态监管暂行办法》(建质〔2008〕121 号)的主要内容

为强化建筑施工企业安全生产许可证动态监管,促进施工企业保持和改善安全生产条件,控制和减少生产安全事故,住建部制定了《建筑施工企业安全生产许可证动态监管暂行办法》。于 2008 年 6 月 30 日起执行。其中规定了以下内容。

（1）建设单位或其委托的工程招标代理机构在编制资格预审文件和招标文件时，应当明确要求建筑施工企业提供安全生产许可证，以及企业主要负责人、拟担任该项目负责人和专职安全生产管理人员（以下简称"三类人员"）相应的安全生产考核合格证书。

（2）建设主管部门在审核发放施工许可证时，应当对已经确定的建筑施工企业是否具有安全生产许可证以及安全生产许可证是否处于暂扣期内进行审查，对未取得安全生产许可证及安全生产许可证处于暂扣期内的，不得颁发施工许可证。

（3）工程监理单位应当查验承建工程的施工企业安全生产许可证和有关"三类人员"安全生产考核合格证书持证情况，发现其持证情况不符合规定的或施工现场降低安全生产条件的，应当要求其立即整改。施工企业拒不整改的，工程监理单位应当向建设单位报告。建设单位接到工程监理单位报告后，应当责令施工企业立即整改。

4. 《特种设备安全监察条例》的主要内容

《特种设备安全监察条倒》于 2003 年 2 月 19 日国务院第 68 次常务会议通过，2003 年 3 月 11 日国务院令第 373 号公布，自 2003 年 6 月 1 日起施行。《特种设备安全监察条例》规定了特种设备的生产（含设计、制造、安装、改造、维修，下同）、使用、检验检测及其监督检查，应当遵守本条例。房屋建筑工地和市政工程工地用起重机械的安装、使用的监督管理，由建设行政主管部门依照有关法律、法规的规定执行。

5. 《关于进一步加强安全生产工作的决定》的主要内容

国务院于 2004 年 1 月 9 日发布了《国务院关于进一步加强安全生产的决定》（国发12004 32 号）（以下简称《决定》）。《决定》共 23 条，约 6000 字，分 5 部分，包括：提高认识，明确指导思想和奋斗目标；完善政策，大力推进安全生产各项工作；强化管理，落实生产经营单位安全生产主体责任；完善制度，加强安全生产监督管理；加强领导，形成齐抓共管的合力。《关于进一步加强安全生产工作的决定》进一步明确了安全生产工作的指导思想、目标任务、工作重点和政策措施，对做好新时期的安全生产工作具有十分重要的指导意义，全国建设系统一定要认真贯彻落实。为全面贯彻落实国务院《关于进一步加强安全生产工作的决定》，加强建设系统安全生产工作，尽快实现建设系统安全生产形势的根本好转，提出奋斗目标。到 2007 年，全国建设系统安全生产状况稳定好转，死亡人数和建筑施工百亿元产值死亡率有一定幅度的下降。到 2010 年，全国建设系统安全生产状况明显好转，重、特大事故得到有效遏制，建筑施工和城市市政公用行业事故起数和死亡人数均有较大幅度的下降。力争到 2020 年，全国建设系统安全生产状况实现根本性好转，有关指标达到或者接近世界中等发达国家水平。

6. 《关于进一步加强安全生产工作的意见》的主要内容

国务院在 2009 年 11 月 2 日发布的意见中明确了安全生产的工作目标。从 2009 年起，全面实施"365 安全生产行动计划"，以"三个确保"为目标，突出"六大重点领域"，强化"五项安全措施"，全面加强安全生产工作。今后 4 年，每年确保全省安全生产事故起数、死亡人数和直接经济损失 3 项指标"零增长"，并力争有所下降；确保道路交通万车死亡率、亿元 GDP 死亡率、工矿商贸企业十万从业人员死亡率等指标稳步下降；确保不突破国务院安全生产委员会下达的安全生产控制指标，坚决遏制重、特大安全生产事故发生。

针对六大重点领域之一的建设工程领域提出了如下要求。

(1) 严格实施建设工程安全生产许可制度，以房屋建筑和市政基础设施、地铁、公路、铁路、水利、通信、电力等工程建设为重点，进一步落实勘察、设计、审批、建设、施工等环节的安全责任，并加强监督检查，确保安全设施与主体工程同时设计、同时施工、同时投入生产和使用。

(2) 重视防雷安全，完善重点单位防雷责任制。规范建设市场秩序，依法加强招标投标管理，严厉打击违法建设行为。

(3) 加强施工现场安全监管，落实重大项目、重要部位、重点环节的监控措施，提升施工现场安全防护水平。完善政府监管、中介机构社会监理和企业内部自控的安全生产机制。

(4) 加强安全生产培训体系建设，企业负责人、安全管理人员、企业员工培训率达100%，特种作业人员持证上岗率达100%。

7. 《国务院关于进一步加强企业安全生产工作的通知》[2010] 23号 的主要内容

2010年7月19日发出通知，共9大部分32条。

1) 总体要求

(1) 工作要求。深入贯彻落实科学发展观，坚持以人为本，牢固树立安全发展的理念，坚持"安全第一、预防为主、综合治理"的方针，全面加强企业安全管理，健全规章制度，完善安全标准，提高企业技术水平，夯实安全生产基础。

(2) 主要任务。以建筑施工等行业为重点，全面加强企业安全生产工作。集中整治非法违法生产行为，彻底淘汰安全性能低下、危及安全生产的落后产能。

2) 严格企业安全管理

(1) 进一步规范企业生产经营行为。企业要健全完善严格的安全生产规章制度，坚持不安全不生产。加强对生产现场监督检查，严格查处违章指挥、违规作业、违反劳动纪律的"三违"行为。

(2) 及时排查治理安全隐患。企业要经常性开展安全隐患排查，并切实做到整改措施、责任、资金、时限和预案"五到位"。

(3) 强化生产过程管理的领导责任。企业主要负责人和领导班子成员要轮流现场带班。发生事故而没有领导现场带班的，对企业给予规定上限的经济处罚，并依法从重追究企业主要负责人的责任。

(4) 强化职工安全培训。企业主要负责人和安全生产管理人员、特殊工种人员一律严格考核，按国家有关规定持职业资格证书上岗；职工必须全部经过培训合格后上岗。企业用工要严格依照劳动合同法与职工签订劳动合同。

(5) 全面开展安全达标。

3) 建设坚实的技术保障体系

(1) 加强企业生产技术管理。

(2) 强制推行先进适用的技术装备。

(3) 加快安全生产技术研发。企业在年度财务预算中必须确定必要的安全投入。

4）实施更加有力的监督管理

（1）进一步加大安全监管力度。

（2）强化企业安全生产属地管理。

（3）加强建设项目安全管理。强化项目安全设施核准审批，加强建设项目的日常安全监管，严格落实审批、监管的责任。企业新建、改建、扩建工程项目的安全设施，要包括安全监控设施和防瓦斯等有害气体、防尘、排水、防火、防爆等设施，并与主体工程同时设计、同时施工、同时投入生产和使用。

（4）加强社会监督和舆论监督。

5）建设更加高效的应急救援体系

（1）加快国家安全生产应急救援基地建设。

（2）建立完善企业安全生产预警机制。企业要建立完善安全生产动态监控及预警预报体系，每月进行一次安全生产风险分析。

（3）完善企业应急预案。企业应急预案要与当地政府应急预案保持衔接，并定期进行演练。

6）严格行业安全准入

（1）加快完善安全生产技术标准。

（2）严格安全生产准入前置条件。

（3）发挥安全生产专业服务机构的作用。

7）加强政策引导

（1）制定促进安全技术装备发展的产业政策。

（2）加大安全专项投入。加强对高危行业企业安全生产费用提取和使用管理的监督检查，进一步完善高危行业企业安全生产费用财务管理制度，研究提高安全生产费用提取下限标准，适当扩大适用范围。

（3）提高工伤事故死亡职工一次性赔偿标准。从2011年1月1日起，依照《工伤保险条例》的规定，对因生产安全事故造成的职工死亡，其一次性工亡补助金标准调整为按全国上一年度城镇居民人均可支配收入的20倍计算，发放给工亡职工近亲属。同时，依法确保工亡职工一次性丧葬补助金、供养亲属抚恤金的发放。

（4）鼓励扩大专业技术和技能人才培养。进一步落实完善校企合作办学、对口单招、订单式培养等政策，鼓励高等院校、职业学校逐年扩大采矿、机电、地质、通风、安全等相关专业人才的招生培养规模，加快培养高危行业专业人才和生产一线急需的技能型人才。

8）更加注重经济发展方式转变

（1）制定落实安全生产规划。

（2）强制淘汰落后技术产品。

（3）加快产业重组步伐。

9）实行更加严格的考核和责任追究

（1）严格落实安全目标考核。

（2）加大对事故企业负责人的责任追究力度。企业发生重大生产安全责任事故，追究事故企业主要负责人责任；触犯法律的，依法追究事故企业主要负责人或企业实际控制人的法律责任。

（3）加大对事故企业的处罚力度。

（4）对打击非法生产不力的地方实行严格的责任追究。

（5）建立事故查处督办制度。

12.4　住房和城乡建设部等部门有关安全的规章条文

1.《实施工程建设强制性标准监督规定》

《实施工程建设强制性标准监督规定》于 2000 年 8 月 21 日第 27 次建设部常务会议通过，自 2000 年 8 月 25 日起施行。本规定主要规定了实施工程建设强制性标准的监督管理工作的政府部门，对工程建设各阶段执行强制性标准的情况实施监督的机构以及强制性标准监督检查的内容。

违反工程建设强制性标准的处罚规定：施工单位违反工程建设强制性标准的，责令改正，处工程合同价款 2% 以上 4% 以下的罚款；造成建设工程质量不符合规定的质量标准的，负责返工、修理，并赔偿因此而造成的损失；情节严重的，责令停业整顿，降低资质等级或者吊销资质证书。

2.《房屋建筑和市政基础设施工程施工分包管理办法》

该办法经 2003 年 11 月 8 日建设部第 21 次常务会议讨论通过，自 2004 年 4 月 1 日起施行。该办法所称施工分包，是指建筑业企业将其所承包的房屋建筑和市政基础设施工程中的专业工程或者劳务作业发包给其他建筑业企业完成的活动。房屋建筑和市政基础设施工程施工分包分为专业工程分包和劳务作业分包。该办法所称专业工程分包，是指施工总承包企业（以下简称专业分包工程发包人）将其所承包工程中的专业工程发包给具有相应资质的其他建筑业企业（以下简称专业分包工程承包人）完成的活动。该办法所称劳务作业分包，是指施工总承包企业或者专业承包企业（以下简称劳务作业发包人）将其承包工程中的劳务作业发包给劳务分包企业（以下简称劳务作业承包人）完成的活动。

（1）建设单位不得直接指定分包工程承包人。任何单位和个人不得对依法实施的分包活动进行干预。

（2）分包工程承包人必须具有相应的资质，并在其资质等级许可的范围内承揽业务。严禁个人承揽分包工程业务。

（3）专业工程分包除在施工总承包合同中有约定外，必须经建设单位认可。专业分包工程承包人必须自行完成所承包的工程。劳务作业分包由劳务作业发包人与劳务作业承包人通过劳务合同约定。劳务作业承包人必须自行完成所承包的任务。

（4）分包工程发包人和分包工程承包人应当依法签订分包合同，并按照合同履行约定的义务。分包合同必须明确约定支付工程款和劳务工资的时间、结算方式以及保证按期支付的相应措施，确保工程款和劳务工资的支付。

（5）禁止将承包的工程进行转包。不履行合同约定，将其承包的全部工程发包给他人，或者将其承包的全部工程肢解后以分包的名义分别发包给他人的，属于转包行为。

（6）禁止将承包的工程进行违法分包。下列行为，属于违法分包。

① 分包工程发包人将专业工程或者劳务作业分包给不具备相应资质条件的分包工程承包人的。

② 建设工程总承包合同中未有约定，又未经建设单位认可，承包单位将其承包的部分建设工程交由其他单位完成的。

③ 施工总承包单位将建设工程主体结构的施工分包给其他单位的。

④ 分包单位将其承包的建设工程再分包的。

（7）禁止转让、出借企业资质证书或者以其他方式允许他人以本企业名义承揽工程。分包工程发包人没有将其承包的工程进行分包，在施工现场所设项目管理机构的项目负责人、技术负责人、项目核算负责人、质量管理人员、安全管理人员不是工程承包人本单位人员的，视同允许他人以本企业名义承揽工程。

（8）分包工程发包人对施工现场的安全负责，并对分包工程承包人的安全生产进行管理。专业分包工程承包人应当将其分包工程的施工组织设计和施工安全方案报分包工程发包人备案，专业分包工程发包人发现事故隐患，应当及时作出处理。分包工程承包人就施工现场安全向分包工程发包人负责，并应当服从分包工程发包人对施工现场的安全生产管理。

3. 《关于加强建筑意外伤害保险工作的指导意见》（建质〔2003〕107号）

指导意见对建筑意外伤害保险的投保范围、保险期限等作了详细规定，并明确指出：保险费应当列入建筑安装工程成本。保险费由施工企业支付，施工企业不得向职工摊派。《建筑法》规定：建筑施工企业必须为从事危险作业的职工办理意外伤害保险，支付保险费。由施工单位作为投保人与保险公司订立保险合同，支付保险费，以本单位从事危险作业的人员作为被保险人，当被保险人在施工作业发生意外伤害事故时，由保险公司按照合同约定向被保险人或者受益人支付保险金。该项保险是法定的强制性保险，以维护施工现场从事危险作业人员的利益。

4. 《建筑施工企业主要负责人、项目负责人、专职安全生产管理人员安全生产考核管理暂行规定》（建质〔2004〕59号）

规定进一步明确，"三类人员"必须经建设行政主管部门对其安全知识和管理能力考核合格后方可任职，并接受定期进行的继续教育。根据《安全生产法》的规定，建筑施工单位的企业主要负责人、项目负责人和安全生产管理人员，应当由有关主管部门对其安全生产知识和管理能力考核合格后方可任职。

5. 《建筑工程安全防护、文明施工措施费用及使用管理规定》（建办〔2005〕89号）

2005年9月1日起施行，本规定所称安全防护、文明施工措施费用，是指按照国家现行的建筑施工安全、施工现场环境与卫生标准和有关规定，购置和更新施工安全防护用具及设施、改善安全生产条件和作业环境所需要的费用。安全防护、文明施工措施项目清单见表12-1。

表 12-1　建设工程安全防护、文明施工措施项目清单

类别	项目名称		具体要求
文明施工与环境保护	安全警示标志牌		在易发伤亡事故(或危险)处设置明显的、符合国家标准要求的安全警示标志牌
	现场围挡		(1) 现场采用封闭围挡,高度不小于1.8m。 (2) 围挡材料可采用彩色、定型钢板、砖、砼砌块等墙体
	五板一图		在进门处悬挂工程概况、管理人员名单及监督电话、安全生产、文明施工、消防保卫五板;施工现场总平面图
	企业标志		现场出入的大门应设有本企业标志或企业标志
	场容场貌		(1) 道路畅通 (2) 排水沟、排水设施通畅 (3) 工地地面硬化处理 (4) 绿化
	材料堆放		(1) 材料、构件、料具等堆放时,悬挂有名称、品种、规格等标牌。 (2) 水泥和其他易飞扬细颗粒建筑材料应密闭存放或采取覆盖等措施。 (3) 易燃、易爆和有毒有害物品分类存放
	现场防火		消防器材配置合理,符合消防要求
	垃圾清运		施工现场应设置密闭式垃圾站,施工垃圾、生活垃圾应分类存放。施工垃圾必须采用相应容器或管道运输
临时设施	现场办公生活设施		(1) 施工现场办公区、生活区与作业区分开设置,保持安全距离。 (2) 工地办公室、现场宿舍、食堂、厕所、饮水、休息场所符合卫生和安全要求
	施工现场临时用电	配电线路	(1) 按照TN-S系统要求配备五芯电缆、四芯电缆和三芯电缆 (2) 按要求架设临时用电线路的电杆、横担、瓷夹、瓷瓶等,或电缆埋地的地沟 (3) 对靠近施工现场的外电线路,设置木质、塑料等绝缘体的防护设施
		配电箱开关箱	(1) 按三级配电要求,配备总配电箱、分配电箱、开关箱3类标准电箱。开关箱应符合一机、一箱、一闸、一漏。3类电箱中的各类电器应是合格品。 (2) 按两级保护的要求,选取符合容量要求和质量合格的总配电箱和开关箱中的漏电保护器
		接地保护装置	施工现场保护零线的重复接地应不少于3处
安全施工	临边洞口交叉高处作业防护	楼板、屋面、阳台等临边防护	用密目式安全立网全封闭,作业层另加两边防护栏杆和18cm高的踢脚板
		通道口防护	设防护棚,防护棚应为不小于5cm厚的木板或两道相距50cm的竹笆。两侧应沿栏杆架用密目式安全网封闭
		预留洞口防护	用木板全封闭;短边超过1.5m长的洞口,除封闭外四周还应设有防护栏杆
		电梯井口防护	设置定型化、工具化、标准化的防护门;在电梯井内每隔两层(不大于10m)设置一道安全平网
		楼梯边防护	设1.2m高的定型化、工具化、标准化的防护栏杆,18cm高的踢脚板
		垂直方向交叉作业防护	设置防护隔离棚或其他设施
		高空作业防护	有悬挂安全带的悬索或其他设施;有操作平台;有上下的梯子或其他形式的通道

　　注:本表所列建筑工程安全防护、文明施工措施项目,是依据现行法律法规及标准规范确定。如修订法律法规和标准规范,本表所列项目应按照修订后的法律法规和标准规范进行调整。

建筑工程安全防护、文明施工措施费用是由《建筑安装工程费用项目组成》（建标〔2003〕206号）中措施费所含的文明施工费，环境保护费，临时设施费，安全施工费组成。

其中安全施工费由临边、洞口、交叉、高处作业安全防护费，危险性较大工程安全措施费及其他费用组成。危险性较大工程安全措施费及其他费用项目组成由各地建设行政主管部门结合本地区实际自行确定。

建设单位申请领取建筑工程施工许可证时，应当将施工合同中约定的安全防护、文明施工措施费用支付计划作为保证工程安全的具体措施提交建设行政主管部门。未提交的，建设行政主管部门不予核发施工许可证。

建设单位应当按照本规定及合同约定及时向施工单位支付安全防护、文明施工措施费，并督促施工企业落实安全防护、文明施工措施。

工程监理单位应当对施工单位落实安全防护、文明施工措施情况进行现场监理。对施工单位已经落实的安全防护、文明施工措施，总监理工程师或者造价工程师应当及时审查并签认所发生的费用。监理单位发现施工单位未落实施工组织设计及专项施工方案中安全防护和文明施工措施的，有权责令其立即整改；对施工单位拒不整改或未按期限要求完成整改的，工程监理单位应当及时向建设单位和建设行政主管部门报告，必要时责令其暂停施工。

施工单位应当确保安全防护、文明施工措施费专款专用，在财务管理中单独列出安全防护、文明施工措施项目费用清单备查。施工单位安全生产管理机构和专职安全生产管理人员负责对建筑工程安全防护、文明施工措施的组织实施进行现场监督检查，并有权向建设主管部门反映情况。工程总承包单位对建筑工程安全防护、文明施工措施费用的使用负总责。总承包单位应当按照本规定及合同约定及时向分包单位支付安全防护、文明施工措施费用。总承包单位不按本规定和合同约定支付费用，造成分包单位不能及时落实安全防护措施导致发生事故的，由总承包单位负主要责任。

6. 《建筑工程安全生产监督管理工作导则》

自2005年10月13日执行。

（1）建设行政主管部门应当依照有关法律法规，针对有关责任主体和工程项目，健全完善以下安全生产监督管理制度。

① 建筑施工企业安全生产许可证制度。

② 建筑施工企业"三类人员"安全生产任职考核制度。

③ 建筑工程安全施工措施备案制度。

④ 建筑工程开工安全条件审查制度。

⑤ 施工现场特种作业人员持证上岗制度。

⑥ 施工起重机械使用登记制度。

⑦ 建筑工程生产安全事故应急救援制度。

⑧ 危及施工安全的工艺、设备、材料淘汰制度。

⑨ 法律法规规定的其他有关制度。

（2）各地区建设行政主管部门可结合实际，在本级机关建立以下安全生产工作制度。

① 建筑工程安全生产形势分析制度。

② 建筑工程安全生产联络员制度。

③ 建筑工程安全生产预警提示制度。

④ 建筑工程重大危险源公示和跟踪整改制度。

⑤ 建筑工程安全生产监管责任层级监督与重点地区监督检查制度。

⑥ 建筑工程安全重特大事故约谈制度。

⑦ 建筑工程安全生产监督执法人员培训考核制度。

⑧ 建筑工程安全监督管理档案评查制度。

⑨ 建筑工程安全生产信用监督和失信惩戒制度。

（3）对施工单位的安全生产监督管理。

建设行政主管部门对施工单位安全生产监督管理的内容主要有以下几个方面。

①《安全生产许可证》办理情况。

② 建筑工程安全防护、文明施工措施费用的使用情况。

③ 设置安全生产管理机构和配备专职安全管理人员情况。

④ "三类人员" 经主管部门安全生产考核情况。

⑤ 特种作业人员持证上岗情况。

⑥ 安全生产教育培训计划制定和实施情况。

⑦ 施工现场作业人员意外伤害保险办理情况。

⑧ 职业危害防治措施制定情况，安全防护用具和安全防护服装的提供及使用管理情况。

⑨ 施工组织设计和专项施工方案编制、审批及实施情况。

⑩ 生产安全事故应急救援预案的建立与落实情况。

⑪ 企业内部安全生产检查开展和事故隐患整改情况。

⑫ 重大危险源的登记、公示与监控情况。

⑬ 生产安全事故的统计、报告和调查处理情况。

⑭ 其他有关事项。

建设行政主管部门对施工单位安全生产监督管理的方式主要有以下几种。

① 日常监管。

a. 听取工作汇报或情况介绍。

b. 查阅相关文件资料和资质资格证明。

c. 考察、问询有关人员。

d. 抽查施工现场或勘察现场，检查履行职责情况。

e. 反馈监督检查意见。

② 安全生产许可证动态监管。

a. 对于承建施工企业未取得安全生产许可证的工程项目，不得颁发施工许可证。

b. 发现未取得安全生产许可证施工企业从事施工活动的，严格按照《安全生产许可证条例》进行处罚。

c. 取得安全生产许可证后，对降低安全生产条件的，暂扣安全生产许可证，限期整改，整改不合格的，吊销安全生产许可证。

d. 对于发生重大事故的施工企业，立即暂扣安全生产许可证，并限期整改。生产安全事故所在地建设行政主管部门(跨省施工的,由事故所在地省级建设行政主管部门)要及时将事故情况通报给发生事故施工单位的安全生产许可证颁发机关。

e. 对向不具备法定条件施工企业颁发安全生产许可证的,及向承建施工企业未取得安全生产许可证的项目颁发施工许可证的,要严肃追究有关主管部门的违法发证责任。

(4) 对施工现场的安全生产监督管理。

① 建设行政主管部门对工程项目开工前的安全生产条件审查。在颁发项目施工许可证前,建设单位或建设单位委托的监理单位,应当审查施工企业和现场各项安全生产条件是否符合开工要求,并将审查结果报送工程所在地建设行政主管部门。审查的主要内容是:施工企业和工程项目安全生产责任体系、制度、机构建立情况,安全监管人员配备情况,各项安全施工措施与项目施工特点结合情况,现场文明施工、安全防护和临时设施等情况。建设行政主管部门对审查结果进行复查。必要时,到工程项目施工现场进行抽查。

② 建设行政主管部门对工程项目开工后的安全生产监管。

a. 工程项目各项基本建设手续办理情况、有关责任主体和人员的资质和执业资格情况。

b. 施工、监理单位等各方主体按本导则相关内容的要求履行安全生产监管职责情况。

c. 施工现场实体防护情况,施工单位执行安全生产法律、法规和标准规范情况。

d. 施工现场文明施工情况。

e. 其他有关事项。

③ 建设行政主管部门对施工现场安全生产情况的监督检查可采取下列方式。

a. 查阅相关文件资料和现场防护、文明施工情况。

b. 询问有关人员安全生产监管职责履行情况。

c. 反馈检查意见,通报存在问题。对发现的事故隐患,下发整改通知书,限期改正;对存在重大安全隐患的,下达停工整改通知书,责令立即停工,限期改正。对施工现场整改情况进行复查验收,逾期未整改的,依法予以行政处罚。

④ 监督检查后,建设行政主管部门作出书面安全监督检查记录。

⑤ 工程竣工后,将历次检查记录和日常监管情况纳入建筑工程安全生产责任主体和从业人员安全信用档案,并作为对安全生产许可证动态监管的重要依据。

7. 《高危行业企业安全生产费用财务管理暂行办法》(财企 [2006] 478 号,以下简称《暂行办法》)

安全生产费用是指企业按照规定标准提取,在成本中列支,专门用于完善和改进企业安全生产条件的资金,按照"企业提取、政府监管、确保需要、规范使用"的原则进行财务管理。2006 年 12 月 8 日,财政部、国家安全生产监督管理总局联合发布了《暂行办法》,进一步确立在矿山开采、建筑施工、危险品生产以及道路交通运输行业全面实行安全费用制度。明确指出建筑施工是指土木工程、建筑工程、井巷工程、线路管道和设备安装及装修工程的新建、扩建、改建以及矿山建设。

该《暂行办法》自 2007 年 1 月 1 日开始实施后,建筑施工企业以建筑安装工程造价为计算和提取的依据,提取的安全费用列入工程造价,在竞标时不得删减。各工程类别安全费用提取标准为:房屋建筑工程、矿山工程为 2.0%;电力工程、水利水电工程、铁路工程为 1.5%；市政公用工程、冶炼工程、机电安装工程、化工石油工程、港口与航道工程、公路工程、通信工程为 1.0%。

《暂行办法》明确规定安全费用应当用于：完善、改造和维护安全防护设备、设施支出；配备必要的应急救援器材、设备和现场作业人员安全防护物品支出；安全生产检查与评价支出；重大危险源、重大事故隐患的评估、整改、监控支出；安全技能培训及进行应急救援演练支出；其他与安全生产直接相关的支出。

为了确保安全费用的正常使用，《暂行办法》要求企业提取安全费用应当专户核算，按规定范围安排使用。《暂行办法》还指出，企业应当为从事高危作业人员办理团体人身意外伤害保险或个人意外伤害保险，所需保险费用直接列入工程成本，不在安全费用中列支。企业为职工提供的职业病防治、工伤保险、医疗保险所需费用，不得在安全费用中列支。

8. 《建筑施工企业安全生产管理机构设置及专职安全生产管理人员配备办法》（建质〔2008〕91号）

该办法规定，总承包单位配备项目专职安全生产管理人员应当满足下列要求。

(1) 建筑工程、装修工程按照建筑面积配备。

① 1 万 m² 以下的工程不少于 1 人。

② 1 万～5 万 m² 的工程不少于 2 人。

③ 5 万 m² 及以上的工程不少于 3 人，且按专业配备专职安全生产管理人员。

(2) 土木工程、线路管道、设备安装工程按照工程合同价配备。

① 5000 万元以下的工程不少于 1 人。

② 5000 万～1 亿元的工程不少于 2 人。

③ 1 亿元及以上的工程不少于 3 人，且按专业配备专职安全生产管理人员。

9. 《建筑起重机械安全监督管理规定》

《建筑起重机械安全监督管理规定》于 2008 年 1 月 8 日经建设部第 145 次常务会议讨论通过，自 2008 年 6 月 1 日起施行。

1) 出租单位的规定

(1) 出租单位出租的建筑起重机械和使用单位购置、租赁、使用的建筑起重机械应当具有特种设备制造许可证、产品合格证、制造监督检验证明。

(2) 出租单位在建筑起重机械首次出租前，自购建筑起重机械的使用单位在建筑起重机械首次安装前，应当持建筑起重机械特种设备制造许可证、产品合格证和制造监督检验证明到本单位工商注册所在地县级以上地方人民政府建设主管部门办理备案。

(3) 出租单位应当在签订的建筑起重机械租赁合同年，明确租赁双方的安全责任，并出具建筑起重机械特种设备制造许可证、产品合格证、制造监督检验证明、备案证明和自检合格证明，提交安装使用说明。

(4) 有下列情形之一的建筑起重机械，不得出租、使用。

① 属国家明令淘汰或者禁止使用的。

② 超过安全技术标准或者制造厂家规定的使用年限的。

③ 经检验达不到安全技术标准规定的。

④ 没有完整安全技术档案的。

⑤ 没有齐全有效的安全保护装置的。

（5）出租单位、自购建筑起重机械的使用单位，应当建立建筑起重机械安全技术档案。

（6）建筑起重机械安全技术档案应当包括以下资料。

① 购销合同、制造许可证、产品合格证、制造监督检验证明、安装使用说明书、备案证明等原始资料。

② 定期检验报告、定期自行检查记录、定期维护保养记录、维修和技术改造记录、运行故障和生产安全事故记录、累计运转记录等运行资料。

③ 历次安装验收资料。

2) 安装单位的规定

（1）从事建筑起重机械的安装、拆卸活动的单位（以下简称安装单位）应当依法取得建设主管部门颁发的相应资质和建筑施工企业安全生产许可证，并在其资质许可范围内承揽建筑起重机械安装、拆卸工程。

（2）建筑起重机械使用单位和安装单位应当在签订的建筑起重机械安装、拆卸合同中明确双方的安全生产责任。

（3）实行施工总承包的，施工总承包单位应当与安装单位签订建筑起重机械安装、拆卸工程安全协议书。

（4）安装单位应当履行下列安全职责。

① 按照安全技术标准及建筑起重机械性能要求，编制建筑起重机械安装、拆卸工程专项施工方案，并由本单位技术负责人签字。

② 按照安全技术标准及安装使用说明书等检查建筑起重机械及现场施工条件。

③ 组织安全施工技术交底并签字确认。

④ 制定建筑起重机械安装、拆卸工程生产安全事故应急救援预案。

⑤ 将建筑起重机械安装、拆卸工程专项施工方案，安装、拆卸人员名单，安装、拆卸时间等材料报施工总承包单位和监理单位审核后，告知工程所在地县级以上地方人民政府建设主管部门。

（5）安装单位应当按照建筑起重机械安装、拆卸工程专项施工方案及安全操作规程组织安装、拆卸作业。

（6）安装单位的专业技术人员、专职安全生产管理人员应当进行现场监督，技术负责人应当定期巡查。

（7）建筑起重机械安装完毕后，安装单位应当按照安全技术标准及安装使用说明书的有关要求对建筑起重机械进行自检、调试和试运转。自检合格的，应当出具自检合格证明，并向使用单位进行安全使用说明。

（8）安装单位应当建立建筑起重机械安装、拆卸工程档案。

（9）建筑起重机械安装、拆卸工程档案应当包括以下资料。

① 安装、拆卸合同及安全协议书。

② 安装、拆卸工程专项施工方案。

③ 安全施工技术交底的有关资料。

④ 安装工程验收资料。

⑤ 安装、拆卸工程生产安全事故应急救援预案。

3）使用单位的规定

（1）建筑起重机械安装完毕后，使用单位应当组织出租、安装、监理等有关单位进行验收，或者委托具有相应资质的检验检测机构进行验收。建筑起重机械经验收合格后方可投入使用，未经验收或者验收不合格的不得使用。

（2）实行施工总承包的，由施工总承包单位组织验收。

（3）建筑起重机械在验收前应当经有相应资质的检验检测机构监督检验合格。

（4）检验检测机构和检验检测人员对检验检测结果、鉴定结论依法承担法律责任。

（5）使用单位应当自建筑起重机械安装验收合格之日起 30 日内，将建筑起重机械安装验收资料、建筑起重机械安全管理制度、特种作业人员名单等，向工程所在地县级以上地方人民政府建设主管部门办理建筑起重机械使用登记。登记标志置于或者附着于该设备的显著位置。

（6）使用单位应当履行下列安全职责。

① 根据不同施工阶段、周围环境以及季节、气候的变化，对建筑起重机械采取相应的安全防护措施。

② 制定建筑起重机械生产安全事故应急救援预案。

③ 在建筑起重机械活动范围内设置明显的安全警示标志，对集中作业区做好安全防护。

④ 设置相应的设备管理机构或者配备专职的设备管理人员。

⑤ 指定专职设备管理人员、专职安全生产管理人员进行现场监督检查。

⑥ 建筑起重机械出现故障或者发生异常情况的，立即停止使用，消除故障和事故隐患后，方可重新投入使用。

（7）使用单位应当对在用的建筑起重机械及其安全保护装置、吊具、索具等进行经常性和定期的检查、维护和保养，并做好记录。

（8）使用单位在建筑起重机械租期结束后，应当将定期检查、维护和保养记录移交出租单位。

（9）建筑起重机械租赁合同对建筑起重机械的检查、维护、保养另有约定的，从其约定。

（10）建筑起重机械在使用过程中需要附着的，使用单位应当委托原安装单位或者具有相应资质的安装单位按照专项施工方案实施，并按照本规定第 16 条规定组织验收。验收合格后方可投入使用。

（11）建筑起重机械在使用过程中需要顶升的，使用单位委托原安装单位或者具有相应资质的安装单位按照专项施工方案实施后，即可投入使用。

（12）禁止擅自在建筑起重机械上安装非原制造厂制造的标准节和附着装置。

（13）施工总承包单位应当履行下列安全职责。

① 向安装单位提供拟安装设备位置的基础施工资料，确保建筑起重机械进场安装、拆卸所需的施工条件。

② 审核建筑起重机械的特种设备制造许可证、产品合格证、制造监督检验证明、备案证明等文件。

③ 审核安装单位、使用单位的资质证书、安全生产许可证和特种作业人员的特种作业操作资格证书。

④ 审核安装单位制定的建筑起重机械安装、拆卸工程专项施工方案和生产安全事故应急救援预案。

⑤ 审核使用单位制定的建筑起重机械生产安全事故应急救援预案。

⑥ 指定专职安全生产管理人员监督检查建筑起重机械的安装、拆卸、使用情况。

⑦ 施工现场有多台塔式起重机作业时，应当组织制定并实施防止塔式起重机相互碰撞的安全措施。

10. 《建筑起重机械备案登记办法》(建质［2008］76号)

该办法自 2008 年 6 月 1 日起施行。

(1) 建筑起重机械出租单位或者自购建筑起重机械使用单位(以下简称"产权单位")在建筑起重机械首次出租或安装前，应当向本单位工商注册所在地县级以上地方人民政府建设主管部门(以下简称"设备备案机关")办理备案。

(2) 从事建筑起重机械安装、拆卸活动的单位(以下简称"安装单位")办理建筑起重机械安装(拆卸)告知手续前，应当将以下资料报送施工总承包单位、监理单位审核。

① 建筑起重机械备案证明。

② 安装单位资质证书、安全生产许可证副本。

③ 安装单位特种作业人员证书。

④ 建筑起重机械安装(拆卸)工程专项施工方案。

⑤ 安装单位与使用单位签订的安装(拆卸)合同及安装单位与施工总承包单位签订的安全协议书。

⑥ 安装单位负责建筑起重机械安装(拆卸)工程专职安全生产管理人员、专业技术人员名单。

⑦ 建筑起重机械安装(拆卸)工程生产安全事故应急救援预案。

⑧ 辅助起重机械资料及其特种作业人员证书。

⑨ 施工总承包单位、监理单位要求的其他资料。

(3) 施工总承包单位、监理单位应当在收到安装单位提交的齐全有效的资料之日起 2 个工作日内审核完毕并签署意见。

(4) 安装单位应当在建筑起重机械安装(拆卸)前 2 个工作日内通过书面形式、传真或者计算机信息系统告知工程所在地县级以上地方人民政府建设主管部门，同时按规定提交经施工总承包单位、监理单位审核合格的有关资料。

(5) 建筑起重机械使用单位在建筑起重机械安装验收合格之日起 30 日内，向工程所在地县级以上地方人民政府建设主管部门(以下简称"使用登记机关")办理使用登记。

11. 《危险性较大的分部分项工程安全管理办法》

为进一步规范和加强对危险性较大的分部分项工程安全管理，积极防范和遏制建筑施工生产安全事故的发生，住房和城乡建设部组织修订了《危险性较大的分部分项工程安全管理办法》，于 2009 年 5 月 13 日执行。

(1) 建设单位在申请领取施工许可证或办理安全监督手续时，应当提供危险性较大的分部分项工程清单和安全管理措施。施工单位、监理单位应当建立危险性较大的分部分项工程安全管理制度。

（2）施工单位应当在危险性较大的分部分项工程施工前编制专项方案；对于超过一定规模的危险性较大的分部分项工程，施工单位应当组织专家对专项方案进行论证。

（3）专项方案应当由施工单位技术部门组织本单位施工技术、安全、质量等部门的专业技术人员进行审核。经审核合格的，由施工单位技术负责人签字。实行施工总承包的，专项方案应当由总承包单位技术负责人及相关专业承包单位技术负责人签字。不需专家论证的专项方案，经施工单位审核合格后报监理单位，由项目总监理工程师审核签字。

（4）超过一定规模的危险性较大的分部分项工程专项方案应当由施工单位组织召开专家论证会。实行施工总承包的，由施工总承包单位组织召开专家论证会。下列人员应当参加专家论证会。

① 专家组成员。

② 建设单位项目负责人或技术负责人。

③ 监理单位项目总监理工程师及相关人员。

④ 施工单位分管安全的负责人、技术负责人、项目负责人、项目技术负责人、专项方案编制人员、项目专职安全生产管理人员。

（5）勘察、设计单位项目技术负责人及相关人员。

（6）施工单位应当根据论证报告修改完善专项方案，并经施工单位技术负责人、项目总监理工程师、建设单位项目负责人签字后，方可组织实施。实行施工总承包的，应当由施工总承包单位、相关专业承包单位技术负责人签字。

（7）对于按规定需要验收的危险性较大的分部分项工程，施工单位、监理单位应当组织有关人员进行验收。验收合格的，经施工单位项目技术负责人及项目总监理工程师签字后，方可进入下一道工序。

（8）监理单位应当将危险性较大的分部分项工程列入监理规划和监理实施细则，应当针对工程特点、周边环境和施工工艺等，制定安全监理工作流程、方法和措施。

（9）监理单位应当对专项方案实施情况进行现场监理；对不按专项方案实施的，应当责令整改，施工单位拒不整改的，应当及时向建设单位报告；建设单位接到监理单位报告后，应当立即责令施工单位停工整改；施工单位仍不停工整改的，建设单位应当及时向住房城乡建设主管部门报告。

（10）建设单位未按规定提供危险性较大的分部分项工程清单和安全管理措施，未责令施工单位停工整改的，未向住房城乡建设主管部门报告的；施工单位未按规定编制、实施专项方案的；监理单位未按规定审核专项方案或未对危险性较大的分部分项工程实施监理的；住房城乡建设主管部门应当依据有关法律法规予以处罚。

危险性极大的分部分项工程范围及超过一定规模的危险性较大的部分项工程范围详见附件一和附件二。

附件一：危险性较大的分部分项工程范围

1. 基坑支护、降水工程

开挖深度超过3m(含3m)或虽未超过3m但地质条件和周边环境复杂的基坑(槽)支护、降水工程。

2. 土方开挖工程

开挖深度超过3m(含3m)的基坑(槽)的土方开挖工程。

3. 模板工程及支撑体系

（1）各类工具式模板工程：包括大模板、滑模、爬模、飞模等工程。

（2）混凝土模板支撑工程：搭设高度5m及以上；搭设跨度10m及以上；施工总荷载10kN/m²及以上；集中线荷载15kN/m及以上；高度大于支撑水平投影宽度且相对独立无联系构件的混凝土模板支撑工程。

（3）承重支撑体系：用于钢结构安装等满堂支撑体系。

4．起重吊装及安装拆卸工程

（1）采用非常规起重设备、方法，且单件起吊重量在10kN及以上的起重吊装工程。

（2）采用起重机械进行安装的工程。

（3）起重机械设备自身的安装、拆卸。

5．脚手架工程

（1）搭设高度24m及以上的落地式钢管脚手架工程。

（2）附着式整体和分片提升脚手架工程。

（3）悬挑式脚手架工程。

（4）吊篮脚手架工程。

（5）自制卸料平台、移动操作平台工程。

（6）新型及异型脚手架工程。

6．拆除、爆破工程

（1）建筑物、构筑物拆除工程。

（2）采用爆破拆除的工程。

7．其他

（1）建筑幕墙安装工程。

（2）钢结构、网架和索膜结构安装工程。

（3）人工挖扩孔桩工程。

（4）地下暗挖、顶管及水下作业工程。

（5）预应力工程。

（6）采用新技术、新工艺、新材料、新设备及尚无相关技术标准的危险性较大的分部分项工程。

附件二：超过一定规模的危险性较大的分部分项工程范围

1．深基坑工程

（1）开挖深度超过5m（含5m）的基坑（槽）的土方开挖、支护、降水工程。

（2）开挖深度虽未超过5m，但地质条件、周围环境和地下管线复杂，或影响毗邻建筑（构筑）物安全的基坑（槽）的土方开挖、支护、降水工程。

2．模板工程及支撑体系

（1）工具式模板工程：包括滑模、爬模、飞模工程。

（2）混凝土模板支撑工程：搭设高度8m及以上；搭设跨度18m及以上；施工总荷载15kN/m²及以上；集中线荷载20kN/m及以上。

（3）承重支撑体系：用于钢结构安装等满堂支撑体系，承受单点集中荷载700kg以上。

3．起重吊装及安装拆卸工程

（1）采用非常规起重设备、方法，且单件起吊重量在100kN及以上的起重吊装工程。

（2）起重量300kN及以上的起重设备安装工程；高度200m及以上内爬起重设备的拆除工程。

4．脚手架工程

（1）搭设高度50m及以上落地式钢管脚手架工程。

（2）提升高度150m及以上附着式整体和分片提升脚手架工程。

（3）架体高度20m及以上悬挑式脚手架工程。

5. 拆除、爆破工程

(1)采用爆破拆除的工程。

(2)码头、桥梁、高架、烟囱、水塔或拆除中容易引起有毒有害气(液)体或粉尘扩散、易燃易爆事故发生的特殊建、构筑物的拆除工程。

(3)可能影响行人、交通、电力设施、通讯设施或其他建、构筑物安全的拆除工程。

(4)文物保护建筑、优秀历史建筑或历史文化风貌区控制范围的拆除工程。

6. 其他

(1)施工高度 50m 及以上的建筑幕墙安装工程。

(2)跨度大于 36m 及以上的钢结构安装工程;跨度大于 60m 及以上的网架和索膜结构安装工程。

(3)开挖深度超过 16m 的人工挖孔桩工程。

(4)地下暗挖工程、顶管工程、水下作业工程。

12.《作业场所职业健康监督管理暂行规定》

2009 年 6 月 15 日经国家安全生产监督管理总局局长办公会议审议通过,自 2009 年 9 月 1 日起施行。

(1)生产经营单位应当加强作业场所的职业危害防治工作,为从业人员提供符合法律、法规、规章和国家标准、行业标准的工作环境和条件,采取有效措施,保障从业人员的职业健康。

(2)任何单位和个人均有权向安全生产监督管理部门举报生产经营单位违反本规定的行为和职业危害事故。

(3)生产经营单位的主要负责人和职业健康管理人员应当具备与本单位所从事的生产经营活动相适应的职业健康知识和管理能力,并接受安全生产监督管理部门组织的职业健康培训。

(4)生产经营单位应当对从业人员进行上岗前的职业健康培训和在岗期间的定期职业健康培训,普及职业健康知识,督促从业人员遵守职业危害防治的法律、法规、规章、国家标准、行业标准和操作规程。

(5)建设项目的职业危害防护设施应当与主体工程同时设计、同时施工、同时投入生产和使用(以下简称"三同时")。职业危害防护设施所需费用应当纳入建设项目工程预算。

(6)建设项目在竣工验收前,建设单位应当按照有关规定委托具有相应资质的职业健康技术服务机构进行职业危害控制效果评价。建设项目竣工验收时,其职业危害防护设施依法经验收合格,取得职业危害防护设施验收批复文件后,方可投入生产和使用。职业危害控制效果评价报告、职业危害防护设施验收批复文件应当报送建设项目所在地安全生产监督管理部门备案。

(7)生产经营单位必须为从业人员提供符合国家标准、行业标准的职业危害防护用品,并督促、教育、指导从业人员按照使用规则正确佩戴、使用,不得用发放钱物替代发放职业危害防护用品。生产经营单位应当对职业危害防护用品进行经常性的维护、保养,确保防护用品有效。不得使用不符合国家标准、行业标准或者已经失效的职业危害防护用品。生产经营单位对职业危害防护设施应当进行经常性的维护、检修和保养,定期检测其性能和效果,确保其处于正常状态。不得擅自拆除或者停止使用职业危害防护设施。

13.《建设工程高大模板支撑系统施工安全监督管理导则》

自 2009 年 10 月 26 日实施。

（1）该导则所称高大模板支撑系统是指建设工程施工现场混凝土构件模板支撑高度超过 8m，或搭设跨度超过 18m，或施工总荷载大于 $15kN/m^2$，或集中线荷载大于 $20kN/m$ 的模板支撑系统。

（2）施工单位应依据国家现行相关标准规范，由项目技术负责人组织相关专业技术人员，结合工程实际，编制高大模板支撑系统的专项施工方案。高大模板支撑系统专项施工方案，应先由施工单位技术部门组织本单位施工技术、安全、质量等部门的专业技术人员进行审核，经施工单位技术负责人签字后，再按照相关规定组织专家论证。施工单位根据专家组的论证报告，对专项施工方案进行修改完善，并经施工单位技术负责人、项目总监理工程师、建设单位项目负责人批准签字后，方可组织实施。

（3）监理单位应编制安全监理实施细则，明确对高大模板支撑系统的重点审核内容、检查方法和频率要求。

（4）高大模板支撑系统应在搭设完成后，由项目负责人组织验收，验收人员应包括施工单位和项目两级技术人员，项目安全、质量、施工人员，监理单位的总监和专业监理工程师。验收合格，经施工单位项目技术负责人及项目总监理工程师签字后，方可进入后续工序的施工。

（5）混凝土浇筑前，施工单位项目技术负责人、项目总监确认具备混凝土浇筑的安全生产条件后，签署混凝土浇筑令，方可浇筑混凝土。

（6）高大模板支撑系统拆除前，项目技术负责人、项目总监应核查混凝土同条件试块强度报告，浇筑混凝土达到拆模强度后方可拆除，并履行拆模审批签字手续。

（7）监理单位对高大模板支撑系统的搭设、拆除及混凝土浇筑实施巡视检查，发现安全隐患应责令整改，对施工单位拒不整改或拒不停止施工的，应当及时向建设单位报告。

14. 《关于加强重大工程安全质量保障措施的通知》

2009 年 12 月 14 日国家发展改革委、工业和信息化部、住房城乡建设部、交通运输部、铁道部、水利部、安全监管总局联合发出通知要求。

（1）科学确定并严格执行合理的工程建设周期，合理的工程建设周期是保证工程安全质量的重要前提。有关方面对此要高度重视，科学确定并严格执行合理工期。

（2）充分做好工程开工前的准备工作。工程开工前的准备工作是保证工程安全质量的基础环节。要充分做好规划、可行性研究、初步设计、招标投标、征地拆迁等各阶段的准备工作，为有效预防安全质量事故打下坚实基础。

（3）切实加强工程建设全过程安全质量管理。工程的实施是项目建设的中心环节。建设、勘察、设计、施工、监理单位等有关方面应认真贯彻执行《建设工程质量管理条例》和《建设工程安全生产管理条例》，切实提高安全质量意识，强化安全质量管理，确保工程质量安全。加强工程监理，减少安全质量隐患。监理单位应认真审查施工组织设计中的安全技术措施，确保专项施工方案符合工程建设强制性标准。要发挥现场监理作用，确保施工的关键部位、关键环节、关键工序监理到位。落实安全监理巡查责任，履行对重大安全隐患和事故的督促整改和报告责任。

（4）严格落实安全质量责任。

① 严格落实工程安全质量责任制。建设单位对项目建设的安全质量负总责，勘察设计单位对勘察、设计安全质量负责，施工单位对建设工程施工安全质量负责，监理单位对

施工安全质量承担监理责任。相关单位违反国家规定，降低工程安全质量标准的，依法追究责任。由此发生的费用由责任单位承担。

②严格注册执业人员责任。注册建筑师、勘察设计注册工程师等注册执业人员对其签字的设计文件负责。施工单位确定的工程项目经理、技术负责人和施工管理责任人按照各自职责对施工负责。总监理工程师、监理工程师按各自职责对监理工作负责。造成安全质量事故的，要依法追究有关方面责任。

（5）建立健全快速有效的应急救援体系。进一步建立健全快速有效的应急救援体系，确保在发生重大工程安全事故时能够及时有效地开展应急救援工作，最大限度减少人员伤亡和财产损失，防止安全质量事故扩大蔓延，保障项目建设秩序尽快恢复。

（6）全面提高基础保障能力。

15.《关于进一步做好建筑生产安全事故处理工作的通知》（建质〔2009〕296号）

该通知于2009年12月25日下发。通知要求各地住房城乡建设主管部门要按照《生产安全事故报告和调查处理条例》规定的内容和时限，及时上报事故有关情况。逐级上报事故情况时，每级上报的时间不得超过2小时。对于特重大事故，省级住房城乡建设主管部门要在事故发生后3小时内，通过传真方式将情况上报住房城乡建设部。对于情况不太清楚、内容不全的，了解情况后要及时补充上报。情况紧急、性质严重的事故，可先电话报告，了解核实情况后再以书面形式上报。事故应急处置过程中，要及时续报有关情况。省级住房城乡建设主管部门要加大事故处罚力度，对于不履行职责、不落实责任，导致发生生产安全事故的责任单位和责任人员，要真正按照"四不放过"的原则和依法依规、实事求是、注重实效的要求，严肃追究事故责任。

16.《特种作业人员安全技术培训考核管理规定》

2010年4月26日经国家安全生产监督管理总局局长办公会议审议通过，自2010年7月1日起施行。

特种作业人员必须经专门的安全技术培训并考核合格，取得中华人民共和国特种作业操作证（以下简称特种作业操作证）后，方可上岗作业。特种作业操作证每3年复审1次。特种作业人员在特种作业操作证有效期内，连续从事本工种10年以上，严格遵守有关安全生产法律法规的，经原考核发证机关或者从业所在地考核发证机关同意，特种作业操作证的复审时间可以延长至每6年1次。

17.《关于贯彻落实国务院关于进一步加强企业安全生产工作的通知的实施意见》（建质〔2010〕164号）

该实施意见于2010年10月13日下发，为贯彻落实《国务院关于进一步加强企业安全生产工作的通知》（国发〔2010〕23号，以下简称《通知》精神，严格落实企业安全生产责任，全面提高建筑施工安全管理水平，住房和城乡建设部提出以下实施意见。

（1）《通知》是继2004年《国务院关于进一步加强安全生产工作的决定》之后的又一重要文件，充分体现了党中央、国务院对安全生产工作的高度重视。《通知》进一步明确了现阶段安全生产工作的总体要求和目标任务，提出了新形势下加强安全生产工作的一系列政策措施，是指导全国安全生产工作的纲领性文件。

（2）规范企业生产经营行为。企业是安全生产的主体，要健全和完善严格的安全生产制度，坚持不安全不生产。施工企业要设立独立的安全生产管理机构，配备足够的专职安全生产管理人员，取得安全生产许可证后方可从事建筑施工活动。建设单位要依法履行安全责任，不得压缩工程项目的合理工期、合理造价，及时支付安全生产费用。监理企业要熟练掌握建筑安全生产方面的法律法规和标准规范，严格实施施工现场的安全监理。

（3）强化施工过程管理的领导责任。企业要加强工程项目施工过程的日常安全管理。工程项目要有施工企业负责人或项目负责人、监理企业负责人或项目监理负责人在现场带班，并与工人同时上班、同时下班。对无负责人带班或该带班而未带班的，对有关负责人按擅离职守处理，同时给予规定上限的经济处罚。发生事故而没有负责人现场带班的，对企业给予规定上限的经济处罚，并依法从重追究企业主要负责人的责任。

（4）认真排查治理施工安全隐患。企业要经常性开展安全隐患排查，切实做到整改措施、责任、资金、时限和预案"五到位"。要对在建工程项目涉及的深基坑、高大模板、脚手架、建筑起重机械设备等施工部位和环节进行重点检查和治理，并及时消除隐患。对重大隐患，企业负责人要现场监督整改，确保隐患消除后再继续施工。

（5）加强安全生产教育培训。企业主要负责人、项目负责人、专职安全生产管理人员必须参加安全生产教育培训，按有关规定取得安全生产考核合格证书。工程项目的特种作业人员，必须经安全教育培训，取得特种作业人员考核合格证书后方可上岗。要加强对施工现场一线操作人员尤其是农民工的安全教育培训，使其掌握安全操作基本技能和安全防护救护知识。对新入场和进入新岗位的作业人员，必须进行安全培训教育，没有经过培训的不得上岗。企业每年要对所有人员至少进行一次安全教育培训。对存在无证上岗、不经培训上岗等问题的企业，要依法进行处罚。

（6）推进建筑施工安全标准化。企业要深入开展以施工现场安全防护标准化为主要内容的建筑施工安全标准化活动，提高施工安全管理的精细化、规范化程度。要健全建筑施工安全标准化的各项内容和制度，从工程项目涉及的脚手架、模板工程、施工用电和建筑起重机械设备等主要环节入手，作出详细的规定和要求，并细化和量化相应的检查标准。对建筑施工安全标准化不达标，不具备安全生产条件的企业，要依法暂扣其安全生产许可证。

（7）完善安全技术保障体系。企业要加强安全生产技术管理，强化技术管理机构的安全职能，按规定配备安全技术人员。要确保必要的安全研发经费投入，推动安全生产科技水平不断提高。要积极推进信息化建设，充分应用高科技手段，工程项目的起重机械设备等重点部位要安装安全监控管理系统。

（8）完善安全预警应急机制。企业要建立完善安全生产动态监控及预警预报体系，对所属工程项目定期进行安全隐患和风险的排查分析。要加强对深基坑等危险性较大的分部分项工程的监测，并增加安全隐患和风险排查分析的频次。企业要制定完善的应急救援预案，有专门机构和人员负责，配备必要的应急救援器材和设备，并定期组织演练，提高应急救援能力。

（9）加大安全生产专项投入。企业要加强对安全生产费用的管理，确保安全生产费用足额投入。

（10）严厉打击违法违规行为。

（11）加强建筑市场监督管理。

（12）严肃查处生产安全事故。要依法严格查处，按照"四不放过"的原则，严肃追究事故责任者的责任。

(13) 加强社会和舆论监督。

(14) 完善安全生产法规体系。

(15) 加强建筑安全科技研究。

(16) 加强安全监管队伍建设。

18.《关于进一步加强建筑施工消防安全工作的通知》(建质电〔2010〕53 号)

国务院办公厅下发了《关于进一步做好消防工作坚决遏制重特大火灾事故的通知》(国办发明电〔2010〕35 号,以下简称《通知》),为认真贯彻落实国务院办公厅《通知》精神,积极预防和有效遏制建筑施工消防事故的发生,住房和城乡建设部于 2010 年 11 月 18 日发出通知,摘要如下。

(1) 高度重视建筑施工消防安全工作,各地要牢固树立"安全第一、以人为本"的理念,从落实科学发展观、保障和改善民生的高度,进一步提高对做好建筑施工消防工作重要性的认识,增强责任感、紧迫感。建筑施工企业的主要负责人要对本企业消防安全工作负总责,确保企业的相关各项制度措施真正落实到在建工程项目上,确保建筑施工消防安全。

(2) 认真组织开展建筑施工火灾隐患排查整改工作,要重点检查以下几方面:一是企业和在建项目消防安全责任制、节假日期间治安防火值班制度等各项安全生产制度及落实情况;二是施工现场消防器材、消防设施的配备和消防通道的设置情况;三是建筑电工、焊工等特种作业人员的消防安全教育培训及持证上岗情况;四是施工现场动火作业是否符合相应的操作规程和标准规范要求,并采取相应的防火措施;五是施工现场生活区宿舍用电是否严格按照临时用电规范,是否存在违规使用大功率照明、取暖、电加热器具等方面的情况;六是对于建筑外保温系统及外墙装饰工程,是否按照公安部和住房和城乡建设部联合下发的《民用建筑外保温系统及外墙装饰防火暂行规定》(公通字〔2009〕46 号)的要求进行防火设计、施工。

(3) 严厉打击建筑施工违法违规行为,各地要按照《关于集中开展严厉打击建筑施工非法违法行为专项行动的通知》的要求,继续深入开展严厉打击建筑施工非法违法行为的专项行动。

(4) 加强消防安全宣传教育和培训,要切实加强对施工现场一线操作人员,特别是电工、焊工等特种作业人员的消防安全知识培训,进一步提高安全意识和自防自救的能力。

19.《建筑施工企业负责人及项目负责人施工现场带班暂行办法》

为贯彻落实《国务院关于进一步加强企业安全生产工作的通知》(国发〔2010〕23 号),切实加强建筑施工企业及施工现场质量安全管理工作,中华人民共和国住房和城乡建设部制定了《建筑施工企业负责人及项目负责人施工现场带班暂行办法》,于 2011 年 7 月 22 日执行。

(1) 本办法所称的建筑施工企业负责人,是指企业的法定代表人、总经理、主管质量安全和生产工作的副总经理、总工程师和副总工程师。本办法所称的项目负责人,是指工程项目的项目经理。本办法所称的施工现场,是指进行房屋建筑和市政工程施工作业活动的场所。

(2) 建筑施工企业应当建立企业负责人及项目负责人施工现场带班制度,并严格考核。施工现场带班包括企业负责人带班检查和项目负责人带班生产。

（3）建筑施工企业负责人要定期带班检查，每月检查时间不少于其工作日的 25％。工程项目进行超过一定规模的危险性较大的分部分项工程施工时，建筑施工企业负责人应到施工现场进行带班检查。工程项目出现险情或发现重大隐患时，建筑施工企业负责人应到施工现场带班检查，督促工程项目进行整改，及时消除险情和隐患。

（4）项目负责人是工程项目质量安全管理的第一责任人，应对工程项目落实带班制度负责。项目负责人在同一时期只能承担一个工程项目的管理工作。项目负责人带班生产时，要全面掌握工程项目质量安全生产状况，加强对重点部位、关键环节的控制，及时消除隐患。要认真做好带班生产记录并签字存档备查。项目负责人每月带班生产时间不得少于本月施工时间的 80％。因其他事务需离开施工现场时，应向工程项目的建设单位请假，经批准后方可离开。离开期间应委托项目相关负责人负责其外出时的日常工作。

12.5　安全生产的行业标准及安全技术规范

1.《建筑施工安全检查标准》的主要内容

《建筑施工安全检查标准》（JGJ 59—2011）是强制性行业标准，自 2012 年 7 月 1 日起实施。其中，第 4.0.1、5.0.3 条为强制性条文，必须严格执行。原行业标准《建筑施工安全检查标准》（JGJ 59—1999）同时废止。该标准采用了安全系统工程原理，结合建筑施工中伤亡事故规律，依据国家有关法律法规、标准和规程而编制，适用于建筑施工企业及其主管部门对建筑施工安全工作的检查和评价。

2.《施工企业安全生产评价标准》的主要内容

《施工企业安全生产评价标准》（JGJ/T 77—2010）是一部推荐性行业标准。制定该标准的目的是为了加强施工企业安全生产的监督管理，科学地评价施工企业安全生产业绩及相应的安全生产能力，实现施工企业安全生产评价工作的规范化和制度化，促进施工企业安全生产管理水平的提高。

标准可用于企业的自我评价、企业上级主管对企业进行评价、政府建设行政主管部门及其委托单位对企业进行评价等，目前主要用于企业自我评价。

3. 建设部颁发《施工现场临时用电安全技术规范》（JGJ 46—2005）

2005 年 7 月 1 日实施。

该"规范"明确规定了施工现场临时用电、施工组织设计的编制、专业人员、技术档案管理要求；接地与防雷、实行 TN－S 三相五线制接零保护系统的要求；外电路防护和配电线路、配电箱及开关箱、电动建筑机械及手持电动工具、照明等方面的安全管理及安全技术措施的要求。

4. 建设部颁发《建筑施工高处作业安全技术规范》（JGJ 80—1991）

1992 年 8 月 1 日实施。

该"规范"对高处作业的安全技术措施及其所需料具；施工前的安全技术教育及交底；人身防护用品的落实；上岗人员的专业培训考试持证上岗和体格检查；作业环境和气象条件；临边、洞口、攀登、悬空作业；操作平台与交叉作业的安全防护设施的搭拆（包括临时移动）；以及主要受力杆件的计算、安全防护设施的验收都作出了规定。

部分建设工程安全的相关法律法规以及部分建筑工程安全的常用标准规范见表 12-2 和表 12-3。

表 12-2　部分建设工程安全的相关法律法规

类别	名　　称	文　　号	颁布机关	施行日期
法律	中华人民共和国劳动法	国家主席令 8 届第 28 号	全国人大	1995.5.1
	中华人民共和国刑法	国家主席令 8 届第 83 号	全国人大	1997.10.1
	中华人民共和国建筑法	国家主席令 8 届第 91 号	全国人大	1998.3.1
	中华人民共和国消防法	国家主席令 9 届第 4 号	全国人大	1998.9.1
	中华人民共和国安全生产法	国家主席令 9 届第 70 号	全国人大	2002.11.1
	国务院关于特大安全事故行政责任追究的规定	国务院令 302 号	国务院	2001.4.21
	危险化学品安全管理条例	国务院令第 344 号	国务院	2002.3.15
	使用有毒物品作业场所劳动保护条例	国务院令第 352 号	国务院	2002.5.12
	特种设备安全生产监察条例	国务院令第 373 号	国务院	2003.6.1
	建设工程安全生产管理条例	国务院令第 393 号	国务院	2004.2.1
	安全生产许可证条例	国务院令第 397 号	国务院	2004.7.13
	生产安全事故报告和调查处理条例	国务院令第 493 号	国务院	2007.6.1
	国务院关于进一步加强企业安全生产工作的通知	国发〔2010〕23 号	国务院	2010.7.19
	实施工程建设强制性标准监督规定	建设部令第 81 号	建设部	2000.8.25
	建筑工程施工许可管理办法（修正版）	建设部令第 91 号	建设部	2001.7.4
	关于印发《建筑工程预防高处坠落事故若干规定》和《建筑工程预防坍塌事故若干规定》的通知	建质〔2003〕82 号	建设部	2003.4.17
	建设部关于加强建筑意外伤害保险工作的指导意见	建质〔2003〕107 号	建设部	2003.5.23
	安全生产违法行为行政处罚办法	国家安监局令第 1 号	国家安全生产监督管理局	2003.7.1
	房屋建筑和市政基础设施工程施工分包管理办法	建设部令第 124 号	建设部	2004.4.1
	建筑施工企业主要负责人、项目负责人和专职安全生产管理人员安全生产考核管理暂行规定	建质〔2004〕59 号	建设部	2004.4.8
	建设工程重大质量安全事故应急预案	建质〔2004〕75 号	建设部	2004.4.30

续表

类别	名　　称	文　　号	颁布机关	施行日期
法律	关于加强大型公共建筑质量安全管理的通知	建办质〔2004〕35号	建设部办公厅	2004.6.12
	建筑施工企业安全生产许可证管理规定	建设部令第128号	建设部	2004.7.5
	建筑工程安全防护、文明施工措施费用及使用管理规定	建办〔2005〕89号	建设部	2005.9.1
	建筑工程安全生产监督管理工作导则	建质〔2005〕184号	建设部	2005.10.13
	高危行业企业安全生产费用财务管理暂行办法	财企〔2006〕478号	财政部 国家安全生产监督管理总局	2007.1.1
	建筑业企业资质管理规定	建设部令第159号	建设部	2007.9.1
	建筑施工企业安全生产管理机构设置及专职安全生产管理人员配备办法	建质〔2008〕91号	住建部	2008.5.13
	建筑施工特种作业人员管理规定	建质(2008)75号	住建部	2008.6.1
	建筑起重机械备案登记办法	建质〔2008〕76号	住建部	2008.6.1
	建筑起重机械安全监督管理规定	建设部令第166号	住建部	2008.6.1
	建筑施工企业安全生产许可证动态监管暂行办法	建质〔2008〕121号	住建部	2008.6.30
	危险性较大的分部分项工程安全管理办法	建质〔2009〕87号	住建部	2009.5.13
	作业场所职业健康监督管理暂行规定	国家安全生产监督管理总局第23号令	国家安全生产监督管理总局	2009.9.1
	建设工程高大模板支撑系统施工安全监督管理导则	建质〔2009〕254号	住建部	2009.10.26
	关于加强重大工程安全质量保障措施的通知	发改投资〔2009〕3183号	国家发展改革委、工业和信息化部、住房城乡建设部、交通运输部、铁道部、水利部、安全监管总局	2009.12.14
	关于进一步做好建筑生产安全事故处理工作的通知	建质〔2009〕296号	住房和城乡建设部	2009.12.25
	特种作业人员安全技术培训考核管理办法	国家安全生产监督管理总局令第30号	国家安全生产监督管理总局	2010.5.24
	关于贯彻落实《国务院关于进一步加强企业安全生产工作的通知》的实施意见	建质〔2010〕164号	住房和城乡建设部	2010.10.13

续表

类别	名　　称	文　　号	颁布机关	施行日期
法律	关于进一步加强建筑施工消防安全工作的通知	建质电〔2010〕53号	住房和城乡建设部	2010.11.18
	房屋市政工程生产安全和质量事故查处督办暂行办法	建质〔2011〕66号	住房和城乡建设部	2011.5.11
	建筑施工企业负责人及项目负责人施工现场带班暂行办法	建质〔2011〕111号	住房和城乡建设部	2011.7.22
	关于切实加强建筑安全生产工作的紧急通知	建质电〔2011〕16号	住房和城乡建设部	2011.7.27
浙江省地方法规、规章及规范性文件	浙江省建筑业管理条例(修改)	省九届人民代表大会30次会议	浙江省人民代表大会	2001.12.28
	浙江省企业职工安全生产教育管理规定	浙经贸安全〔2002〕575号	省经贸委	2002.5.31
	关于加强工程建设安全质量技术责任制的暂行规定	浙建建〔2003〕35号	建设厅	2003.3.25
	关于加强承重支撑架施工管理的暂行规定	浙建建〔2003〕37号	建设厅	2003.3.25
	关于加强施工现场钢管、扣件使用管理的暂行规定	浙建建〔2003〕38号	建设厅	2003.3.25
	关于加强施工现场起重机械安全管理的暂行规定	浙建建〔2003〕73号	建设厅	2003.7.29
	浙江省建筑施工企业安全生产许可证管理实施细则	浙建建〔2005〕35号	建设厅	2005.6.15
	浙江省建筑安全文明施工标准化工地管理办法	浙建建〔2005〕41号	建设厅	2005.7.27
	浙江省安全生产条例	省十届人民代表大会26次会议	浙江省人民代表大会	2006.11.1
	关于进一步规范我省建设工程安全防护、文明施工措施费用计价管理的通知	建建发〔2009〕91号	省住建厅	2009.4.2
	浙江省建筑施工特种作业人员管理办法(试行)	浙建建〔2009〕25号	省住建厅	2009.4.10
	关于进一步加强安全生产工作的意见	浙委〔2009〕88号	省安委会	2009.11.2
	浙江省落实生产经营单位安全生产主体责任暂行规定	浙安委〔2009〕12号	省安委会	2009.12.25
	浙江省安全生产培训管理实施细则	浙安监管培〔2010〕151号	省安监局	2010.7.23

表 12-3　部分建筑工程安全的常用标准规范

类　别	规范标准名称	规范标准编号
综合类	建筑施工安全检查标准	JGJ 59—2011
	建设工程监理规范	GB 50319—2000
	施工企业安全生产评价标准	JGJ/T 77—2010
	建筑施工现场环境与卫生标准	JGJ 146—2004
	建设工程施工现场安全资料管理规程	CECS 266 2009
	施工企业工程建设技术标准化管理规范	JGJ/T 198—2010
	施工现场临时建筑物技术规范	JGJ/T 188—2009
	建筑施工企业安全生产管理规范	GB 50656—2011
	建筑施工组织设计规范	GB/T 50502—2009
职业健康安全管理体系规范 GB/T 28001	职业健康安全管理体系	GB/T 28001
土方工程	建筑施工土石方工程安全技术规范	JGJ 180—2009
基坑工程	湿陷性黄土地区建筑基坑工程安全技术规程	JGJ 167—2009
	建筑基坑工程监测技术规范	GB 50497—2009
	建筑基坑支护技术规程	JGJ 120—1999
模板工程	建筑施工模板安全技术规范	JGJ 162—2008
施工用电	施工现场临时用电安全技术规程	JGJ 46—2005
高处作业	建筑施工高处作业安全技术规范	JGJ 80—1991
	建筑外墙清洗维护技术规程	JGJ 168—2009
	高处作业吊篮安全规则	JGJ 5027
脚手架	建筑施工扣件式钢管脚手架安全技术规范	JGJ 130—2011
	建筑施工碗扣式钢管脚手架安全技术规范	JGJ 166—2008
	建筑施工门式钢管脚手架安全技术规范	JGJ 128—2010
	建筑施工木脚手架安全技术规范	JGJ 164—2008
	建筑施工扣件式钢管模板支架技术规程	DB 33/1035—2006
	建筑施工工具式钢管脚手架安全技术规程	JGJ 202—2010
	液压升降整体脚手架安全技术规程	JGJ 183—2009
	建筑脚手架用焊接钢管	YB/T 4202—2009
垂直运输机械	建筑起重机械安全评估技术规程	JGJ/T 189—2009
	建筑机械使用安全技术规程	JGJ 33—2001
	施工现场机械设备检查技术规程	JGJ 160—2008
	塔式起重机混凝土基础工程技术规程	JGJ/T 187—2009
	建筑施工塔式起重机安装、使用、拆卸安全技术规程	JGJ 196—2010
	龙门架及井架物料提升机安全技术规范	JGJ 88—2010
	起重设备安装工程施工及验收规范	GB 50278—2010
	建筑施工升降机安装、使用、拆卸安全技术规程	JGJ 215—2010

类　　别	规范标准名称	规范标准编号
现场防火	建设工程施工现场消防安全技术规范	GB 550720—2011
拆除工程	建筑拆除工程安全技术规范	JGJ 147—2004
安全防护	建筑施工作业劳动防护用品配备及使用标准	JGJ 184—2009
工程建设标准	《工程建设标准强制性条文》（房屋建筑部分）	（2009）版

本 章 小 结

　　本章主要介绍了安全生产法律法规体系的构成，同时介绍了相关法律法规的主要内容，如《安全生产法》、《建筑法》、《劳动法》、《刑法》、《建设工程安全生产管理条例》、《安全生产许可证条例》、《建筑施工企业安全生产许可证动态监管暂行办法》（建质〔2008〕121号）、《生产安全事故报告和调查处理条例》、《关于进一步加强安全生产工作的决定》、《关于进一步加强安全生产工作的意见》、《国务院关于进一步加强企业安全生产工作的通知》、《建筑施工企业主要负责人、项目负责人、专职安全生产管理人员安全生产考核管理暂行规定》、《建筑工程安全防护、文明施工措施费用及使用管理规定》（建办〔2005〕89号）、《建筑工程安全生产监督管理工作导则》、《高危行业企业安全生产费用财务管理暂行办法》（财企〔2006〕478号）、《建筑施工企业安全生产管理机构设置及专职安全生产管理人员配备办法》（建质〔2008〕91号）、《建筑起重机械安全监督管理规定》、《建筑起重机械备案登记办法》（建质〔2008〕76号）、《危险性较大的分部分项工程安全管理办法》、《作业场所职业健康监督管理暂行规定》、《建设工程高大模板支撑系统施工安全监督管理导则》、《关于加强重大工程安全质量保障措施的通知》、《关于进一步做好建筑生产安全事故处理工作的通知》（建质〔2009〕296号）、《特种作业人员安全技术培训考核管理规定》、《关于贯彻落实国务院关于进一步加强企业安全生产工作的通知的实施意见》（建质〔2010〕164号）、《关于进一步加强建筑施工消防安全工作的通知》等的主要内容。促使广大从事安全管理的专业人员一定要懂法、守法。

思考与拓展题

　　1. 按地位及效力同等原则，安全生产法律法规体系分为哪7个类别？

　　2. 请说说我国的安全生产法律、安全生产行政法规、安全生产地方性法规规章、安全生产标准的区别。

　　3. 国家《安全生产法》规定从业人员的基本权利主要有哪些？

　　4. 国家《安全生产法》规定从业人员的基本义务有哪些？

　　5.《中华人民共和国建筑法》自什么时候起施行？

　　6.《建筑法》规定，施工现场安全由建筑施工企业负责，这是否意味着参与建设活动的其他主体不要承担安全责任，请大家讨论。

　　7.《建设工程安全生产管理条例》自什么时候起施行？

　　8. 建设工程施工总承包和分包单位的安全责任是如何规定的？

　　9. 建设工程安全生产基本管理制度有哪些？

　　10. 安全生产许可证的有效期为几年？安全生产许可证有效期满后怎么办？

　　11. 企业取得安全生产许可证，应当具备哪些安全生产条件？

　　12.《建筑施工安全检查标准》（JGJ 59—2011）是强制性行业标准，自何时起实施？

13. "安全生产、人人有责"，请结合你毕业后希望的就业岗位，想一想你的安全责任。然后，再考虑一下相关方和人员的安全责任。

14. 请实际考察一下当地的几个施工现场，再结合教材，谈谈你对施工现场安全管理人员的到岗率、安全责任心的把握和现场安全管理制度的执行情况的了解。

15. 国务院在 2009 年 11 月 2 日发布的《关于进一步加强安全生产工作的意见》中明确了安全生产的以"三个确保"为目标，请问"三个确保"指什么？

16. 违法分包行为有哪些？

17. 建设行政主管部门对工程项目开工前的安全生产条件审查内容是什么？

18. 建设行政主管部门对工程项目开工后的安全生产监管的内容是什么？

19. 根据《建筑施工企业安全生产管理机构设置及专职安全生产管理人员配备办法》规定，总承包单位承接的建筑工程、装修工程按照建筑面积配备项目专职安全生产管理人员的数量有何要求？

20. 建筑起重机械，不得出租、使用的情形有哪些？

21. 建筑起重机械安全技术档案应当包括哪些资料？

22. 超过一定规模的危险性较大的分部分项工程专项方案应当由施工单位组织召开专家论证会。专家论证会哪些人员应当参加？

23. 《建设工程高大模板支撑系统施工安全监督管理导则》所称高大模板支撑系统是指什么？

24. 中华人民共和国特种作业操作证有效期几年？

25. 《建筑施工企业负责人及项目负责人施工现场带班暂行办法》所称的建筑施工企业负责人是指哪些人？

第 13 章

施工现场安全技术资料

● 课程标准

课程内容	知识要点	教学目标
收录施工安全管理资料	施工现场安全技术资料台账包括安全生产管理制度、安全生产责任与目标管理、施工组织设计、分部（分项）工程安全技术交底、安全检查、安全教育、班组安全活动、工地安全日记、施工许可证明和产品合格证、文明施工、分项工程安全技术要求和验收等内容；安全检查评定；专项安全施工方案	掌握安全检查与评价、建筑施工安全技术全套资料的编制、填写和整理；熟悉安全专项施工方案的内容和编制方法；会编制、收集、整理安全管理资料，能参与编写和审查施工组织设计的安全方案、专项施工方案的安全措施，会安全检查与评价

▶▶章节导读

建筑施工安全资料是指在建筑施工过程中，相关各方进行安全管理所形成的各种形式的记录和文件，是建筑施工安全生产状况的真实反映。目前安全资料还没有得到人们的高度重视，但随着安全管理标准化、规范化、制度化、科学化的进展，安全管理资料作为科学化管理的重要组成部分，越来越显示了它的积极作用。安全管理资料是安全管理工作的基础。建筑工程安全资料是施工安全管理过程中必不可少的一部分，也是评价施工安全管理水平的重要见证材料，建筑工程安全技术资料的管理水平体现了企业安全的整体管理水平。因此，建筑施工企业要高度重视安全技术资料的管理工作，严格过程控制，完备签字制度，加强工程安全资料内容的严肃性，才能有效地促进施工企业安全管理水平的提高，才能不断提高施工企业的市场综合竞争力，提升施工企业的整体形象。

特别提示

　　安全台账又称安全管理台账或安全生产台账，就是反映一个单位安全生产管理的整体情况的资料记录。加强安全生产台账管理不仅可以反映安全生产的真实过程和安全管理的实绩，而且为解决安全生产中存在的问题，强化安全控制、完善安全制度提供了重要依据，是规范安全管理、夯实安全基础的重要手段。因此，安全生产台账不是一个可有可无的台账，及时、认真、真实地建立安全台账，是一个单位整体管理水平和管理人员综合素质的体现。

13.1　安全生产管理制度

　　1. 各项安全生产管理制度

　　安全生产管理制度是指企业或项目部必须按"标准"要求所制定并执行的各项制度。

　　(1) 施工组织设计与专项安全施工方案编审制度。

　　(2) 安全技术措施计划执行制度。

　　(3) 安全技术交底制度。

　　(4) 架体、设备安装验收制度。

　　(5) 施工机具进场验收与保养维修制度。

　　(6) 安全检查制度。

　　(7) 安全教育培训制度。

　　(8) 伤亡事故快报制度。

　　(9) 考核奖罚制度。

　　(10) 班组安全活动制度。

　　(11) 门卫值班和治安保卫制度。

　　(12) 消防防火责任制度。

　　(13) 卫生保洁制度。

　　(14) 不扰民措施等。

　　2. 安全技术操作规程

　　凡施工现场所涉及各施工机械、各工种、各分项工程都应制定安全技术操作规程。

13.2　安全生产责任与目标管理

　　项目部必须制定安全生产责任制、安全目标责任考核规定和办法，并定期做好考核记录。

　　1. 企业主要人员及主要职能部门安全生产责任制

　　(1) 企业主要人员是指：法人代表、分管安全的负责人、技术负责人、安全部门负责人。

　　(2) 企业主要部门是指：安全管理部门、技术部门和提供安全防护用品与施工机械设备以及负责专项拆装等部门。

2. 项目部管理人员安全生产责任制

项目部管理人员是指：项目部管理班子组成人员，还应包括班组长。

以上安全生产责任制详见 1.5.1 节。

3. 安全生产目标责任书或经济承包协议书

企业与项目部、总包与分包应签订安全生产目标责任书或经济承包协议书如下。

土方分项工程经济承包合同书

经公司研究指派 ___ 经理为本单位工程负责人(以下简称甲方)，土方分项工程交由 ___ 小组(以下简称乙方)承包，经协商制定本条款，双方务必遵照执行。

一、承包项目

本工程基础土方的开挖、运弃、回填。

二、承包方式

包挖、包运和包回填，自带机械，不得转包他人。

三、承包价格

开挖土方 ___ 元/m³，运输土方 ___ 元/m³，回填土方 ___ 元/m³。

四、工期要求

按图纸要求尺寸进行开挖，自 ___ 月 ___ 日开始施工，在 ___ 天内完成土方的挖、运；在 ___ 天内完成基础回填。

五、质量与施工要求

1. 基槽的平面位置、底面尺寸、边坡坡度、标高和持力层等应符合设计图纸的要求，偏差控制在施工规范允许范围内。

2. 做好水沟和排水设施。达到位置、尺寸和标高符合设计要求。

3. 回填土时，应清除草皮、杂物和排除积水，并应分层夯实，夯实后的密实度应达到设计要求。

4. 土方挖完后须经勘测、设计、建设、监理、施工等各方检查符合要求后，方为合格；否则承担整修、返工费用。

六、安全要求

1. 开工前，乙方应做好本工种工人的安全思想教育和安全注意事项并做好交底记录。

2. 严格按照土方工程施工技术操作规程中的安全注意事项进行施工。

3. 遵守工地规章制度，服从现场管理人员的指挥及上级有关部门的监督管理。

4. 开挖的土方应按指定的地点堆放。保证施工道路畅通。

5. 雨期施工应注意边坡稳定，加强检查工作，必要时可适当放缓边坡或设置支撑挡土板。

6. 发现地下水或预埋管道、电缆线等应及时报告工地负责人并做好排水防水和其他措施。

七、奖罚办法

1. 按时完成奖励 ___ 元；因劳力不足或机械损坏等影响工期而不能按时完成扣款 ___ 元。

2. 因违反操作规程造成安全与质量问题，造成的一切损失及受到有关部门的罚款均由乙方负责。

3. 严禁出现重伤以上事故，轻伤率经济指标每超过 1‰，均按比例倒扣工资 1%。

八、结算方式

采用现金支付形式，开挖完成经验收合格后的第 2 天支付 ___ %的工程款，余款在 14 天内全部付清。

九、仲裁与调解

如若发生劳动争议和经济纠纷，双方同意由劳动仲裁部门或人民法院进行调解。

十、补充事项

本合同书一经签定双方均应自觉履行合同义务，不得反悔。本协议书一式两份，甲、乙双方各执1份。经双方签字盖章后生效，至工程款结清后自然失效。

单位工程负责人（甲方）：　　　　　　　　承包班组长（乙方）：

联系电话：　　　　　　　　　　　　　　联系电话：

（项目章）　　　　　　　　　　　　　　（盖章）

　　　　　　　　　　　　　　　　　　　签定日期：　　　　年　　月　　日

4．项目部安全管理目标责任书

项目部安全管理目标责任书中应包括项目部与各管理人员和项目部与班组签订的目标责任书，并有分解的责任目标内容如下。

　　　　　　　建筑公司　　　　　项目部安全管理目标责任书

工程名称：　　　　　　　　　　项目经理：

结　　构：　　　　　　　　　　面　　积：　　　　　　　m²

一、工程安全目标

按《建筑施工安全检查标准》（JGJ 59—2011）安全检查评分汇总表，文明施工达到市容环境卫生，场容场貌的分值在　　　分及其以上，文明施工检查评分表的分值在80分及其以上。

无重大伤亡事故，控制一般伤害事故，负伤频率<3‰。

二、责任目标分解

根据公司与项目部签订的经济承包协议中有关安全生产指标内容，明确工程安全管理目标，项目部将安全责任目标分解到各施工管理岗位和各施工班组，使工程项目的安全责任目标层层落实，共同为安全责任目标的实现而努力。

目标分解责任人：　　　　　　　项目治安员：

项目技术负责人：　　　　　　　项目安全员：

项目施工员：　　　　　　　　　项目质量员：

项目材料员：　　　　　　　　　各班组长：

　　　　　　　　　　　　　　　　　　　　年　　月　　日

5．项目部安全生产组织网络

项目部安全生产组织网络应由项目经理（第一责任人）及有关人员组成，其中安全员（按规定配备）、工地专（兼）职消防员、治安保卫人员、卫生责任人员和保健急救人员必须参加。如安全生产管理网络：根据国家"政府统一领导、部门依法监管、企业全面负责、群众参与监督、全社会广泛支持"的安全生产管理格局要求，切实贯彻"安全第一、预防为主、综合治理"的方针，保障职工在劳动中安全与健康，使安全生产监督检查工作进一步规范化、制度化，特制订以下管理网络如图13.1所示。

图13.1　安全生产管理网络

6. 项目部安全生产责任制考核规定及记录(表 13-1)

表 13-1 项目经理安全生产责任制考核样表

工程名称： 　　　　　　　　　考核日期：

序	考核内容	扣分标准	应得分数	扣减分数	实得分数
1	安全生产管理	未制定项目部安全管理各项规章制度扣 15 分；未进行管理人员安全责任制考核扣 10 分；未建立安全管理组织扣 8 分；未按规定配备专(兼)职安全员扣 8 分	15		
2	目标管理	未制定安全管理目标的扣 15 分；未进行责任目标分解的扣 15 分；无责任目标考核的扣 8 分	15		
3	施工组织设计	施工组织设计无安全措施的扣 10 分；未组织落实各项安全措施的扣 10 分	10		
4	安全检查	未定期组织安全检查扣 10 分；发现施工生产中不安全问题未定时、定人、定措施及时解决扣 10 分	10		
5	安全教育	新进场工人未进行三级安全教育的扣 10 分；未对工人安全知识书面考试扣 5 分	10		
6	安全设施	生活设施不符合卫生安全的扣 10 分；未建立治安防火措施的扣 5~10 分	10		
7	文明施工	未抓好安全达标文明施工的扣 10 分；场容场貌封闭管理不落实的扣 10 分	10		
8	安全验收	未组织各项安全验收检查的扣 10 分；施工机具等安装验收无合格手续的扣 5~10 分	10		
9	工伤事故处理	工伤事故未按规定报告扣 10 分；工伤事故未按事故调查分析规定处理，扣 10 分	10		
	合计		100		
考核结果		被考核人		考核人	

13.3　施工组织设计

1. 工程概况表

施工组织设计中应说明工程概况，见表 13-2。

表 13-2　工程概况表

工程名称			
建设单位			
施工单位		资质等级	
监理单位		资质等级	
设计单位		资质等级	

项目经理		项目经理资质	
施工员		安全员	
建筑面积		结构类型	
层数		工程造价	
开工日期		计划竣工日期	
备　注			

2. 施工现场总平面布置图和安全标志布置平面图

施工现场总平面布置图和安全标志布置平面图、消防设施布置图要求布置合理，有针对性、适用性，并且与施工现场情况一一对应。

3. 专项安全施工方案

施工方案（或设计）是指导施工具体行动的纲领，其安全技术措施是施工方案中的重要组成部分。《建筑法》第38条则规定："建筑施工企业在编制施工组织设计时，应当根据建筑工程的特点制定相应的安全技术措施"。施工组织设计中要根据工程特点、施工方法、劳动组织、作业环境、新技术、新工艺、新设备等情况在防护、技术、管理上制定针对性的安全措施。

工程专业性较强的项目如：打桩、基坑支护、模板工程、脚手架、施工用电、物料提升机、外用电梯、塔吊、起重吊装等均要编制专项的安全施工方案。专项安全施工方案应分类装订。

施工组织设计、专项安全施工方案必须由专业人员编制，建筑施工企业专业工程技术人员编制的安全专项施工方案，由施工企业技术部门的专业技术人员及监理单位专业监理工程师进行审核，审核合格，由施工企业技术负责人、监理单位总监理工程师签字。对涉及深基坑、地下暗挖工程、高大模板工程等超过一定规模危险性较大工程的专项施工方案，施工单位还应当组织专家进行论证、审查。专家论证的主要内容：①专项方案内容是否完整、可行；②专项方案计算书和验算依据是否符合有关标准规范；③安全施工的基本条件是否满足现场实际情况。专项方案经论证后，专家组应当提交论证报告，对论证的内容提出明确的意见，并在论证报告上签字。该报告作为专项方案修改完善的指导意见。

封面应包括：编制人；职务（称）；审核人；职务（称）；批准人；职务（称）；批准部门（章）；编制日期，如下所示。

专项安全施工方案

编制人＿＿＿＿＿＿＿＿＿＿＿＿ 职务（称）

审核人＿＿＿＿＿＿＿＿＿＿＿＿ 职务（称）

批准人＿＿＿＿＿＿＿＿＿＿＿＿ 职务（称）

批准部门（章）

编 制 日 期

13.4 分部(分项)工程安全技术交底

(1) 项目技术员、施工员、安全员进行安全技术交底时,在安全技术方案实施前和下道工序施工前,要求对进场所有工种都必须交底,如普工、木工、泥工、钢筋工、砼工、电焊工、电工、机械工、架子工、塔吊司机、指挥信号工、后勤等。安全技术交底必须与下达施工任务同时进行,固定场所的工种(包括后勤人员)可定期交底,非固定作业场所的工种可按每一分部(分项)工程或定期进行交底。新进场班组必须先进行安全技术交底再上岗。

(2) 交底应有针对性,体现分部分项工程的特点,内容包括:①本工程项目施工作业的特点;②本工程项目施工作业中的危险点;③针对危险点的具体防范措施;④施工中应注意的安全事项;⑤有关的安全操作规程和标准;⑥一旦发生事故后应及时采取的避险和急救措施;⑦职业健康、环境管理等。

(3) 安全技术交底应按分部施工顺序先后填写,分项工程按实际作业内容填写。交底次数应按分部(分项)工程施工工艺流程分阶段进行,此外,当出现以下几种情况时也应及时进行安全技术交底:①因故改变安全操作程序;②实施重大和季节性安全技术措施;③更新仪器、设备和工具,推广新工艺、新技术;④发生因工伤亡事故、机械损坏事故及重大未遂事故;⑤出现其他不安全因素,安全生产环境发生了变化。

(4) 执行逐级安全技术交底制度,履行交底双方书面签名记录;交底内容与签名表要一一对应,统一编号装订。特别注意交底人和被交底人均须签名,被交底人数多时,可另附签名表。

各分部(分项)工程、各工种及其他安全技术交底记录表见表13-3,以下表格空白处均填上,交底日期别忘写。

表13-3 各分部、(分项)工程、各工种及其他安全技术交底记录表

单位工程名称		分部(分项) 工程及工种名称	
交底时间		交底人		交底单编号	
安全技术交底内容			
项目经理		被交底签名	

注:本表一式三份,其中一份留台账;一份交被交底人;一份交底人自己保存。

13.5 安全检查

(1) 项目部应按照《建筑施工安全检查标准》(JGJ 59)进行检查。安全生产检查记录表见表13-4。

表 13-4 安全生产检查记录表

时间	年 月 日	组织者	
检查人员			
施工进度			

经检查存在如下隐患

定措施、定人员、定时间整改具体内容

整改落实人签字　　　　　　　　　　　　　　　　年　　月　　日

复查结论	复查人签字	年　　月　　日

　　（2）工程基础、主体、结项、装饰4个阶段进行安全检查评分，并附上评分表。评分表缺项时总分要进行换算。

　　（3）检查形式分日常巡查、定期检查、专业性检查和节假日安全检查。项目经理要组织本项目管理人员定期检查，班组每天自检，对查出的安全隐患问题，严格按照"三定"（指安全检查中，对查出的危险隐患，要采取定人、定时间、定措施整改）要求及时整改。对直属单位、集团公司及上级有关部门签发的整改通知单中提出的安全隐患问题，也应按照"三定"要求及时整改，并把整改回执单附入安全台账。

　　（4）项目部组织的定期和不定期安全检查均应在检查记录表中反映。检查内容包括脚手架、基坑、模板支架、临时用电、塔吊、起重吊装、施工机具、物料提升机、文明施工及安全管理等方面。

　　（5）行业安全管理部门和企业检查的有关资料（事故隐患通知书、整改回执等）应附入安全台账。

　　附事故隐患通知书、整改回执样张如下所示。

整 改 通 知 书

　　　　　　　　　　　　　　　　　　　　××××（　）字第　　号

_____：

　　我处于　　年　　月　　日对你单位_____

检查，发现存在下列问题：

　　现通知你单位立即进行整改，并限你单位于　　　月　　　日前将《限期整改通知书回执》送达我处，否则由此产生的一切后果由你单位负责。

　　附《整改通知书回执》

　　整改单位负责（签字）

　　　　　　　　　　　　　　　　　　　　　　　　　　××建筑公司

　　　　　　　　　　　　　　　　　　　　　　　　　　年　　月　　日

整　改　通　知　书　回　执

　　××＿＿＿＿＿＿＿＿＿＿：

　　根据你处　　年 月 日×××（　　）字第　　　　号《整改通知书》通知，现将我单位执行意见报告如下：

报告单位（盖章）：

　　　　　　　　　　　　　　　　　　　　　　　　整改单位负责人（盖章）：

经办人（盖章）：

13.6　安全教育

1. 安全教育台账

安全教育台账包括以下几方面的内容。

（1）职工花名册见表13-5。

表 13-5　职工花名册

序号	姓名	性别	年龄	工种	何年何月进单位（工地）	身份证号码	三级教育		
							公司	项目部	班组

（2）职工三级安全教育登记卡（可另外集中装订成档）见表13-6。

表 13-6　职工三级安全教育登记卡

姓　名			性别	年龄	
家庭住址				工种	
身份证号码			进公司、工地时间		
三级教育名称	内容			教育时期及时间	教育者及职务
公司	劳动安全法律法规、企业劳动安全规章制度，安全生产形势和有关事故案例教训等				
项目部	本工程施工特点、项目部规章制度、本工程安全技术操作规程、现场危险部位及安全注意事项、机械设备及电气安全事项和防火、防毒、防爆知识，防护用品使用知识等				

三级教育名称	内容	教育时期及时间	教育者及职务
班组	遵章守纪、岗位安全技术操作规程，安全防护装置及劳动防护用品的使用、本岗位易发生事故的不安全因素及其防范对策和作业环境、使用机械设备、工具的安全要求		
备注			

（3）变换工种教育登记表，见表 13-7。

表 13-7　变换工种教育登记表

序号	姓名	性别	年龄	原工种	新工种	何年何月进单位(工地)	身份证号码	三级教育		
								公司	项目部	班组

（4）职工安全知识考试（企业统一命题组织考试，可另外装订成档）。

（5）项目部管理人员年度培训记录表（表 13-8）及有关岗位证书复印件。

表 13-8　项目管理人员年度培训记录表

姓名	工作岗位	培训内容	培训时间	成　绩	培训单位

（6）特种作业人员和机械操作人员花名册，见表 13-9。

表 13-9　特种作业和机械操作人员花名册

序号	姓名	性别	年龄	工种	操作证号码	培训时间	复审记录

（7）特作业人员和机械操作人员上岗证复印件

2. 台账填写说明

（1）项目部应建立职工花名册，认真组织职工开展"三级"安全教育，登记卡，考试卷应按工种分别组织考试。新进场工人须进行公司（15学时），项目部（15学时），班组（20

学时)的"三级"安全教育,经考核合格(60分以上)后方可上岗作业,进工地时间、安全教育时间、安全考试时间表——对应。项目部待岗、转岗、换岗的职工,在重新上岗前,必须接受一次安全培训,时间不少于20学时,其中变换工种的应进行新工种的安全教育。项目一般管理人员每年接受安全教育培训时间不少于30学时,专职安全管理人员不少于40学时,项目经理部不少于30学时,特种作业人员不少于20学时。

(2)采用新技术、新工艺、新设备、新材料和调换(含临时变换)工程须进行新技术操作规程教育和新岗位的安全技术教育。

(3)职工安全教育登记卡中应有具体的安全教育内容及时间。项目部一般由劳务公司协助建立职工安全教育登记卡、考试卷、花名册。非劳务公司提供劳务的,由项目部上一级安全管理部门负责公司安全教育并盖章。花名册、考试卷、教育登记卡按不同班组分类装订,必须——对应,统一编号,考试卷要用红笔批阅。

(4)项目部保健急救人员纳入项目管理人员年度培训记录表中。

(5)管理人员、特种作业人员,包括建筑电工、建筑焊工(含焊接工、切割工)、建筑普通脚手架架子工、建筑附着升降脚手架架子工、建筑起重信号司索工(含指挥)、建筑塔式起重机司机、建筑施工升降机司机、建筑物料提升机司机、建筑塔式起重机安装拆卸工、建筑施工升降机安装拆卸工、建筑物料提升机安装拆卸工、高处作业吊篮安装拆卸工等,必须单独建立花名册,上岗证复印件统一装订,考试卷、安全教育卡——对应。炊事员、卫生保洁员也应纳入"三级"教育花名册。

(6)特种作业人员、企业(项目部)应办理书面聘用证明。特种作业人员上岗证3年复审,超过期限视同无证上岗。

13.7　班组安全活动

(1)班组应开展班前"三上岗"活动(上岗交底、上岗检查、上岗教育)和班后下岗检查并做好记录。

(2)每月开展的班组安全讲评活动也应记入本台账。

(3)"活动类别"一栏应填写班前、班后或班组讲评。

(4)班组安全活动记录表见表13-10。

表 13-10　班组安全活动记录表

班组名称:

日期		参加人员	
天气			
施工部位		活动类别	
工作内容			
安全生产 活动内容			
		班组长签字	

13.8 工伤事故处理

工伤事故是指：造成人员伤亡的事故或财产损失的事故，还包括虽未造成人员伤亡、重大 经济损失，但在社会上产生影响的其他事故。

(1) 项目部每月填写安全生产月报表，见表 13-11。

表 13-11 安全生产月报表

工程名称		项目经理		月份	
形象进度					
安全生产或发生 事故情况					
项目经理 （签名）		安全员 （签名）		月报时间	

(2) 伤亡事故报表（表 13-12）。发生工伤事故的还应认真填写伤亡事故报表，并附上事故调查报告和有关处理情况。伤亡事故报表，要求详细记录事件的起因、经过、结果以及事故调查报告和有关处理情况（无伤亡事故无须填写）。

表 13-12 伤亡事故报表

工程 名称		项目 经理			事故发 生日期		年　月　日　时　分
事故 情况	姓名	性别	年龄	工种	工龄	伤亡情况	事故类别	有否经过 安全培训
事故性质					直接经济损失		
事故经过 及原因							
事故 责任者				参加调查人员			
备注	企业单位盖章 项目经理（签名）；　　安全员（签名）；　　填表人；　　月报日期：						

13.9 工地安全日记

日记内容为施工现场当天安全生产工作情况；项目部安全活动、安全例会、职工遵章守纪情况；定期治安保卫检查和卫生检查情况；不定期对职工开展卫生防病宣传教育情况；社区服务工作以及上级部门检查等简要情况。严禁把施工日记当做安全日记，见表 13-13。

表 13－13　工地安全日记

日期		项目经理	
日 记 内 容			记录人：

13.10　施工许可证明和产品合格证

施工现场要收集以下资料。

（1）有关部门批准的施工文件。有关部门批准的施工文件包括：安全生产许可证、施工许可证、开工前安全生产条件审查表、夜间施工审批表（环保部门提供）、食堂卫生许可证、分承包资质证书等。

（2）安全防护用品合格证书及准用证。安全防护用品包括：安全帽、安全网、安全带等。安全帽、安全带必须有产品合格证，安全网必须有产品合格证、准用证和检测报告。

（3）机械产品合格证及相关证明。附着式升降脚手架、物料提升机、起重机、翻斗车、打桩机等均应提供购销合同、制造许可证、产品合格证、监督检验证明、安装使用说明书、备案证明等原始资料。各种文件（证书）应列明细表。

（4）人身意外伤害保险证明。

（5）其他产品合格证等。

13.11　文明施工

（1）施工现场必须编制文明施工技术措施，现场文明施工设施使用和措施执行前必须进行验收。按照文明施工技术要求和验收表进行验收，见表 13－14。

表 13－14　文明施工技术要求和验收表

序号	验收项目	技术要求	验收结果
1	现场围墙	围墙应沿工地四周边连续设置，要求坚固、稳定、统一、整洁、美观，不得采用彩条布、竹笆等，墙面应美化，市区主要路段及市容观景路段的高度不低于 2.5m，其他工地高度不低于 1.8m	
2	封闭管理	进出口应设置大门，设门卫室，外来人员进出应登记，门头应有企业"形象标志"，大门应采用硬质材料制作，并能上锁，施工现场所有工作人员必须佩带工作卡	

序号	验收项目	技术要求	验收结果
3	施工场所	施工现场作业区、生活区及其他次道路应用砼硬化，并保持畅通、平坦、整洁、无散落物，并设置排水系统，排水畅通不积水，泥浆、污水、废水不得外流。施工现场应设吸烟处，不得随意吸烟，并适当进行绿化布置	
4	材料堆放	建筑材料、构件、料具须按总平面布置图，分门别类堆放，并标明名称、品种、规格数量等；仓库、工具间材料堆放整齐，易燃易爆物品分类堆放、专人负责。车辆进出场应有防泥带出措施，建筑垃圾及时清运，临时存放应集中堆放整齐、悬持标牌；不用施工机具和设备应及时出场	
5	现场住宿	现场作业区与生活区、办公区必须明显划分。宿舍内应有保暖、消暑、防煤气中毒、防蚊虫叮咬措施，宿舍结构应安全，严禁搭设简易工棚，宿舍建立卫生管理制度，生活用品堆放整齐，保持整洁、安全，严禁使用煤气灶、电饭煲及其他电热设备	
6	现场防火	建立消防防火责任制，有专职的消防人员及足够的灭火器材，高层建筑应随层做好消防水源管道；动用明火必须有审批手续和监护人；易燃易爆物品的仓库及重点防火部位必须有专人负责	
7	治安综合治理	建立治安保卫责任制并落实到人，建立学习和娱乐场所	
8	施工现场标牌	现场必须设有"五牌一图"，固定在主要进出口，严禁挂在外脚手架上；主要施工部位、作业点和危险区域以及主要通道口必须针对性地悬挂醒目的安全警示牌和安全生产宣传牌	
9	生活设施	现场应设置食堂及茶水棚(亭)，炊事员应持证上岗，食堂内应功能分隔，生熟食应分开。设置固定的男、女沐浴室和厕所，天棚、墙面刷白，高1.5m墙裙，便槽贴面砖，宜采用水冲式，楼层应设临时便溺设施；生活垃圾必须盛放在容器内	

续表

序号	验收项目	技术要求	验收结果
10	保健急救	现场必须备有保健药箱和急救器材，配备经过卫生部门培训的急救人员。经常开展卫生防病宣传教育，并做好记录	
11	社区服务	制定落实不扰民措施，夜间施工应办理有关手续，现场禁止焚烧有毒、有害物质	
验收结论意见		验收人员	项目经理： 有关人员： 日期：

（2）施工现场做好消防安全管理工作并填写检查记录表，见表13-15。

表 13-15　施工现场消防安全管理检查记录表

工程项目		项目经理	
专（兼）职消防员		检查时间	
检查情况			
整改情况			
落实情况	消防员签名		

（3）施工现场动用明火必须审批，有动火证方准动火，填写动火审批表，见表13-16。

表 13-16　施工现场动用明火审批表

施工单位	
工程名称	
用途	
动火部位	
动火人	
监护人	

续表

灭火器材	
动火时间	
审批意见	

审表人：   批准人：

注：本表一式三份，动火人和监护人各执一份，一份留台账。

13.12 安全管理

安全生产管理检查评定应符合国务院第 393 号令《建设工程安全生产管理条例》的规定。根据《建筑工程安全检查标准》(JGJ 59)检查评定保证项目包括：安全生产责任制、施工组织设计、安全技术交底、安全检查、安全教育、应急预案。一般项目包括：分包单位安全管理、特种作业持证上岗、生产安全事故处理、安全标志。

1. 保证项目的检查评定

保证项目的检查评定应符合下列规定。

1) 安全生产责任制

(1) 工程项目部应建立以项目经理为第一责任人的各级管理人员安全生产责任制。

(2) 安全生产责任制应经责任人员签字确认。

(3) 工程项目部应制定各工种安全技术操作规程。

(4) 工程项目部应按建设部建质 [2008] 91 号《建筑施工企业安全生产管理机构设置及专职安全生产管理人员配备办法》的规定，配备专职安全员。

(5) 实行工程项目经济承包的，承包合同中应有安全生产考核指标。

(6) 工程项目部应制定安全生产资金保障制度。

(7) 按照安全生产资金保障制度，编制安全资金使用计划并按计划实施。

(8) 工程项目部应制定以伤亡事故控制、现场安全达标、文明施工为主要内容的安全生产管理目标。

(9) 按照安全生产管理目标和项目管理人员的安全生产责任制，进行安全生产责任目标分解。

(10) 应建立安全生产责任制、责任目标考核制度。

(11) 按照考核制度，对项目管理人员定期进行考核。

2) 施工组织设计

(1) 工程项目部在施工前应编制施工组织设计，施工组织设计应针对工程特点、施工工艺制定安全技术措施。

(2) 危险性较大的分部分项工程应按照建设部建质 [2009] 87 号《危险性较大的分部分项工程安全管理办法》的规定，编制安全专项施工方案。

(3) 超过一定规模危险性较大的分部分项工程，施工单位应组织专家对专项方案进行论证。

(4) 施工组织设计、安全专项施工方案，应由有关部门或专业技术人员审核，施工单位技术负责人、监理单位项目总监批准。

（5）工程项目部应按施工组织设计、安全专项施工方案组织实施。

3）安全技术交底

（1）施工负责人在分派生产任务时，应对施工作业人员（相关管理人员）进行书面安全技术交底。

（2）安全技术交底应按施工工序、施工部位、施工栋号分部分项进行。

（3）安全技术交底应结合施工作业特点、危险因素、施工方案和规范标准、操作规程等内容制定。

（4）安全技术交底应由交底人、被交底人、安全员进行签字确认。

4）安全检查

（1）工程项目部应建立安全检查（定期、季节性）制度。

（2）安全检查应由项目负责人组织，相关专业人员及安全员参加，定期进行并填写检查记录。

（3）雨季、冬季应组织季节性专项检查。

（4）对检查中发现的事故隐患，应明确责任，定人、定时间、定措施限期整改完成。重大事故隐患应填写隐患整改通知单，按期整改落实。工地或相关部门应组织复查验证。

5）安全教育

（1）施工单位应建立安全培训、教育制度。

（2）施工人员入场，工程项目部应组织进行以国家安全法律法规、企业安全制度、施工现场安全管理规定及各工种安全技术操作规程为主要内容的"三级"安全培训、教育和考核。

（3）施工作业人员变换工种，应进行变换后工种的安全操作规程教育和考核。

（4）施工管理人员、专职安全员每年度应进行安全培训和考核。

6）应急救援预案

（1）工程项目部应针对工程特点，进行重大危险源的辨识。制定防触电、防坍塌、防高空坠落、防物体打击、防火灾、防起重及机械伤害等为主要内容的应急救援预案。

（2）施工现场应成立应急救援组织，培训、配备应急救援人员。

（3）按照应急救援预案要求，备齐应急救援器材。

（4）组织员工进行应急救援演练。

2．一般项目的检查评定

一般项目的检查评定应符合下列规定。

1）分包单位安全管理

（1）总包单位应对承揽分包工程的分包单位进行资质、安全资格的审查评价。

（2）总包单位与分包单位签订分包合同时，应签订安全生产协议书，明确双方的安全责任。

（3）分包单位应按规定建立安全组织，配备安全员。

2）特种作业持证上岗

（1）建筑施工特种作业人员须经行业主管部门培训考核合格，取得特种作业人员操作资格证书，方可上岗从事相应作业。

（2）特种作业人员应按规定进行延期审核。

（3）特种作业人员在进行施工作业时应持证上岗。

3）生产安全事故处理

（1）施工现场发生生产安全事故应按规定及时报告。

（2）生产安全事故应按规定进行调查、分析、处理，制定防范措施。

（3）应为施工作业人员办理工伤保险。

4）安全标志

（1）施工现场主要施工区域、危险部位、加工区、材料区、生活区、办公区，应按不同区域设置相应的安全警示标志牌。

（2）施工现场应绘制安全标志布置的总平面图。

（3）应根据工程部位和现场设施的改变，调整安全标志牌设置，安全管理检查评分表见表13-17。

表 13-17 安全管理检查评分表

序号	检查项目		扣 分 标 准	应得分数	扣减分数	实得分数
1	保证项目	安全生产责任制	未建立安全生产责任制扣10分 安全生产责任制未经责任人签字确认扣3分 未制定各工种安全技术操作规程扣10分 未按规定配备专职安全员扣10分 工程项目部承包合同中未明确安全生产考核指标扣8分 未制定安全资金保障制度扣5分 未编制安全资金使用计划及实施扣2~5分 未制定安全生产管理目标(伤亡控制、安全达标、文明施工)扣5分 未进行安全责任目标分解的扣5分 未建立安全生产责任、责任目标考核制度扣5分 未按考核制度对管理人员定期考核扣2~5分	10		
2		施工组织设计	施工组织设计中未制定安全措施扣10分 危险性较大的分部分项工程未编制安全专项施工方案，扣3~8分 未按规定对专项方案进行专家论证扣10分 施工组织设计、专项方案未经审批扣10分 安全措施、专项方案无针对性或缺少设计计算扣6~8分 未按方案组织实施扣5~10分	10		
3		安全技术交底	未采取书面安全技术交底扣10分 交底未做到分部分项扣5分 交底内容针对性不强扣3~5分 交底内容不全面扣4分 交底未履行签字手续扣2~4分	10		

序号	检查项目		扣 分 标 准	应得分数	扣减分数	实得分数
4	保证项目	安全检查	未建立安全检查(定期、季节性)制度扣5分 未留有定期、季节性安全检查记录扣5分 事故隐患的整改未做到定人、定时间、定措施扣2～6分 对重大事故隐患改通知书所列项目未按期整改和复查扣8分	10		
5		安全教育	未建立安全培训、教育制度扣10分 新入场工人未进行"三级"安全教育和考核扣10分 未明确具体安全教育内容6～8分 变换工种时未进行安全教育扣10分 施工管理人员、专职安全员未按规定进行年度培训考核扣5分	10		
6		应急预案	未制定安全生产应急预案扣10分 未建立应急救援组织、配备救援人员扣3～6分 未配置应急救援器材扣5分 未进行应急救援演练扣5分	10		
		小计		60		
7	一般项目	分包单位安全管理	分包单位资质、资格、分包手续不全或失效扣10分 未签订安全生产协议书扣5分 分包合同、安全协议书,签字盖章手续不全扣2～6分 分包单位未按规定建立安全组织、配备安全员扣3分	10		
8		特种作业持证上岗	一人未经培训从事特种作业扣4分 一人特种作业人员资格证书未延期复核扣4分 一人未持操作证上岗扣2分	10		
9		生产安全事故处理	生产安全事故未按规定报告扣3～5分 生产安全事故未按规定进行调查分析处理,制定防范措施扣10分 未办理工伤保险扣5分	10		
10		安全标志	主要施工区域、危险部位、设施未按规定悬挂安全标志扣5分 未绘制现场安全标志布置总平面图扣5分 未按部位和现场设施的改变调整安全标志设置扣5分	10		
		小 计		40		
	检查项目合计			100		

13.13　安全检查评分方法

根据《建筑施工安全检查标准》(JGJ 59)的规定,在"安全管理"、"文明施工"、"脚手架"、"基坑支护、土方作业"、"模板支架"、"施工用电"、"物料提升机"、"施工升降机"、"塔式起重机"、"起重吊装"的分项检查评分表中，设立了保证项目和一般项目。保证项目应是安全检查的重点和关键。各评分表的评分应符合下列要求。

（1）评分表的实得分数应为各检查项目所得分数之和。

（2）评分应采用扣减分数的方法，扣减分数总和不得超过该检查项目的应得分数。

（3）在分项检查评分表评分时，当保证项目中有一项未得分或保证项目小计得分不足40分时，此分项检查评分表不应得分。

（4）汇总表中各分项项目实得分数应按下列公式计算。

$$项目实得分数 = \frac{汇总表中该项应得满分分值 \times 该项检查评分表实得分数}{100}$$

（5）检查中遇有缺项时，汇总表总得分应按下式换算。

$$遇有缺项时汇总表总得分 = \frac{实查项目在汇总表中按各对应的实数得分值之和}{实查项目在汇总表中应得满分的分值之和} \times 100$$

（6）"脚手架"、"物料提升机、施工升降机"、"塔式起重机、起重吊装"项目的检查评分表实得分数，应为所对应专业的检查评分表实得分数的算术平均值。

（7）多人对同一项目检查评分时，应按加权评分方法确定分值。权数的分配原则应为：专职安全人员的权数为0.6，其他人员的权数为0.4。

建筑安全检查评分汇总见表13-18。

表13-18　建筑施工安全检查评分汇总表

企业名称：　　　　　　　　　　经济类型：　　　　　　　　　　资质等级：

单位工程（施工现场）名称	建筑面积/m²	结构类型	总计得分（满分分值100分）	项目及名称及分值									
				安全管理（满分10分）	文明施工（满分15分）	脚手架（满分10分）	基坑支护、土方作业（满分10分）	模板支架（满分10分）	高处作业（满分10分）	施工用电（满分10分）	物料提升机、施工升降机（满分10分）	塔式起重机、起重吊装（满分10分）	施工机具（满分5分）

评语：

检查单位		负责人		受检项目		项目经理	

【例13-1】《安全管理检查评分表》实得76分，换算在汇总表中《安全管理》分项实得分为多少？

$$分项实得分 = \frac{10 \times 76}{100} = 7.6（分）$$

【例13-2】某工地没有塔吊，则塔吊在汇总表中有缺项，其他各分项检查在汇总表实得分为 84 分，计算该工地汇总表实得分为多少？

$$缺项的汇总表分 = \frac{84}{90} \times 100 = 93.34（分）$$

【例 13-3】《施工用电检查评分表》中，"外电防护"缺项（该项应得分值为 10 分），其他各项检查实得分为 72 分，计算该分表实得多少分？换算到汇总表中应为多少分？

$$缺项的分表分 = \frac{72}{90} \times 100 = 80（分）$$

$$汇总表中施工用电分项实得分 = \frac{10 \times 80}{100} = 8（分）$$

【例 13-4】如在施工用电检查表中，外电防护这一保证项目缺项（该项为 10 分），另有其他"保证项目"检查实得分合计为 25 分（应得分值为 50 分），该分项检查表是否能得分？

$$\frac{25}{50} = 50\% < 66.7\%，则该分项检查表记零分。$$

【例 13-5】某工地多种脚手架和多台塔吊，落地式脚手架实得分为 86 分、悬挑脚手架实得分为 80 分；甲塔吊实得分为 90 分、乙塔吊实得分为 85 分。计算汇总表中脚手架与塔吊实得分值为多少？

(1)脚手架实得分 $= \dfrac{86 + 80}{2} = 83（分）$。

$$换算到汇总表中分值 = \frac{83}{100} \times 10 = 8.3（分）$$

(2)塔吊实得分 $= \dfrac{90 + 85}{2} = 87.5（分）$。

$$换算到汇总表中分值 = \frac{87.5}{100} \times 10 = 8.75（分）$$

【例 13-6】"文明施工"检查评分表实得 80 分，换算在汇总表中"文明施工"分项得多少分？

$$分项实得分 = \frac{15 \times 80}{100} \div 100 = 12（分）$$

13.14　安全检查评定等级

按照汇总表的总得分和分项检查评分表的得分，建筑施工安全检查评定划分为优良、合格、不合格 3 个等级。评定等级的划分应符合以下要求。

(1)优良。分项检查评分表无零分，汇总表得分值应在 80 分及以上。

(2)合格。分项检查评分表无零分，汇总表得分值应在 70 分及以上。

(3)不合格。

①汇总表得分值不足 70 分。

②有一分项检查评分表不得分。

本 章 小 结

　　本章主要介绍了施工现场安全技术资料的相关内容及相应的表格，通过本章内容的学习，掌握施工现场安全技术资料台账所包括的内容，能够在施工现场实际使用中编制和整理出一整套施工现场安全技术资料台账。同时也介绍了《建筑施工安全检查标准》的相关内容，包括检查评定、评分方法、评定等级等内容。也介绍了专项施工方案的编写要求。为安全员内业工作打下基础。

思考与拓展题

　　1. 请说说安全台账的含义。

　　2. 请列出施工现场一整套安全台账的目录。

　　3. 请编制施工企业及施工现场安全生产管理制度。

　　4. 结合实习工地，编制各工种安全技术操作规程和机械操作规程或其他规程。

　　5. 请编制项目部安全生产责任制。

　　6. 请制定安全目标责任考核规定和办法。

　　7. 请做好分部(分项)工程安全技术交底工作，并记录。

　　8. 根据安全生产检查记录表进行安全检查。

　　9. 结合实习工地签发事故隐患通知书。

　　10. 填写职工"三级"安全教育登记卡。

　　11. 建立职工花名册。

　　12. 收集特殊工种上岗证复印件及其他管理人员资格证书复印件。

　　13. 做好班组安全活动并记录。

　　14. 填写工地安全日记。

　　15. 收集施工现场的各种安全许可文件和有关安全材料合格证。

　　16. 根据实习工地填写文明施工技术要求和验收表。

　　17. 根据《建筑施工安全检查标准》(JGJ 59)的规定，结合实习工地填写"安全管理"、"文明施工"、"脚手架"、"基坑支护、土方作业"、"模板支架"、"施工用电"、"物料提升机"、"施工升降机"、"塔式起重机"、"起重吊装"等分项检查评分表，并汇总，进行安全检查等级评定。

　　18. 请编制一个安全专项方案。

参 考 文 献

[1] 李林．建筑工程安全技术与管理 [M]．北京：机械工业出版社，2010.

[2] 宣国年，徐登翰．建筑节能安全生产职业道德基本知识读本 [M]．杭州：浙江大学出版社，2010.

[3] 全国一级建造师执业资格考试用书编写委员会．建筑工程管理与实务 [M]．北京：中国建筑工业出版社，2010.

[4] 全国一级建造师执业资格考试用书编写委员会．建筑工程项目管理 [M]．北京：中国建筑工业出版社，2010.

[5] 中华人民共和国行业标准建筑施工扣件式钢管脚手架安全技术规范 JGJ 130—2011 [S]．北京：中国建筑工业出版社，2011.

[6] 中华人民共和国行业标准建筑施工现场环境与卫生标准 JGJ 146—2004 [S]．北京：中国建筑工业出版社，2005.

[7] 中华人民共和国行业标准建筑施工企业安全生产管理规范 GB 50656—2011 [S]．北京：中国建筑工业出版社，2011.

[8] 中华人民共和国行业标准施工企业安全生产评价标准 JGJ/T 77—2010 [S]．北京：中国建筑工业出版社，2010.

[9] 中华人民共和国行业标准建设工程施工现场安全资料管理规程 CECS 266—2009 [S]．北京：中国计划出版社，2009.

[10] 中华人民共和国行业标准施工现场临时建筑物技术规范 JGJ/T 188—2009 [S]．北京：中国建筑工业出版社，2009.

[11] 中华人民共和国行业标准建筑施工安全检查标准 JGJ 59—2011 [S]．北京：中国建筑工业出版社，2012.

[12] 中华人民共和国行业标准建筑拆除工程安全技术规范 JGJ 147—2004 [S]．北京：中国建筑工业出版社，2005.

[13] 中华人民共和国建筑施工组织设计规范 GB/T 50502—2009 [S]．北京：中国建筑工业出版社，2009.

[14] 中华人民共和国职业健康安全管理体系 GB/T 28001 [S]．北京：中国标准出版社，2011.

[15] 中华人民共和国建筑施工土石方工程安全技术规范 JGJ 180—2009 [S]．北京：中国建筑工业出版社，2009.

[16] 中华人民共和国建筑基坑工程监测技术规范 GB 50497—2009 [S]．北京：中国建筑工业出版社，2009.

[17] 中华人民共和国行业标准建筑施工模板安全技术规范 JGJ 162—2008 [S]．北京：中国建筑工业出版社，2008.

[18] 中华人民共和国行业标准施工现场临时用电安全技术规程 JGJ 46—2005 [S]．北京：中国建筑工业出版社，2005.

[19] 中华人民共和国行业标准建筑施工高处作业安全技术规范 JGJ 80—1991 [S]．北京：中国建筑工业出版社，1991.

[20] 中华人民共和国行业标准建筑施工碗扣式钢管脚手架安全技术规范 JGJ 166—2008 [S]．北京：中国建筑工业出版社，2008.

[21] 中华人民共和国行业标准建筑施工门式钢管脚手架安全技术规范 JGJ 128—2010 [S]．北京：中国建筑工业出版社，2010.

［22］中华人民共和国行业标准建筑施工工具式钢管脚手架安全技术规范 JGJ 202—2010 ［S］. 北京：中国建筑工业出版社，2010.

［23］中华人民共和国行业标准液压升降整体脚手架安全技术规程 JGJ 183—2009 ［S］. 北京：中国建筑工业出版社，2009.

［24］中华人民共和国行业标准建筑脚手架用焊接钢管 YB/T 4202—2009 ［S］. 北京：中国建筑工业出版社，2009.

［25］中华人民共和国行业标准建筑起重机械安全评估技术规程 JGJ/T 189—2009 ［S］. 北京：中国建筑工业出版社，2009.

［26］中华人民共和国行业标准建筑机械使用安全技术规程 JGJ 33—2001 ［S］. 北京：中国建筑工业出版社，2001.

［27］中华人民共和国行业标准施工现场机械设备检查技术规程 JGJ 160—2008 ［S］. 北京：中国建筑工业出版社，2008.

［28］中华人民共和国行业标准塔式起重机混凝土基础工程技术规程 JGJ/T 187—2009 ［S］. 北京：中国建筑工业出版社，2009.

［29］中华人民共和国行业标准建筑施工塔式起重机安装、使用、拆卸安全技术规程 JGJ 196—2010 ［S］. 北京：中国建筑工业出版社，2010.

［30］中华人民共和国行业标准龙门架及井架物料提升机安全技术规范 JGJ 88—2010 ［S］. 北京：中国建筑工业出版社，2011.

［31］中华人民共和国行业标准起重设备安装工程施工及验收规范 GB 50278—2010 ［S］. 北京：中国计划出版社，2010.

［32］中华人民共和国行业标准建筑施工升降机安装、使用、拆卸安全技术规程 JGJ 215—2010 ［S］. 北京：中国建筑工业出版社，2010.

［33］中华人民共和国行业标准建设工程施工现场消防安全技术规范 GB 550720—2011 ［S］. 北京：中国计划出版社，2011.

［34］中华人民共和国行业标准建筑施工作业劳动防护用品配备及使用标准 JGJ 184—2009 ［S］. 北京：中国建筑工业出版社，2009.

［35］中华人民共和国行业标准《塔式起重机安全规程》GB 5144 ［S］. 北京：中国建筑工业出版社，2006.

［36］中华人民共和国行业标准《施工升降机》GB 10054—2005 ［S］. 北京：中国建筑工业出版社，2005.

［37］祁有红，祁有金. 第一管理——企业安全生产的无上法规 ［M］. 北京：北京出版社，2007.

［38］住房和城乡建设部工程质量安全监管司. 建筑工程安全生产技术 ［M］. 2版. 北京：中国建筑工业出版社，2008.

［39］原建设部工程质量安全监督与行业发展司. 建设工程安全生产管理 ［M］. 北京：中国建筑工业出版社，2004.

北京大学出版社高职高专土建系列教材书目

序号	书　名	书　号	编著者	定价	出版时间	配套情况
	"互联网+"创新规划教材					
1	建筑构造(第二版)	978-7-301-26480-5	肖　芳	42.00	2016.1	ppt/APP/二维码
2	建筑装饰构造(第二版)	978-7-301-26572-7	赵志文等	39.50	2016.1	ppt/二维码
3	建筑工程概论	978-7-301-25934-4	申淑荣等	40.00	2015.8	ppt/二维码
4	市政管道工程施工	978-7-301-26629-8	雷彩虹	46.00	2016.5	ppt/二维码
5	市政道路工程施工	978-7-301-26632-8	张雪丽	49.00	2016.5	ppt/二维码
6	建筑三维平法结构图集(第二版)	978-7-301-29049-1	傅华夏	68.00	2018.1	APP
7	建筑三维平法结构识图教程(第二版)	978-7-301-29121-4	傅华夏	68.00	2018.1	APP/ppt
8	建筑工程制图与识图(第2版)	978-7-301-24408-1	白丽红	34.00	2016.8	APP/二维码
9	建筑设备基础知识与识图(第2版)	978-7-301-24586-6	靳慧征等	47.00	2016.8	二维码
10	建筑结构基础与识图	978-7-301-27215-2	周　晖	58.00	2016.9	APP/二维码
11	建筑构造与识图	978-7-301-27838-3	孙　伟	40.00	2017.1	APP/二维码
12	建筑工程施工技术(第三版)	978-7-301-27675-4	钟汉华等	66.00	2016.11	APP/二维码
13	工程建设监理案例分析教程(第二版)	978-7-301-27864-2	刘志麟等	50.00	2017.1	ppt/二维码
14	建筑工程质量与安全管理(第二版)	978-7-301-27219-0	郑　伟	55.00	2016.8	ppt/二维码
15	建筑工程计量与计价——透过案例学造价(第2版)	978-7-301-23852-3	张　强	59.00	2014.4	ppt/二维码
16	城乡规划原理与设计(原城市规划原理与设计)	978-7-301-27771-3	谭婧婧等	43.00	2017.1	ppt/素材/二维码
17	建筑工程计量与计价	978-7-301-27866-6	吴育萍等	49.00	2017.1	ppt/二维码
18	建筑工程计量与计价(第3版)	978-7-301-25344-1	肖明和等	65.00	2017.1	APP/二维码
19	市政工程计量与计价(第三版)	978-7-301-27983-0	郭良娟等	59.00	2017.2	ppt/二维码
20	高层建筑施工	978-7-301-28232-8	吴俊臣	65.00	2017.4	ppt/答案
21	建筑施工机械(第二版)	978-7-301-28247-2	吴志强等	35.00	2017.5	ppt/答案
22	市政工程概论	978-7-301-28260-1	郭　福等	46.00	2017.5	ppt/二维码
23	建筑工程测量(第二版)	978-7-301-28296-0	石　东等	51.00	2017.5	ppt/二维码
24	工程项目招投标与合同管理(第三版)	978-7-301-28439-1	周艳冬	44.00	2017.7	ppt/二维码
25	建筑制图(第三版)	978-7-301-28411-7	高丽荣	38.00	2017.7	ppt/APP/二维码
26	建筑制图习题集(第三版)	978-7-301-27897-0	高丽荣	35.00	2017.7	APP
27	建筑力学(第三版)	978-7-301-28600-5	刘明晖	55.00	2017.8	ppt/二维码
28	中外建筑史(第三版)	978-7-301-28689-0	袁新华等	42.00	2017.9	二维码
29	建筑施工技术(第三版)	978-7-301-28575-6	陈雄辉	54.00	2018.1	ppt/二维码
30	建筑工程经济(第三版)	978-7-301-28723-1	张宁宁等	36.00	2017.9	ppt/答案/二维码
31	建筑材料与检测	978-7-301-28809-2	陈玉萍	44.00	2017.10	ppt/二维码
32	建筑识图与构造	978-7-301-28876-4	林秋怡等	46.00	2017.11	ppt/二维码
32	建筑工程材料	978-7-301-28982-2	向积波等	42.00	2018.1	ppt/二维码
33	建筑力学与结构(少学时版)(第二版)	978-7-301-29022-4	吴承霞等	46.00	2017.12	ppt/答案
34	建筑工程测量(第三版)	978-7-301-29113-9	张敬伟等	49.00	2018.1	ppt/答案/二维码
35	建筑工程测量实验与实训指导(第三版)	978-7-301-29112-2	张敬伟等	29.00	2018.1	答案/二维码
36	安装工程计量与计价(第四版)	978-7-301-16737-3	冯钢	59.00	2018.1	ppt/答案/二维码
37	建筑工程施工组织设计(第二版)	978-7-301-29103-0	鄢维峰等	37.00	2018.1	ppt/答案/二维码
38	建筑工程测量	978-7-301-28757-6	赵　昕	50.00	2018.1	ppt/二维码
39	建筑材料与检测(第2版)	978-7-301-25347-2	梅　杨等	35.00	2015.2	ppt/答案/二维码
	"十二五"职业教育国家规划教材					
1	★建筑工程应用文写作(第2版)	978-7-301-24480-7	赵立等	50.00	2014.8	ppt
2	★土木工程实用力学(第2版)	978-7-301-24681-8	马景善	47.00	2015.7	ppt
3	★建设工程监理(第2版)	978-7-301-24490-6	斯　庆	35.00	2015.1	ppt/答案
4	★建筑节能工程与施工	978-7-301-24274-2	吴明军等	35.00	2015.5	ppt
5	★建筑工程经济(第2版)	978-7-301-24492-0	胡六星等	41.00	2014.9	ppt/答案
6	★建设工程招投标与合同管理(第3版)	978-7-301-24483-8	宋春岩	40.00	2014.9	ppt/答案/试题/教案
7	★工程造价概论	978-7-301-24696-2	周艳冬	31.00	2015.1	ppt/答案
8	★建筑工程计量与计价(第3版)	978-7-301-25344-1	肖明和等	65.00	2017.1	APP/二维码
9	★建筑工程计量与计价实训(第3版)	978-7-301-25345-8	肖明和等	29.00	2015.7	
10	★建筑装饰施工技术(第2版)	978-7-301-24482-1	王　军	37.00	2014.7	ppt
11	★工程地质与土力学(第2版)	978-7-301-24479-1	杨仲元	41.00	2014.7	ppt
	基础课程					
1	建设法规及相关知识	978-7-301-22748-0	唐茂华等	34.00	2013.9	ppt
2	建设工程法规(第2版)	978-7-301-24493-7	皇甫婧琪	40.50	2014.8	ppt/答案/素材

序号	书　名	书　号	编著者	定价	出版时间	配套情况
3	建筑工程法规实务(第2版)	978-7-301-26188-0	杨陈慧等	49.50	2017.6	ppt
4	建筑法规	978-7-301-19371-6	董伟等	39.00	2011.9	ppt
5	建设工程法规	978-7-301-20912-7	王先恕	32.00	2012.7	ppt
6	AutoCAD 建筑制图教程(第2版)	978-7-301-21095-6	郭 慧	38.00	2013.3	ppt/素材
7	AutoCAD 建筑绘图教程(第2版)	978-7-301-24540-8	唐英敏等	44.00	2014.7	ppt
8	建筑 CAD 项目教程(2010版)	978-7-301-20979-0	郭 慧	38.00	2012.9	素材
9	建筑工程专业英语(第二版)	978-7-301-26597-0	吴承霞	24.00	2016.2	ppt
10	建筑工程专业英语	978-7-301-20003-2	韩薇等	24.00	2012.2	ppt
11	建筑识图与构造(第2版)	978-7-301-23774-8	郑贵超	40.00	2014.2	ppt/答案
12	房屋建筑构造	978-7-301-19883-4	李少红	26.00	2012.1	ppt
13	建筑识图	978-7-301-21893-8	邓志勇等	35.00	2013.1	ppt
14	建筑识图与房屋构造	978-7-301-22860-9	贠禄等	54.00	2013.9	ppt/答案
15	建筑构造与设计	978-7-301-23506-5	陈玉萍	38.00	2014.1	ppt/答案
16	房屋建筑构造	978-7-301-23588-1	李元玲等	45.00	2014.1	ppt
17	房屋建筑构造习题集	978-7-301-26005-0	李元玲	26.00	2015.8	ppt/答案
18	建筑构造与施工图识读	978-7-301-24470-8	南学平	52.00	2014.8	ppt
19	建筑工程识图实训教程	978-7-301-26057-9	孙 伟	32.00	2015.12	ppt
20	◎建筑工程制图与识图(第2版)	978-7-301-24408-1	白丽红	34.00	2016.8	APP/二维码
21	建筑制图习题集(第2版)	978-7-301-24571-2	白丽红	25.00	2014.8	
22	◎建筑工程制图(第2版)(附习题册)	978-7-301-21120-5	肖明和	48.00	2012.8	ppt
23	建筑制图与识图(第2版)	978-7-301-24386-2	曹雪梅	38.00	2015.8	ppt
24	建筑制图与识图习题册	978-7-301-18652-7	曹雪梅等	30.00	2011.4	
25	建筑制图与识图(第二版)	978-7-301-25834-7	李元玲	32.00	2016.9	ppt
26	建筑制图与识图习题集	978-7-301-20425-2	李元玲	24.00	2012.3	ppt
27	新编建筑工程制图	978-7-301-21140-3	方筱松	30.00	2012.8	ppt
28	新编建筑工程制图习题集	978-7-301-16834-9	方筱松	22.00	2012.8	
	建 筑 施 工 类					
1	建筑工程测量	978-7-301-19992-3	潘益民	38.00	2012.2	ppt
2	建筑工程测量	978-7-301-13578-5	王金玲等	26.00	2008.5	
3	建筑工程测量实训(第2版)	978-7-301-24833-1	杨凤华	34.00	2015.3	答案
4	建筑工程测量	978-7-301-22485-4	景 铎等	34.00	2013.6	ppt
5	建筑施工技术	978-7-301-12336-2	朱永祥等	38.00	2008.8	ppt
6	建筑施工技术	978-7-301-16726-7	叶 雯等	44.00	2010.8	ppt/素材
7	建筑施工技术	978-7-301-19499-7	董 伟等	42.00	2011.9	ppt
8	建筑施工技术	978-7-301-19997-8	苏小梅	38.00	2012.1	ppt
9	建筑施工机械	978-7-301-19365-5	吴志强	30.00	2011.10	ppt
10	基础工程施工	978-7-301-20917-2	董 伟等	35.00	2012.7	ppt
11	建筑施工技术实训(第2版)	978-7-301-24368-8	周晓龙	30.00	2014.7	
12	土木工程力学	978-7-301-16864-6	吴明军	38.00	2010.4	ppt
13	PKPM 软件的应用(第2版)	978-7-301-22625-4	王 娜等	34.00	2013.6	
14	◎建筑结构(第2版)(上册)	978-7-301-21106-9	徐锡权	41.00	2013.4	ppt/答案
15	◎建筑结构(第2版)(下册)	978-7-301-22584-4	徐锡权	42.00	2013.6	ppt/答案
16	建筑结构学习指导与技能训练(上册)	978-7-301-25929-0	徐锡权	28.00	2015.8	ppt
17	建筑结构学习指导与技能训练(下册)	978-7-301-25933-7	徐锡权	28.00	2015.8	ppt
18	建筑结构	978-7-301-19171-2	唐春平等	41.00	2011.8	ppt
19	建筑结构基础	978-7-301-21125-0	王中发	36.00	2012.8	ppt
20	建筑结构原理及应用	978-7-301-18732-6	史美东	45.00	2012.8	ppt
21	建筑结构与识图	978-7-301-26935-0	相秉志	37.00	2016.2	
22	建筑力学与结构(第2版)	978-7-301-22148-8	吴承霞等	49.00	2013.4	ppt/答案
23	建筑力学与结构	978-7-301-20988-2	陈水广	32.00	2012.8	ppt
24	建筑力学与结构	978-7-301-23348-1	杨丽君等	44.00	2014.1	ppt
25	建筑结构与施工图	978-7-301-22188-4	朱希文等	35.00	2013.3	ppt
26	生态建筑材料	978-7-301-19588-2	陈剑峰等	38.00	2011.10	ppt
27	建筑材料(第2版)	978-7-301-24633-7	林祖宏	35.00	2014.8	ppt
28	建筑材料检测试验指导	978-7-301-16729-8	王美芬等	18.00	2010.10	
29	建筑材料与检测(第二版)	978-7-301-26550-5	王 辉	40.00	2016.1	ppt
30	建筑材料与检测试验指导(第二版)	978-7-301-28471-1	王 辉	23.00	2017.7	ppt
31	建筑材料选择与应用	978-7-301-21948-5	申淑荣等	39.00	2013.3	ppt
32	建筑材料检测实训	978-7-301-22317-8	申淑荣等	24.00	2013.4	
33	建筑材料	978-7-301-24208-7	任晓菲	40.00	2014.7	ppt/答案
34	建筑材料检测试验指导	978-7-301-24782-2	陈东佐等	20.00	2014.9	ppt
35	◎建设工程监理概论(第2版)	978-7-301-20854-0	徐锡权等	43.00	2012.8	ppt/答案
36	建设工程监理概论	978-7-301-15518-9	曾庆军等	24.00	2009.9	ppt
37	◎地基与基础(第2版)	978-7-301-23304-7	肖明和等	42.00	2013.11	ppt/答案

序号	书 名	书 号	编著者	定价	出版时间	配套情况
38	地基与基础	978-7-301-16130-2	孙平平等	26.00	2010.10	ppt
39	地基与基础实训	978-7-301-23174-6	肖明和等	25.00	2013.10	ppt
40	土力学与地基基础	978-7-301-23675-8	叶火炎等	35.00	2014.1	ppt
41	土力学与基础工程	978-7-301-23590-4	宁培淋等	32.00	2014.1	ppt
42	土力学与地基基础	978-7-301-25525-4	陈东佐	45.00	2015.2	ppt/答案
43	建筑工程质量事故分析(第2版)	978-7-301-22467-0	郑文新	32.00	2013.9	ppt
44	建筑工程施工组织设计	978-7-301-18512-4	李源清	26.00	2011.2	ppt
45	建筑工程施工组织实训	978-7-301-18961-0	李源清	40.00	2011.6	ppt
46	建筑施工组织与进度控制	978-7-301-21223-3	张廷瑞	36.00	2012.9	ppt
47	建筑施工组织项目式教程	978-7-301-19901-5	杨红玉	44.00	2012.1	ppt/答案
48	钢筋混凝土工程施工与组织	978-7-301-19587-1	高 雁	32.00	2012.5	ppt
49	钢筋混凝土工程施工与组织实训指导(学生工作页)	978-7-301-21208-0	高 雁	20.00	2012.9	ppt
50	建筑施工工艺	978-7-301-24687-0	李源清等	49.50	2015.1	ppt/答案
	工 程 管 理 类					
1	建筑工程经济	978-7-301-24346-6	刘晓丽等	38.00	2014.7	ppt/答案
2	施工企业会计(第2版)	978-7-301-24434-0	辛艳红等	36.00	2014.7	ppt/答案
3	建筑工程项目管理(第2版)	978-7-301-26944-2	范红岩等	42.00	2016.3	ppt/答案
4	建设工程项目管理(第二版)	978-7-301-24683-2	王 辉	36.00	2014.9	ppt/答案
5	建设工程项目管理(第2版)	978-7-301-28235-9	冯松山等	45.00	2017.6	ppt
6	建筑施工组织与管理(第2版)	978-7-301-22149-5	翟丽旻等	43.00	2013.4	ppt/答案
7	建设工程合同管理	978-7-301-22612-4	刘庭江	46.00	2013.6	ppt/答案
8	建筑工程资料管理	978-7-301-17456-2	孙 刚等	36.00	2012.9	ppt
9	建筑工程招投标与合同管理	978-7-301-16802-8	程超胜	30.00	2012.9	ppt
10	工程招投标与合同管理实务	978-7-301-19035-7	杨甲奇等	48.00	2011.8	ppt
11	工程招投标与合同管理实务	978-7-301-19290-0	郑文新等	43.00	2011.8	ppt
12	建设工程招投标与合同管理实务	978-7-301-20404-7	杨云会等	42.00	2012.4	ppt/答案/习题
13	工程招投标与合同管理	978-7-301-17455-5	文新平	37.00	2012.9	ppt
14	工程项目招投标与合同管理(第2版)	978-7-301-24554-5	李洪军等	42.00	2014.8	ppt/答案
15	建筑工程商务标编制实训	978-7-301-20804-5	钟振宇	35.00	2012.7	ppt
17	建筑工程安全管理(第2版)	978-7-301-25480-6	宋 健等	42.00	2015.8	ppt/答案
18	施工项目质量与安全管理	978-7-301-21275-2	钟汉华	45.00	2012.10	ppt/答案
19	工程造价控制(第2版)	978-7-301-24594-1	斯 庆	32.00	2014.8	ppt/答案
20	工程造价管理(第二版)	978-7-301-27050-9	徐锡权等	44.00	2016.5	ppt
21	工程造价控制与管理	978-7-301-19366-2	胡新萍等	30.00	2011.11	ppt
22	建筑工程造价管理	978-7-301-20360-6	柴 琦等	27.00	2012.3	ppt
23	建筑工程造价管理	978-7-301-15517-2	李茂英等	24.00	2009.9	
24	工程造价案例分析	978-7-301-22985-9	甄 凤	30.00	2013.8	ppt
25	建设工程造价控制与管理	978-7-301-24273-5	胡芳珍等	38.00	2014.6	ppt/答案
26	◎建筑工程造价	978-7-301-21892-1	孙咏梅	40.00	2013.2	ppt
27	建筑工程计量与计价	978-7-301-26570-3	杨建林	46.00	2016.1	ppt
28	建筑工程计量与计价综合实训	978-7-301-23568-3	龚小兰	28.00	2014.1	
29	建筑工程估价	978-7-301-22802-9	张 英	43.00	2013.8	ppt
30	安装工程计量与计价(第3版)	978-7-301-24539-2	冯 钢等	54.00	2014.8	ppt
31	安装工程计量与计价综合实训	978-7-301-23294-1	成春燕	49.00	2013.10	素材
32	建筑安装工程计量与计价	978-7-301-26004-3	景巧玲等	56.00	2016.1	ppt
33	建筑安装工程计量与计价实训(第2版)	978-7-301-25683-1	景巧玲等	36.00	2015.7	
34	建筑水电安装工程计量与计价(第二版)	978-7-301-26329-7	陈连姝	51.00	2016.1	ppt
35	建筑与装饰装修工程工程量清单(第2版)	978-7-301-25753-1	翟丽旻等	36.00	2015.5	ppt
36	建筑工程清单编制	978-7-301-19387-7	叶晓容	24.00	2011.8	ppt
37	建设项目评估(第二版)	978-7-301-28708-8	高志云等	38.00	2017.9	ppt
38	钢筋工程清单编制	978-7-301-20114-5	贾莲英	36.00	2012.2	ppt
39	混凝土工程清单编制	978-7-301-20384-2	顾 娟	28.00	2012.5	ppt
40	建筑装饰工程预算(第2版)	978-7-301-25801-9	范菊雨	44.00	2015.7	ppt
41	建筑装饰工程计量与计价	978-7-301-20055-1	李茂英	42.00	2012.2	ppt
42	建设工程安全监理	978-7-301-20802-1	沈万岳	28.00	2012.7	ppt
43	建筑工程安全技术与管理实务	978-7-301-21187-8	沈万岳	48.00	2012.9	ppt
44	工程造价管理(第2版)	978-7-301-28269-4	曾 浩等	38.00	2017.5	ppt/答案
	建 筑 设 计 类					
1	◎建筑室内空间历程	978-7-301-19338-9	张伟孝	53.00	2011.8	
2	建筑装饰CAD项目教程	978-7-301-20950-9	郭 慧	35.00	2013.1	ppt/素材
3	建筑设计基础	978-7-301-25961-0	周圆圆	42.00	2015.7	
4	室内设计基础	978-7-301-15613-1	李书青	32.00	2009.8	ppt

序号	书　名	书　号	编著者	定价	出版时间	配套情况
5	建筑装饰材料(第2版)	978-7-301-22356-7	焦　涛等	34.00	2013.5	ppt
6	设计构成	978-7-301-15504-2	戴碧锋	30.00	2009.8	ppt
7	基础色彩	978-7-301-16072-5	张　军	42.00	2010.4	
8	设计色彩	978-7-301-21211-0	龙黎黎	46.00	2012.9	ppt
9	设计素描	978-7-301-22391-8	司马金桃	29.00	2013.4	ppt
10	建筑素描表现与创意	978-7-301-15541-7	于修国	25.00	2009.8	
11	3ds Max 效果图制作	978-7-301-22870-8	刘　晗等	45.00	2013.7	ppt
12	3ds max 室内设计表现方法	978-7-301-17762-4	徐海军	32.00	2010.9	
13	Photoshop 效果图后期制作	978-7-301-16073-2	脱忠伟等	52.00	2011.1	素材
14	3ds Max & V-Ray 建筑设计表现案例教程	978-7-301-25093-8	郑恩峰	40.00	2014.12	
15	建筑表现技法	978-7-301-19216-0	张　峰	32.00	2011.8	ppt
16	建筑速写	978-7-301-20441-2	张　峰	30.00	2012.4	
17	建筑装饰设计	978-7-301-20022-3	杨丽君	36.00	2012.2	ppt/素材
18	装饰施工读图与识图	978-7-301-19991-6	杨丽君	33.00	2012.5	ppt
规划园林类						
1	居住区景观设计	978-7-301-20587-7	张群成	47.00	2012.5	ppt
2	居住区规划设计	978-7-301-21031-4	张　燕	48.00	2012.8	ppt
3	园林植物识别与应用	978-7-301-17485-2	潘利等	34.00	2012.9	ppt
4	园林工程施工组织管理	978-7-301-22364-2	潘利等	35.00	2013.4	ppt
5	园林景观计算机辅助设计	978-7-301-24500-2	于化强等	48.00	2014.8	ppt
6	建筑·园林·装饰设计初步	978-7-301-24575-0	王金贵	38.00	2014.10	ppt
房地产类						
1	房地产开发与经营(第2版)	978-7-301-23084-8	张建中等	33.00	2013.9	ppt/答案
2	房地产估价(第2版)	978-7-301-22945-3	张　勇等	35.00	2013.9	ppt/答案
3	房地产估价理论与实务	978-7-301-19327-3	褚菁晶	35.00	2011.8	ppt/答案
4	物业管理理论与实务	978-7-301-19354-9	裴艳慧	52.00	2011.9	ppt
5	房地产测绘	978-7-301-22747-3	唐春平	29.00	2013.7	ppt
6	房地产营销与策划	978-7-301-18731-9	应佐萍	42.00	2012.8	ppt
7	房地产投资分析与实务	978-7-301-24832-4	高志云	35.00	2014.9	ppt
8	物业管理实务	978-7-301-27163-6	胡大见	44.00	2016.6	
9	房地产投资分析	978-7-301-27529-0	刘永胜	47.00	2016.9	ppt
市政与路桥						
1	市政工程施工图案例图集	978-7-301-24824-9	陈亿琳	43.00	2015.3	pdf
2	市政工程计价	978-7-301-22117-4	彭以舟等	39.00	2013.3	ppt
3	市政桥梁工程	978-7-301-16688-8	刘　江等	42.00	2010.8	ppt/素材
4	市政工程材料	978-7-301-22452-6	郑晓国	37.00	2013.5	ppt
5	道桥工程材料	978-7-301-21170-0	刘水林等	43.00	2012.9	ppt
6	路基路面工程	978-7-301-19299-3	偶昌宝等	34.00	2011.8	ppt/素材
7	道路工程技术	978-7-301-19363-1	刘　雨等	33.00	2011.12	ppt
8	城市道路设计与施工	978-7-301-21947-8	吴颖峰	39.00	2013.1	ppt
9	建筑给水排水工程技术	978-7-301-25224-6	刘　芳等	46.00	2014.12	ppt
10	建筑给水排水工程	978-7-301-20047-6	叶巧云	38.00	2012.2	ppt
11	市政工程测量(含技能训练手册)	978-7-301-20474-0	刘宗波等	41.00	2012.5	ppt
12	公路工程任务承揽与合同管理	978-7-301-21133-5	邱　兰等	30.00	2012.9	ppt/答案
13	数字测图技术应用教程	978-7-301-20334-7	刘宗波	36.00	2012.8	ppt
14	数字测图技术	978-7-301-22656-8	赵　红	36.00	2013.6	ppt
15	数字测图技术实训指导	978-7-301-22679-7	赵　红	27.00	2013.6	ppt
16	水泵与水泵站技术	978-7-301-22510-3	刘振华	40.00	2013.5	ppt
17	道路工程测量(含技能训练手册)	978-7-301-21967-6	田树涛等	45.00	2013.2	ppt
18	道路工程识图与AutoCAD	978-7-301-26210-8	王容玲等	35.00	2016.1	
交通运输类						
1	桥梁施工与维护	978-7-301-23834-9	梁　斌	50.00	2014.2	ppt
2	铁路轨道施工与维护	978-7-301-23524-9	梁　斌	36.00	2014.1	ppt
3	铁路轨道构造	978-7-301-23153-1	梁　斌	32.00	2013.10	ppt
4	城市公共交通运营管理	978-7-301-24108-0	张洪满	40.00	2014.5	ppt
5	城市轨道交通车站行车工作	978-7-301-24210-0	操　杰	31.00	2014.7	ppt
6	公路运输计划与调度实训教程	978-7-301-24503-3	高福军	31.00	2014.7	ppt/答案
建筑设备类						
1	建筑设备识图与施工工艺(第2版)(新规范)	978-7-301-25254-3	周业梅	44.00	2015.12	ppt
2	建筑施工机械	978-7-301-19365-5	吴志强	30.00	2011.10	ppt
3	智能建筑环境设备自动化	978-7-301-21090-1	余志强	40.00	2012.8	ppt
4	流体力学及泵与风机	978-7-301-25279-6	王　宁等	35.00	2015.1	ppt/答案

　注：📖为"互联网+"创新规划教材；★为"十二五"职业教育国家规划教材；◎为国家级、省级精品课程配套教材，省重点教材。相关教学资源如电子课件、习题答案、样书等可通过以下方式联系我们。

　联系方式：010-62756290，010-62750667，85107933@qq.com，pup_6@163.com，欢迎来电咨询。